华章图书

一本打开的书，一扇开启的门，
通向科学殿堂的阶梯，托起一流人才的基石。

■ ■ ■ 智能系统与技术丛书

Machine Learning
Software Engineering Method and Implementation

机器学习
软件工程方法与实现

张春强 张和平 唐振 著

机械工业出版社
China Machine Press

图书在版编目（CIP）数据

机器学习：软件工程方法与实现/张春强，张和平，唐振著.—北京：机械工业出版社，2020.11

（智能系统与技术丛书）

ISBN 978-7-111-66922-7

I. 机… II. ①张… ②张… ③唐… III. 机器学习 IV. TP181

中国版本图书馆 CIP 数据核字（2020）第 224294 号

机器学习：软件工程方法与实现

出版发行：机械工业出版社（北京市西城区百万庄大街 22 号　邮政编码：100037）

责任编辑：栾传龙　　　　　　　　　　　　　责任校对：殷　虹

印　　刷：北京瑞德印刷有限公司　　　　　　版　　次：2021 年 1 月第 1 版第 1 次印刷

开　　本：186mm×240mm　1/16　　　　　　印　　张：27.75

书　　号：ISBN 978-7-111-66922-7　　　　　定　　价：109.00 元

客服电话：(010) 88361066　88379833　68326294　　　投稿热线：(010) 88379604

华章网站：www.hzbook.com　　　　　　　　　读者信箱：hzit@hzbook.com

前　言

为什么要写这本书

近几年，机器学习爆发，犹如前些年大数据技术爆发一样，一家企业如果没有相关的应用都不敢说自己是科技公司，业界普遍朝着这个方向前进或转型。

互联网企业是机器学习应用的传统阵营，在推荐算法以及图像、视频和自然语言处理等方面都有成熟的应用，而近几年快速发展的互联网金融行业可谓是异军突起，推动了很多机器学习应用的落地，比如风控模型、反欺诈模型、全生命周期的信贷模型等。由于技术、行业、政策的综合因素，大量毕业生及相关行业工作者涌入或转入机器学习领域。大家的背景不一：有的人有计算机专业、统计专业、金融或经济相关专业背景；有的是由数据分析或软件开发转入；有的则是由传统银行转入。我们发现，大多数从业者并不清楚机器学习如何与系统应用相结合，不了解模型如何上线，不能编写良好的机器学习代码，不善于模块化复用，缺少软件开发常识和软件质量意识，忽视了机器学习实践中的软件工程属性。

机器学习从业者有时会自嘲为"调包侠"（只会调用现成的算法包），缺少更深入的智力参与。这就像"码农"和"软件工程师"的区别：前者是编写代码的"机器"（程序员自嘲式说法），拿到需求和功能就开始写代码，可将其定义为初级程序员；后者则会进行一定的工程设计和通用性考虑，包括模块设计、接口设计，以及开发和测试、升级和可维护性等方面的考量等。在机器学习领域，软件工程师即机器学习工程师或模型工程师，机器学习算法工程师需要软件工程素养，需将算法有效应用于实践。

一名优秀的机器学习工程师一定是一名合格的程序员，需要具备相应的软件工程素养。

在常规的软件开发过程中，程序员有属于自己的开发环境——挑选自己喜欢的编辑器，配置专属的开发环境。在机器学习建模中，Jupyter Notebook 几乎已成为这个领域的标准编辑器，而在更为工程化或标准化的环境中，Docker 可用于构建数据科学项目的工程环境。

当我们将这些工程化的软件应用于机器学习中时，能帮助企业建立更为完善和标准的机器学习开发环境与 IT 架构，并在机器学习的实践中落地软件工程中的先进开发思想，如敏捷开发、测试驱动开发等。

此外，机器学习涉及大量应用广泛的开源算法包，但目前市面上鲜有介绍其应用的书。为此，本书中除了结合相关的工程软件，也介绍和应用了较多的算法包。实际上，网络上有大量的学习群、培训机构等传播了大量的相关资料，从多个方面讲述了机器学习，但难免知识点零散，显得急功近利。已有的相关图书一般从常用算法原理讲起，部分辅以实例，值得参考和学习，但笔者总感觉有所欠缺：比如模型评估中有 KS 指标，但还有特征的 KS 和 KS 检验，读者在遇到它们时会感到似曾相识，但又有些模糊，为此本书中会在适当的地方，针对关联知识或概念做进一步解释，想必会给读者豁然开朗的感觉；又比如，一位模型工程师熟悉了常用机器学习算法和建模流程，但他可能只做过模型训练或离线模型，从未真正上线过模型，为此本书将机器学习算法之外关于工程应用的现实问题，按机器学习项目流程进行了较好的阐述。

写作本书前，我心中已坚定一个想法：机器学习是一门实验学科，要求我们不仅要具备理论基础和敏锐的数据感知，还需要有做实验的工具、方法和策略等，并使用软件工程项目思维进行管理。这个想法一直指导我的实际建模工作，甚至影响我生活中的权衡决策。希望这一理念也能深入大家心中，这是我著书立说之梦想。

最后，诙谐轻松地说下我为什么要写这本书。

1）工作之余，周末闲适，希望做一些少有人做的事，挑战和成就自己。

2）如果不分享所学，实在可惜，对不起那么多的学习时间，把个人心得和所学传递给有需要的人会更有价值。

3）中学时代曾读到的一些科普文章中说，科学家一生最伟大的创造基本都是在 30 岁以前完成的，所以我也必须在智力和精力尚可时创作，否则以后很难对社会有智力贡献。

希望能够给有类似想法的读者以鼓励，或许这也是我写书的原因之一。

读者对象

总体来说，本书偏向于机器学习的进阶读者，读者需要掌握必要的计算机科学基础知识，具有 Python 语言的编程功底。本书适合以下读者：

❑ 机器学习爱好者或从业者

❑ 不具有编程背景的数据分析师、模型工程师

❑ 具有编程背景的转行程序员和算法工程师

❑ 高校师生

本书特色

本书视角独特，将软件工程中的方法应用到机器学习实践中，重视方法论和工程实践的融合。本书主要有 3 个特点。

1）机器学习的软件工程方法：用软件工程（Software Engineering）中的工具、方法和理论指导机器学习的实践活动。主要体现在测试驱动开发（TDD）方法、机器学习项目管理方法、工程化软件应用于数据科学标准化环境，以及开源算法包的大量实践应用案例等。

2）机器学习全生命周期：书中全面呈现了机器学习项目开发的完整链路，以项目需求为起点，历经样本定义、数据处理、建模、模型上线、模型监控、模型重训或重建。流程中的大部分节点独立成章，阐述充分，并且不是单纯地阐述理论，而是重在实践。同时，聚焦机器学习中应用最广泛和最有效的算法，使之成为贯穿机器学习项目生命周期的一条完整的学习路径。

3）提出机器学习是一门实验学科：书中有大量的工业实践代码，例如数据分析包、特征离散化包、特征选择包、集成模型框架包、大规模模型上线系统架构和对应代码包等，对机器学习算法特性也有大量的代码解析。书中还多次强调对于机器学习这样一门实验和实践学科，工具、方法和策略的重要性，并介绍了在实际项目中对时间、人力成本等的权衡策略。

本书不拘泥于公式推演、数值分析计算领域优化求解（梯度、牛顿、拉格朗日、凸优化）等主题，而重在展现机器学习的实际应用，以及各知识点的落地。在写作方式和内容编写等方面，本书力求既贴近工程实践又不失理论深度，给读者良好的阅读体验。

如何阅读本书

全书共 16 章，在逻辑上可分为 4 个部分，以机器学习建模流程的顺序展开，每个关键的流程节点对应一章，因此建议读者按章节顺序阅读，当然也可以直接挑选感兴趣的章节阅读。

第一部分 工程基础篇（第 1~3 章）

第 1 章首先介绍了机器学习在人工智能领域的地位，以及与当下热门的大数据、人工智能、统计学习等之间的关联和差异；其次详细介绍了软件工程中的 TDD 方法，并详细介绍了机器学习开发案例；最后基于互联网金融近三四年的机器学习应用沉淀和软件工程方法，重点讲述了机器学习以工程项目模式开发的优越性。

第 2 章提供了基于 Docker 定制的数据科学开发环境，供读者下载和使用。

机器学习是一门数据驱动的实验学科，因此第 3 章介绍了常用的数据集、接口使用方法和随机数生成方法，以满足不同读者的实验需求。

第二部分 机器学习基础篇（第 4、5 章）

第 4 章以软件工程项目的方式讲解机器学习中的核心概念，展现了从样本定义、数据处理、建模、模型上线到模型监控、模型重训或重建的完整机器学习项目生命周期，且加入了企业应用中严肃和严谨的观点，而不是类似 Kaggle 的建模竞赛游戏。

第 5 章详细介绍了数据分析方法、技巧、可视化等要点，并为此开发了一套高质量的数据分析工具。

第三部分 特征篇（第 6~8 章）

第 6 章介绍了特征工程，除归纳整理了常用的特征处理方法外，还重点介绍了特征离散化。本章几乎囊括了特征离散化的所有常用方法和技巧，比如卡方分箱、BestKS、最小熵，更令人期待的是，本章提供了高质量的源码实现。

第 7 章借助开源包 featuretools 的力量，显现了特征衍生"一生二,二生三,三生无穷"的强大魔力。特征的交叉组合可衍生大量的新特征，便于机器学习发现某种未知的模式，而其产生的可观的特征数量也是数据公司对外宣传的一项重要指标。随着大数据的发展与应用，诞生了大量的第三方数据公司，特征衍生在其中的作用不可小觑。

第 8 章篇幅较大，将特征选择作为机器学习的重点，描述了特征选择的背景、预测力指标和实践总结出来的一套特征选择流程，以及特征选择通用方法和特定模型特征选择方法。最后，结合书中所述理论，给出了一份不错的特征选择算法源码。

第四部分 模型篇（第 9~16 章）

本部分主要涉及两大类模型：线性模型和非线性模型。

第 9 章从线性回归讲起，逐步扩大到其他领域的广义线性模型、逻辑回归模型和金融领域的标准评分卡模型。这种方式高屋建瓴地为读者起到提示作用，让其对工作中应用的模型知其所以然。

第 10 章的树模型借助数据结构中的树结构来阐述。笔者认为，了解了树结构才会对树模型有更直观和深入的理解，这也有助于 IT 行业的读者学习。本章讲述了树的构建方法，并以一个简易的 Python 实现版本介绍了树模型。

第 11 章讲述了集成模型的可变组件和方法，基于这些组件和方法能按"搭积木"的方式构建多样的集成模型。本章详细讲述和分析了 Bagging、Boosting、Stacking 和 Super Learner 的原理和特性，并为此提供了一套 Stacking 集成框架和开源包 ML-Ensemble 的使用说明。

模型调参一直是建模人员向往的高地，需要建模人员拥有良好的综合能力。第 12 章为读者总结了调参流程、调参方法和自动调参理论与工具，并以 XGBoost 为例开发了一套自动调参工具，解释了对应的概念，为读者登上这块调参高地提供强有力的支撑。最后，介绍了多种开源调参工具的应用，包括 BayesianOptimization、Ray-Tune 和 optuna。

单个模型的好坏有很多评价指标，模型间的选择同样有不同的衡量方法。第 13 章详细讲述了模型的各种评估方法及其背后的含义。

在医学或互联网金融领域，构建好的模型一定是需要解释的，而互联网领域对模型解释的需求则没有这么强烈。模型的解释可以让用户增强对业务的进一步理解，甚至形成新的知识，从而加强对业务的把控和决策，同时也有助于模型的优化。第 14 章中详细讲述了模型解释的可视化方法，以及白盒模型（以线性回归、逻辑回归、评分卡为代表）和黑盒模型（以集成树模型为代表）的解释原理和方法。白盒模型解释中讲述了模型系数变化、特征值变化带来的影响和含义。黑盒模型的解释介绍了通用的特征重要性方法，也使用到了 Treeinterpreter、LIME 和 SHAP 开源包，它们分别用于树模型的解释、通用局部模型解释和基于博弈论的通用解释。

第 15 章是本书最具有工程化实践意义的一章，主要介绍模型上线——上线方法可分为嵌入式和独立式。本章提供了多种上线方法：系数上线、自动化规则上线、开源格式法（PMML、ONNX）、编译动态库法、原生模型法和大规模模型上线的软件工程框架。书中开发的上线框架基于 Docker 和 RESTful API。一个模型服务就是一个微服务，可支持大规模模型服务。

模型上线后的监控也很重要，决定了模型是否可用，是否需要重训或重建。第 16 章讲述了模型稳定性常用的监控指标和原理，并提供了相关代码实现，此外还介绍了一些监控异常的应急处理方法。

勘误和支持

由于作者水平有限，写作时间仓促，书中难免有一些错误或者不准确的地方，恳请读者批评指正。为此，特意创建了微信公众号"机器学习软件工程方法"。你可以通过这个公众号或下面提到的 GitHub 页面反馈问题，我将尽量在线上为你提供满意的解答。书中的全部源文件除可以从华章公司网站⊖下载外，还可以从我的个人 GitHub⊖页面下载，我也会根据相应的功能更新及时做出调整。如果你有更多的宝贵意见，也欢迎发送邮件至邮箱 xtdwxk@gmail.com，期待能够得到你的真挚反馈。

致谢

有 3 位作者参与本书的写作：张和平负责第 3 章、第 5 章、第 7 章和第 10 章，并参与 2.1 节的写作；唐振负责第 13 章和第 16 章，并参与第 10 章的写作；其他章节和全书核心代码由张春强完成。

我们曾经在一起共事，彼此非常熟悉。张和平曾经在凌晨陪我购房，唐振曾经在深圳人才公园散步时提到"程序员不能像建筑工程师一样为社会留下可见实物"，这些事都印在了我的心里。邀请他们共同写作，既是感恩，也是为了共同学习和进步。在这一年里，写作给大家的工作和生活造成了不小的压力，我也曾说过严厉的话语，在此说声抱歉！

本书重量级的审阅者是我的高中同学、目前远在英国教书的雷云文博士，他是伯明翰大学的教师，主讲机器学习。我常开玩笑说他是我们乡镇学历最高的人。他的审阅确实细致而严谨，图 4-5 的数字 17 就是他发现并修正的。希望新冠疫情早日结束，雷博士可以安全返乡，感谢雷博士！

感谢机械工业出版社华章公司的杨福川老师和栾传龙编辑对本书的支持和审阅！

在我的上一本书中，已经感谢过相关的人，此处不再赘述！

张春强

2020 年 6 月

⊖ 参见华章公司网站 www.hzbook.com。——编辑注

⊜ https://github.com/chansonZ/book-ml-sem

CONTENTS

目　录

第一部分

工程基础篇

第 1 章

机器学习软件工程方法

本章的目的是让读者形成对机器学习领域的整体印象，并了解相关的软件工程方法。

本章首先简要阐述什么是机器学习，并从多个维度讲述机器学习的类型、可学习的理论和指导意义。由于机器学习是一门交叉学科，本章也将介绍机器学习实践活动与传统软件开发过程的异同，机器学习与人工智能、深度学习交叉重叠的关系，以及机器学习与大数据的关系。读完这些内容，读者会对机器学习的上下游形成整体印象，不至于在学习过程中迷失在繁杂的机器学习知识体系里。

其次，本章讲述机器学习的软件工程和实验学科属性、实践的重要性以及与 IT 领域软件开发方法的结合点，带领读者从软件工程视角看机器学习，使读者形成实践中的工程思维。接着，讲述软件开发领域的测试驱动开发方法如何与机器学习开发相结合。最后，通过朴素贝叶斯测试驱动开发案例来说明机器学习算法开发和软件工程的结合实践。

1.1 机器学习简述

"机器学习"一词往往被与"人工智能""深度学习"混用，也常与"大数据"一词一同出现。下面首先简要介绍它们的关系，然后讲述机器学习的基本概念和模式。

1.1.1 机器学习与人工智能、深度学习等的关系

"机器学习""人工智能""深度学习"这三个词常常被人混淆，但其实它们出现的时间相隔甚远，"人工智能"（Artificial Intelligence，AI）出现于 20 世纪 50 年代，"机器学习"（Machine Learning，ML）出现于 20 世纪 80 年代，而"深度学习"（Deep Learning，DL）则是近些年才出现的。三者是包含与被包含关系，如图 1-1 所示。

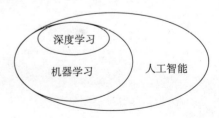

图 1-1　人工智能、机器学习和深度学习的关系

业内对于以上关系还有不同的见解⊖，比如认为深度学习有部分内容在机器学习范畴之外，此处不深究。"人工智能"一词出现在 1956 年的达特茅斯会议上，当时人工智能先驱的梦想是建造具有人类智能体的软硬件系统，该系统具有人类的智能特征，而这里所说的人工智能为"通用人工智能"。这样的人工智能梦想曾在影视作品中大放异彩，如电影《星球大战》中的 C-3PO 机器人具有人类的理性和思考能力。不过，迄今为止，这种高层次的推理和思想仍然难以实现，退而求其次，目前能够落地的都属于"狭义的人工智能"，如人脸识别等。

我们将机器学习描述为实现人工智能的一种方式方法。机器学习是基于已有数据、知识或经验自动识别有意义的模式。最基本的机器学习使用算法解析和学习数据，然后在相似的环境里做出决定或预测。简言之，即基于数据学习并做决策。这样的描述将机器学习与传统软件或普通程序区分开来。机器学习过程中，并没有人为指示机器学习系统如何对未知环境做出决策或预测，这一过程由机器学习中的算法从数据中习得，做出决策的主体是机器学习算法，并且决策或预测是非确定性的结果，一般以概率的形式输出，比如 80% 的可能性是晴天。与之不同的是，常规的应用程序需要软件工程师一句句地编写代码（特定的指令集），指示程序或软件做出确定的行为，比如输出 0 和 1 分别表示注册成功和失败。做出决策的主体实际是人，程序只是执行动作的工具。正因如此，机器学习可归为间接编程，与之对应的是常规编程。

深度学习使用多层（一般多于 5 层）人工神经网络学习数据内部的复杂关系。人工神经网络是生物科学、认知科学等与人工智能结合的产物，在早期的机器学习中就已开始应用，其初衷是在计算机中模拟人类大脑神经元的工作模式。人类大脑的神经元在百亿级别，通过突触实现彼此交流，从计算的角度看属于计算密集型，这限制了复杂人工神经网络在实践中的应用。计算机计算能力的大幅提升带来了新的可能，2000 年，多伦多大学的 Geoffrey Hinton 领导的研究小组在不懈研究下，终于在现代超级计算机中验证了深度学习的多层网络结构。Geoffrey Hinton 因在深度学习领域做出巨大贡献而被称为深度学习的鼻祖，并与 Yoshua Bengio、Yann LeCun 并称机器学习三巨头。（三人因在深度学习领域的贡献而荣获 2018 年图灵奖。深度学习可被看作一种实现机器学习的技术，是机器学习的子集。与深度学习相对，过去那些只有单层或少层的神经网络被称为浅层学习。

对于机器学习的描述，也有专家调侃地发声，以表明某种现象⊖：当你募集资金时，这属于人工智能；当你招聘时，这属于机器学习；当你执行时，这属于线性回归；当你调试时，这属于 printf()。

以上只从某个侧面简要描述了人工智能、机器学习和深度学习的关系，更全面的信息

⊖　http://usblogs.pwc.com/emerging-technology/a-look-at-machine-learning-infographic/

⊖　http://varianceexplained.org/r/ds-ml-ai/

请读者参考相关资料。另外，本书不会讲述深度学习。

机器学习与传统统计密不可分，两者都是从数据中得出结论。统计学中首先提出数据空间假设（比如数据呈正态分布）下的参数化求解，同时关心样本量增大至无穷时统计估计的收敛问题；机器学习则尽可能少地对数据分布做出假设，而以算法作为关键，学习接近数据生成的模型，同时关注有限样本下学习的性能（算法和模型表现）。

机器学习与大数据也常常出现在同一场合。当某人提到大数据时，需要看此人背景才能明确其所说大数据的含义。

当此人是大数据相关技术人员、从技术角度描述大数据时，他往往指的是数据的存储、分析、处理和计算的技术，其难点并不在于具体的算法，而在于存储、计算的分布式系统的层级问题。从行业中我们也能看到针对大量的数据建模往往使用相对简单的算法。相反，对于少量数据，由于来之不易，往往会进行大量精细的分析和处理。我们很难根据某一天的天气推测另一天的天气状况，但如果有大量的历史天气数据，使用常规算法推测另一天的天气状况就会有较大把握。在某种意义上，"大数据不难，小数据才难"有一定道理。当此人从业务角度描述大数据时，他往往指的是数据，是基于数据的分析挖掘、运营以及产生业务价值的方法和策略。

当外行人说大数据时，他往往指的是海量数据、安全与隐私等更为直观的概念。值得一提的是，在很多场景下，对于真正进入算法模型的数据量，我们需要自问：我们真的有大数据吗？当然，机器学习所用的数据来源于各个渠道，数据量是海量的，存储于大数据平台或大数据存储系统，从这个角度来看，机器学习是依赖于大数据的。另外，大数据（及其处理能力）也是传统的数据分析建模向机器学习、深度学习转变的关键。

机器学习与数据科学（Data Science）关系也非常紧密。在笔者看来，数据科学从数据的角度概括了数据有关的活动，涉及的范围比机器学习更广。数据工程、数据可视化、数据集成与 ETL（提取、转换和加载）、商业智能、数据产品、大数据等都可以归入数据科学范畴。

下面我们正式讲述机器学习的基本概念和求解问题模式。

1.1.2　机器学习类别与范式

关于机器学习的定义，Tom Michael Mitchell 的这段话被广泛引用：

对于某类任务 T 和性能度量 P，如果一个计算机程序在 T 上其性能 P 随着经验 E 而自我完善，那么我们称这个计算机程序从经验 E 中学习。

该定义没有突出人类进行机器学习的目的——决策，即机器学习是计算机根据数据做出或改进预测或行为的方法。但总体来说，机器学习的任务就是围绕 T、P、E 展开的，下面将进一步拆解 T、P、E。下文中有算法、模型、学习器混用的现象，有时表达的是同一个意思，有时依据上下文会有细微的区别。

1. 经验 E

"经验"一词较为抽象，既可以是文字、图形，也可以是当面交流的对话等，属于知识的范畴。对于机器学习而言，经验必须表示为计算机可以处理的形式——数据，按照更贴近计算机底层的说法是，计算机可直接计算的数值，这也是最终进入算法中的形式（向量运算、矩阵运算等）。正因如此，机器学习中涉及大量的数据处理活动：将文字和字符编码为数值、将图像进行数值化处理等，然后进入算法学习。机器学习中所有数据处理的原则可归结为两条：适合计算机处理和便于机器学习算法学习。

扩展数据的上下游将产生大量与数据相关的活动，如数据获取、数据存储、数据 ETL等，与之对应的是不同的数据行业或技术领域。4.1.2 节会简要讲述常见数据源中数据的获取方式。

我们一般会将数据表示为如表 1-1 所示的二维表，并适当调整原始数据⊖。

表 1-1　示例数据

instant	dteday	fake_1	fake_2	mnth	holiday	weekday	workingday	weathersit	temp	cnt
1	2011/1/1	男	A	1	0	6	0	2	0.344 167	985
2	2011/1/2	女	B	1	0	0	0	2	0.363 478	801
3	2011/1/3	男	C	1	0	1	1	1	0.196 364	1 349
4	2011/1/4	女	B	1	0	2	1	1	0.2	1 562
5	2011/1/5	男	C	1	0	3	1	1	0.226 957	1 600
6	2011/1/6	女	A	1	0	4	1	1	0.204 348	1 606
7	2011/1/7	女	A	1	0	5	1	2	0.196 522	1 510
8	2011/1/8	女	A	1	0	6	0	2	0.165	959
9	2011/1/9	女	A	1	0	0	0	1	0.138 333	822

表中所有的数据可称为样本（sample），表中的每一行称为样例或实例（instance），而每一列（此数据中排除首尾两列）。在机器学习中更常称为特征（feature），在计量经济、统计等学科中更常称为变量（variable）或属性（attribute）。该数据源中 instant 列仅作标识用，无其他意义；而 cnt 列为目标（target）列，一般称为标签（label）。

有时人们也称只包含标识（或维度）列和标签列的数据集为样本，样本不包含特征。

从表 1-1 中可以看出，此处的数据有不同的类型：dteday 列是日期型数据（时间序列），fake_1 列是数据字符（无序），fake_2 列是字符（有序），workingday 列是布尔型数据（无序），temp 列是常规的浮点数据。不同类型数据的处理方法不同，在第 5 章会详细介绍。根据具体的机器学习问题，我们有时需要进行特征离散化或连续化处理，在第 6 章会详细介绍。除此之外，机器学习实践过程中还可能会遇到空间、图片、音频和视频等数据，这些数据也需要特殊处理。

⊖　http://archive.ics.uci.edu/ml/datasets/Bike+Sharing+Dataset

我们将 dteday 到 temp 列以 X 表示，cnt 列以 y 来表示，则机器学习的最终任务可表示为：

$$y = f(X)$$

通常来说，y 为因变量（dependent variable）或响应变量，X 为自变量（Independent Variable）、独立变量、解释变量或预测变量，所有可能的 f 称为假设空间。按照统计学的概念，我们将上面的表述进一步扩展：将 X 所有可能构成的集合叫作领域集（domain set），对应的 y 为标签集（label set）。可获得的数据样本可进一步分为训练集（Train set）、测试集（Test set）和验证集（Validate set）等。顾名思义，训练数据是（某轮）机器学习算法学习的数据，而测试和验证则是度量其训练效果的数据，有时也称为袋外数据（Out Of Bag）。在一些集成算法的执行过程中，以上几种数据划分有时是模糊的或交替的，例如在交叉验证的情况下训练随机森林。在一些具有时间属性的场合，把训练集和测试集时间范围外的、起最终模型估计作用的数据集称为 OOT 集（Out Of Time set），也称跨时间测试集。第 4 章将会详细讲述以上概念在实践中的应用。

当数据集中的特征（列）太多时，会引发维度灾难，给机器学习求解带来困难或造成过拟合（训练集上表现好，测试集上表现差），从而导致机器学习在新场景下效果很差。针对这一问题，第 8 章会详细讲述如何选取对问题有用的特征。当数据集中的特征（列）太少或可能存在更有价值的隐变量时，特征衍生就像机器学习中的一个魔法，对特征交叉组合出新的特征，第 7 章将详细介绍。在一些特定的建模场景里，比如在银行和互联网金融领域，评分卡应用历史悠久，其理论研究也非常丰富。笔者认为，构建评分卡的过程中，变量分箱（离散化）是最核心的技术，第 6 章会着重讲述这些技术及其实现。实际上，树模型本质上也是离散化了特征。

如果我们对数据集进一步研究会发现，数据集的元信息还能传递信息，如数据集的行数和列数、数值列和类别型列的数量、类别值的数量、列空值占比、行空值占比。此外，还有大量的数据统计信息，如最大和最小值、均值和分位数、偏度和峰度、中间绝对偏差（Median Absolute deviation，MAD）等。所有这些信息都是机器学习可处理、可衍生、可转化、可利用、可挖掘的信息。

当然，除了上述将经验表示为数据的形式外，经验自然还包括人们对问题的看法和见解，它们指导机器学习的过程，包括填充空值、选择特征、选择算法、调整算法参数、选择和评判最终模型。这是机器学习的现状——需要大量人力的参与，机器本身智能有限（狭义的人工智能）。总之，机器学习中经验 E 的本质是进行知识和经验的表示和表达，进而在计算机世界里传承。

最后需要注意，经验有效的前提条件是：我们获得的数据来自真实世界的缩影，同时训练数据和未来或未见的数据在相同的特征空间里且具有相同、相近或相关的分布。也就是说，如果现有的数据和经验在某种程度上具有普适性，可应用在未来或当前类似的场景，则经验有用。经验和知识的质量（正确性、完整性）将直接影响学习的结果。

数据的形式决定了任务 T 和性能 P 的形式，下面来一一介绍。

2. 任务 T

延续对数据形式的分析，我们根据数据是否有标签列，引出新的概念：有监督学习、无监督学习、半监督学习和强化学习（主动学习或弱监督学习）。

1）有监督学习（Supervised Learning）：有监督学习的数据集中有标签列，由标签列"监督"学习。学习的成果是将数据拟合成函数或逼近的函数。有监督学习是最常见也是应用最广泛的一类机器学习任务。

2）无监督学习（Unsupervised Learning）：无监督学习的数据集中没有标签（没有标签的原因可能是人工标注成本太高，或由于缺少先验知识）。无监督学习的目的往往是发现某种关系、关联规则，没有显式定义目标函数。比如聚类，聚类的目的是把相似的东西聚集在一起，而不关心聚集的类别是什么，常用的算法有 K-means、K-medoids 等。

3）半监督学习（Semi-Supervised Learning）：顾名思义，半监督学习的数据集中部分有标签，部分无标签。这种现象往往是数据获取现实的无奈，例如，现实情况下（成本或时间限制）只能获取到一部分有标签的数据，还有较多的无标签数据。此时为了尽可能多地利用数据，我们需要将部分无标签的数据由某种方法打上伪标签，然后进行学习。在风控领域，信用风险模型中的拒绝演绎就属于这种情况，感兴趣的读者可以参考相关的资料。只有在现实严峻的情况下，才会考虑半监督学习。

4）强化学习（Reinforcement Learning）：强化学习中的智能体（Agent）以"试错"的方式进行学习，以通过与环境进行交互获得的奖赏指导行为，具有主动学习的特点，目标是使智能体获得最大的奖赏（预期利益）。强化学习中没有明确的 y，取而代之的是奖励信号（奖赏）。这种奖励信号不像有监督学习中的标签那样直接和确切，属于弱监督学习的问题。强化学习常常用于机器人智能对话、智能问答、自动驾驶等。

进一步地，在有监督学习中，根据 y 变量连续或离散的属性可将任务分为分类问题和回归问题：当 y 变量是连续变量时为回归问题，比如预测房价；当 y 变量是离散型变量时为分类问题，比如预测好与坏。更进一步，根据 y 取值的唯一值个数不同，可将任务分为二分类和多分类。根据分类问题的 y 是否有序，可进一步分为排序问题和非排序问题。多分类可看作二分类的衍生或组合，二分类是该类学习问题的基础结构，所以书中主要以二分类为示例讲解。二分类中 y 取值的常见表示形式有 (0, 1)、(−1, +1)、(好，坏)、(正，负)。在实际操作中，我们一般会将其编码为适合算法处理的 (0, 1) 形式（数据转换的内容参见第 6 章）。

本书讲述的核心机器学习任务为有监督学习。

在分类问题中，y 变量取值可能会失衡，例如 100 个值中只有 1 个取值为 1，其他取值为 0。这属于机器学习中不平衡样本的例子，常见于反欺诈和广告点击预估等场景。这类型的样本会对算法学习造成困难，需要使用不均衡样本的处理技术。

实际上，机器学习任务从不同的维度有不同且丰富的分类方式，足以扰乱初学者的视线。为此，我们再从另外的视角对机器学习任务进行梳理。

1）生成模型和判别模型：有监督学习方法可以按模型的两种产生方式——生成方式和判别方式相应得到生成模型和判别模型。生成方式中，对数据的潜在分布做出假设（比如各个特征之间条件独立），然后估计模型参数生成模型。应用于分类问题时，算法学习数据中的联合概率分布为 $P(x,y)$，然后求出条件概率分布作为判断结果，比如常见的朴素贝叶斯法。判别方式的学习方法是一种与数据分布无关的学习框架，并不需要对数据的分布做出任何假设，也无须刻画数据的潜在分布，而是直接对目标函数进行优化。在一般的分类器中，判别式函数和后验概率 $P(y|x)$ 是对应的，所以判别式函数最大化同时也是后验概率最大化。判别式在机器学习算法中很常见，包括逻辑回归、决策树、支持向量机、提升方法等。

2）主动学习和被动学习：前面在介绍强化学习时提到了主动学习（如主动提出样本标注建议），与主动学习对应的是被动学习。被动学习中的算法只能观察静态的信息和数据而不能影响、引导和改变它。

3）积极学习和消极学习：积极学习指的是算法在训练阶段学习到了数据中的规则或模式，在模型预测时只需要使用学得的规则或模式直接决策。积极学习是最常用的机器学习算法。与之相反，消极学习并未在经验数据上学得通用化的模式，而是简单地将训练样本存储起来，当有新的实例到来时，直接计算新实例与训练数据之间的关系，并据此作出决策，这种方式也称为基于实例的学习。很明显这种方式需要存储训练样本，模型文件的大小将比积极学习的模型大很多。最近邻（k-Nearest Neighbor，kNN）算法就是如此。注意，支持向量机（SVM）模型虽然也存储部分样例，但与消极学习有本质区别。

4）在线学习和离线学习：在线学习亦称为增量学习，指的是随着数据的持续增加，算法具有动态改进以适应新环境的能力，同时保留对历史的记忆。在大数据时代，在线学习大大降低了学习算法的空间复杂度和时间复杂度，实时性强，但对系统和工程环境要求严苛，且稳定性值得考量。与之相对的是我们所常见的离线学习，即所有的训练数据预先给定，当环境变化时需要重构或重建模型，以保持对环境的跟进。

5）迁移学习：在对环境进行跟进的问题上，迁移学习是另一个研究方向。数据本质上有随时间迁移的可能性，迁移学习旨在成为当数据不在同一个特征空间或同一分布，且获取新训练数据困难时采取的一种新的学习框架。

6）线性模型和非线性模型：按照几何复杂度来看，线性模型较为简单，非线性模型较为复杂，非线性模型一般能更好地拟合数据。常见的线性模型有线性回归或逻辑回归、线性的支持向量机（使用核函数将非线性转化为线性）、神经网络基础结构感知器；非线性模型包括基于树的模型，比如决策树、随机森林、多层或深层神经网络等。本书会介绍经典的线性模型和非线性模型，可参见第 9 章和第 10 章。

7）黑盒模型和白盒模型：从可解释性上描述模型，白盒模型可解释性强，易于理解机器学习做出决策的缘由，比如线性回归模型，变量前的系数决定了该变量对结果的影响程度；反之为黑盒模型，人们不能直白地理解模型内部是如何做出决策的，比如深层神经网络。由于线性关系易于理解，很多解释性的方法将模型转化为局部的线性关系或边缘分布来观察变量与目标变量的关系。第 14 章将详细讲述模型解释的理论、方法和工具。

以上各种机器学习任务的知识点在本书中并不能全面覆盖，之所以从各个维度将机器学习任务进行分类，主要是期望让读者形成对机器学习的整体认识，不至于在遇到新名词时产生过多困扰。本书只选取了部分机器学习技术进行讲述，着重描述有监督的、线性和非线性的、判别式的、离线批量的、被动的、二分类的统计机器学习。

3. 性能 P

此处的性能指的是学习任务通过数据学得的模型表现的优劣程度，也是有监督学习任务的评判方式（无监督学习无法直接评判），以此作为模型评价和模型选择的依据。

性能评判过程既可能发生在模型训练阶段，也可能发生在模型训练后的模型选择阶段。对于不同的任务，模型性能的评价指标也不同；而对于相同的任务，评价指标也有多种，甚至对于数据特性不同的任务，也可以选择特定的评价指标以关注特定的点，例如模型在不平衡样本中可以选用 PRC（Precision Recall Curve）作为一个评价指标。本质上，评价指标度量了模型预测和真实之间的差异。

在实践过程中模型性能的评估主要包括 3 个步骤：确定要进行衡量或比较的数据集，在确定后的数据集上使用模型进行预测或判别，选取适合问题的指标进行评价。

1）确定数据集：一般我们在测试集上查看模型的表现，然而在项目实践中，更为全面和保险的做法是查看所有已划分数据集上模型的表现，以纵观全局。例如，数据划分为训练集和测试集，那么建议看两个数据集上的表现。而在带时间属性的数据集上，除了查看训练、测试数据集外，重点需要查看 OOT 集上的模型表现，以预估未来一段时间里模型性能的表现趋势。如果各数据集上模型表现差异很大，那么我们有理由怀疑模型过拟合或数据发生了迁移。

2）模型预测或判别：使用模型在上述已确定的数据集上进行预测或判别，得到模型在各数据集上的表现。

3）评价指标：评价指标繁多，一般以统计量（标量）的简洁形式表示。以回归和分类问题为例。回归包括均方误差（Mean Squared Error，MSE）、均方根误差（Root Mean Squared Error，RMSE）、平均绝对百分比误差（Mean Absolute Percent Error，MAPE）、R-Squared 等。二分类中的混淆矩阵是很多评价指标的基础，以矩阵形式表示，常见的衍生指标有 AUC（Area Under the Curve）、准确率 Accuracy、精确率 Precision、召回率 Recall 和 F1 等。KS（Kolmogorov-Smirnov）也是常用的模型区分能力指标。除了关注统计量的指标，我们也关注模型表现的曲线，它们能更细致地展现模型在不同区域的表现力，包括 ROC（Receiver Operating Characteristic，受试者工作特征曲线）、PRC、Lift、Gains 等。在多分类的评价指标中不能使用 AUC 等，一般展现混淆矩阵和使用 F1 的变体，包括 F1-Macro、F1-Micro 等。

需要注意的是，有的指标值（如单位量纲）具有特定的含义，不能在模型间进行比较；

有的指标（如 AUC）则具有普适的特性，能在模型间比较以为模型选择提供决策参考。在项目实践中，单一的评价指标可能有失偏颇，我们在重点关注一个指标的同时也要关注其他维度。可以根据业务场景，重点关注高分段模型的区分能力或者建立适合场景的指标体系，进行综合决断。有时评价指标的选取反映了建模人员的综合能力（比如看问题的角度），那些能够依据机器学习项目的特殊情况，自定义评价指标的人员更加出色。

在机器学习得到具体的评价指标后，项目实践还远未结束，还需要解决如何确定阈值、是否进一步对指标进行处理等问题，既要有行业经验、业务场景，还要有人的主观意识参与其中。

评价指标本质是"度量了预测和真实之间的差异"，理论上来说评价指标也可作为模型训练过程中的损失函数，比如在回归问题中，MSE 既可作为评价指标，又可作为损失函数。但作为损失函数，除了要求能表征模型预测和真实的差异关系外，还要求具有良好的数学性质（连续可导等）。更详细的介绍可参考第 4 章的讲解。

4. 学习理论

考虑一下更深层次的问题：机器学习有哪些学习范式？为什么可学习？学习的收敛性如何？结果是否值得推敲、是否可信？要回答这些问题，首先需要掌握机器学习理论和计算理论等背景知识。本书虽不属于讲解机器学习理论的专著，但从完整性考虑，下文将通俗地阐述部分核心概念及其相互联系。

算法或学习器学习数据，获得可接受的模型性能，即完成了机器学习训练的过程。实际上这个学习过程很困难：首先，我们获得的样本并不能完全代表真实的世界，抑或样本中存在大量的噪声甚至错误；其次，我们不清楚目标函数 f 真实的样子，导致学习器也无法获知真实误差。退而求其次，我们只能使用训练误差，使用某种度量指标（损失函数）寻找一个最小化训练误差的预测器。这个学习范式称为经验风险（亦称为经验误差）最小化（Empirical Risk Minimization，ERM），常见的 ERM 有最小二乘法和极大似然估计。按照 ERM 寻找最优模型即求解式（1-1）的最优化问题：

$$min_{f \in F} \frac{1}{N} \sum_{i=0}^{N} L(y_i, f_i(x)) \tag{1-1}$$

其中 F 是假设空间，L 表示真实值和预测值某种度量损失的函数。

当样本容量足够大时，ERM 学习准则往往能取到很好的效果；但是当样本量不足时，ERM 学习很容易导致过拟合。毕竟，ERM 目标只寻求经验风险最小，这既是 ERM 的优点也是它的局限性。很明显，在有限的样本下，一旦设定学习目标就有过拟合的风险。为了尽量避免过拟合，策略是限制假设空间（所有预测器的集合）的大小，如图 1-2 所示。

图 1-2 中各图形解释如下。

- 虚线椭圆代表数据，其中大的为分布总体，小的为获得的有限学习样本。

- 实线椭圆代表假设空间，其中最小的实线椭圆（中间）几乎刚好包含小的虚线椭圆，左侧的实线椭圆包含了小的虚线椭圆和学习样本外的一部分总体，右侧的最大实线椭圆除了包含学习样本还覆盖了大部分的总体。

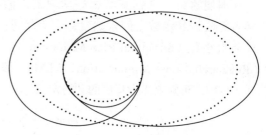

图 1-2 样本与假设空间

由上述示例可以看出，最小的实线椭圆（中间）虽然在学习样本上表现很好，但几乎没有泛化能力，左侧的实线椭圆则具有一定的泛化能力，右侧的实线椭圆泛化能力最强。我们将与学习样本上一致的假设集合称为版本空间（Version Space），用实线椭圆表示。

如何从多个空间中做选择呢？一种方式是使用归纳偏置（inductive bias，也称归纳偏好）。当采取某归纳偏置时，实际的效果是压缩了可能导致过拟合的搜索空间。把图 1-2 转化为更直观的曲线拟合，如图 1-3 所示。

我们的潜意识可能会选择更为平滑的、实线表示的二次曲线。基于这样一个直观的猜想：图中展现的高次曲线（虚线）在 4

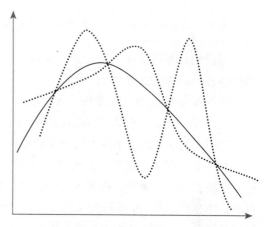

图 1-3 过相同 4 点的 3 条曲线

个点处的导数较大（X 轴上微小的变化会导致较大的波动），直观上更陡，不符合"相近的点有相近的输出"的直觉。奥卡姆剃刀（Occam's razor）正是这一判断的经验法则：若有多个假设与观察一致，选择最简单的那个。奥卡姆剃刀原则是自然科学研究中常用的方法。然而，现实情况复杂，并不容易做出简单的选择，因为简单本身也需要衡量。在实践的算法和模型选择过程中，我们往往凭借经验选择偏向解决问题的学习器。例如，当某二分类问题可能是线性可分的，那么凭借经验，选择线性分类器而不是神经网络。

学习器的偏好是其固有属性。偏好有强有弱，比如线性分类器只支持线性决策面，不适合其他决策类型，我们把它称为强偏好；而神经网络则几乎可拟合任何决策面，其偏好很弱；同样，高阶多项式偏好也很弱。算法的表达、搜索策略等造就了学习器的偏好，例如贪婪搜索使用信息熵筛选特征。

学习器偏好的强弱并不是决定是否选择它的依据。如果一种偏好能解决当前任务，那么它就是合适的。这一实践法则在机器学习领域中以"没有免费的午餐"（No Free Lunch，NFL）定理来描述。这一定理告诉我们，没有一种学习器适用于所有情况，任何学习器总会

遇到表现很差的情况，特定的场景有相应的优选学习器。

即使这样，选择某类偏好学习器，假设空间依然很大，例如限定使用某个具体的学习算法，其参数空间依然复杂。为了进一步限制假设空间复杂度，学者们提出了结构风险最小化（Structural Risk Minimization，SRM）范式，其具体实现为正则损失最小化（Regularized Loss Minimization，RLM）。该最优化问题由式（1-1）后加入正则项表示，见式（1-2），正则项作为算法的"稳定剂"。

$$min_{f \in F} \frac{1}{N} \sum_{i=0}^{N} L(y_i, f_i(x)) + \lambda J(f) \qquad (1\text{-}2)$$

其中 $J(f)$ 表示模型的复杂度，前面的系数 λ 用于权衡经验风险和结构风险。

另外，常见的降低模型复杂度的方法有树剪枝算法、神经网络中的 dropout 和提前终止等。

当我们在假设空间上权衡经验风险和结构风险时，模型效果表现为偏差和方差的权衡（Bias-Variance Tradeoff）。

如何衡量模型的复杂度呢？VC 维理论阐明了假设空间能打散或区分的最大样本数，该理论由 Vladimir Vapnik 与 Alexey Chervonenkis（合称 VC）提出。打散的直观解释为：在二维空间下的 3 个点，不论如何将正负标签分配给样本，线性分类器（直线）能打散任何不共线的 3 个数据点；当数据点增加到 4 个时，很容易找到一组标签分配的情况使得这 4 个点不能被直线完全分开。按照 VC 的定义，在二维空间中线性分类器的 VC 维等于 3。由此可见，VC 维表征了分类器的几何属性，反映了假设空间的强大程度。VC 维越大，假设空间越"强"——能打散的点越多。比如多项式，其 VC 维随其阶数按组合级数增长，如果不加限制的决策树，其 VC 维可以无穷大。

VC 维越高的强假设空间所需的样本数增长越快，甚至会大到不切实际。这正是 NFL 定理所述的情形之一，此时又回到如何做权衡的问题上。

从 VC 维的角度来看，假设空间中加入正则项后，VC 维将减小。实践中不同的学习器有不同的衡量和表示复杂度的方式，比如在决策树中，可将树的深度作为模型复杂度的衡量指标，回归模型中可将自由度作为指标。

笔者认为 VC 维的实践指导意义是：当样本量较小时选择较简单的模型，比如压缩特征，在分类问题上进行逻辑回归；当选择复杂度高的学习器时，则要求有相应数据量的支撑。

通过上述描述可知，机器学习难以达到完美，仅仅是求解任务的近似。如果一个学习器的错误率能控制在某常数 ε 范围内，ε 可任意小，且学习时间可控（最多以多项式方式增长），那么认为学习器是成功的且具有实践价值。学者们将以上学习过程归纳成一般的学习框架——概率近似正确（Probably Approximately Correct，PAC），它使得量化学习能力成为可能。PAC 定理阐明了 ERM 准则和 RLM 是概率近似正确可学习的，同时在理论上说明了什么样的条件下可学习较好的模型、满足一定预设误差情况下学习所需的样本量、如何进行有效学习与一致学习等理论问题。这部分内容回答了笔者初学机器学习时的困惑：在不确定的数据集上进行精确计算是否有意义。

　　机器学习的过程很困难，许多不确定性夹杂其中。我们无法躲避做权衡的"艰难"处境：如何选择分类器，选择的偏好是否正确，选择多大的正则，如何调优算法参数。这些问题在理论上并没有完美的答案。实践过程中，我们凭借经验，多次选择，多次调优，多维度测评模型效果。正因如此，笔者一直认为机器学习是一门实验学科，机器学习工程师除了必要的机器学习基础知识，还应具备做实验的工程和探索能力，这种能力是区分理论者和实践者、普通实践者和优秀实践者的有效方法。（详细介绍参见 1.3 节。）最后，将以上主要概念关系表示如图 1-4 所示。

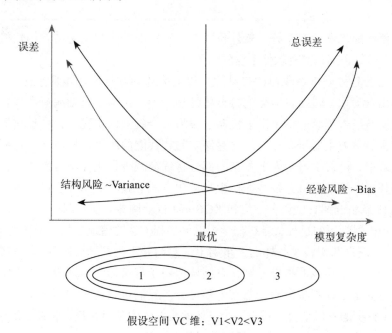

假设空间 VC 维：V1<V2<V3

图 1-4　误差、风险、复杂度和 VC 维的关系

　　以上是从理论层面的概括性描述，实为学习理论的冰山一角，感兴趣的读者可继续阅读更深入的资料。其他有关机器学习实践中会接触到的概念（如损失函数等）可参见第 4 章。

1.2　软件工程方法

　　机器学习作为一门交叉学科，天生具有计算机科学特性和软件工程的属性，需要在理论方法指导下进行多次实验调优。在这个过程中，机器学习借助软件技术和人为参与的权衡选择较优的效果。遗憾的是，机器学习理论并没有明确告知待解决的问题与学习算法的对应关系，以及具体哪种算法最好或算法的最佳参数是什么。此时，我们可以尝试自己熟知或喜欢的学习算法，也可以尝试相关图书或论文中对某类问题推荐的算法，当然也可以试用机器学习比赛或 GitHub 中知名的算法。实践中，我们会将企业现有的基础架构和数据环境作为算法选择的依据之一，这是个实验的过程。我们凭借经验选定的算法并不一定在当前的数据集下表现依然良好，即使同一算法在不同的数据集上表现也有所差异。接着，凭借类似经验进行算法调参，同样，之前表现良好的算法参数在新数据集上往往表现不尽人意，我们只能遵循一定的调参策略进行实验。

以上过程我们需要多次实验，以数据驱动。

从数据层面描述机器学习的过程就是一个数据驱动的过程，数据完全决定了机器学习的最终效果。

此时，便利的机器学习系统、软件包、工具和标准的流程化是高效构建机器学习模型的关键，其中的每个部分都有软件工程的影子。

一个可见的趋势是机器学习的自动化。以上描述的数据驱动本质上是一个搜索过程，恰好可以利用自动化，包括自动化变量分析处理、特征选择、自动超参数优化、多模型选择及集成、模型报告等。这衍生出了机器学习另一个较大的主题——自动机器学习（Auto ML）。自动机器学习主要研究在时间、存储空间、性能的约束下机器学习过程自动化的问题。想必在未来，机器学习中人工参与的部分将逐渐减少，机器学习系统将自动完成许多分析和预测任务。第 7 章将介绍特征衍生自动化方法和技巧，第 8 章将开发自动特征选择的工具，第 12 章将介绍自动调参方法和 XGBoost 自动调参开发示例。

实现自动机器学习的过程就是机器学习软件工程方法的落地过程。爱因斯坦曾经说：

"理论上，理论和实践是一样的，事实上，它们并不是。"软件工程方法实际上是将计算机科学理论应用于实践的指导原则，它同样适用于将机器学习理论应用于实践的这一过程。机器学习立足于计算机科学，与其密不可分。我们可以说机器学习实际上是算法、软件技术和人工权衡的有机结合。对于一个具体的机器学习项目来说，整体的解决方案（包括算法、参数、实验、工程）才能凸显机器学习从业者的综合能力。

此外，随着对机器学习、人工智能的接受度普遍提高，越来越多的企业开始应用人工智能，部署机器学习模型，建立普适的和垂直领域的机器学习系统，最终得到一款产品或产品中的一个核心模块。企业的重心有从研究机器学习算法转向应用落地的趋势。机器学习从业人员的工作内容也有从单一的建模或算法延伸到产品前端数据定义，再到后端的模型上线与监控、算法实施和集成的趋势。实际工作中，我们面临的大部分问题是工程问题，而不是算法或理论问题，更多是对业务、流程、架构与过程的仔细推敲和精益追求。从互联网领域"全栈工程师"的产生过程来看，很有可能出现机器学习领域的全栈工程师。

基于这些点，那些具有较好的基础设施（良好的数据平台、机器学习平台和工具、规范化的机器学习项目流程等）的企业或机构更容易在人工智能浪潮中获益。

纵观 IT 发展史，技术更新迭代再快，软件开发背后的知识体系和方法论却万变不离其宗，软件工程就是经过时间考验而沉淀的实践方法。

1.2.1 机器学习中的软件工程

软件工程是一门用工程化思维和方法解决软件项目问题的学科，也是一门注重实践的学科。下面给出软件工程的形式化定义：软件工程是研究和应用如何以系统性、规范化、可定量的过程化方法去开发和维护软件，以及如何把经过时间考验而证明正确的管理技术和当前能够得到的最好的技术方法结合起来的学科。软件工程是一门工程学科，涉及软件生产的各个方面，从最初的需求描述到投入使用后维护的整个生命周期都在其范畴内，包括软件项目管理、使用的工具和方法等活动。一切涉及软件开发的活动都能从软件工程方法论中受益。

软件工程这一概念最初是在 1969 年的 NATO 大会上提出来的，旨在探讨解决软件系统总是延期、不能交付预计的功能、成本超出预期、软件可靠性等问题。

软件工程涉及“人和事”两个方面：人参与规划和实施；人使用工具，遵循某种方法做事。软件工程可以概括为 3 类对象：过程、资源和产出。过程是人参与项目实施相关活动的集合，例如确定需求、制定规范、详细设计和开发过程；资源是这一过程所需的实体，例如人、软硬件资源；产出是这一过程产生的结果，例如文档、代码等一切可交付的成果。

软件工程的目的是在一定的时间和资源下获得所要求品质的成果，对应到机器学习中则是在有限的时间和资源下获得较好的模型性能。要避免完美主义，模型性能只有更好，没有最好。

软件产品不仅是程序，还包括相关文档，对应到机器学习中为模型和项目报告文档。

软件产品要具有可维护性、安全性、效率和可接受性，对应到机器学习中即为满足可接受的模型和算法性能的、可维护的、可升级的、安全的模型前后端系统。

下面进一步说明软件工程中的过程。一般来说，软件开发过程包含以下 4 项基本活动。

1）软件描述：需求与开发双方定义所要生产软件的需求和约束。

2）软件开发：软件设计与编码。

3）软件有效性验证：检查软件功能与需求是否匹配，排除 Bug。

4）软件进化与迭代：随着需求的变化对软件进行修改、定制或升级。

将以上活动映射到机器学习中，得到以下过程。

1）机器学习建模项目描述：描述目标，明确需求、模型设计和场景、数据、资源等相关约束。

2）建模过程：数据分析、特征处理、算法选用和调参的过程。

3）模型性能评估与报告：评估模型效果是否达到预期并总结报告。

4）模型的迭代和更新：外部环境变化导致数据变化，需要对模型重构或重建。

很多机器学习的项目失败或不顺利的主要原因，往往是前期的需求分析和计划没有做到位。机器学习领域有这样的说法：80% 的时间花在数据和特征工程上，20% 的时间花在算法模型上。从项目的角度看机器学习，上述说法有一定的局限性，实际上初期的项目规划、定义和需求拆解研究同样要花费大量的时间来论证，需要明确目标、判断可行性和可验证性、理顺一切可能的数据和资源等，这些直接决定了项目的成败。当我们这样做时，我们就已经进入软件工程范畴。

软件工程中的过程按照"做事的方式"又可分为计划驱动和敏捷过程。对应两种软件过程的模式分别是瀑布模式和增量模式。

明确地将如上4个基本活动依次排列并界限分明地实施，这就属于瀑布模式。在瀑布模式下，各个事项没有循环和返工，按顺序执行，如瀑布之水。瀑布模式要求事先对该过程制定详细的计划和进度安排，非常便于项目管理。例如，传统软件开发的瀑布模式是需求定义→统合软件设计→编码与单元测试→集成与系统测试→运行与维护。

而在增量模式下，各过程节点活动时常交织在一起，当前版本基于上一个版本增量添加新功能和新方法，发现错误时回滚，最终在不断迭代中逼近预期目标。增量模式符合人们做事的直觉：先做出来再检验效果。这种模式常出现在互联网产品的开发过程中，毕竟计划和设计出来的需求并不一定符合用户的真实想法，而且还有原有设计存在缺陷、需求紧急、计划变更等多种情况。

当然，上述过程实践模式并不互相排斥和明确隔离，而是时常混用，本质上就是我们做事惯用的方式。在机器学习项目中，当需求明确、企业内经验成熟时，适合使用瀑布模式。人们制定详细的计划、分工协作、记录详细的文档，这样项目可控，也便于项目传承。而当需求不确定、项目大、涉及面广、经验不成熟、需要的资源多时，采用增量模式能有效避免因后续节点依赖前面的节点而导致进展缓慢的问题。

软件工程的实践者们基于增量模式，又提出了敏捷开发方法，例如极限编程、敏捷开发（Scrum）等，但这些增量快跑的方式可能会导致一些问题，例如系统Bug增多、代码结构不清晰等，也常常造成该过程的一些节点缺失，比如没有形成良好的文档记录，导致后续项目升级、重构、移交困难。为了解决这些问题，人们提出了结对编程、代码重构、测试驱动开发、持续集成等软件工程的最佳实践。

除了上述软件工程方法外，机器学习实践中同样面临很多工程性问题。机器学习中常见的工程性问题可分为算法层和应用层，尤以应用层面临的问题居多。具有科研性质的新算法侧重于算法的理论与逻辑、公式的优美程度与复杂性，以及高精尖程度。而工程实践中则要考虑实现难度、运行环境、运行效率、稳定性等问题，实现起来往往不那么优雅，甚至要牺牲一定的精度做折中处理。机器学习实践过程中时常面临的工程问题需要工程师进行权衡与抉择，这正是软件工程看问题的角度。

1）算法性能与健壮性：算法的运算性能和健壮性直接影响机器学习的效率，间接影响模型的效果和推广应用。算法从性能上可考虑在线还是离线训练的模式，以及是单机还是分布式的算法，进而考虑直接开源还是自实现，以及如何选择编程语言等实际问题。

2）特征数量：特征数量过多，除了会造成学习算法困难，还会提高数据获取和数据处理的难度，进而直接提高上线的难度，增大上线后的监控工作量。在业务层面则会增加解释的难度。

3）数据转换：要求数据转换的一致性，此处数据转换包括数据处理和特征衍生。模型上线预测阶段的数据转换过程要与模型训练阶段的处理过程保持一致，这个过程包括一致的处理方法和一致的元信息。例如模型训练过程中空值填充了均值，那么线上的预测数据处理过程也要填充均值，且该均值为训练集上的均值，即处理方法和训练集上的均值这一元信息都需要存储并运用到后续的预测阶段。特征衍生亦是如此。

4）模型大小：模型文件的大小将影响加载启动效率甚至预测效率，在嵌入式系统（智能设备）中直接影响系统资源分配。

5）机器学习环境：一般模型上线要求和模型训练具有相同的运行环境，即环境一致性要求。环境准备的难易程度直接影响模型上线的难度。

6）调用或集成方式：是否将模型设置为独立的功能模块或者模型是否便于嵌入式地集成到宿主机中，例如 API 调用便于解耦和维护。此外，还需进一步考虑大批量调用的效率、容错处理、日志收集、数据库等系统集成问题。

7）预测效率与实时性：一般来说，模型越复杂，预测效率越低；系统越复杂，实时性越差。使用复杂模型时尤其要注意，比如多层或嵌套的集成模型，模型复杂度非常高，预测效率往往非常低。线上预测往往要求实时性，复杂模型并不合适。

8）功耗：智能设备的功耗和发热也是实践中要关注的点。

很多时候，机器学习项目实践并不需要一味追求"高精尖"的方法和技巧，反而是简单、直接、有效的方式常常成为首选，这些需要机器学习算法工程师综合考虑并提出自己的看法。当我们从项目应用的角度考虑问题时，就真正体现了"机器学习工程师"中"工程"二字的真实含义。只有这样，我们才算有了机器学习的工程思维。

在我们实践机器学习项目时，除了遵循以上的过程方法论外，还会用到相关方法和工具。例如，如何分析需求、设计实验、设计模型、设计系统架构等，使用什么样的机器学习开发和测试环境、自动化测试工具、开源工具包、部署工具、代码管理工具等。本书将在第 2、3 和 15 章介绍一些必要的软件工程知识和工具的应用。

最后，用图 1-5 简要描述机器学习、人工智能与软件工程的关系。

经过对上述对照关系和软件工程方法的学习，我们对机器学习的认识将得到进一步扩展，这正是本书的目标——展现完整的机器学习项目从开始到结束的全过程。

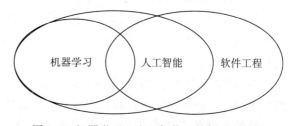

图 1-5 机器学习、人工智能、软件工程关系

机器学习与软件工程的交叉点还有另外的领域，在这些领域中机器学习方法被用来开发更好的软件产品，并使软件开发更加高效。例如，使用机器学习方法预测或评估软件项

目，包括自动发现软件质量缺陷、定位系统故障、评估开发或维护成本等。

如果把机器学习中的算法等理论研究看作机器学习的深度，那么机器学习的工程化实践则可称为广度。本书中并不能覆盖软件工程与机器学习交叉领域的各个方面，而仅从一些结合点来扩展读者对机器学习认识的广度。本书尽量借用软件工程中的方法实践机器学习的多个方面。

本书中的软件工程内容只涉及几个点，这只是软件工程的冰山一角。软件工程发展了几十年，市面上已有大量的相关专著，感兴趣的读者可参考 Ian Sommerville 的《软件工程》一书。

1.2.2　编码和测试

机器学习中无论是算法的开发、工具包的开发、数据和处理功能开发还是机器学习系统的开发，都离不开代码的编写。首先，我们按照软件工程的方法将编码涉及的活动分为以下 6 个环节。

1）项目定义与计划：项目一般指较正式或大型的软件系统，比如机器学习系统。需要按照正规的软件项目立项，在预算和进度等条件的约束下通过项目管理（可理解为上文的软件过程管理），确保提交满足需求的软件产品。小功能或函数的开发则相对自由。

2）需求分析：在正式编码前，要将需求即待实现的功能用自然语言描述出来，必要时加入图形来阐述，阐明软件提供的服务或功能、行为描述、相关约束等，并形成可供追溯和方便查阅的文档。对于小功能或函数的开发，笔者建议以笔记的形式记录或在代码中加入详细的注释说明。

3）设计：对于较大型的软件系统开发，一般由架构师和资深工程师进行软件系统设计，常用的方式有系统建模、用 UML 进行面向对象设计、交互系统的时序图等。对于小功能或函数的开发，笔者建议深入理解待实现功能的逻辑和算法，在笔记本上推演，抓住本质后再开始编码。

4）编码：程序的本质即数据结构和算法。在设计阶段需要考虑使用什么数据结构（List、Dict、DataFrame 等）、函数接口、算法逻辑等。笔者所见，很多没有软件开发背景的工程师在前 3 个环节的实际表现还不错，这体现了个人做事的习惯和风格，而在编码这一环节则可以看出机器学习工程师或建模工程师是否具有软件开发背景。想要编写更好的代码，只能多看、多实践。

5）测试：测试的目的是发现 Bug 并验证功能是否正确，即针对单一功能或函数的单元测试或调试，而非集成测试或系统测试。简言之，测试是检验指定的输入是否有正确的输出。软件工程领域中可将输入理解成测试用例。测试过程中需要准备尽可能覆盖各种情况的测试用例，以尽量保证功能正常。要将所有的测试用例形成测试报告，记录测试用例的通过情况。

6）运行维护：新需求或功能的开发及 Bug 修复等工作。

　　接下来，我们简要描述第 4 个环节"编码"和第 5 个环节"测试"中的测试驱动开发理念。

1. SOLID 编码原则

　　编码的指导原则有很多，这里我们参考 Robert C. Martin 提出的 5 个经典的面向对象编程原则：SOLID。该系列原则旨在促进编写可维护、易于理解和稳定的代码。SOLID 中 5 个字母的含义如表 1-2 所示。

表 1-2　SOLID 含义

Index	简称	解释
1	SRP	The Single Responsibility Principle：单一职责原则
2	OCP	The Open Closed Principle：开放封闭原则
3	LSP	The Liskov Substitution Principle：里氏替换原则
4	ISP	The Interface Segregation Principle：接口分离原则
5	DIP	The Dependency Inversion Principle：依赖倒置原则

　　1）SRP（单一职责原则）：要求每个方法或类有且仅有一个改变的理由，这意味着每个方法或类应当只实现一个具体的功能或服务，即只有一项职责。SRP 能促进编写简单的类、对象和函数。例如一个函数只做一件事情，那么它就符合这一原则。符合 SRP 原则的代码往往代码量非常小，遵循 SRP 原则也是实现代码高内聚、低耦合的方法。相反，如果代码不符合 SRP 原则，则由于功能多，极有可能需要经常修改和维护。

　　2）OCR（开放封闭原则）：要求程序实体（类、模块、函数等）对扩展开放，而对修改闭合，表现为当新增功能时应该尽量只添加新代码，而不要修改原代码，以避免向前一版本中引入 Bug。在面向对象编程中，OCR 表现为基类只能被继承和使用，但不能被修改。这要求程序员遵循 SRP 的同时具有面向对象的抽象能力，能看到本质。

　　3）LSP（里氏替换原则）：要求子类型必须能够替换它们的父类型而没有其他影响，即所有引用父类型的地方必须能透明地使用其子类型的对象。具体表现为父类型中的属性和行为必须包含于子类型中，例如，父类型的测试用例能在子类型中测试通过。该原则保证了面向对象中类继承的正确方法，避免类继承的混乱。

　　4）ISP（接口分离原则）：要求不能强迫用户依赖那些他们不使用的接口，表现为当 A 类依赖 B 类时，接口中 B 类的成员数量应该被最小化，以减少依赖。直白地说，使用多个专用的接口比使用一个大而全的接口要好，这样能增加程序的健壮性和灵活性，进而提高可复用性。

　　5）DIP（依赖倒置原则）：要求上层模块不依赖下级模块，如果有依赖，应该是上层模块和下级模块依赖抽象，并且不应该是抽象依赖于具体实现，而是具体实现依赖于抽象。该原则保证去除了模块间的耦合或绑定关系，也提高了复用性。

　　另外，Robert C. Martin 的《代码整洁之道》一书中详细讲述了如何编写干净、高质量的代码，感兴趣的读者可阅读参考。

2. 测试驱动开发

测试驱动开发（Test-Driven Development，TDD）的软件开发过程为：在非常短的开发循环里重复将需求转化为测试用例，然后对软件进行改造以通过（新）测试，这也是敏捷开发中的一项核心实践。TDD 强调测试的重要性，以测试为先，以保证功能为先，功能代码只是一种实现载体而已。在 TDD 的过程中，测试代码和功能代码的开发交错进行。很明显，这样的测试已涵盖需求分析、设计和质量控制，而不仅仅是测试。图 1-6 展示了传统开发模式和 TDD 开发模式的区别。

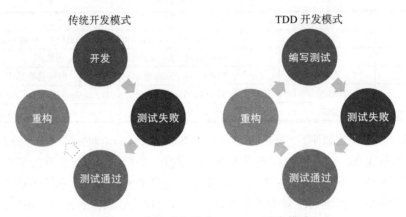

图 1-6 传统开发模式 VS TDD 开发模式

在传统开发模式中，开发为先，测试随后，测试通过后本轮的开发阶段就已结束。有时会有正式的重构过程，例如专门立项重构项目，但这已经脱离了本轮的开发过程，在当前的开发流中并不形成闭环。在 TDD 中，测试先行，开发只是满足测试的后续活动，重构活动时常出现，是开发闭环中的一部分。TDD 中突出了编写测试和重构这两个额外的步骤，这也导致 TDD 对开发人员的素质要求更高。除了多实践外，开发人员的思维和习惯也需要转变。在实践中，建议循序渐进或根据项目计划适当调整，从简单的测试用例开始，对于复杂的测试（使用 Mock 和 Stub 等技术）可先手动代替测试。

测试代码与功能代码一样重要，测试代码不仅要简洁干净、明确可读，而且必须随功能代码的演进而修改。除此之外，建议在编写测试用例时遵循 FIRST 的 5 点原则。

- F：Fast，测试要求能快速运行，支持频繁运行。否则，测试本身将耗费大量的时间而影响功能代码的实现效果，抑或难以忍受测试耗时而逐渐忽视甚至不愿运行测试。
- I：Independent，独立。测试应该相互独立，没有依赖关系，每个测试不作为前置或后置步骤，可独立运行而不影响其他测试。
- R：Repeatable，可重复。测试可重复是测试的基本要求，同时要求测试在测试环境、开发环境和线上环境都能运行。
- S：Self-Validating，自我验证。测试要求有布尔型结果输出，直观显示成功或失败，而无须人工再干预和判断。每个测试用例中尽量只有一个断言或一组同功能的断言。

- T：Timely，及时。要求测试在编写功能代码前及时编码，这有利于有目标和有组织地编写功能代码。

遵循以上原则有以下好处。

- 说明已经完全明确了功能代码的功能、考虑到了的边界。
- 每个测试用例覆盖功能代码的一项功能，能够提前发现 Bug，提升代码测试覆盖率。
- 每当增量开发时，如果之前的测试用例通过，则可以说明没给之前的代码引入新 Bug。
- 简化了调试工作量，测试失败的地方显而易见。
- 测试用例同时也是一种代码文档，它描述了代码的功能点，阅读测试用例有利于理解代码。在软件工程项目中，测试用例还能便于交接传承，作为项目的一部分，它会与功能代码一起提交至代码仓库。

Python 中最常见的单元测试套件是 unittest，它属于 Python 标准库，与之类似的还有 pytest、nose 等。这些软件包是我们践行 TDD 的工具。

虽然不是每个人都要成为算法工程师，都要编写底层算法、开发机器学习框架或发布工具包，但了解和掌握 TDD 的思维是很有必要的。感兴趣的读者可参考 Lasse Koskela 的《测试驱动开发的艺术》和 Kent Beck 的《测试驱动开发》等书。

1.3　朴素贝叶斯测试驱动开发案例

Foxmail 是一款邮件客户端，在它的设置页面内有一个"反垃圾"的设置项，支持使用贝叶斯过滤垃圾邮件，如图 1-7 所示。

下面我们来简单了解一下贝叶斯过滤垃圾邮件的原理和极简版实现。

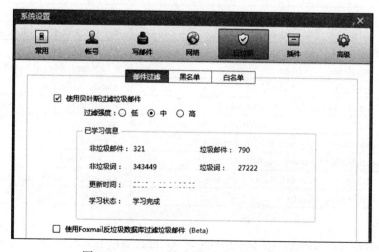

图 1-7　Foxmail 客户端"反垃圾"设置项

1.3.1　开发准备

在这个开发案例中，我们将演示 TDD 的开发模式。开发前需要做 3 项准备：邮件数据准备、开发工具准备和朴素贝叶斯定理基础知识学习。

1. 数据准备

原始邮件语料来自公开数据源⊖，内容全部为英文，其中垃圾邮件为 500 封，正常邮件为 1400 封。为了专注于测试驱动开发贝叶斯邮件分类器，笔者已先将数据进行清洗，每个文件包含一行邮件正文，示例如下：

---

lowest rates available for term life insurance take a moment and fill out our online form to see the low rate you qualify for save up to 70 from regular rates smokers accepted http www newnamedns com termlife representing quality nationwide carriers act now to easily remove your address from the list go to http www newnamedns com stopthemailplease please allow 48 72 hours for removal

---

我们只需读取文件、统计单词，然后实现朴素贝叶斯分类器即可。

2. 测试工具

Python 语言内置有断言，可将其作为测试的工具，例如：

```
assert 1==2,'断言失败'
```

这里我们选用 unittest 包，因为它比其他常见的测试包更为强大。表 1-3 列出了 unittest 包中的常用断言，详情可参考 https://docs.python.org/3/library/unittest.html。

表 1-3　unittest 中的常用断言

Index	简称	解释
1	assertEqual(a, b)，assertNotEqual(a, b)	a == b，a != b
2	assertTrue(x)，assertFalse(x)	bool(x) is True，bool(x) is False
3	assertIs(a, b)，assertIsNot(a, b)	a is b，a is not b
4	assertIsNone(x)，assertIsNotNone(x)	x is None，x is not None
5	assertIn(a, b)，assertNotIn(a, b)	a in b，a not in b
6	assertIsInstance(a, b)，assertNotIsInstance(a, b)	isinstance(a, b)，not isinstance(a, b)
7	assertAlmostEqual(a, b)，assertNotAlmostEqual(a, b)	round(a−b, 7) == 0，round(a−b, 7) != 0
8	assertGreater(a, b)，assertGreaterEqual(a, b)	a > b，a >= b
9	assertLess(a, b)，assertLessEqual(a, b)	a < b，a <= b
10	assertRegex(s, r)，assertNotRegex(s, r)	r.search(s)，not r.search(s)
11	assertCountEqual(a, b)	a 和 b 中元素相同（不关心其顺序）

⊖　https://spamassassin.apache.org/old/publiccorpus/20030228_easy_ham_2.tar.bz2；https://spamassassin. apache.org/old/publiccorpus/20030228_spam.tar.bz2

（续）

Index	简称	解释
12	assertMultiLineEqual(a, b)	strings- 字符串
13	assertSequenceEqual(a, b)	sequences- 序列
14	assertListEqual(a, b)	lists- 列表
15	assertTupleEqual(a, b)	tuples- 元组
16	assertSetEqual(a, b)	sets or frozensets- 集合
17	assertDictEqual(a, b)	dicts- 字典

使用示例如下：

```
import unittest
t_test = unittest.TestCase()
t_test.assertEqual(1,2,'断言失败')
```

在新建测试类时继承 unittest.TestCase 即可使用这些断言。TestCase 中有两个特殊函数 setUp() 和 tearDown()，分别在测试函数的前后执行，方便测试程序前置准备和后置清理工作。

3. 朴素贝叶斯定理

下面以大家熟知的天气预报为例简要说明朴素贝叶斯定理。

（1）条件概率

设事件 A 为 5 级大风，事件 B 为晴天。出现 5 级大风时是晴天的条件概率表示为式（1-3）。

$$P(B \mid A) = \frac{P(A \cap B)}{P(A)} \tag{1-3}$$

假设获取到的 100 天的数据里 A 出现了 5 天，则 $P(A)$=0.05，在 5 天里有一天是晴天，则 $P(A \cap B)$=0.01，所以 $P(B|A)$=0.01/0.05=0.2。这种正向求解的方式又称正向概率。

（2）朴素贝叶斯

计算条件概率的另一种方式是使用贝叶斯定理，已知 $P(B|A)$，求 $P(A|B)$，即求反向概率：已知是晴天，求出现 5 级大风的概率。贝叶斯公式表示为式（1-4）。

$$P(A \mid B) = \frac{P(B \mid A)P(A)}{P(B)} \tag{1-4}$$

假设在 100 天里，晴天出现了 50 天，那么 $P(B)$=0.5，代入式（1-4）可求得 $P(A|B)$=0.02。如果再加入更多的事件，例如气温（用 $A2$ 表示），则问题的求解将变得更复杂，上述事件概率分别表示为 $P(B|A, A2)$ 和 $P(A, A2|B)$。为此我们先看多变量非独立联合条件概率分布的链式法则，见式（1-5）。

$$P(A_1, A_2, \cdots, A_n) = P(A_1)P(A_2 \mid A_1) \cdots P(A_n \mid A_1, A_2, \cdots, A_n - 1) \tag{1-5}$$

以上是通用表达式，但在现实中计算复杂，例如求解 $P(B|A, A2)$，按贝叶斯公式得到式（1-6）。

$$P(B \mid A, A2) = \frac{P(A, A2 \mid B)P(B)}{P(A, A2)} \tag{1-6}$$

上式不够简洁，可以先按贝叶斯和链式法则展开 $P(B,A,A2)$ 再观察，如式（1-7）所示。

$$P(B, A, A2) = P(B)P(A, A2 \mid B) = P(B)P(A \mid B)P(A2 \mid B, A) \tag{1-7}$$

式（1-7）中，假设 A 和 $A2$ 独立，可简化为式（1-8）。

$$P(B, A, A2) = P(B)P(A, A2 \mid B) = P(B)P(A \mid B)P(A2 \mid B) \tag{1-8}$$

以上即为朴素贝叶斯的计算方式。

此时式（1-6）将简化为式（1-9）。

$$P(B \mid A, A2) = \frac{P(B)P(A \mid B)P(A2 \mid B)}{P(A, A2)} \tag{1-9}$$

对于所有的 B 来说，$P(A,A2)$ 都是固定的，所以此处将 B 扩展为晴天 $B1$ 和雨天 $B2$。当要判断晴天或雨天这样的二分类问题时，只要比较 $P(B1 \mid A,A2)$ 和 $P(B2 \mid A,A2)$ 的大小即可，而这等价于判断 $P(B1)P(A \mid B1)P(A2 \mid B1)$ 和 $P(B2)P(A \mid B2)P(A2 \mid B2)$ 的大小。

在下面的朴素贝叶斯邮件分类器中，$B1$ 和 $B2$ 分别表示垃圾邮件和正常邮件，A 则代表各个单词。此时式（1-9）的含义为：当某封邮件中出现了某些单词的情况下，该邮件为垃圾邮件的概率。其求解方法是分别在训练样本中的垃圾邮件和正常邮件中统计各单词的词频，而 $P(B)$ 则表示垃圾邮件和正常邮件的先验概率。我们简单地以样本中的邮件情况作为先验，比如垃圾邮件 $P(B1)=500/(1400+500)= 0.2632$，正常邮件 $P(B2)=1400/(1400+500)= 0.7368$。

（3）贝叶斯决策

我们按照贝叶斯决策理论做如下二分类决策。

- 垃圾邮件：$P(\text{垃圾} \mid X) > P(\text{正常} \mid X)$
- 正常邮件：$P(\text{垃圾} \mid X) \leqslant P(\text{正常} \mid X)$

等号意为：正常邮件被判断为垃圾邮件的危害比垃圾邮件被判断为正常邮件大。

1.3.2 开发邮件分类器

通常按如下步骤开发邮件分类器：获取文件、解析单词、训练、评分、评判、分类、预测与验证。

1. 获取文件

先编写测试代码。在 setUp 中准备好测试用数据并做好相关准备工作，编写读取文件的测试代码，函数名格式为 test_xxx，此处为 test_get_files_from_dir。

```
import unittest
class TestEmailClassifier(unittest.TestCase):
    def setUp(self):
```

```
        # 内容为: notin book please PLEASE
        self.tmp_file = '../data/tmp/tmp.txt'
        # 文件 1 内容: spam buy buy this book http www
        self.spam_dir = '../data/test_spam/'
        # 文件 1 内容 :ham this is ham please refer this book
        # 文件 2 内容 :ham please refer this book
        self.ham_dir = '../data/test_ham/'
        self.clf = EmailClassifier(self.spam_dir, self.ham_dir)
def test_get_files_from_dir(self):
        a_bad = EmailClassifier.get_files_from_dir(self.spam_dir)
        a_good = EmailClassifier.get_files_from_dir(self.ham_dir)
        self.assertEqual(len(a_bad), 1)
        self.assertEqual(len(a_good), 2)
# 主函数
if __name__ == '__main__':
# 方式一: python -m unittest TestEmailClassifier
#unittest.main()
# 方式二
suite = unittest.defaultTestLoader.loadTestsFromTestCase(
    TestEmailClassifier)
    unittest.TextTestRunner().run(suite)
```

再编写功能代码:

```
import os
import glob
class EmailClassifier:
    @staticmethod
    def get_files_from_dir(path):
        return glob.glob(os.path.join(path, '*.*'))
```

运行上述测试主函数，保证代码测试通过。

2. 解析单词

接上述代码，在 TestEmailClassifier 类中编写测试代码:

```
# 测试文本解析功能：全部小写，取集合
# expectation : e ;a = actual
def test_get_words_from_file(self):
    e = set(['notin', 'book', 'please'])
    a = EmailClassifier.get_words_from_file(self.tmp_file)
    self.assertSetEqual(a, e)
```

再编写功能代码:

```
import re
@staticmethod
def get_words_from_file(file):
    with io.open(file, 'r') as f:
        c = re.findall('\w+', f.read().lower())
    return set(c)
```

运行测试主函数，保证代码测试通过。

3. 训练

朴素贝叶斯训练：统计单词。先编写测试代码：

```
def test_train(self):
    self.clf.train()
    self.assertEqual(self.clf.total_count['spam'], 6)
    self.assertEqual(self.clf.total_count['ham'], 11)
    self.assertEqual(self.clf.training['ham']['please'], 2)
    self.assertEqual(self.clf.training['spam']['buy'], 1)
```

再编写功能代码：

```
from collections import defaultdict
class EmailClassifier:
    '''
    spam: 垃圾邮件
    ham: 正常邮件
    '''
    def __init__(self, spam_dir, ham_dir):
        self.CAT = ['ham', 'spam']
        self.spam_list = EmailClassifier.get_files_from_dir(spam_dir)
        self.ham_list = EmailClassifier.get_files_from_dir(ham_dir)
        # 记录每个类别下每个单词的计数
        self.training = {c: defaultdict(float) for c in self.CAT}
        # 记录每个类别单词总数
        self.total_count = {self.CAT[0]: 0, self.CAT[1]: 0}
    def train(self):
        # 单词统计
        for t in zip(self.CAT, [self.ham_list, self.spam_list]):
            for s in t[1]:
                words = EmailClassifier.get_words_from_file(s)
                self.total_count[t[0]] += len(words)
                for ww in words:
                    self.training[t[0]][ww] += 1
```

运行测试主函数，保证代码测试通过。

4. 评分

测试代码：输入邮件文件得出其评分。

```
def test_score(self):
    a = {
        'ham': round(2 / 3 * 1 / 12 * 3 / 12 * 3 / 12, 7)
        'spam': round(1 / 3 * 1 / 7 * 2 / 7 * 1 / 7, 7)
    }
    e = self.clf.score(self.tmp_file)
    self.assertDictEqual(a, e)
```

功能代码：为了避免因预测集中出现训练集中未出现的单词而导致归零的情况，在统计时对分子、分母各加 1。

```
# 增加先验
def __init__(self, spam_dir, ham_dir):
        p_ham = len(self.ham_list) / (len(self.ham_list) + len(self.spam_list))
        self.P = {self.CAT[0]: p_ham, self.CAT[1]: 1 - p_ham}
    def score(self, email_file):
        if self.total_count[self.CAT[0]] == 0 or self.total_count[
            self.CAT[1]] == 0:
        self.train()
    result = self.P.copy()
    for ww in EmailClassifier.get_words_from_file(email_file):
        for cc in self.CAT:
            v = self.training[cc][ww]
            p = (v + 1) / (self.total_count[cc] + 1)
            result[cc] *= p
```

运行测试主函数，保证代码测试通过。

5. 评判

测试代码：输入得分字典，进行贝叶斯决策。

```
def test_judge(self):
    t = self.clf.score(self.tmp_file)
    e = {'ham':0.0034722}
    a = self.clf.judge(t)
    self.assertDictEqual(a, e)
```

功能代码：

```
@staticmethod
    def judge(score_dict):
        ''' 二分类 '''
        keys = list(score_dict.keys())
        if score_dict[keys[0]] >= score_dict[keys[1]]:
            return {keys[0]: score_dict[keys[0]]}
        else:
            return {keys[1]: score_dict[keys[1]]}
```

运行测试主函数，保证代码测试通过。

6. 分类

测试代码：输入邮件文件，得出分类结果。

```
def test_classify(self):
    e = {'ham':0.0034722}
    a = self.clf.classify(self.tmp_file)
    self.assertDictEqual(a, e)
```

功能代码：

```
def classify(self, email_file):
```

```
score = self.score(email_file)
return self.judge(score)
```

运行测试主函数，保证代码测试通过。最终的测试通过提示如图 1-8 所示。

```
test_classify (__main__.TestEmailClassifier) ... ok
test_get_files_form_dir (__main__.TestEmailClassifier) ... ok
test_get_words_from_file (__main__.TestEmailClassifier) ... ok
test_judge (__main__.TestEmailClassifier) ... ok
test_score (__main__.TestEmailClassifier) ... ok
test_train (__main__.TestEmailClassifier) ... ok

----------------------------------------------------------------------
Ran 6 tests in 0.011s

OK
```

图 1-8   unittest 测试通过

在测试和开发结束后，就完成了核心功能点的开发，后续要检查功能或微调，最后将测试代码和功能代码一并归档提交。只要保证测试通过，就能保证原功能正常，这极大方便了后续迭代和维护。

7. 预测与验证

查看分类器的效果：将准备好的数据分为训练集和验证集，二者的比率为 8：2，并分别将其放入不同的文件夹中处理。

```
# 训练集
s = '../data/processed/spam_400/'
h = '../data/processed/ham_1120/'
clf = EmailClassifier(s, h)
clf.train()
# 预测功能代码
def predict(clf, ham_dir, spam_dir):
    ham_list = EmailClassifier.get_files_form_dir(ham_dir)
    spam_list = EmailClassifier.get_files_form_dir(spam_dir)
    tp,fp,tn,fn = 0,0,0,0
    for hh in ham_list:
        t = clf.classify(hh)
        if 'ham' in t:
            tn += 1
        else:
            print(t)
            fn += 1
    for ss in spam_list:
        t = clf.classify(ss)
        if 'spam' in t:
            tp += 1
        else:
```

```
            print(t)
            fp += 1
    accuracy = (tp + tn) / (tp+tn+fp+fn)
    print('accuracy:{}'.format(accuracy))
    return tp,fp,tn,fn
# 验证集上预测查看效果
v_s = '../data/validate/spam/'
v_h = '../data/validate/ham/'
predict(clf,h,s)
```

重复上述步骤会发现，最终得到的结果分类完全正确，这主要是 score 函数中连乘导致精度溢出所致。可以实验每项乘以 1000 进行微调：

```
p = 1000*(v + 1) / (self.total_count[cc] + 1)
```

同时，调整测试代码，保证在一定精度下测试代码全部通过，此情况下精度为 0.98。朴素贝叶斯邮件分类器在数据量较少的情况下也能有不错的表现，一般随着数据量的增多，效果越来越好。

1.4　本章小结

本章是提纲挈领的一章，包含了机器学习简述、软件工程方法和基于朴素贝叶斯测试驱动开发案例。

1.1 节介绍了机器学习与人工智能、深度学习、大数据、数据科学的关系以及机器学习类别与范式，并按 ETP（经验、任务、性能）展开，将机器学习中常见的概念贯穿起来。可以看到，机器学习的过程是"表示 + 评价 + 优化"。

1.2 节介绍了软件工程的概念和机器学习中的软件工程方法，更多的是对读者工程思维的一种培养。具体实践内容包括如何编码、如何测试和测试驱动的开发方法。

1.3 节以朴素贝叶斯测试驱动的开发案例结束本章。按照测试驱动的开发方法，测试完即完成核心功能的开发。这种开发方式除了多实践外，还需要逐渐改变开发的思维和习惯。

CHAPTER 2

第 2 章

工程环境准备

工欲善其事，必先利其器。本章将开始机器学习项目的软件工程环境的准备。我们首先在最常用的操作系统平台 Windows、Linux、macOS 下安装知名的 Anaconda 集成的数据科学包的 Python 环境。Anaconda 集成了当下大量常用的且质量有保障的 Python 机器学习包，这种开箱即用的集成环境给大家带来了极大的便利。但是，当我们有自定义需求时则需要使用另外的方式实现。为此，本章首先推荐的是 Python 通用的虚拟环境的自定义方法，并使用 Pipenv 这一便利的工具（Pipenv 是 Python 环境下的工具而非机器学习的软件包）。接着讲述如何借助 Docker 这一虚拟化技术打包自定义的 Python 环境，便于环境发布和标准化。接着重点讲述数据科学项目标准的 Docker 环境，以解决机器学习项目的开发痛点。

机器学习中，数据处理、调参等工作涉及的个人经验偏多，企业内部很难实现机器学习项目的无缝交接，结果难以复现，在模型上线阶段也极易出现 Python 环境不一致的尴尬局面。将机器学习项目作为一个标准的软件项目工程来管理，同普通的软件开发项目一样，需要构建标准机器学习项目环境（数据工程环境），其中包括：项目独立的环境、标准的开发目录结构、一致的软件包版本、遵循的规范，由此可轻松实现完整的项目交接传承、验收和结果的复现。

本章为读者提供了一个机器学习 Docker 环境，用户可自由在 Docker 市场⊖搜索下载，同时包含上层的管理工具以及环境定制功能。读者也可在企业内部搭建企业私有 Docker Hub 以实现企业内镜像的统一分发，满足不同部门对虚拟化环境的需求，如同大型 IT 或互联网企业内部的 YUM 源功能一样。

很明显，本章的工程属性非常重，涵盖了个人机器学习开发、论文实验（公开原理和算法可复现的）环境，同时亦满足企业标准化、项目化的数据科学开发环境的多种需求。

注意：本书所使用的 Python 版本是 Python 3，使用的操作系统在没有特殊说明时指的是 CentOS 系统。

⊖ https://cloud.docker.com/

2.1　Anaconda

Anaconda 是在 Linux、Windows 和 macOS X 上执行 Python 数据科学和机器学习最直接的方式，全球有超过 1100 万用户，几乎是数据科学开发、测试和培训的行业标准环境。在一台机器上能使多个数据科学家开展如下工作：

- 快速下载超过 1500 个 Python、R 数据科学包。
- 使用 conda 管理库、依赖项和环境。
- 使用 scikit-learn、TensorFlow 和 Theano 开发和训练机器学习与深度学习模型。
- 使用 Dask、NumPy、Pandas 和 Numba 分析具有可伸缩性的数据。
- 使用 Matplotlib、Bokeh、Datashader 和 Holoviews 可视化结果。

简单来说，Anaconda 是 Python 的一种发行版，同时也是一个科学工具包的集合，常用的包括：conda，包与环境的管理工具，类似于 pip；Jupyter Notebook，可以将数据分析的代码、图像和文档全部集成到一个 Web 页面中。

2.1.1　安装 Anaconda

下面介绍在 Linux、Windows 和 macOS 上 Anaconda 的安装方法。

1. 在 Linux 下安装

安装过程如下所示。

1）Anaconda 官方页面下载安装程序，截至 2019 年 3 月的最新版本是 Python 3.7 和 Python 2.7，本书使用 Python 3。也可以直接使用如下的命令下载：

```
wget https://repo.continuum.io/archive/Anaconda3-2018.12-Linux-x86_64.sh
```

2）下载后执行 bash Anaconda3-2018.12-Linux-x86_64.sh。

3）当提示" In order to continue the installation process, please review the license agreement."时回车查看许可条款。输入"Yes"表示同意。

4）单击 Enter 接受默认安装位置或指定安装目录，默认情况将显示"PREFIX = / home / \<user\> / anaconda3"。

5）当提示" Do you wish the installer to prepend the Anaconda3 install location to PATH in your /home/\<user\>/.bashrc ?"时，输入" Yes"，表示将安装包中的可执行文件添加到系统可执行目录，便于后续直接使用。

6）安装程序描述 Microsoft VS Code 并询问是否要安装 VS Code。输入" Yes"或"No"。如果输入"Yes"，请按照屏幕上的说明完成 VS Code 安装，否则输入"No"。

7）程序安装完成并显示"Thank you for installing Anaconda3！"。

8）关闭并打开终端窗口以使安装生效，或者输入命令" source ~/.bashrc"。

9）输入" conda list"或 Python 命令验证安装是否成功，在具有图形化界面的操作系统中也可使用 anaconda-navigator 启动其导航页面。

2. 在 Windows 下安装

在官方下载页面选择与自己操作系统匹配的安装包，安装包有图形化和命令行两种安装方式：Graphical Installer 和 Command Line Installer。接下来我们以 Graphical Installer 为例讲述。

1）双击启动安装程序。

注意，为防止权限错误，请不要从"收藏夹"启动安装程序。如果在安装过程中遇到问题，请在安装期间临时禁用防病毒软件，然后在安装结束后重新启用它。如果是为所有用户安装，请卸载 Anaconda 并仅为你的用户重新安装，然后重试。

2）点击"Next"。

3）阅读许可条款，然后点击"I Agree"。

4）如果是为所有用户安装，需要 Windows 管理员权限，否则选择"Just Me"的安装并点击"Next"。

5）选择要安装 Anaconda 的目标文件夹，然后点击"下一步"按钮。注意，要将 Anaconda 安装到不包含空格或 unicode 字符的目录路径。

6）选择是否将 Anaconda 添加到 PATH 环境变量中。官方的建议是不要将 Anaconda 添加到 PATH 环境变量中，而是从开始菜单打开 Anaconda Navigator 或 Anaconda Prompt 来使用 Anaconda 软件。

7）选择是否将 Anaconda 注册为默认 Python。除非你计划安装和运行多个版本的 Anaconda 或多个版本的 Python，否则请接受默认值并选中此框。

8）点击"Install"按钮。如果要观看 Anaconda 正在安装的软件包，请点击"Show Details"。

安装成功后，会出现"Thanks for installing Anaconda!"界面，点击"Finish"完成安装。

9）依次点击"开始"→"Anaconda3（64-bit）"→"Anaconda Navigator"验证安装结果，若可以成功启动 Anaconda Navigator 则说明安装成功。

3. 在 macOS 下安装

macOS 也支持图形化和命令行两种方式安装，与上述安装类似，此处不再赘述。

2.1.2 使用 conda 管理环境

conda 是一个开源包管理系统和环境管理系统，由 Python 实现，除了支持 Python，还可以管理 R、Scala、Java、C / C ++、FORTRAN 等语言，可以实现快速安装、运行和更新软件包及其依赖项。

conda 主要的命令请参考表 2-1（可以使用 conda –help 或 conda –h 查看使用帮助）。更详细的内容请参考官网 https://conda.io/en/latest/。

表 2-1 conda 主要命令介绍

Index	conda 包和环境管理器命令	解释
1	conda install $PACKAGE_NAME	安装包
2	conda update --name $ENVIRONMENT_NAME $PACKAGE_NAME	更新包
3	conda update conda	更新包管理器
4	conda remove --name $ENVIRONMENT_NAME $PACKAGE_NAME	卸载软件包
5	conda create --name $ENVIRONMENT_NAME python	创建一个虚拟环境
6	conda activate $ENVIRONMENT_NAME*	激活环境
7	conda deactivate	退出环境
8	conda search $SEARCH_TERM	搜索可用的包
9	conda install --channel $URL $PACKAGE_NAME	从特定来源安装包
10	conda list --name $ENVIRONMENT_NAME	列出已安装的包
11	conda list --export	创建需求文件
12	conda info --envs	列出所有环境
13	conda install pip	安装其他包管理器
14	conda install python=x.x	安装 Python
15	conda update python*	更新 Python

conda 中默认环境标记为 base。如果想使用其他版本的 Python，请参考如下安装 Python 3.4 环境的例子。

1）确认当前 conda 环境为 base（星号标记当前环境）。

```
[anconda@rule ~]$ conda env list
# conda environments:
#
base                  *   /home/anconda/anaconda3
```

2）创建一个名为 python34 的环境，指定 Python 版本 3.4。

```
[anconda@rule ~]$ conda create --name python34 python=3.4
```

3）安装好后，使用 activate 激活环境（Windows 下执行 activate python34）。

```
[anconda@rule ~]$ source activate python34
```

4）确认当前 conda 环境，可以看到环境是 python34。

```
(python34) [anconda@rule ~]$ conda env list
# conda environments:
#
base                      /home/anconda/anaconda3
python34              *    /home/anconda/anaconda3/envs/python34
```

5）查看当前 Python 版本。

```
(python34) [anconda@rule ~]$ python -V
Python 3.4.5 :: Continuum Analytics, Inc.
```

6）退出 python34 环境（Windows 下执行 conda deactivate）。

```
(python34) [anconda@rule ~]$ source deactivate python34
```

7）再次查看环境已经转变为 base。

```
(base) [anconda@rule ~]$ conda env list
# conda environments:
#
base                   *  /home/anconda/anaconda3
python34                  /home/anconda/anaconda3/envs/python34
```

8）删除一个已有的环境。

```
(base) [anconda@rule ~]$ conda remove --name python34 --all
```

2.1.3　Jupyter Notebook 基础使用和示例

Jupyter Notebook 是进行数据分析和探索的非常便利的开发工具，它可以将代码、图表和文档完美集成到一个 Web 文档中。

1. Jupyter Notebook 简介

Jupyter 脱胎于 IPython 项目，近年专注于 Python 的项目，至今已支持多种编程语言，它使我们从写出让机器读懂的代码过渡到向人们表达想法。Jupyter 中除了代码，更多的是叙述性的想法、图表等内容，这正是从事数据相关工作人员需要的开发风格。Jupyter Notebook 有众多优点，如下所示。

1）适合数据探索和分析，可以将代码、图表和文档完美集成在一起。

2）支持 Python、Julia、R、Ruby、Scala、Go 等语言。默认运行内核是 Python。如果想使用 R 语言来做数据分析，或者想用 MATLAB，只需要安装相对应的核（kernel）即可。Jupyer 支持的核见 https://github.com/jupyter/jupyter/wiki/Jupyter-kernels。

3）分享便捷：支持以网页形式的分享，在 GitHub 上支持 Notebook 展示，也支持 nbviewer 分享。同时，也支持导出 HTML、Markdown、PDF 等多种格式的文档。

4）远程运行：可以通过网络链接远程控制 Web 服务器来操作，官方提供了一个测试环境 https://jupyter.org/try 作为体验。

5）交互式展示：不仅可以输出图片、视频、数学公式，甚至可以呈现一些互动的可视化内容，比如可以缩放的地图或者可以旋转的三维模型。这就需要交互式插件（Interactive widgets）来支持，更多内容请参考 https://jupyter.org/widgets.html。

2. Jupyter Notebook 的使用

上小节对 Jupyter Notebook 进行了简单介绍，下面讲解一下 Jupyter Notebook 服务的启动和基本使用方法。

（1）启动服务

我们可以从命令行（jupyter-notebook）或操作界面启动 Jupyter Notebook 服务。打开

Web 浏览器的 URL 浏览器（默认情况下为 http://localhost:8888），如果没有异常，我们会看到如图 2-1 所示的 Jupyter 主界面。

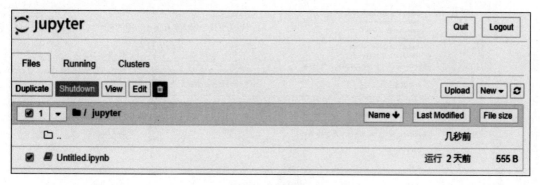

图 2-1　Jupyter Notebook 主界面

Jupyter Notebook 主界面顶部的 3 个选项卡是 Files（文件）、Running（运行）和 Clusters（集群）：

- Files（文件）显示当前 "notebook 工作文件夹" 中的所有文件和文件夹。
- Running（运行）会列出所有正在运行的 notebook，可以在该选项卡中管理这些 notebook，例如选择对应文件，点击 Shutdown 按键即可关闭运行的 notebook。
- Clusters（集群）一般不会用到，因为过去需要在 Clusters 中创建多个用于并行计算的内核，而现在这项工作已经由 ipyparallel 接管了。

点击主界面右上角的 New 下拉框，选择 notebook 下 Python 版本即可创建对应 Python 版本的 notebook 文件。创建成功后，在 Files（文件）里会展示新创建的 notebook 文件，点击对应的 notebook 文件即可运行。

（2）Notebook 界面

点击对应的 notebook 文件即可进入 notebook 开发界面，如图 2-2 所示。

notebook 文件界面主要构成如下所示。

- notebook 文件名称：页面顶部显示的名称（Jupyter 标签旁边）反映了 .ipynb 文件的名称点击其名称会弹出一个对话框，允许重命名它。
- 菜单栏：显示可用于操纵 notebook 功能的不同选项。
- 工具栏：通过点击图标，工具栏可以快速执行 notebook 中最常用的操作。
- 代码单元：这里是编写代码的地方，通过快捷键 Shift + Enter 运行代码，其结果显示在本单元下方。
- Markdown 单元：在这里对文本进行编辑，采用 markdown 的语法规范，可以设置文本格式，插入链接、图片甚至数学公式。同样使用快捷键 Shift + Enter 运行 markdown 单元来显示格式化的文本。

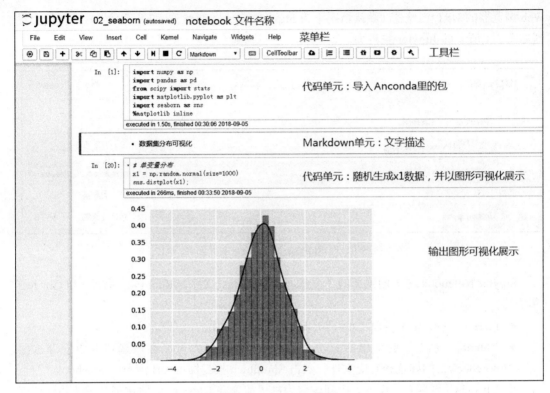

图 2-2   notebook 界面

notebook 中有两种模式。

- 编辑模式：编辑文本和代码。选中单元并按 Enter 键进入编辑模式，此时单元左侧显示绿色竖线。

- 命令模式：用于执行键盘输入的快捷命令。通过 Esc 键进入命令模式，此时单元左侧显示蓝色竖线，然后按相应的快捷键实现对文档的操作。比如切换成代码单元（Y 键）或 markdown 单元（M 键），在本单元的下方增加一单元（B 键），查看所有快捷命令可以按 H 键。更多操作命令请查看官方文档 https://jupyter-notebook.readthedocs.io/en/stable/notebook.html。

3. Jupyter 多用户

上述的 Jupyter 是单实例服务，可多人共享，容易造成文件误删或改动，这时候可以考虑使用 Jupyter 的多用户版本 JupyterHub。在安装 JupyterHub 之前，需要确认如下环境：

- 基于 Linux 或 UNIX 的系统。

- Python 3.5 或更高版本。

- 使用操作系统的软件包管理器安装 node.js 和 npm。

- 用于 HTTPS 通信的 TLS 证书和密钥。

- 域名。

安装和启动 JupyterHub 服务步骤如下所示。

1）执行如下命令安装，确认安装成功。

```
(base) [root@rule anconda] conda install -c conda-forge jupyterhub
(base) [root@rule anconda]# jupyterhub -h
Start a multi-user Jupyter Notebook server
......
Arguments that take values are actually convenience aliases to full
Configurables, whose aliases are listed on the help line. For more information
on full configurables, see '--help-all'.
--debug
    set log level to logging.DEBUG (maximize logging output)
--generate-config
    generate default config file
```

2）创建配置文件。

```
(base) [root@rule anconda]# jupyterhub --generate-config
Writing default config to: jupyterhub_config.py
```

3）修改配置文件，根据注释提示，填写相关信息。

```
(base) [root@rule anconda]# vim jupyterhub_config.py
c.JupyterHub.ip = '192.168.1.2'      #IP 地址
c.JupyterHub.port = 8000             # 端口
c.PAMAuthenticator.encoding = 'utf8'
c.LocalAuthenticator.create_system_users = True
c.Authenticator.whitelist = {'user1', 'user2'}      # 白名单
c.Authenticator.admin_users = {'user1'}             # 管理员用户
c.JupyterHub.statsd_prefix = 'jupyterhub'
```

4）要允许多个用户登录 Hub 服务器，必须以特权用户身份启动 Jupyterhub，例如 root。

```
(base) [root@rule anconda]# nohup jupyterhub --no-ssl > jupyterhub.log &
[1] 14544
(base) [root@rule anconda]# nohup: ignoring input and redirecting stderr to
    stdout
```

5）用配置文件里的 IP+ 端口进行访问。更多配置和功能需求请参考官方文档 https://jupyterhub.readthedocs.io/en/latest/getting-started/index.html。

2.2 使用 Pipenv 定制 Python 环境

Python 从 1991 年首次发布以来，应用非常广泛，更新迭代非常快。目前在计算机行业中使用最多的是 Python2 和 Python3，但令人沮丧的是，它们并不能完全兼容。另外，开源的 Python 包成千上万，背后数以万计的 Python 开发人员在不断地提交更新和迭代，这也

导致了同一 Python 包之间具有差异，这正是 Python 令人诟病的一点——兼容与环境。以 scikit-learn⊖ 为例，pypi.org 显示，scikit-learn 于 2016 年 9 月发布了 0.18 版本，2017 年 8 月发布 0.19 版本，2018 年 9 月发布 0.20 版本，2019 年发布了 0.21、0.22 版本，2020 年发布 0.23 版本。

Python 工程师（此处不仅指机器学习开发人员）在使用 Python 开发时，将面临 Python 环境不一致的问题：开发环境和线上环境不一致，即程序在本地测试通过后，上线后很有可能由于环境的差异而出现 Bug。这里的不一致除了以上的版本差异外，还涉及平台的差异。为了解决这个问题，Python 社区推荐大家使用虚拟环境，并提供了相关的工具。在虚拟环境下，每个环境与其他 Python 虚拟环境隔离，互不影响，常用的工具有 virtualenv（virtualenvwrapper）、pyvenv、conda 等。本节要介绍的是近两年非常流行的工具 Pipenv，笔者根据个人经验推荐使用 Pipenv 制作 Python 的虚拟环境。

2.2.1　Pipenv 简介

Pipenv 官网有这样一句话对 Pipenv 的介绍，"Pipenv⊖: Python Development Workflow for Humans." 即"适合人类的 Python 开发工作流"，其支持 Python 2 和 Python 3。Pipenv 的第一个版本在 2017 年 1 月发布，旨在将世界上各种打包（packaging）方法（包括 bundler、composer、npm、cargo 等）中的精品带到 Python 世界。截至 2019 年 2 月，该项目在 GitHub 上的 star 已达 1.6 万，足见其受欢迎程度，同时其也是 Python 官方推荐的软件包管理工具⊜。Pipenv 的作者是 Kenneth Reitz，他也是 Python 知名包 request 的作者。

不同的计算机开发语言中，出现了不同的软件工程开发实践。如下的包管理工具极大地减少了软件工程师在包管理和维护上的时间。

- Bundler：Ruby 语言的开发项目管理工具。
- Composer：PHP 语言的包管理工具。
- npm：JavaScript 的包管理工具。
- Cargo：Rust 系统编程语言中的包管理工具。
- Yarn：代码包、模块的管理工具，往往替代 npm 使用。

Pipenv 能基于当前系统的 Python 自动为 Python 项目创建和管理一个虚拟环境。Pipenv 自身并没有受到 Python 版本的限制，比如，它可在 Python 2 环境下安装 Python 3 的虚拟环境，反之亦然。在创建和管理环境的过程中会自动生成两个特殊的纯文本文件：Pipfile 和 Pipfile.lock。Pipfile 文件记录了当前虚拟环境的基础 Python 版本等信息。当用户安装和卸载 Python 包时，Pipfile 还会记录下用户的操作涉及的 Python 包信息；Pipfile.lock 顾名思义，

⊖　https://pypi.org/project/scikit-learn/

⊖　https://pypi.org/project/pipenv/

⊜　https://www.ostechnix.com/pipenv-officially-recommended-python-packaging-tool/

是 Pipfile 的"锁"文件，记录了某个时刻 Pipfile 的快照，即当用户在当前环境完成开发后，使用 pipenv lock 命令"复制"当前信息到 Pipfile.lock。在新的环境下只要使用 Pipfile 和 Pipfile.lock 即可重现原有的虚拟环境，从而实现环境迁移。Pipenv 具有如下的几个特点，可谓相当的人性化。

- 一个工具代替两个工具：Pipenv 是 pip 和 virtualenv 这两个工具的功能集成，可同时工作。
- 摒弃使用传统的 requirements.txt 记录 Python 包的安装信息（某些情况下存在问题），转为使用 Pipfile 和 Pipfile.lock 文件。
- 处处使用哈希校验，无论安装还是卸载包都十分安全，且会自动公开安全漏洞，也可进行 pipenv check。
- 软件包依赖可视化（pipenv graph）。
- 通过加载 .env 文件简化开发工作流程。

2.2.2　Pipenv 基础使用和示例

下面我们简述 Pipenv 常用的命令和使用示例。在此之前使用如下的命令进行安装：

```
Linux/Windows: pip install pipenv
MacOS: brew install pipenv
```

主要的命令请参考表 2-2（可使用 pipenv –help 或 pipenv –h 查看使用帮助），更详细的命令请参考官网。

表 2-2　Pipenv 主要命令介绍

Index	命令项	解释
1	pipenv isntall [package] [--dev]	不带 package 时，表示在当前环境安装虚拟环境（系统默认的 Python 版本），如果当前环境有 Pipfile.lock 文件，则表示创建与该文件中描述一致的虚拟环境；带 package 时，表示安装 Python 包，并将安装信息记录到 Pipfile；如果后面带 --dev 选项，表示安装 Pipfile.lock 中的 dev 环境
2	pipenv uninstall [package]|[all]	卸载 Python 包；--all 表示卸载所有包
3	pipenv lock	生成或更新 Pipfile.lock 文件
4	pipenv graph	输出已安装的包和包依赖信息
5	pipenv shell	进入虚拟环境
6	pipenv --rm	删除虚拟环境
7	pipenv --venv	查看虚拟环境在操作系统中的目录
8	pipenv --where	查看本地工程路径，相当于当前目录
9	pipenv --py	查看虚拟环境下 Python 解析器（命令）的路径

注意：

1）Pipenv 安装虚拟环境有如下几种快捷方式。

- pipenv install 不带任何参数，默认克隆系统中的 Python 版本。

- pipenv --two 和 pipenv --three 分别表示直接克隆系统中 2 和 3 版本的 Python。当用户使用源码安装了某个版本的 Python 时，有两种方法可让 Pipenv 找到路径。

使用 --python 指定 Python 路径，比如 pipenv --three --python ~/python37/install_dir/bin/python3；

将此 Python 3 软连接到 PATH 目录，比如 /usr/bin/python3。

2）当安装速度较慢时可尝试加入 --skip-lock 或手动编辑 Pipfile 更换安装源。安装调试过程可使用—verbose 展示更详细的安装信息。

3）pipenv shell 进入虚拟环境后，使用 exit 或快捷键 CTRL+D 退出虚拟环境。

下面我们使用一个实际的例子来总结本节，本次的需求案例是构建一个最新版的 sklearn 的虚拟环境。

1）查看当前版本。

```
# 启动 Python
[~] # python3.6
Python 3.6.5 |Anaconda, Inc.| (default, Apr 26 2018, 08:42:37)
[GCC 4.2.1 Compatible Clang 4.0.1 (tags/RELEASE_401/final)] on darwin
Type "help", "copyright", "credits" or "license" for more information.
>>> import sklearn
>>> print(sklearn.__version__)
0.19.1
```

2）安装 Pipenv。

```
[~] # pip install pipenv
```

3）建立项目目录。

```
[~] # mkdir -p ~/mb/py36_sys; cd ~/mb/py36_sys
```

4）建立虚拟环境。笔者的系统中包含 Python 2 和 Python 3，所以可以直接使用如下命令建立版本 3 的环境，该命令将自动生成 Pipfile。

```
[~/mb/py36_sys] # pipenv install —three
[~/mb/py36_sys] # cat Pipfile
[[source]]
name = "pypi"
url = "https://pypi.org/simple"
verify_ssl = true
[dev-packages]
[packages]
[requires]
python_version = "3.6"
```

5）安装 sklearn。包的版本支持几种指定方式，比如：==、>=、<=、<、~= 等。不指定版本时默认为最新版本。

```
# pipenv install "scikit-learn==0.20.2" 当前最新版本
[~/mb/py36_sys] # pipenv install scikit-learn
```

6）使用 pipenv shell 进入虚拟环境查看版本。进入虚拟环境后也可以使用 pipenv install。

```
[~/mb/py36_sys] # pipenv shell
Launching subshell in virtual environment…
...
Python 3.6.5 |Anaconda, Inc.| (default, Apr 26 2018, 08:42:37)
Type 'copyright', 'credits' or 'license' for more information
IPython 6.4.0 -- An enhanced Interactive Python. Type '?' for help.
In [1]: import sklearn
In [2]: print(sklearn.__version__)
0.20.2
```

7）模型开发调试。

8）模型开发完成，对当前环境信息进行快照锁。

```
pipenv lock
```

9）输出 Pipfile 和 Pipfile.lock 完成项目环境交接。

10）在新环境中使用上述文件，建立一致的虚拟环境。需要注意的是，由于 Pipenv 需要使用 Python 基础内核，当在新的主机部署 Pipfile 中的环境时，需要在新主机上提供对应的 Python 2 或 3。

```
[~/mb/py36_sys] # mkdir -p ~/mb/py36_new;cd ~/mb/py36_new
[~/mb/py36_new] # cp ~/mb/py36_sys/Pipfile* ~/mb/py36_new
[~/mb/py36_new] # pipenv install
```

11）验证环境和包版本的一致性。

```
[~/mb/py36_new] # pipenv shell
Launching subshell in virtual environment…
...
[~/mb/py36_new] ipython
Python 3.6.5 |Anaconda, Inc.| (default, Apr 26 2018, 08:42:37)
Type 'copyright', 'credits' or 'license' for more information
IPython 6.4.0 -- An enhanced Interactive Python. Type '?' for help.
In [1]: import sklearn
In [2]: print(sklearn.__version__)
0.20.2
```

以上只是 Pipenv 的基础示例，更多的功能和命令请各位读者亲自实践。

2.3 Docker 打包环境

相比 2.2 节讲述的 Python 虚拟环境，本节讲述的 Docker[⊖]则是真正意义上的虚拟化。

⊖ https://www.docker.com/

如果把上述 Python 的虚拟环境认为是轻量级的，那么 Docker 构造的虚拟环境就是重量级的，并且更独立和完整。

由于 Docker 涵盖内容庞大，本书只做基础的讲解和基本使用方法的介绍，更深入和高级的用法请读者参考相关资料。

2.3.1　Docker 简述

Docker 诞生在法国，起初是 dotCloud 公司（现已更名为 Docker Inc）内部的项目，该项目于 2013 年以 Apache 2.0 协议开源，代码托管在 GitHub，核心由 Go 语言编写。该项目曾在 2015 年 10 月得到超过 2.5 万 Stars，有近 1100 名贡献者，成为当时 GitHub 上排名前 20 的明星项目。

Docker 的设计思想俗称为"集装箱"模式。各类不同、相似或相同的应用或服务被单独地、标准化地打包封装，形成便携的、独立的"集装箱"，集装箱之间互不影响，共同由一艘大船（计算机基础设施）承载。这就是 Dockerhub 官网首页的标语"Build and Ship any Application Anywhere"和蓝鲸 Logo 所要表达的含义，任何应用一次构建，即可在任何地方运行。

按照官网的说法，Docker 是世界领先的软件容器平台。开发人员利用 Docker 可以消除协作编码时，"在我的机器上可正常工作，而在其他机器工作异常"的问题。运维人员可以利用 Docker 在隔离容器中并行运行和管理应用，获得更好的计算密度。企业利用 Docker 可以构建敏捷的软件交付管道，以更快的速度、更高的安全性和更可靠的信誉为 Linux 和 Windows Server 应用发布新功能。

我们可以把 Docker 功能的一部分理解为一种便利的打包工具，它可以将应用程序及其依赖项打包到可以在任何 Linux 服务器上运行的虚拟容器中，从而保证在其他平台运行时和本地运行环境高度一致。无论是在内部、公共云、私有云还是裸机上部署，应用程序都可以实现灵活移植，进而避免了应用程序在部署、迁移过程中环境不一致的问题。正因如此，相比 Pipenv 构建的 Python 虚拟环境，Docker 构建的是操作系统级别的虚拟环境，两者相比，Docker 是重量级的。Docker 的本质就是为应用程序构建了一个虚拟化的运行环境，其底层基于 Linux 内核（cgroups 和 namespaces 等），目标是实现轻量级的操作系统虚拟化解决方案（该过程也被称为容器化）。此处的轻量是针对传统的虚拟机（物理硬件层抽象技术，诸如 KVM、CpenStack、VirtualBox、VMware）而言，两种类型虚拟化技术应用差异如图 2-3 所示。

传统的虚拟机与 Docker 方式相比，多出了 Hypervisor 这层交互，其导致了一定的资源浪费和性能降低，且上层还需要重建整个操作系统。举一个浅显的例子说明两者直观上的差别。

使用虚拟化工具 VirtualBox 虚拟 CentOS 操作系统，并在其上运行 Python 3，那么首先需要下载 CentOS 操作系统的安装文件。官网 https://www.centos.org/download/ 显示，当前最新版本安装文件 CentOS-7-x86_64-DVD-1810.iso 约为 4GB，精简版本约为 1GB，接着在 VirtualBox 中安装 CentOS。这样就完整地虚拟了一台 Linux 操作系统，最后下载 Python3 安装和运行。

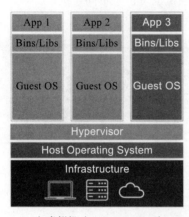 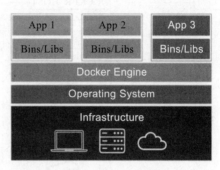

a）虚拟机（Virtual Machine）　　　　b）容器 Container（Docker）

图 2-3　运行视图

如果使用 Docker，则需在仓库下载 Python 3 镜像，其大小约 360MB，如果使用精简镜像 alpine⊖构建的 Python，大小只有几十兆。同样，内存等资源的使用也有类似的差异。

因为是轻量级，所以 Docker 容器有如下的特点：启动和停止快捷；对系统资源需求相对较少，一台宿主机可同时运行多个 Docker 容器，依据不同的硬件配置，可运行 10 个或更多。另外，Docker 在操作使用上也非常便捷，不仅只用一个命令就能拉取、分发和更新镜像，极为简化地使用已有的镜像，而且其 Dockerfile 配置文件支持灵活的自定义、自动化创建和部署。

Docker 的这些优势促使了它在 IT 行业的广泛应用，比如云计算、DevOps 等领域。当人们使用 Docker 将应用程序和其他进程在单个物理机上或跨多个虚拟机自动运行起来时，就创建了高度分布式的系统，必要时可实现平台即服务（PaaS）风格的部署和扩展。

当然，容器技术也存在缺点，比如大规模容器集群会导致企业背负复杂的技术栈而影响容器的大规模落地应用。

以上，我们简述了 Docker 技术及其功能点，接下来将细分 Docker 软件中包含的核心组件。

2.3.2　Docker 架构

在了解各组件之前，请看图 2-4 描述的 Docker 的工作流程场景。左侧 3 个 " docker"

⊖　http://containertutorials.com/alpine.html

命令处代表了客户端（Client）；中间的 Docker 主机中运行着 Docker daemon（Docker 守护进程）；右侧表示了 Docker 镜像所在的仓库。该图描绘了使用 Docker 构建应用的整个场景：在客户端使用 Docker 命令从仓库拉取或更新，然后构建和运行。架构上 Docker 采用 C/S 经典模式，物理上 Client 和 Server 可位于同一台主机也可位于不同主机。

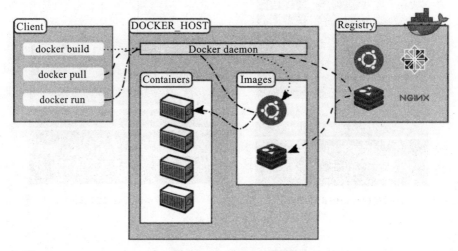

图 2-4　Docker 工作流

从图 2-4 的工作流程中，可以看出 Docker 主要包含如下 3 个角色。

1）软件：Docker 的守护进程是 dockerd，它负责管理容器和处理容器对象的持久化，并监听客户端和 API 发送的请求。Docker 客户端程序（docker）是一个命令行工具，允许用户与 Docker 守护进程交互。我们后续的操作示例使用的都是 Docker 这一命令行工具。除此之外，下文还会引入 Docker 管理工具，比如 Docker Compose。

2）对象：Docker 对象是组装应用程序的各种实体，包括镜像（image）、容器（container）和服务（service）。Docker 容器是运行应用程序的标准化封装环境，使用 Docker API 或 CLI 进行管理。容器之间相互隔离。Docker 镜像是用于构建容器的只读模板（或称独立软件包），即前文提到的打包，包含软件运行所需的所有内容：代码、运行时环境、系统工具、系统库和设置，其作用是存储和分发应用程序。Docker 中的镜像是一个层级结构，从底层到上层分别是基础镜像、父镜像和自定义镜像。Docker 服务允许跨多个 Docker 守护进程扩展容器，其结果被称为" swarm"，即一组通过 Docker API 进行通信的协作守护进程。

3）仓库：类似于 Python 中有很多 package 一样，Docker 社区中也有很多镜像，这些镜像可以在 Docker Hub（https://hub.docker.com）这样的仓库找到。客户端连接到仓库（registry），通过命令 pull 和 push 分别下载镜像供使用和上传构建好的镜像存储或分发。仓库可以是公共的或私有的。两个主要的公共仓库是 Docker Hub 和 Docker Cloud，其中

Docker Hub 是默认仓库，读者可以在这个仓库中找到自己需要的镜像，也可上传个人的镜像公开给大家。私有的仓库则需要自己搭建。

2.3.3　Docker 基础使用和示例

下面的命令在 CentOS7 下以 root 用户进行操作，相关命令在 Windows 和 macOS 中的操作基本类似。

1. 安装 Docker

Windows 和 macOS 原生不支持 Docker，因此需要借助其他虚拟化技术（Hyper-V、VirtualBox 等）将 Docker 运行在一个虚拟的 Linux 中，即虚拟机中运行 Docker 的嵌套模式。

```
# yum install docker
# docker --version
Docker version 1.13.1
```

2. 基础命令

表 2-3 整理了客户端常用的基础命令供读者参考。注意，这里未将详细参数项列出，读者可通过 docker –help 等方式进行学习。

表 2-3　Docker 常用命令介绍

Index	命令项	解释
1	docker pull	从仓库拉取所需要的镜像
2	docker images	查看本地已有的镜像（下载或自己构建的）
3	docker commit	提交镜像
4	docker save/load	分别表示导出镜像到本地或加载由 save 保存的本地文件镜像
5	docker push	上传到仓库中来共享（若上传到 Docker Hub 需要提前注册）
6	docker rmi	删除镜像
7	docker run	运行镜像即启动容器
8	docker start/stop	启动已停止运行的容器或终止一个运行中的容器
9	docker ps	查看正在运行的容器
10	docker attach	进入容器
11	docker export/import	导出和导入容器
12	docker rm	删除已经停止的容器（删除容器前，先终止运行）

3. 操作示例

结合前面讲述的内容，通过下面的例子来说明如何拉取 Python 3.6 的精简版镜像并运行。

```
docker pull python:3.6-alpine
```

查看当前镜像：

```
[~]# docker images
```

```
REPOSITORY    TAG    IMAGE ID CREATED  SIZE
docker.io/python 3.6-alpine    83d065b0546b    9 days ago         79 MB
```

运行上面的镜像并进入。其中 py36_docker 为自取的名称，-it 表示启动时进入容器内的 shell，输出的"/"说明已经进入容器内部：

```
[~]# docker run --name py36_docker -i -t 83d065b0546b  /bin/sh
/ #
```

此时我们将在宿主机中看到由该镜像启动的容器：

```
[~]# docker ps
CONTAINER ID IMAGE COMMAND CREATED STATUS PORTS NAMES
0d58fd6f4af6 83d065b0546b "/bin/sh" 2 minutes ago Up 2 minutes     py36_docker
```

在容器内运行 Python，可以正常启动：

```
/ # python
Python 3.6.8 (default, Feb  6 2019, 01:56:13)
[GCC 8.2.0] on linux
Type "help", "copyright", "credits" or "license" for more information.
>>>
```

2.3.4   打包示例

下面我们结合 Pipenv 和 Docker 两个工具，开发和部署一个可迁移到不同操作系统和平台的 Web 服务。该服务是一个简易的 Python/Flask Web 服务，以展现 Docker 中的开发模式。这里涉及一个特殊的文件 Dockerfile，Dockerfile 是构建镜像的文本文件，内容由一行行命令组成，支持以 # 开头的注释行。Dockerfile 一般可分为 4 个部分：基础镜像信息、维护者信息、镜像操作指令和容器启动时执行指令。限于篇幅本书，不详细讲述如何编写 Dockerfile，只说明其用到的指令的含义。

1）建立项目目录、Dockerfile 文件、源文件。

```
mkdir docker_web;cd docker_web
touch Dockerfile
mkdir src
touch src/index.py
```

2）使用 Pipenv 构建所需要的 flask 包，该命令会自动创建 Pipfile 和 Pipfile.lock 文件。该文件将作为软件包发布。

```
pipenv install flask
```

得到如下的 Pipfile 内容：

```
[~/mb/docker_web] # cat Pipfile
[[source]]
name = "pypi"
url = "https://pypi.org/simple"
```

```
verify_ssl = true
[dev-packages]
[packages]
flask = "*"
[requires]
python_version = "3.6"
```

3）编码实现 Web 服务，代码如下：.

```
# cat /src/index.py
from flask import Flask
from flask import Response
app = Flask(__name__)
@app.route("/")
def hello():
    res = Response("Hi, Python")
    res.headers['Content-Type'] = 'text/plain'
    return res
if __name__ == "__main__":
    app.run(host='0.0.0.0')
```

4）运行测试。Flask 会默认开启 5000 端口，访问 http://localhost:5000/ 将返回"Hi,
Python"。

```
python3 src/index.py
```

上述 4 个步骤的目的是在本地开发、测试 Web 服务。至此，该过程生成的 Pipfile* 已
经可以作为 Python 环境的发布文件。下面我们更进一步，将上述开发的内容以 Docker 方
式打包并发布，以说明使用 Docker 的开发模式的完整流程。

5）编写 Dockerfile 文件。

```
# 拉取镜像
FROM python:3.6-alpine
# 开放 5000 的端口
EXPOSE 5000
# 镜像内安装 Pipenv
RUN pip install pipenv
# 镜像内建立源文件目录
RUN mkdir -p /app/src
# 切换为工作目录
WORKDIR /app
# 将本地文件添加到镜像目录 /app 中
ADD Pipfile /app
ADD Pipfile.lock /app
ADD src/index.py /app/src
# 在镜像内重现上述 Web 环境
# --system 参数说明镜像内不再构建虚拟环境，而是使用系统的 Python 环境
# --ignore-pipfile 表明只使用 Pipfile.lock 中的信息
RUN pipenv install --system --deploy --ignore-pipfile
```

```
# 镜像启动时运行 index.py 文件，即启动 Web 服务
CMD ["python", "/app/src/index.py"]
```

6）构建镜像。

```
# 在 Dockerfile 所在目录执行。成功后可使用 docker images 查看新构建的镜像 docker_web.v1
docker image build -t docker_web.v1 .
```

7）使用镜像启动容器。

```
# -d 后台运行容器
# -p 宿主机端口：容器内端口
# --name 容器名称
docker run -d -p 9876:5000 --name docker_web docker_web.v1
```

8）宿主机测试返回"Hi，Python"，说明镜像发布成功。

```
curl http://localhost:9876
```

至此，本节快速而简洁地构建了一个 Web 服务，模拟了开发、测试、发布这一流程，该服务虽没有任何实质性的功能，但这种独立的服务，可归类到微服务（Microservice）概念范畴。第 17 章将会详细讲述如何构建企业级的、大规模模型服务上线的微服务框架，感兴趣的读者可跳转阅读，将本节内容作为铺垫。

2.4 标准化在数据科学项目中的意义

本节名称取为"数据科学"，而不是"机器学习"，表明本节的侧重点在数据、项目与业务更广的范畴。

我们先看一个非常常见的场景：程序员往往会忘记一年前甚至一个月前的代码为什么如此编写，类似地，做数据分析、机器学习项目时，复盘时极有可能已忘记"初心"。此时，标准和规范会让你有迹可循。

了解 Python Web 开发的读者在使用 Django 框架时，建立项目只需使用一个命令即可自动生成标准的开发目录，较成型的 IT 企业在新建软件项目时都有类似标准的项目结构，即项目模板。从程序员的角度来说，之所以形成这种习惯，一是程序员不愿重复做相同的事情，如果一个功能、模式或流程重复 3 次，那么就应该形成代码，释放双手；其次，说明该类型工作具有共性，能形成标准，且能抽象成模式。那么在数据科学项目中，是否有类似的标准或惯用的开发模式呢？答案是肯定的。在第 4 章中大家将会看到项目定义、取样、分析、特征、建模、评估、报告等一系列的标准化的流程。

数据科学非常容易出错，且不易发现。如第 1 章所述，传统软件和机器学习开发模式的差异，前者是确定性的 0 或 1，非对即错；后者则是 0 到 1，没有确定性结果。机器学习求解算法中既有确定性算法（每次运行结果一致），也有不确定性算法（不能保证每次运行

结果一致）。你几乎无法通过结果推断在整个处理过程中是否出错，是否有 Bug，甚至某个意外或随机性反而能得到更好的模型性能表现，也不确定所使用的开源包是否正确。统计学大师 George Box 有一句名言："所有的模型都是错误的，但是有些是有用的。[⊖]"这句话会让人心生感慨。所以，数据科学项目中除了要保障代码质量，处理方法和流程也一样重要，因为它关乎正确。机器学习中数据处理、调参等过程中包含的个人经验偏多，建模过程和结果是否可重现也是评判项目是否有效的重要依据，而不能是意外得到的结果！

下面我们依然从工程环境的角度出发，研究如何定义数据科学项目目录结构的标准和规范，使项目的启动、开发、构建、分享和交接传承更加便利。想要实现这个目标，需要考虑如下几点：沉淀已有的开发建模经验，比如工作流程、命名规范、常用配置；标准化和规范化的开发和交付；自动化与周边 IT 系统的潜在集成。这些又可细分为如下几点。

- 对数据、代码、文档、模型文件、notebook、报告、描述性文件（背景、业务说明等）等分门别类进行管理。
- 代码静态检查（flake8）。
- 原始数据不可变，需要保留备份，一般存于数据库或不能被编辑的文件中。
- 流程依赖与管道（pipeline）管理。
- 环境管理，包括虚拟环境（Pipenv/Virtualenv/Docker 等）。
- 秘钥管理。私密信息保密，尤其在提交 Git 时，设置必要的隐藏文件和 .gitignore。已有不少的程序员犯过将账号信息提交到了代码仓库的错误。对于使用云的项目，同样需要将连接凭证进行私密保存。
- 常用及公用的包和环境设置（python-dotenv）。
- 不可随意添加或修改目录结构，尤其是上层的目录结构。
- 避免频繁迭代，对变更做好全面评估，做好向后兼容。

这些问题是所有从事数据科学项目的工程师都会面临的问题，大家会把沉淀的最佳实践公开分享。接下来，笔者将结合开源项目，适当地进行人性化修改和处理，并分享给读者。

2.5 数据科学项目工程环境

下面我们将项目环境分为 3 部分讲述：基础的 Python 开发环境、项目目录结构和管理工具。这里参考了开源项目 cookiecutter-data-science[⊖]和 docker-cookiecutter-data-science[⊜]，并使用了工具 cookiecutter 生成项目模板。读者需使用 pip install cookiecutter 安装。

⊖ https://en.wikipedia.org/wiki/All_models_are_wrong

⊜ https://github.com/drivendata/cookiecutter-data-science

⊜ https://github.com/manifoldai/docker-cookiecutter-data-science

2.5.1   开发镜像

本节使用 Python 的 Docker 镜像作为将数据科学项目固化的开发环境。网上有很多基于 Python 的镜像，比如 Anaconda、sklearn、深度学习（比如 TensorFlow、PandlePandle）等。这里依然推荐 Anaconda 镜像或裁剪版的 Anaconda。当然，也鼓励用户使用自定义的镜像。为了演示如何自定义镜像，这里给出了一份 Dockerfile 文件（可理解为裁剪版的Anaconda），其中包含了使用 sklearn 进行机器学习建模所需的基础常见包。大家可以依据此 Dockerfile 自己构建，也可在 Docker 仓库搜索 chansonz/ml_dev_env 并下载。

```
FROM ubuntu:bionic-20190204
LABEL MAINTAINER="Chanson Zhang <xtdwxk@gmail.com>"
ENV LC_ALL=C.UTF-8
ENV LANG=C.UTF-8
ENV PYTHON_PACKAGES="\
    numpy==1.16.2 pandas==0.24.1 \
    matplotlib==3.0.3 seaborn==0.9.0 missingno==0.4.1\
    scikit-learn==0.20.3 scikit-image==0.14.2 \
    imblearn==0.0 minepy== 1.2.3 lime== 0.1.1.32 \
    graphviz==0.10.1 imbalanced-learn== 0.4.3 shap==0.28.5 \
    statsmodels== 0.9.0  xgboost ==0.82 lightgbm ==2.2.3
    jupyter jupyter_contrib_nbextensions \
    # 省略了部分包
"
RUN apt-get update
RUN apt-get install -y python3
RUN apt-get install -y python3-pip
RUN pip3 install $PYTHON_PACKAGES
# config
RUN jupyter contrib nbextension install --user && \
    rm -rf ~/.cache
```

笔者使用命令 docker build -t chansonz/ml_dev_env:v1.0 构建镜像，使用命令 docker push chansonz/ml_dev_env:v1.0 将镜像提交到公开仓库。

如前所述，如果要使用 Pipenv 工作流的方式，则需要使用 Pipfile 文件。下面给出基于 Pipenv 的 Dockerfile 文件示例：

```
FROM ubuntu:bionic-20190204
LABEL MAINTAINER="Chanson Zhang <xtdwxk@gmail.com>"
ENV LC_ALL=C.UTF-8
ENV LANG=C.UTF-8
RUN mkdir /root/tmp
COPY Pipfile* /root/tmp
WORKDIR /root/tmp
RUN apt-get update
RUN apt-get install -y python3
RUN apt-get install -y python3-pip
RUN pip3 install pipenv
```

```
RUN pip3 install jupyter
# 使用 Pipfile、Pipfile.lock
RUN pipenv install --three  --system && \
    jupyter contrib nbextension install --user && \
    rm -rf ~/.cache
WORKDIR /
RUN rm -rf /root/tmp
```

2.5.2　项目工程模板

请读者下载本书附带的 cute-datascience-sem，并使用 cookiecutter 进行构建，根据提示操作，示例如下。

```
[ ~ ]# cookiecutter  /root/pkgs/cute-datascience-sem
project_name [project_name]: example_project
repo_name [example_project]:
author_name [Your name (or your organization/company/team)]: chansonz
description [A short description of the project.]: example for readers
Select open_source_license:
1 - MIT
2 - BSD-3-Clause
3 - No license file
Choose from 1, 2, 3 [1]:
Select python_interpreter:
1 - python3
2 - python
Choose from 1, 2 [1]:
Select use_nvidia_docker:
1 - no
2 - yes
Choose from 1, 2 [1]: 1
```

1. 工程目录

上述命令，最终在当前目录生成 example_project 文件夹。其目录结构如下：

```
[ example_project ]# tree
.
├── data
│   ├── external
│   ├── processed
│   ├── raw
│   └── tmp
├── docker-compose_with_build.yml
├── docker-compose.yml
├── Dockerfile
├── docs
│   ├── commands.rst
│   ├── conf.py
│   ├── getting-started.rst
```

```
│   ├── index.rst
│   ├── make.bat
│   └── Makefile
├── LICENSE
├── Makefile
├── models
├── notebooks
├── README.md
├── references
├── reports
│   └── figures
├── requirements.txt
├── src
│   ├── data
│   │   └── make_dataset.py
│   ├── features
│   │   └── build_features.py
│   ├── __init__.py
│   ├── models
│   │   ├── predict_model.py
│   │   └── train_model.py
│   └── visualization
│       └── visualize.py
├── start.sh
├── stop.sh
├── test_environment.py
└── tox.ini
16 directories, 23 files
```

其中主要文件和文件夹解释如下：

1）Dockerfile：可直接在这里指定镜像或构建镜像的指令。示例如下：

```
FROM chansonz/ml_dev_env:v1.3
```

2）docker-compose.yml 和 docker-compose_with_build.yml：Docker Compose 的配置文件可使用 docker-compose -f 指定。内容示例如下：

```
version: '3'
services:
    notebook-server:
        build: .
        ports:
            - "0.0.0.0:8889:8888"
        #  - "127.0.0.1::8888"
        volumes:
            - ./:/mnt
        entrypoint: bash -c "cd /mnt && jupyter notebook --NotebookApp.token=''
            --ip=0.0.0.0 --allow-root && /bin/bash"
        stdin_open: true
        tty: true
```

我将解释如下的几个字段，其他内容读者可自行实践理解。

- ports：宿主机开发的端口，此处为 8889，也是我们在浏览器中访问的端口。8888 为 Docker 内部端口。0.0.0.0 的 IP 地址表明不限制 IP 访问，只限本机使用时可使用 127.0.0.1。
- volumes：宿主机中当前目录映射到容器中的 /mnt 目录，实现数据共享。
- entrypoint：进入容器启动点。
- stdin_open 和 tty：支持 shell 登录到容器。

3）在 docs 文件夹中，用户可编写文本 rst 格式的项目文件，并可使用 make html 生成相应的项目文档作为报告分享，如图 2-5 所示。

图 2-5　doc 文件夹下使用 make html 生成项目文档

2. 环境管理

该模板中包含的环境管理工具是 make，支持的命令定义在 Makefile 中。该环境管理提供如下的 make 命令，读者可以直接输入 make 命令查看，如表 2-4 所示。

表 2-4　数据科学工程中常用命令介绍

Index	命令项	解释
1	clean	删除所有已编译的 Python 文件，即 pyc 和 cache 等文件
2	clean-container	停止容器并删除

（续）

Index	命令项	解释
3	clean-data	删除 data 文件下的所有文件
4	clean-docker	删除容器和镜像，**慎用**
5	clean-image	删除镜像
6	clean-model	删除 model 文件夹下内容
7	create_environment	在本地创建环境，不是在 Docker 中创建
8	data	使用本地 Python 调用 src/data/make_dataset.py
9	lint	使用本地 flake8 静态检查工具对 src 文件夹下的代码规范进行检查
10	profile	查看当前容器、镜像和已开启的端口信息
11	requirements	在本地环境中安装 flake8 等包
12	test_environment	只检查了 Python 版本，未做其他检查，读者可自行完善

一个常用的管理流程如下。

- 启动：start.sh。
- 查看端口信息：make profile。
- 停止：stop.sh。

注意：make（GNU Make）是 Linux 系统中程序构建的工具，可完成具有复杂依赖程序模块的构建工作，Linux 系统级开源软件的构建几乎都使用 make。make 当然也可用于管理建模流程的 pipeline，建模流程的依赖关系定义在 Makefile 即可。读者可自行实践。

2.5.3 操作演示

在上述生成的 example_project 中进行如下操作。

```
[example_project]# ./start.sh
Creating network "example_project_default" with the default driver
Creating example_project_nb-server_1 ... done
http://IP:8889
```

此时用户可在浏览器中访问上述链接，进入 Jupyter 中进行开发。我们简单通过查看包版本是否一致，来验证我们的镜像加载是否成功，如图 2-6 所示．

```
In [1]: import numpy, matplotlib, scipy, sklearn, pandas
print(numpy.__version__), print(matplotlib.__version__), print(
    scipy.__version__), print(sklearn.__version__), print(pandas.__version__)

1.16.2
3.0.3
1.2.1
0.20.3
0.24.1
```

图 2-6   查看包版本是否与镜像一致

这里我们只使用 Docker 构建数据科学的环境，实际上 Docker 的作用不限于此。在机器学习领域中，我们可以将机器学习模块封装到容器中，不同的模块可由不同的语言开发，非常便于构建大型的机器学习管道（pipeline），而且可将其轻易交付到常规的计算机基础架构中。

2.6 本章小结

本章是工程实践篇，是第 15 章的工程基础，包含了 Anaconda 环境、Pipenv 工具介绍与使用、Docker 介绍与使用，以及基于上述工具构建的标准化的数据科学项目工程环境。

2.1 节介绍了 Anaconda 在不同操作系统中的安装方法和该环境中 Jupyter 的使用方法和技巧。

2.2 节介绍了一款极具前景的 Python 包管理工具——Pipenv，用于实现高级用户自定义包和版本的管理需求，同时解决了不同版本、环境迁移的痛点。该工具是通用的 Python 管理工具，并不仅针对机器学习或数据科学的 Python 环境。

2.3 节介绍了 Docker，它能够彻底解决工程上不同平台或版本环境迁移的痛点。以 Docker 形式的打包封装非常适用于机器学习技术和模型的输出解决方案——交付和部署。此外，本节简洁地构建了一个 Web 服务，模拟了开发、测试、发布镜像这一完整的 Docker 开发流程。由于 Docker 涉及虚拟化技术链和生态，书中不能详尽描述，需要读者自行深入学习。

2.4 节和 2.5 节借助 IT 领域成熟的技术手段和软件工程方法打造了数据科学项目的标准化的项目开发环境，该环境读者可自行在 Docker 仓库（Registry）Docker Hub 下载。

本章属于机器学习项目流程里最前面的环节——工程环境。实际上，对于机器学习整个建模流程业界也开始出现了全流程的标准化和平台化，比如原 Spark 团队开发的 MLflow[⊖]。感兴趣的读者可进一步了解。

⊖ https://www.mlflow.org

第 3 章

实验数据准备

学习与研究机器学习是一个不断探索和实验的过程,我们在学习机器学习的过程中需要对五花八门的类数据集进行各类机器学习算法的相关实验。

之前也提到过机器学习作为一门交叉学科,涉及面广,涵盖高等数学、概率与统计、信息论、博弈论、最优化、算法、计算机科学和认知科学等多个分支领域。机器学习与传统统计密不可分,两者都是从数据中得出结论。所以本章将主要介绍常见的数据分布、常用开源数据集、实验数据集生成方法整理以及随机数据生成方法。

3.1 常用数据分布

在开始详细讲述分布前,先来看看我们会遇到哪些种类的数据。数据可以分为离散数据和连续数据两种。

- 离散数据:取值是可数的个值的随机变量,比如投掷一枚骰子,朝上的点数可能是 1 ~ 6 间的任意整数,不可能出现 2.1 或 3.5 这样的数值。
- 连续数据:值是一个区间中的任意一点的随机变量,比如某大学男生体重,可以是 54 千克、54.5 千克或 54.536 千克。

对于任何一位数据从业者来说,数据分布是必须要了解的概念,它为分析和推理统计提供了基础。描述数据分布和相关统计指标主要从如下 3 个方面来看。

- 分布的集中趋势,反映了各数据向其中心值靠拢或聚集的程度。相关统计指标有中位数、分位数、均值等。
- 分布的离散程度,反映了各数据远离其中心值的趋势。相关统计指标有内距、方差和标准差等。
- 分布的形状,反映了数据分布的偏态和峰态。相关统计指标有偏度及其测度、峰度及其测度等。

在 Python 和 R 中都有相关服从指定分布的随机数函数库,本书主要结合 Python 统计函数库 SciPy 来讲解常见的分布和统计函数。SciPy 是一个高级的科学计算库,它内置了许多科学计算中常见问题的功能接口，例如插值运算、优化算法、图像处理、数学统计等。SciPy 的统计函数 Stats 模块包含了多种概率分布，其中随机变量又分为连续和离散两种。所有的连续随机变量都是 rv_continuous 的派生类的对象，而所有的离散随机变量都是 rv_discrete 的派生类的对象。常见的分布如表 3-1 所示，更多详细介绍请查看官网文档⊖。

表 3-1　Stats 常见分布函数

Index	随机变量类型	函数名称	解释
1	离散型	bernoulli	伯努利分布又名两点分布或 0-1 分布
2		binom	二项分布
3		poisson	泊松分布
4		geom	几何分布
5		hypergeom	超几何分布
6	连续型	uniform	均匀分布
7		norm	正态分布 (它是几种连续以及离散分布的极限分布)
8		beta	贝塔分布
9		expon	指数分布
10		f	F 分布
11		chi2	卡方分布
12		t	T 分布
13		cauchy	柯西分布

上面只列出了常见的分布函数，实际上 Stats 模块提供了大约 90 种连续分布和 10 多种离散分布函数，这些分布都依赖于 numpy.random 函数。各个分布的通用函数如表 3-2 所示。

表 3-2　Stats 通用函数

Index	函数名称	解释
1	rvs	产生服从指定分布的随机数
2	pdf (连续型随机变量)	概率密度函数
3	pmf(离散型随机变量)	概率质量函数
4	cdf	累积分布函数
5	sf	残存函数（1-cdf）
6	ppf	分位点函数（CDF 的逆）
7	isf	逆残存函数（sf 的逆）
8	entropy	熵
9	median	中位数
10	mean	均值
11	var	方差
12	std	标准差
13	stats	计算平均值 ('m'), 方差 ('v'), 偏斜 ('s') 和 / 或峰度 ('k')

⊖　https://docs.scipy.org/doc

3.1.1 伯努利分布

我们从最简单的分布——伯努利分布开始学起。伯努利分布只有两种可能的结果——1（成功）和 0（失败），所以伯努利分布又名两点分布或 0-1 分布。伯努利分布的例子有很多，比如说抛硬币，结果只有正面或反面。

伯努利分布的概率质量函数由式（3-1）给出：

$$P(x) = \begin{cases} 1-p, & x=0 \\ p, & x=1 \end{cases} \tag{3-1}$$

伯努利分布的随机变量 X 的均值和方差由下式给出：

$$均值：E(X) = p$$
$$方差：Var(X) = p*（1-p）$$

3.1.2 二项分布

二项分布就是重复 n 次独立的伯努利试验。每次试验中只有两种可能的结果——成功或者失败，而且两种结果相互独立，与其他各次试验结果无关，每一次独立试验中成功或失败的概率都保持不变，则这一系列试验总称为 n 重伯努利实验。当试验次数为 1 时，二项分布服从 0-1 分布。二项分布的参数是 n 和 p，其中 n 是试验的总数，p 是每次试验成功的概率，失败的概率 $q=1-p$。

在上述说明的基础上，二项分布的属性包括：

- 每个试验都是独立的。
- 在试验中只有两个可能的结果，而且是互相对立的。
- 总共进行了 n 次相同的试验。
- 所有试验成功和失败的概率是相同的。

二项分布的概率质量函数由式（3-2）给出：

$$P(X=x) = \frac{n!}{(n-x)!x!} p^x q^{n-x}, \quad x=0,1,2,\cdots \tag{3-2}$$

二项分布的随机变量 X 的均值和方差由下式给出：

$$均值：E(X) = n*p$$
$$方差：Var(X) = n*p*q$$

3.1.3 泊松分布

泊松分布用于描述单位时间（或空间）内随机事件发生的次数，如汽车站台的候车人数、机器出现的故障数、自然灾害发生的次数等。

泊松分布的参数 λ 是单位时间（或单位面积）内随机事件的平均发生次数。泊松分布中会使用这些符号：λ 是事件发生的速率，t 是时间间隔，X 是该时间间隔内的事件数。其中，

X 称为泊松随机变量，*X* 的概率分布称为泊松分布。令 *μ* 表示长度为 *t* 的间隔中的平均事件数，那么，$\mu = \lambda \times t$。泊松分布的概率质量函数由式（3-3）给出：

$$P(X=x) = \frac{\lambda^x}{x!} \mathrm{e}^{-\lambda}, \quad x = 0,1,2,\cdots \tag{3-3}$$

泊松分布的随机变量 *X* 的均值和方差均值和方差由下式给出：

$$均值：E(X) = \lambda$$
$$方差：Var(X) = \lambda$$

3.1.4　均匀分布

对于掷骰子来说，结果只能是 1 到 6 中间的任意整数，得到任何一个结果的概率是相等的，这就是均匀分布的基础。在概率论和统计学中，均匀分布也叫矩形分布，是对称概率分布。均匀分布的概率密度函数由式（3-4）给出：

$$f(x) \begin{cases} \dfrac{1}{b-a}, & a \leqslant x \leqslant b \\ 0, & 其他 \end{cases} \tag{3-4}$$

均匀分布由两个参数 *a* 和 *b* 定义，它们是数轴上的最小值和最大值，通常缩写为 *U*（*a*，*b*）。均匀分布曲线的形状是一个矩形，这也是均匀分布又称矩形分布的原因。

均匀分布的随机变量 *X* 的均值和方差由下式给出。

$$均值：E(X) = (a+b)/2$$
$$方差：Var(X) = (b-a)^2/12$$

3.1.5　正态分布

正态分布（Normal Distribution）又名高斯分布（Gaussian Distribution），最早是由 De Moivre's Formula 在求二项分布的渐近公式中得到。数学家高斯在研究测量误差时从另一个角度导出了它。正态分布是一个在数学、物理及工程等领域都非常重要的概率分布，在统计学的许多方面都有着重要的影响力。在概率论中，正态分布是几种连续以及离散分布的极限分布。

正态分布的概率密度函数图形特征如下所示。

- 集中性：正态曲线的高峰位于正中央，即均数所在的位置。
- 对称性：正态曲线以均数为中心，左右对称，曲线两端永远不与横轴相交。
- 均匀变动性：正态曲线由均数所在处开始，分别向左右两侧逐渐均匀下降。

曲线与横轴间的面积总等于 1，相当于概率密度函数的函数从正无穷到负无穷积分的概率为 1，即频率的总和为 100%。正态分布与二项分布有着很大的不同，然而，如果试验次数接近于无穷大，它们的形状会变得十分相似。正态分布的概率密度函数由式（3-5）给出：

$$f(x) = \frac{1}{\sqrt{2\pi}\sigma} e^{-\frac{(x-\mu)^2}{2\sigma^2}}, \quad -\infty \leqslant x \leqslant \infty \tag{3-5}$$

正态分布的随机变量 X 的均值和方差由下式给出。

$$均值：E(X) = \mu$$
$$方差：Var(X) = \sigma^2$$

3.1.6 指数分布

在概率理论和统计学中，指数分布是描述泊松过程中的事件之间的时间的概率分布，即事件以恒定平均速率连续且独立地发生的过程。

指数函数的一个重要特征是无记忆性（Memoryless Property，又称遗失记忆性）。这表示如果一个随机变量呈指数分布，当 $s,t>0$ 时有 $P(T>t+s|T>t)=P(T>s)$。即，如果 T 是某一元件的使用寿命，已知元件使用了 t 小时，它总共使用至少 $s+t$ 小时的条件概率，与从开始使用时算起它使用至少 s 小时的概率相等。指数分布的概率密度函数由式（3-6）给出：

$$f(x) \begin{cases} \lambda e^{-\lambda x}, & 0 < x \\ 0, & 其他 \end{cases} \tag{3-6}$$

其中 $\lambda > 0$ 是分布的一个参数，常被称为率参数（rate parameter），即每单位时间内发生某事件的次数。指数分布的随机变量 X 的均值和方差由下式给出。

$$均值：E(X) = 1/\lambda$$
$$方差：Var(X) = (1/\lambda)^2$$

以上我们对常见的数据分布做了基本的介绍，下面结合 SciPy 的统计函数 Stats.norm 来展示正态分布的概率密度函数、分布函数、分位数、随机数生成以及统计指标等，其他分布函数使用方法类似，不再赘述。

```python
import numpy as np
from scipy import stats
import matplotlib.pyplot as plt

# 概率密度函数 返回 N(mu,sigma^2) 的概率密度函数在 x 处的值
pdf = stats.norm.pdf([-0.67448975,0,0.67448975],loc = 0,scale = 1)
print('pdf: {}'.format(pdf) )
```

输出结果为：

```
pdf: [0.31777657 0.39894228 0.31777657]
```

```python
# 概率分布函数 返回 N(mu,sigma^2) 的概率密度函数在 负无穷 到 x 上的积分，也就是概率分布函数的值
cdf = stats.norm.cdf([-0.67448975, 0, 0.67448975],loc = 0,scale = 1)
print('cdf: {}'.format(cdf) )
```

输出结果为：

```
cdf: [0.25 0.5  0.75]
```

累计分布函数 cdf 的逆函数，相当于是求概率分布函数的分位数
```
ppf = stats.norm.ppf([0.25, 0.5, 0.75])
print('ppf: {}'.format(ppf) )
```

输出结果为：

```
ppf: [-0.67448975  0.          0.67448975]
```

使用 ppf 和 np.linspace 生成数据，求 pdf。绘制 pdf 曲线
```
cdf_n = np.linspace(stats.norm.ppf(0.01,loc=0,scale=1), stats.norm.
    ppf(0.99,loc=0,scale=1),100)
plt.plot(stats.norm.pdf(cdf_n,loc=0,scale=1),'b-',label = 'norm')
```

输出如图 3-1 所示。

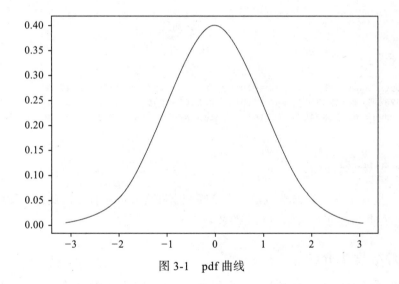

图 3-1   pdf 曲线

绘制 cdf 曲线
```
plt.plot(cdf_n, stats.norm.cdf(cdf_n,loc=0,scale=1),'b-',label = 'norm')
```

输出如图 3-2 所示。

#rvs 生成服从指定分布的随机数，设置随机数种子 random_state=1
```
rvs_n = stats.norm.rvs(loc = 0,scale = 1,size =10000,random_state=1)
print('rvs_n: {}'.format(rvs_n))
```

输出结果为：

```
rvs_n: [ 1.62434536 -0.61175641 -0.52817175 ... -1.01414382 -0.06269623
 -1.43786989]
```

#describe 统计描述函数
```
describe = stats.describe(rvs_n)
```

```
print('describe: {}'.format(describe))
```

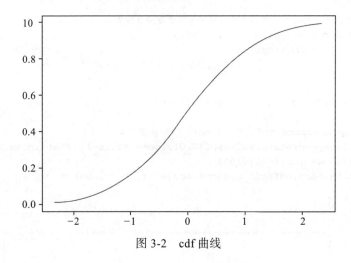

图 3-2　cdf 曲线

输出结果为：

```
describe: DescribeResult(nobs=10000, minmax=(-3.656440099254795,
    4.026849044547378), mean=0.00977265669910497, variance=0.9976729288445313,
    skewness=0.0249045712813166, kurtosis=0.028669537652855848)
```

3.2　开源数据集

本章开头提到了学习机器学习是一个不断探索和实验的过程，因此，下文将主要介绍常见的开源数据集，便于读者学习和实验各种机器学习算法。

3.2.1　开源数据集介绍

在学习机器学习算法的过程中，我们经常需要数据来学习和试验算法，但是找到一组适合某种机器学习类型的数据却不那么方便。表 3-3 对常见的开源数据集进行了汇总。

表 3-3　开源数据集介绍

Index	类型	数据集	网址
1	比较全面，各类型数据都有涉及	UCI 数据集	http://archive.ics.uci.edu/ml/datasets.php
2		Kaggle 竞赛数据集	https://www.kaggle.com/datasets
3	计算机视觉数据	ImageNet	http://image-net.org/
4		VisualData	https://www.visualdata.io/
5		MS COCO	http://mscoco.org/
6	情感分析数据	Stanford CoreNLP	http://nlp.stanford.edu/sentiment/code.html
7		IMDB	http://ai.stanford.edu/~amaas/data/sentiment/
8		Sentiment140	http://help.sentiment140.com/for-students/

（续）

Index	类型	数据集	网址
9	自然语言处理	HotspotQA	https://hotpotqa.github.io/
10		Enron Email	https://www.cs.cmu.edu/~./enron/
11		Amazon	https://snap.stanford.edu/data/web-Amazon.html
12	自动驾驶	百度 Apolloscapes	http://apolloscape.auto/
13		Berkeley DeepDrive	http://bdd-data.berkeley.edu/
14		Robotcar	http://robotcar-dataset.robots.ox.ac.uk/
15	公共政府数据集	Data.gov	https://www.data.gov/
16		Food Environment Atlas	https://catalog.data.gov/dataset/food-environment-atlas-f4a22
17		Annual Survey of School System Finances	https://catalog.data.gov/dataset/annual-survey-of-school-system-finances
18		NCES	https://nces.ed.gov/
19		Data USA	http://datausa.io/
20		中国国家统计局	http://www.stats.gov.cn/
21	金融与经济数据集	Quandl	https://www.quandl.com/
22		WorldBank	https://data.worldbank.org/
23		IMF	https://www.imf.org/en/Data
24		Markets	https://markets.ft.com/data/
25		Google Trends	http://www.google.com/trends?q=google&ctab=0&geo=all&date=all&sort=0
26		US Macro Regional	https://www.aeaweb.org/resources/data/us-macro-regional
27	语音数据集	Google Audioset	https://research.google.com/audioset/
28		2000 HUB5 English	https://catalog.ldc.upenn.edu/LDC2002T43
29		LibriSpeech	http://www.openslr.org/12/

3.2.2　scikit-learn 中的数据集

scikit-learn 是 Python 中进行数据挖掘和建模中常用的机器学习工具包。scikit-learn 的 datasets 模块主要提供了一些导入、在线下载及本地生成数据集的方法。模块的主要函数如表 3-4 所示，将在 3.3 节中讲解。

表 3-4　datasets 模块主要函数

Index	函数名称	解释
1	sklearn.datasets.load_<name>	自带数据集（数据量较小）
2	sklearn.datasets.fetch_<name>	在线下载的数据集
3	sklearn.datasets.make_<name>	生成指定类型的随机数据集
4	sklearn.datasets.load_svmlight_file	svmlight/libsvm 格式的数据集
5	sklearn.datasets.fetch_mldata	mldata.org 在线下载数据集

自带数据集的 datasets 模块里包含自带数据集，使用 load_* 加载即可，使用示例如下所示。

```
from sklearn.datasets import load_iris
data = load_iris()
# 查看数据描述
print(data.DESCR)
X = data.data
y = data.target
```

自带数据集的基本信息如表 3-5 所示。

表 3-5　scikit-learn 自带数据集

Index	数据集名称	调用方法	模型类型	数据规模（样本 * 特征）
1	波士顿房价数据集	load_boston	回归	506*13
2	鸢尾花数据集	load_iris	分类	105*4
3	手写数字数据集	load_digits	分类	1797*64
4	糖尿病数据集	load_diabetes	回归	422*10
5	葡萄酒数据集	Load_wine	分类	178*13
6	乳腺癌数据集	load_breast_cancer	分类	569*30
7	体能训练数据集	load_linnerud	多元回归	20*3

在线下载数据集的 datasets 模块包含在线下载数据集的方法，调用 fetch_* 接口从网络下载，示例如下所示。

```
from sklearn.datasets import fetch_20newsgroups
newsgroups_train = fetch_20newsgroups(subset='train')
newsgroups_test = fetch_20newsgroups(subset='test')
```

注意，fetch_* 接口由于需要从国外网址下载数据，速度可能很慢！在线下载数据集的基本信息如表 3-6 所示。

表 3-6　scikit-learn 在线下载数据集

Index	数据集名称	调用方法	模型类型	数据规模（样本 * 特征）
1	Olivetti 脸部图像数据集	fetch_olivetti_faces	降维	400*64*64
2	20 类新闻分类数据集（文本）	fetch_20newsgroups	分类	18846*1
3	20 类新闻文本数据集（特征向量）	fetch_20newsgroups_vectorized	分类	18846*130107
4	带标签的人脸数据集	fetch_lfw_people	分类	13233*5828
5	路透社新闻语料数据集	fetch_rcv1	分类	804414*47236
6	加州住房数据集	fetch_california_housing	回归	20640*8
7	森林植被	fetch_covtype	多分类	581012*54

scikit-learn 包括用于以 svmlight/libsvm 格式加载数据集的实函数。在这种格式中，每一行都采用表格，此格式特别适用于稀疏数据集。在该模块中，使用 SciPy 稀疏 CSR 矩阵，

并使用 numpy 数组，示例如下。svmlight / libsvm 格式的公共数据集可以从网上下载⊖。

```
from  sklearn.datasets  import  load_svmlight_file
X_train , y_train  =  load_svmlight_file ("/ path / to / train_dataset.txt " )
    newsgroups_test = fetch_20newsgroups(subset='test')
```

openml.org 是机器学习数据和实验的公共存储库，允许每个人上传开放数据集。sklearn.datasets 能够从存储库下载数据集。示例如下：

```
from sklearn.datasets import fetch_openml
mice = fetch_openml(name='miceprotein', version=4)
print(mice.DESCR)
mice.url
```

更多数据集信息描述请查看官网⊜。下面对自带数据集序号 1、2、3 的数据集做简单的介绍，读者也可以使用 data.DESCR，查看其英文描述。

（1）波士顿房价数据

这个数据集包含了 506 处波士顿不同地理位置的房产的房价数据（因变量），房屋以及房屋周围的详细信息（自变量），其中包含城镇犯罪率、一氧化氮浓度、住宅平均房间数等 13 个维度的数据，波士顿房价数据集能够应用到回归问题上。波士顿房价数据集与属性描述如下所示。

- CRIM：城镇人均犯罪率。
- ZN：住宅用地超过 25000 平方英尺的比例。
- INDUS：城镇非零售商用土地的比例。
- CHAS：查理斯河空变量（如果边界是河流，则为 1；否则为 0）。
- NOX：一氧化氮浓度。
- RM：住宅平均房间数。
- AGE：1940 年之前建成的自用房屋比例。
- DIS：到波士顿五个中心区域的加权距离。
- RAD：辐射性公路的接近指数。
- TAX：每 10000 美元的全值财产税率。
- PTRATIO：城镇师生比例。
- MEDV：自住房的平均房价，以千美元计。

（2）鸢尾花数据集

鸢尾花数据集是一个非常经典的数据集，著名的统计学家 Fisher 在研究判别分析问题时收集了一些关于鸢尾花的数据，包含了 150 个鸢尾花样本，对应 3 种鸢尾花，各 50 个样本，以及它们各自对应的 4 种关于外形的数据（自变量）。该数据集可用于多分类问题，测

⊖　https：//www.csie.ntu.edu.tw/~cjlin/libsvmtools/datasets
⊜　https://www.openml.org/search?type=data

量数据如下所示。

- sepal length (cm)：萼片长度。
- sepal width (cm)：萼片宽度。
- petal length (cm)：花瓣长度。
- petal width (cm)：花瓣宽度。

类别共分为三类：Iris Setosa、Iris Versicolour 和 Iris Virginica。

（3）手写数字数据集

这个数据集是结构化数据的经典数据，共有 1797 个样本，每个样本有 64 个元素，对应一个 8×8 像素点组成的矩阵，矩阵中值的范围是 0～16，代表颜色的深度，控制每一个像素的黑白浓淡，所以每个样本还原到矩阵后代表一个手写体数字。

3.3 scikit-learn 数据集生成接口

scikit-learn 提供了随机数据生成的接口，我们可以很方便地生成指定机器学习类型的数据集。下面对生成数据的接口进行简单介绍。

3.3.1 常用接口

常用的接口包含以下几类。

1）用于分类和聚类的接口：这些接口生成的样本特征向量矩阵以及对应的类别标签，根据样本所属的类别可以分为单标签和多标签。生成单标签分类和聚类数据的函数简介如表 3-7 所示。

表 3-7　生成单标签分类和聚类数据的接口函数

Index	函数名称	解释
1	make_blobs	生成多类单标签数据集，为每个类分配一个或多个正态分布的点集，提供了控制每个数据点的参数：中心点（均值）、标准差，用于聚类算法
2	make_classification	生成多类单标签数据集，为每个类分配了一个或者多个正态分布的点集。提供了为数据集添加噪声的方式，包括维度相性、无效特征和冗余特征等，用于分类算法
3	make_gaussian_quantiles	产生分组多维正态分布的数据集，用于分类算法
4	make_hastie_10_2	生成一个相似的二元分类器数据集，有 10 个维度，用于分类算法
5	make_circles	生成环形二维分类数据集，可以为数据集添加噪声，用于分类和聚类算法
6	make_moons	生成交错的半环形二维分类数据集，可以为数据集添加噪声，用于分类和聚类算法

2）用于多标签分类的接口：make_multilabel_classification 生成多类多标签数据集，生成的数据集模拟了从很多话题的混合分布中抽取词袋模型，每个文档的话题数量符合泊松分布。话题本身从一个固定的随机分布中抽取出来，同样，单词数量也是泊松分布抽取，

句子则是从多项式抽取。

3）用于双聚类的接口函数：make_biclusters 生成具有恒定块对角线结构的数据；make_checkerboard 生成具有用于双聚类的块棋盘结构的数据。

4）用于回归类型的接口函数：接口函数简介如表 3-8 所示。

表 3-8　生成回归数据的接口函数

Index	函数名称	解释
1	make_regression	产生回归任务的数据集，期望目标输出是随机特征的稀疏随机线性组合，并且附带有噪声，它的有用的特征可能是不相关的，或者低秩的（引起目标值的变动的只有少量的集合特征）
2	make_sparse_uncorrelated	产生 4 个特征的线性组合（固定参数）作为期望目标输出
3	make_friedman1	采用了多项式和正弦变换
4	make_friedman2	包含了特征的乘积和互换操作
5	make_friedman3	类似于 arctan 变换

5）用于流行学习的接口函数：流形学习，全称流形学习方法 (Manifold Learning)，于 2000 年在《Science》中被首次提出，现已成为信息科学领域的研究热点。在理论和应用上，流形学习方法都具有重要的研究意义。假设数据是均匀采样于一个高维欧氏空间中的低维流形，流形学习就是从高维采样数据中恢复低维流形结构，即找到高维空间中的低维流形，并求出相应的嵌入映射，以实现维数约简或者数据可视化。从观测到的现象中去寻找事物的本质，进而找到产生数据的内在规律。生成流形学习数据的接口函数简介如表 3-9 所示。

表 3-9　生成流行学习数据的接口函数

Index	函数名称	解释
1	make_s_curve	生成 S 曲线数据集
2	make_swiss_roll	生成瑞士卷蛋糕曲线数据集

6）用于可降维的接口函数：生成可降维数据的接口函数简介如表 3-10 所示。

表 3-10　生成可降维数据的接口函数

Index	函数名称	解释
1	make_low_rank_matrix	生成具有钟形奇异值的大多数低秩矩阵
2	make_sparse_coded_signal	生成信号作为字典元素的稀疏组合
3	nake_spd_matrix	生成随机对称正定矩阵
4	make_sparse_spd_matrix	生成稀疏对称确认正定矩阵

下面对 scikit-learn dataset 模块生成数据的常用接口做进一步介绍。更多详细介绍请参考官方文档⊖。

3.3.2　分类模型随机数据生成

make_classification 函数的主要参数如下所示。

⊖　https://scikit-learn.org/stable/datasets/

- n_samples：样本数量，默认值 100。
- n_features：特征个数 = n_informative + n_redundant + n_repeated，默认值 20。
- n_informative：信息特征的个数，默认值 2。
- n_redundant：冗余信息，informative 特征的随机线性组合，默认值 2。
- n_repeated：重复信息，随机提取 n_informative 和 n_redundant 特征，默认值 0。
- n_classes：分类类别，默认值 2。
- n_clusters_per_class：某一个类别是由几个 cluster 构成的，默认值 2。
- weights：分类类别的样本比例，默认值是 None，代表均衡比例。
- shuffle：随机打乱样本，默认值 True。
- random_state：随机数种子，默认值是 None，不配置该参数每次生成的数据都是随机的。

使用 make_classification 在 Jupyter Notebook 环境生成分类模型随机数据代码案例如下：

```
import numpy as np
import matplotlib.pyplot as plt
from sklearn.datasets import make_classification

# X 为样本特征，Y 为样本类别输出，共 1000 个样本，每个样本 5 个特征，输出有 2 个类别，没有冗余特征，
    每个类别一个簇
X, Y = make_classification(n_samples=1000, n_features=5, n_redundant=0,n_
    informative =1,n_clusters_per_class=1, n_classes=2,random_state =20)
plt.scatter(X[:, 0],X[:, 1], marker='o' ,c=Y)
plt.show()
```

输出如图 3-3 所示。

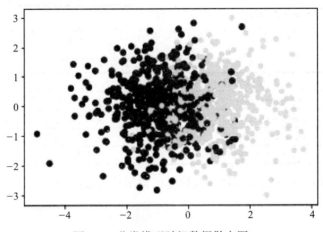

图 3-3   分类模型随机数据散点图

3.3.3   回归模型随机数据生成

make_regression 函数的主要参数如下所示。

- n_samples：样本数量，默认值 100。
- n_features：特征个数，默认值 20。
- n_informative：信息特征的个数，默认值 2。
- n_targets：回归目标的数量，默认值 1。
- bias：线性模型中的偏差项，默认值 0。
- noise：高斯分布的标准差，默认值 0。
- coef：是否返回回归系数，默认值 False。
- shuffle：随机打乱样本，默认值 True。
- random_state：随机数种子，默认值 None。

使用 make_regression 在 Jupyter Notebook 环境生成分类模型随机数据代码案例如下：

```
import numpy as np
import matplotlib.pyplot as plt
from sklearn.datasets import make_regression

# X 为样本特征，Y 为样本类别输出，共 1000 个样本，每个样本 3 个特征，返回回归系数
X,Y,coef=make_regression(n_samples=1000,n_features=3,noise=10,
coef=True,random_state =20)
plt.scatter(X[:, 0],Y,c='b',s=3)
plt.plot(X[:, 0],X[:, 0]*coef[0],c='r')
plt.show()
```

输出如图 3-4 所示。

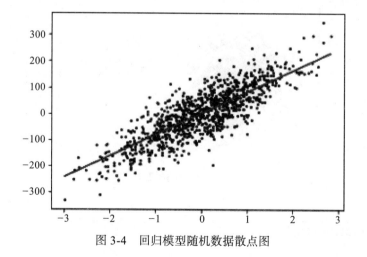

图 3-4　回归模型随机数据散点图

3.3.4　聚类模型随机数据生成

make_blobs 函数的主要参数如下所示。

- n_samples：样本数量，默认值 100。

- n_features：特征个数，默认值 2。
- centers：产生数据的中心点，默认值 3。
- cluster_std：数据集的标准差，默认值 1。
- center_box：中心确定之后的数据边界，默认值（−10.0, 10.0）。
- shuffle：随机打乱样本，默认值 True。
- random_state：随机数种子，默认值 None。

使用 make_blobs 在 Jupyter Notebook 环境生成分类模型随机数据代码案例如下：

```
import numpy as np
import matplotlib.pyplot as plt
from sklearn.datasets import make_blobs

# X 为样本特征，Y 为样本类别输出，共 1000 个样本，每个样本 2 个特征，共 3 个簇，簇中心在 [-1，-1]，
    [1，1]，[2，2]，簇方差分别为 [0.4，0.5，0.2]
X, Y = make_blobs(n_samples=1000, n_features=5, centers=[[-2,-1], [1,-0.5],
    [2,1]], cluster_std=[0.6, 0.3, 0.5], random_state =20)
plt.scatter(X[:, 0], X[:, 1], marker='o', c=Y)
plt.show()
```

输出如图 3-5 所示。

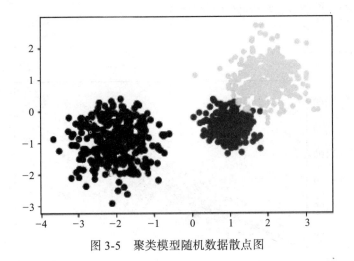

图 3-5　聚类模型随机数据散点图

3.4　随机数生成简介

上文介绍的常用数据分布和在 sklearn 生成数据的方法中都提到了随机数种子，3.3 节的案例里配置随机数种子主要是为了保证下次运行案例代码时能生成一样的数据。另外，本节也会简要介绍随机数生成的原理和概念，以及机器学习中随机数应用场景。

3.4.1 随机数生成的原理和概念

本节案例代码里的随机数是由计算机的随机数生成器生成的。为了更好地理解随机数，我们首先从随机数的概念开始介绍。随机数是随机试验的结果。在统计学的很多技术中需要使用随机数，比如在从统计总体中抽取具有代表性样本的时候，在将实验动物分配到不同的试验组的过程中，在进行蒙特卡罗模拟法计算的时候等。

1. 随机数的生成

常用编程语言一般会提供随机数函数，在 Python 数据分析中常用 Numpy 提供了 random 函数，它是伪随机数。利用数学算法产生的随机数属于伪随机数，当随机种子相同时，对于同一个随机函数，得出的随机数列是固定不变的。与之对应的是真随机数，真随机数是无法预测且无周期性。根据生成随机数的方法可以分为：真随机数发生器和伪随机数发生器。

- 真随机数发生器：像无法实现永动机一样，靠程序是永远无法实现真随机数的，很多情况下只能听天由命。真正的随机数是使用物理现象产生的：比如掷骰子、使用电子元件的噪声、核裂变等，这样的随机数发生器叫作真随机数发生器，也称物理性随机数发生器，它们的缺点是技术要求比较高。
- 伪随机数发生器：程序得到的随机数是通过一个固定的、可以重复的计算方法生成的，这本身就违反了随机的定义，但是它们具有类似于随机数的统计特征，这样的随机数发生器叫作伪随机数发生器。在实际应用中往往使用伪随机数就足够了。伪随机数中一个很重要的概念就是种子，种子决定了随机数的固定序列，种子固定了，得到的序列就是相同的。

2. 计算机如何生成伪随机数

随机种子是用来产生随机数的一个数，在计算机中，它是一个无符号整形数。那么随机种子是从哪里获得的呢？随机种子一般取自系统时钟，确切地说，是来自计算机主板上的定时器在内存中的记数值（注：计算机的主机板上都会有这样一个定时器用来计算当前系统时间，每过一个时钟信号周期计数器都会加1）。

如果没有设置随机数种子，那么将默认采用当前时钟作为随机数种子，代入生成函数中生成随机数。伪随机数生成函数虽然只是几个简单的函数，但却是科学家多年的研究成果。总之：

1）伪随机数并不是假随机数，这里的"伪"是有规律的意思，即计算机产生的伪随机数既是随机的又是有规律的。

2）随机种子一般使用自系统时钟。

3）随机数是由随机种子根据一定的计算方法计算出来的数值，所以只要计算方法和随机种子固定，那么产生的随机数就不会变。

3.4.2　随机数生成示例

下面使用 Numpy 的 random 函数来简单演示随机数的生成，更多随机数生成方法请参考官方文档[⊖]。随机数的生成代码示例如下：

```
import numpy as np
import matplotlib.pyplot as plt
from sklearn.datasets import make_blobs

# 配置随机数种子，不指定随机数种子每次生成的数据都不一样
np.random.seed(10)

# 从均匀分布（[low，high）：半开区间）中进行采样浮点数
np.random.uniform(low=1, high=3, size=100)
# 从均匀分布（[low，high）：半开区间）中进行采样浮点数，生成 100*100 矩阵
np.random.uniform(low=1, high=3, size=[100,100])

# 生成半开半闭区间 [low，high) 上离散均匀分布的整数值
np.random.randint(low=1, high=10, size=100)

# 正态分布
np.random.normal(loc=0, scale=1.0, size=100)

# numpy.random.choice(a, size=None, replace=True, p=None)
# 通过给定的一维数组数据产生随机采样
# 从数组 a 中选择，若 a 是整数，则从 np.arange(a) 中选择
# replace 代表放回与否
# p 为数组中每个元素被选中的概率，为空则表示均匀分布
np.random.choice(a=[1,2,3,4,5], size=100,p=[0.1, 0, 0.3,0.4,0.2])

# 可以使用 choice 生成类别型数据，比如 A,B,C 类别
np.random.choice(a=['A','B','C','D','E'], size=100)
```

3.4.3　随机数应用场景介绍

在了解了随机数的生成后，下面讲讲在数据集的划分中随机数的作用和影响。

1. 数据集的随机划分

在机器学习建模的过程中，往往需要对数据集进行划分：将原始样本按照一定方法，随机划分成训练集、验证集和测试集。有多种方法可用于数据集的随机划分，比如 K 折交叉验证、留出法、随机划分法等。

以留出法为例，首先对原始数据进行一次或若干次随机数据混洗，然后取指定的比例作为训练集，剩余样本作为测试集。对于原始数据中的每条样本，我们无法确定它被分到哪类数据集中，是随机的，所以单次划分数据集得到的结果是不稳定的。在实践中，一般

⊖　http://www.numpy.org/

将数据集进行多次随机划分,重复执行求平均值。

原始数据集的随机划分,确保了划分后数据子集的内部结构尽可能与原始数据集保持一致,避免因划分而引入额外偏差,对结果造成影响。需要说明的是,当原始数据集为时间序列时,随机划分会破坏样本的时序信息,所以可直接按时序划分,此处不涉及随机数。

2. 优化算法中的随机数

机器学习算法会用到各种形式的损失函数,如何快速有效地对损失函数求最小值,从而估计出模型的参数,这就涉及了优化问题。优化方法中常会用到随机数,例如利用随机数"跳出"局部极值点,使优化结果更接近全局最优解。

除少数简单模型外,机器学习涉及的优化问题通常无法直接给出显式解,实践中需借助数值优化算法进行求解。数值优化算法通常从某个初始参数值出发,按照一定策略搜索并更新参数,直到优化目标函数变化小于容忍幅度,或者搜索次数达到最大迭代次数为止。

对于凸目标函数,优化问题在理论上存在唯一解,只要搜寻次数足够多,总可以得到近似最优数值解。然而,如果优化在触及最大迭代次数后停止,最终参数所能到达的位置会依赖于初始出发位置。而对于非凸目标函数,由于存在局部极值,即使迭代次数足够长,也无法确保从不同的初始参数出发最终能够得到一致的结果。总之,如果赋予参数不同的初始值,就可能得到不同的结果。

为了解决上述问题,可以随机赋予若干组不同的初始解,得到与之对应的一组"最优"解。如果解与初始值无关,那么全部的解应该较接近,此时,任意一组解都可以作为备选最优解;如果解与初始值相关,那么在各组"局部"最优解中,寻找"全局"最优解对应参数作为最终参数即可。

此处使用随机数的作用是防止迭代次数不足时,参数搜索陷入局部最优。

以上我们对机器学习中随机数应用场景做了简单介绍。理论上,固定随机数种子后,机器学习的结果应保持不变。然而在实践过程中,不同机器学习方法中,固定随机数种子的方法也不尽相同,需要读者在熟悉使用算法包的过程中多加操作实践。

3.5 本章小结

本章主要介绍了实验数据的准备,包含人工生成数据集、经典开源数据集和 scikit-learn 中相关接口的介绍,最后简述了随机数生成原理。

3.1 节介绍了常见数据分布和相关统计指标,为分析和推理统计提供了基础,如伯努利分布、二项分布等。

3.2 节介绍了多个开源项目数据集,读者可参考选取适用于不同机器学习场景下的数据集。

3.3 节介绍了 scikit-learn 中自带的数据集以及自定义数据集的生成接口。

3.4 节简述了随机数生成原理和随机数的应用场景,如随机数划分、算法中的随机数。

第二部分

机器学习基础篇

第 4 章

机器学习项目流程与核心概念

我们在前文中提到，机器学习建模过程中 80% 的时间花在数据和特征工程上，20% 的时间花在算法模型上。实际上，项目前期的验证也会花费大量的时间。从机器学习技术的角度看，"数据和特征决定了机器学习的上限，而模型和算法只是逼近这个上限而已。"而从项目的角度看，项目的正确定义与否决定了机器学习项目的成败，因为它在机器学习过程的前端，是机器学习项目的起点。

虽然具体的机器学习项目各有不同，但都有相同的工作，以监督学习为例：如何定义 y、如何划分数据集、数据处理、特征工程、模型训练与评估和模型上线等，即机器学习项目有标准化和流程化的软件工程最佳实践。

另外，本章将讲述机器学习算法中的几个核心概念，比如损失函数与正则化、欠拟合和过拟合、数据泄露等，这些都是实践中遇到和需要解决的机器学习问题，却往往被大家忽视。

从项目管理的角度来看，机器学习算法与技术只是实现项目目标的手段而已。本章将平衡地讲述技术方法、工程方法和业务方法。

4.1 机器学习项目流程

笔者是工科出身，具有非常典型的 IT 人性格，相较于工作需要，会习惯性地更深入学习技术知识点，这种习惯有时会使我忽视问题本身，即以技术、工具为先，停留在"术"的层面，这往往也是很多技术人的特点，但这种特点对于企业的运作是不利的。在一个项目中，尤其是机器学习项目，机器学习工程师、建模工程师抑或数据科学家应该深度参与到机器学习项目的原始需求和问题定义中，将建模工作与业务流程集成起来。同时，也要加强沟通，锻炼口才，做报告时有"说故事"的能力，而不是单纯地拿到建模样本（很多竞赛比如 Kaggle）做纯技术层面的勾勒。以上建议，希望从机器学习项目开始时就引起大家的重视，由始至终地完成一次机器学习建模工作，并在其中细心体会。

一般来说机器学习项目会经历多个阶段，如图 4-1 所示。

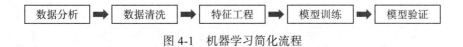

图 4-1 机器学习简化流程

- **数据分析**。也称数据探索性分析，初步查看变量的类型和概览。一般使用统计信息、可视化方法，常见的有数据统计摘要（最大、最小、均值等）、连续变量使用直方图、离散变量使用条形图等方法。
- **数据清洗**。数据分析之后我们得到需要清洗和处理的变量，主要是异常值处理或文本清洗等。这一步完成对数据的初步加工，为后续节点做准备。数据分析与数据清洗的相关介绍请参考第 5 章。
- **特征工程**。包括对特征的离散化或连续化处理、编码，将数据向量化为进入模型做准备，例如 LabelEncode、OneHot、WOE（Weight Of Evidence，证据权重）。但这些内容的一部分有时在数据清洗节点中就已完成了，所以书中的特征工程侧重特征的衍生、变换和选择。特征工程中的"工程"二字体现了机器学习对特征处理的重视和特征工程从项目系统级的考量，详细内容请参考第 6、7、8 章。
- **模型训练**。主要指的是模型调参、模型选择、重复进行特征工程的过程，也可以说是获得模型参数的过程。
- **模型验证**。它时常和模型训练交织在一起，主要指的是在新数据集（未参与模型训练）上验证模型效果的过程，也包含将模型结果进行反馈以得到本次建模过程是否达到预期目标、验收并结束。技术上的关键点是如何选取评价指标和验证策略。

从项目的角度看，这条主线将横向延伸，前端将加入项目需求分析与定义、如何定义 Y 这样的模型设计节点，向后延伸有模型部署、模型监控和重构与重训这样的节点。从训练、测试、预测这 3 个场景来看，这条主线将向纵向扩展，比如在训练时的数据清洗和特征工程使用到的处理方法和信息，要完全一致地保留并应用到测试和预测阶段。当我们实现自己的机器学习建模框架时，要重视这些更广阔的边界。

在实践中，我们也可能有选择性地关注一些点或忽视一些点，比如在对外驻场建模或比赛时，会基于上述的节点定制更为细致的流程，例如在数据分析时先执行缺失率统计，再进行异常值分析。由于时间等因素限制，我们也可能先忽视难以处理的、复杂的字符、地理和空间变量，等到有初版的模型后再考虑是否处理剩余变量。

下面再给出一个项目版的机器学习建模流程，如图 4-2 所示。

1）需求分析：完成问题的定义。根据需求，场景确定建模目标的同时将需求转换为技术实现，对应到机器学习领域即确定、分类（二分类、多分类）、回归、聚类、备选算法等。

2）模型设计：包括样本定义、评价指标的方案、样本范围预定义和数据集划分方案预定义。实际上未获取数据前，样本定义只能是粗略和方向性的，直到获取样本后，基于一定的分析才能最终定论。所以紧接节点的"数据提取"是逻辑上的顺序流程，真实情况下会反复执行。

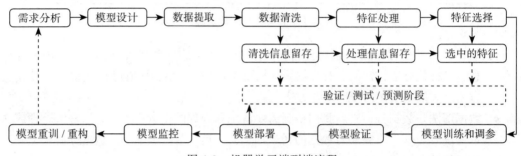

图 4-2　机器学习端到端流程

3）数据提取：在数据源拉取预定的样本和变量。

4）数据清洗：该部分的数据清洗方法需要留存，以便对验证和预测阶段的数据进行同样的处理。

5）特征工程：可细分为 2 个部分：特征处理和特征选择。这两个节点的信息同样需要留存到验证和预测阶段。

以上描述的是总体的建模流程，部分节点下文将有进一步的介绍，包括模型训练调优、模型验证、模型部署、模型监控、模型重训或重构。当实践中面临新的问题时，部分节点将有所变化，比如自定义评价指标。

如前文所述，熟练掌握这些节点的人可以瀑布式地依次执行，也可以根据实际情况反复执行。当一个团队共同负责一个机器学习项目时，团队的分工协作和敏捷开发模式将极大地推动项目进程，并有望得到优秀的模型表现。例如，数据探索、分析时，不同成员分别并行处理；数据空值填充时，不同成员负责不同的填充策略；不同成员负责深入的特征工程；不同成员实验不同的学习算法或集成策略等。团队全体成员以紧密协作的方式完成机器学习项目。

流程化的优势是容易形成规范和标准，并沉淀最佳实践，便于权衡成本效益。例如，很多的开源机器学习工具在流程化、工程应用上都做了不少工作，例如 sklearn[⊖] 中的 Pipeline、H2O 等机器学习平台。能够熟练应用机器学习的企业也能形成内部的构建流程。

由于建模需求多样，我们略过需求的分析和拆解，直接从样本定义开始讲述。

4.1.1　如何定义 Y

万事开头难，机器学习同样如此。本节内容属于模型设计的范畴，需要重点指出的是，样本定义极具业务技巧，尤其对于有监督学习。样本的定义是需求的直接映射，可以说样

　　⊖　文中 sklearn 有时表示 scikit-learn，有时指安装后的 sklearn 包。

本的定义决定了项目的成败，需要对需求进行深度的分析、解读、研讨。样本定义需要综合考虑如下几点。

- 样本定义是否满足业务目标。
- 样本的获取难易度及成本。
- 不同定义下的样本量是否足够。
- 正负样本是否过于不平衡。
- 目标值是否要具有一定的区分度以便算法学习等。
- 数据集之间尽量满足分布一致性，使噪声尽可能少。

样本的定义将影响后续数据处理、算法选择等节点。下面以有监督学习为例，说明两种常见目标变量 Y 的定义方法。

第一个常见例子是网络节目点击率预估中的样本定义，要求针对用户定义喜欢的节目和不喜欢的节目。喜欢可以从如下方面判断：用户播放的节目、顶和踩的喜好标注，以及评论、分享、收藏或下载节目。不喜欢可以从推荐展示过但用户一直没有播放或收藏等行为来判断。基于获客最大化需求，重点关注用户喜欢节目的样本定义。此处假设所有样本已经存于数据库（忽略获取难易度和成本的考虑），所以只考虑样本量和正负是否平衡的问题。比如，用户播放过的节目只取最近一个月或半年，还是所有播放历史？是否考虑播放时长或以多长时间作为阈值（那些播放时长只有几秒钟的情况，我们有理由说是误点）？评论可以是正面、负面或中性评论，对于中性评论要慎重考虑或排除在建模样本之外。用户播放后是分享还是推荐给他人？前者有理由相信用户喜欢，后者则不确定，可能需要排除在建模样本之外。

另一个典型的例子是金融信贷行业对用户好坏的定义。这类场景具有清晰的时间属性，比如银行向客户发放一笔 12 期的贷款，客户逐月还款。该场景下申请评分模型的建模需求表述为：未来一段时间（如 4 个月）客户出现违约（如至少一次 30 天以上的逾期）的概率。

模型设计阶段需要解决样本定义的问题是：定义多长时间内客户逾期多少天为坏用户，其隐含的目标是坏用户尽可能坏，好用户尽可能好，这样便于算法学习。这是一个二维组合的优化问题，如表 4-1 所示，假设最终定义为 4 个月内逾期 30 ~ 60 天为坏用户（以下数据纯属虚构）。

表 4-1 二维目标定义示意表

		逾期天数（<=）				
多长时间内	2 月	30 天	60 天			
	3 月	30 天	60 天	90 天		
	4 月	30 天	60 天	90 天	120 天	
	5 月	30 天	60 天	90 天	120 天	150 天
	6 月	30 天	60 天	90 天	120 天	150 天	180 天

依据行业经验的做法是在每个维度上独立分析。对"逾期天数"维度使用滚动率（Roll

Rate）分析，其中每个单元格表示由上一风险等级滚动到下一风险等级（迁徙率），" <=60"
天的贷款有超过 85% 滚动到下一级，定义逾期小于 60 天时风险区分明显，如表 4-2 所示。

表 4-2　滚动率示意表

观察月份的滚动	逾期天数（<=）			
	30 天	60	90	120
201707	3.2%	34.3%	89.0%	93.5%
201708	3.5%	35.5%	85.5%	92.1%
201709	2.6%	35.0%	89.8%	93.8%
201710	2.6%	31.0%	88.2%	93.2%
201711	2.2%	28.1%	85.4%	91.1%

注意： 此处示例以每月来分析，只是为了读者更好地理解其含义。更为常见的做法是
看总体样本，在各逾期情况下滚动到下一等级的占比。

对"多长时间"维度使用的账龄（Vintage）分析。按上述 30 ～ 60 天固定后，查看每
个放款月后续每期逾期率的表现，将曲线达到平稳时的表现时长定义为表现期，示意图为
第 4 期（MOB4），如图 4-3 所示。

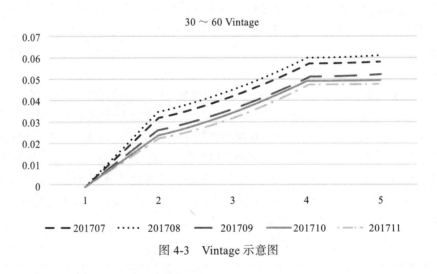

图 4-3　Vintage 示意图

账龄（Vintage）一词源于葡萄酒酿造行业，葡萄酒的品质会因葡萄采摘的年份和气候
不同而不同。Vintage 分析评估不同年份葡萄酒的品质随窖藏时间的推移而发生变化，当窖
藏一定年份后，其品质会趋于稳定。对应到信贷用户来说，较短的时间不足以判断用户的
好坏，好坏用户需要有足够的暴露时间，比如某用户第一期忘记还款，经提醒后，逐渐养
成了良好的还款行为，如果过早下坏用户的定论则有失偏颇。

从以上分析方式可得出如下结论：滚动率从行为维度（逾期、还款）刻画了用户的好坏，账龄分析则从时间维度衡量用户好坏。当然，以上只是从方法论上说明了好坏定义的方法，实践中可以变通，比如业务开展初期，样本量不足，表现期不够，此时可以使用首逾 7 天、15 天等定义为坏用户，或考虑制定规则进行人工标注，并在后续持续改进和修正，这些就是技术之外的业务经验。另外，根据进一步分析可能将 7 到 60 天的逾期样本定义为中间样本，运营活动上一些特殊时段的样本等可考虑排除在建模样本之外。从机器学习的角度看，这些灰色样本可视为噪声。逾期时间小于 7 天即为好用户，至此好坏用户定义完毕。总之，实践中要综合考虑上述几点进行参考。

以上只是信贷行业申请评分模型定义的简单描述，实际还有很多的注意事项，这属于具体的业务范畴，此处不再过多描述。另外，信贷行业行为评分和催收评分定义方式类似，但稍有区别，还有其他有意思的样本定义方式，例如拒绝演绎，感兴趣的读者可自行查阅相关资料。

4.1.2　如何取样 X

1.2.2 节提到机器学习中的"经验"部分，包含数据获取这一项活动，接下来我们将列举几种常见的数据获取方法，供读者参考。当一个项目中有来自不同数据源的数据时，最终需要将这些独立的数据文件整合到单一数据中。

在取样之前，建议对原始数据进行一定的分析和校验，重点考虑如下几点。

- 数据正确性：数据的基本要求，需真实客观。
- 数据一致性：数据的原始定义一致。例如数据保持单位一致性，中途未发生变更。
- 数据合法性：数据获取方式应合法，否则数据极有可能出现后续不可用的情况，导致模型失效。例如国家禁止运营商贩卖数据，那么使用这些数据的模型将不可用。
- 数据有效性：尤其是在具有时间属性的场景中，要求每次获取到的信息是实时或最近的有效信息。

我们假设在导出数据之前，样本已经在数据存储平台准备好，甚至已完成了部分数据清洗和处理工作。下文数据导出示例包括：传统关系型数据库（MySQL）、非关系型数据库（Mongo）、大数据平台（Hive、Spark、Impala），主要示例仅仅将数据导出到本地，但是以脚本的形式而非命令行形式，这样便于制定 Job 任务和管理，形成工程思维。

1. MySQL 导数示例

一般数据源存储在大数据平台或直接使用代码连接数据库分析，这里仅做演示。

```
# mysql_export.sql
SELECT * INTO OUTFILE '/tmp/export_mysql.csv' COLUMNS TERMINATED BY ',' LINES
    TERMINATED BY '\r\n' FROM information_schema.CHARACTER_SETS;
```

使用如下命令执行：

```
mysql -uroot -p < mysql_export.sql
```

2. Mongo 导数示例

首先编写待导出的字段：

```
#cat filelds.txt
id
date
feature_1
feature_2
```

导数脚本，请自定义查询条件 CONDITION。

```
## export.sh
#!/bin/bash
HOST=xxx
PORT=xxx
USER=xxx
PASS='xxx'
DB_NAME=xxx
TB_NAME=xxx
CSV_FILE=$1
FIELDS_FILE=filelds.txt
CONDITION='{ $and: [{"timestamp": { $gte: 1555516800 } }, {"timestamp": { $lt:
    1556207999 } } ] }'
/usr/bin/mongoexport -h ${HOST} --port ${PORT}\
        -d ${DB_NAME} -c ${TB_NAME}             \
        -u ${USER} -p ${PASS}                   \
        --readPreference=nearest                \
        --type=csv -q "${CONDITION}"            \
        --fieldFile=$FIELDS_FILE -o $CSV_FILE
```

命令行执行即可：

```
bash export.sh your_features.csv
```

3. PySpark 导数示例

使用 PySpark 导出大数据集群数据：

```
# spark_export.py
from pyspark import SparkContext, SparkConf
from pyspark.sql import HiveContext
conf = SparkConf().setAppName("pyspark_export_csv")
sc = SparkContext(conf=conf)
hiveCtx = HiveContext(sc)

sql = '''select * from your_db.your_table'''
spk_df = hiveCtx.sql(sql)
df = spk_df.toPandas()
df.to_csv('spark_exported.csv', encoding='utf-8')
```

使用如下命令提交：

```
spark-submit --master yarn-client spark_export.py
```

另外，更多详情可参考 https://github.com/seahboonsiew/pyspark-csv。

4. Hive 导数示例

在命令行中输入如下命令，或将这些命令写入文件，例如 export.sql，然后执行 hive -f export.sql 即可。

```
insert overwrite local directory '/tmp/hive_export'
row format delimited
fields terminated by ',' # 默认分隔符为 8 进制 1 \x01
select * from your_db.your_table;
```

5. Impala 导数示例

在命令行执行即可。

```
# 如果有权限认证，请加入认证参数
impala-shell -i your_impala_node -f your.sql -B --output_delimiter="," --print_
    header -o your_data.csv
```

4.1.3 如何划分数据集

实际上，划分数据集是由于模型评估和选择的需要，此处主要讲述其概念和实际操作方式。一般来说数据集分为 3 个部分：训练集、验证集和测试集。其含义分别为：训练模型、模型调参（验证集上的模型表现提供调参的参考依据）、模型性能的最终评估（测试集上的模型表现作为最终评价，即泛化误差的无偏估计）。这是非常传统的机器学习数据集划分方式，但现在更为推崇的是使用 K 折交叉验证的模式。当选择在训练数据集上使用 K 折交叉验证来调整模型参数时，将不再有显式验证数据集。

笔者初学机器学习时发现有几个容易混淆的概念：混淆矩阵、测试数据集和验证数据集。混淆矩阵本身有"混淆"二字，对其容易混淆也无可厚非，但为什么测试集和验证集也容易让人混淆呢？这主要是由于个人惯性理解的偏差和建模场景的不同，比如模型验证使用的却是测试集，还比如图 4-4 所示的常见的 3 种数据集划分方式。

图 4-4 数据集划分

- a 图是传统数据集划分方式，实际工作中也将训练集和验证集统一称为训练集。
- b 图是使用 K 折交叉验证的划分方式。
- c 图是具有时间属性的数据集的划分方式，在这个划分方法里，前两项数据集也可统一称为训练集。在统一的训练集上应用 sklearn 中的 train_test_split 函数将其划分为两个部分。测试集 -2 表示时间范围外的样本（OOT）。

不管哪种划分方式,我们要铭记训练模型的初衷:预测。数据集划分时还需注意如下几点。

1)分析数据集的总体分布,提前发现可能分布差异大的问题。如果存在这样的问题,需要重新考虑样本。

2)尽量保证各子数据集的分布一致性,尤其是处理不平衡样本,比如二分类中推荐使用分层采样(Stratified Sampling)技术。有文献⊖表明,由于分层交叉验证有着较低的偏差和方差,因此可以更准确地估计模型性能。sklearn 中有相关实现:

```
train_test_split(xy, stratify=y)
StratifiedKFold()
```

需要注意的是,上述分层方法并不适用于回归问题,回归问题可考虑使用排序分层(Sorted Stratification),即 y 排序后再分区采样。不过笔者暂未发现其有开源实现,在 sklearn 中也不支持⊜,需要机器学习工程师自己实现。对于有严重长尾分布的 y,可考虑对 y 值进行 Box-Cox 变换后再进行模型评估。总之,样本的处理技巧和细节很多,需要深耕学习。

4.1.4 如何选择学习算法

理论上来说,算法的选择需要考虑问题的复杂度、模型的复杂度和样本规模。我们常常会听到一些不太负责任的回答:"看数据情况,诸如样本量、特征情况,复杂的问题用复杂的算法,简单的问题用简单的算法……"确实,在尝试具体的学习算法前,没人能下定论。没有一种学习算法适用于所有情况,例如,一般来说问题简单或没有足够的数据时,我们倾向于选择线性模型,样量大时则选择非线性模型。而在实践中样本量大,但数据稀疏,线性模型可能比更复杂的非线性模型的性能更好。

当然在实践中我们依然有些方案可寻,例如算法是否被广泛使用或开源是否成熟(存在错误的可能性更小)、是否匹配当前的场景和数据量、是否是领域内算法、是否是竞赛中获奖的方法(如 Kaggle)、训练时间如何、列比行多建议使用线性模型等。论文一⊜和论文二⊛根据数据集的形式给出了多种分类算法的性能比较。数据集的表现形式有大数据集、小数据集、宽数据集、高瘦数据集等。

1.3 节也提到了几种算法作为参考:

- 有应用经验的、熟知的或喜欢的学习算法;
- 书或论文中对某类问题推荐的学习算法;

⊖ http://web.cs.iastate.edu/~jtian/cs573/Papers/Kohavi-IJCAI-95.pdf

⊜ https://github.com/scikit-learn/scikit-learn/issues/4757

⊜ Rich Caruana,Alexandru Niculescu-Mizil. "An Empirical Comparison of Supervised Learning Algorithms." ACM,2006

⊛ Rich Caruana,Nikolaos Karampatziakis,Ainur Yessenalina. "An empirical evaluation of supervised learning in high dimensions." ACM,2008

- 以企业 IT 基础架构和数据环境为选择依据，例如企业内部是否支持上线和维护。

算法的选择是一个实践和权衡的过程，简单的学习算法，稳定性、可调试性、解释性、工程复杂性往往会优于复杂的学习算法，而复杂的学习算法性能表现往往更好，各有优势。从简单算法入手似乎更适合入门，但不管怎样，建议进行实践与实验，并综合考量。

另外，有相关研究人员做了 sklearn 中的各算法性能比较，请参考 sklearn-benchmarks⊖。微软的一篇文章从机器学习的种类（分类、回归、异常检测）、算法的准确性、训练时长、参数量等角度也提供了一些算法选择的建议⊜。

著名数据科学网站 KDnuggets⊜展示了近一年最流行的机器学习算法，如图 4-5 所示。

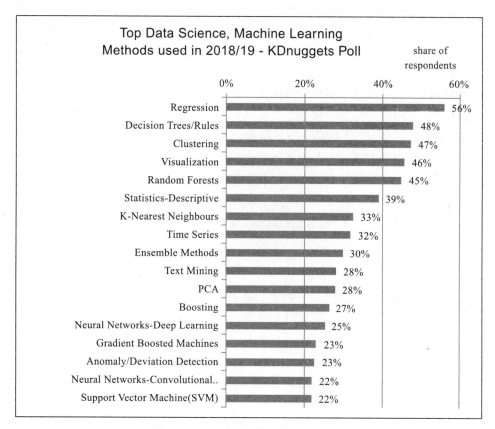

图 4-5   KDnuggets 排名前 17 的方法

4.1.5 数据分析和处理

数据分析是拿到数据后第一件需要做的事，目的是了解数据全貌，包括数据概览、可

⊖   https://github.com/rhiever/sklearn-benchmarks

⊜   https://docs.microsoft.com/en-us/azure/machine-learning/studio/algorithm-choice

⊜   https://www.kdnuggets.com/2019/04/top-data-science-machine-learning-methods-2018-2019.html

能的错误、基本特征、数据结构和数据相互关系、潜在模式并以简单而直观的指标或图形呈现。比如数据统计指标、分布、缺失和可视化、假设检验、边缘分布、分段矩阵分析，更进一步的有因子分析、主成分分析、聚类等。

数据分析的目标可简单分为三大类，分别为对 X 和 y 分析，以及对 X 与 y 的联合分析。对 X 的分析可粗略分为对数值变量和非数值变量分析，包含单变量和多变量分析，并由分析结果做对应的数据处理。y 变量的分析包括分类问题看样本平衡，回归看 y 值分布，以决定是否要进一步处理（如重采样或对数变换等）。X 与 y 的联合分析可能会引发建模人员思考是否需要建立分组模型。

数据分析也可以初步得到数据质量的评估结果。对于难以处理的变量和缺失率较高的变量持保留态度，除非总体数据质量不错、变量较多，否则不要轻易在数据分析环节删除变量。例如，经常会有初学者问：缺失率多高时要删除变量？事实上，缺失率高并不是删除变量的必要条件，本质上还需要查看变量的区分力，比如某变量缺失 90%，但有值的 10% 里 90% 都是某一类样本，说明其纯度高，有一定的区分力。

数据处理过程也需要审慎，根据笔者实践的经验，建议每进行一步数据处理（数学变换、空值填充、数据聚合等）后马上进行数据检查，检查处理是否达到预期，防止可能的错误导致后续建模流程无效，甚至到了最后模型上线，错误都未被发现。这一点与软件开发过程完全不一致，机器学习建模过程没有专门的测试人员，机器学习从业者必须严格要求自己！最佳实践是组织团队成员对即将上线的项目进行 Review，可使用手头的数据工具包或自实现的数据统计分析工具包进行快速检查。例如，Pandas 中有快速查看数据概览的函数：

```
head(), tail(), value_counts(), describe()
```

可视化在数据分析领域占有一席之地，便于直接观察，例如变量分布图、相关性可视化、缺失值可视化、单变量和多变量可视化等，一般使用 2 维的可视化分析，高维的不便展示和观察。数据统计分析与可视化相得益彰，并具有修正统计的盲点的优势。下面参考经典图例◯说明可视化的意义，如图 4-6 描述的相关性，图像上方的数值表示相关系数。如果仅仅根据相关系数判断变量间的相互关系，会有很强的误导性，而通过可视化能避免得出错误的结论。

另外，可参考 1973 年统计学家 F.J. Anscombe 构造出的四组奇特的数据。这一切都告诉我们，在分析数据之前，描绘数据所对应的图像有多么的重要◯。

常规的数据分析和可视化需求，Pandas 工具包都能满足，推荐阅读 Pandas 包作者的著作《利用 Python 进行数据分析》。本节是从技术角度介绍数据分析和处理，如能结合业务便能更好地理解和解释数据，获得进一步分析和处理的灵感。第 5 章将介绍数据分析和处

◯ https://en.wikipedia.org/wiki/Correlation_and_dependence

◯ https://en.wikipedia.org/wiki/Anscombe's_quartet

理的实践方法与技巧。

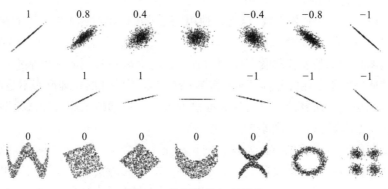

图 4-6　线性相关与可视化

4.1.6　特征工程

如果说数据分析是发现数据中的浅层模式，那么特征工程就是发现数据的深层模式，并将这种深层模式以简化的形式表现出来，方便机器学习算法学习，毕竟很大程度上我们会说机器学习算法的成功取决于数据呈现的形式。从这点出发，特征工程是将知识注入机器学习模型的行为，是一项工程实践活动。

不同的变量类别有不同的处理方法。例如，数值型数据可聚合操作，分类型数据可分解和结合数值变量的聚合操作，日期型数据可拆解操作。对于复杂的学习场景，例如图像、视频、语音，深度学习中的特征学习表现良好。

本节我们重点介绍特征构造与衍生、特征选择这两方面的内容，并称即将进入模型的变量为特征。在进行特征工程前，我们先问自己如下的问题：

- 要改进模型效果吗？
- 标准的建模流程必须这样做吗？
- 效果太差，模型无法验证通过和部署吗？

如果没有这样的问题，则可以省略这部分的工作，加速建模。基于奥卡姆剃刀原则，我会给出如下的建议：优先使用直接观测或收集到的特征，而不是变换或学习出来的特征，因为变换或学习出来的特征新增了工程量、不便解释、稳定性和有效性存在风险、不便监控等问题。类似的，基于这样的原因，当我们选择使用少数复杂特征或使用大量简单特征时，更倾向于选择简单的特征。例如，笔者一般会使用较原始的数据建立第一版基础模型供后续比对和参考，这一步几乎不用做特征工程。

当我们面临上述 3 个问题时，就需要在特征工程上面下功夫了，即通过特征工程解构数据。

例如某特征和 y 之间具有非线性关系，通过特征变换，将非线性关系转换为线性关系，此时学习的难度得到了降低，即降低了该问题对算法学习能力的要求。让我们直观查看如下实例。

如果给定 3 个特征和 1 个目标值，使用机器学习算法拟合上述的关系。3 个特征分别是目标值"体积"对应的"长、宽、高"。使用原始特征时将拟合 1 个 3 阶的模型。当我们把"长乘以宽"得到的"面积"作为一个新的衍生变量，该衍生变量和"高"将拟合一个 2 阶的模型，很明显特征的变换简化了学习过程。这与大家观察到的现象基本一致：越是简单的算法，特征处理要求往往越高；越是复杂的算法，对特征的处理反而不是那么重要了，可以将其交给算法，从而释放人力。这种通过增加特征处理的工作来降低模型复杂性的平衡，类似于软件工程算法中"时间与空间的权衡"。

特征构造与衍生有很多的方法实现，例如，交叉组合（Feature Cross）、数学变换、离散化、连续化，以实现特征的高阶、低阶和线性、非线性的变换。通过交叉组合构造的新特征称为合成特征（Synthetic Feature），但新特征是否具有业务或实际意义和可解释性同样重要，建模过程不是单纯为了机器学习而学习，尤其是交叉组合，例如在电商场景中，性别和年龄的组合具有明显的意义，而性别和节假日的组合意义则没有那么明显。

在特征工程处理策略上，为了在做特征工程时更有体系且组织有序，实践中一般将特征进行分层、分类，例如将特征分为基本属性类、信用类、社交类、电商类等，然后在同一层级和不同层级之间进行交叉衍生，随着交叉深度的增加，特征的数量也将呈指数级增长。

当然，特征并不是越多越好，重复、冗余或没有区分力的特征需要尽量排除，以保持在后续流程上的简化，以及实验、调优的高效。此时，特征选择登场。特征选择的内容丰富，既有业务层的数据可用性分析、可解释性分析、统计学上的稳定性分析、相关性分析，也有算法层的特征重要性、区分力分析等。

注意：特征处理方法，要求一致性地运用到测试和线上预测环境中；特征处理信息，要求一致性地保留到测试和线上预测中，例如训练集中的空值填充均值为 x，那么测试和线上预测中也填写 x。实践中需要兼顾它们的迁移难度，切忌一味追求特征变换的"魔法"。

我们将在第 6 章和第 8 章介绍特征工程相关的实践方法。

4.1.7　模型训练与调参

机器学习实践过程并非完美的瀑布式开发模式，各节点往往交叉折回。

模型训练中比较实战的做法是，快速开发一个基线版本的模型作为后续优化参考的基准。该基线版本采用原始特征，会尽可能少地进行特征处理。

模型训练过程中，调参是一项重要的活动。根据调参方向的不同，可分为：先训练复杂的模型并在后续逐渐简化，或由简至繁逐渐改善模型。一般建议使用前一种方式。调参细节请参考第 12 章。

模型训练过程中我们会重点关注调参这一步骤，但样本是否平衡往往容易被忽视。样本不平衡是一个非常棘手的问题：一是对于正负样本不平衡并没有一个权威的说法（是

99 : 1 还是 95 : 5 还是其他比例）；二是常规的采样方法会导致样本分布变化。对于极度不平衡的样本，异常检测算法值得参考。下面列出了一些常用的处理不平衡样本的技术，实践中请多次试验：

- 重新采样（请慎重考虑）。
- 使用集成算法、Boosting 算法。
- 样本权重调整。例如 sklearn 中的 class_weight。再例如，在具有时间属性的数据上，往往近期数据更具有代表性，建模时可结合样本分析的结论，使用权重技术对近期样本加权处理。
- 替换或自定义评价指标或损失函数。

模型训练最终的问题即结果好坏，也就是模型欠拟合或过拟合。欠拟合和过拟合的相关概念将在 5.2 节进一步讲述。我们可以绘制训练误差和验证误差与算法参数逐渐增加复杂度时的曲线，以此来判断算法参数的方向是否正确，以及是否过拟合或欠拟合。当面临过拟合时，一般的处理技巧是降低模型复杂度或重新审视数据，此处我们重点讲述欠拟合时的应对策略。当我们面临欠拟合时，大的策略有如下 3 种，实践中请依据困难程度，优先选择容易实现的方案。

1）数据策略：是否需要重新评估问题定义和样本设计，请参考 4.1.2 节；是否可获得更多有价值的数据（先查看学习曲线，观察训练验证误差和样本量的关系。当验证误差随样本量增加而减少的趋势明显时，可考虑增加样本；当误差方差较大时也可考虑增加样本。否则，增加样本量额外付出的代价并不值得。sklearn⊖ 中提供了对应的接口 learning_curve）；是否选择更少的特征或加入更多的特征（包含特征工程）。

2）算法策略：是否尝试不同的参数搜索策略（随机或网格搜索等）；算法参数是否已达上限，比如树模型中深度等参数已构造出了非常复杂的模型；评估指标是否是经过多次评估的无偏估计；尝试使用其他算法或使用更复杂的算法，例如由线性模型到非线性模型；是否有必要自定义评价指标或损失函数。

3）集成策略：使用模型集成方法，比如 Stacking。

由于模型训练和调参过程是一个实验和反复的过程，良好的开发和调试习惯将极大影响该过程顺利与否。实践中，一般为每个流程节点建立一个开发文件；另外，规范的命名方式、内容的组织方式以及变量的命名方式等都建议形成一致的风格。书中推荐使用 Jupyter Notebook 作为模型开发的工具，它非常适合记录模型开发与训练的过程、思路和版本，也符合文学编程（Literate Programming）的开发思想。

最后，我们需要将模型保存起来。

4.1.8　模型评估与报告

模型评估与模型训练两个节点交织在一起，模型性能指标告诉我们如何选择模型以及

⊖　https://scikit-learn.org/stable/modules/generated/sklearn.model_selection.learning_curve.html

模型是否需要调整。模型评估方法是使用一部分数据训练模型，另一部分数据测试模型，从而得到比较客观的估计过程。

从评估流程上说，评估前需先确定评估的内容、定义或选取评价指标，然后遵循一定的方法和策略，使用具体的技术手段完成评估。模型评估的内容主要分为模型效果评估、模型稳定性评估、特征评估、业务评估。具体的评估指标如下所示。

1）模型效果：模型性能评估有较多的评价指标，如 AUC、KS，以及评分可视化等，在 1.2.2 节有过介绍。另外，预测错误样本的分析，有利于分析错误原因也能对改进模型带来启发。

2）模型稳定性：在各数据集上对模型表现的差异和得分分布差异进行评估。主要查看训练集、验证集、测试集或 OOT 集上模型效果指标是否出现较大的偏差，初步判断是否有过拟合的风险，比如训练集上效果好，但测试或 OOT 集效果很差。然而，实践中也可能出现测试集或 OOT 集的指标比训练时还好，此时建议查看模型是否训练充分或从结构偏差考虑，审视测试集或 OOT 数据集是否具有足够的代表性，比如样本是否太小，并进行不同样本量的实验。另外，也需查看在上述各数据集上，模型得分分布是否有所偏移。

3）特征评估：例如特征可解释性、特征可用性和特征稳定性评估。

4）业务评估：假设该模型上线后，预估业务指标的变化是否符合预期，提前准备相应策略。

常用的技术手段有：

1）使用标准的评价接口，例如 sklearn.metrics 包。

2）查看分布时可使用可视化方法，例如 Matplotlib 工具包。

3）使用统计指标查看稳定性，例如 PSI（Population Stability Index，群体稳定性指数）等。

模型性能评价的方法与策略中，最被广泛使用的是 K 折交叉验证。K 不能太小，一般取 K=10。通过多次随机运行的方式尽量得到模型性能的无偏估计，而不是随机估计，重复实验是对抗模型方差的良好实践经验。如此，详版的报告将包含指标的方差、估计的置信区间甚至假设检验（如线性模型系数显著性检验），Statsmodels 包在评估方面做得很详细。

注意：

1）每进行一次较为正式的评估报告，都需要按照软件工程的思想做版本控制，记录该版本。

2）建议使用相同的算法参数，拟合（Fit）所有数据（训练和测试集）得到终版模型作为正式模型，此时也需要检查相关模型指标。

上述的评估最终以文档等形式对外输出，不同的企业有不同的报告呈现方式，一般是传统的 Word 或 Excel。

模型之间进行比较时，可以考虑如下两个方面。

1）模型性能的比较：在统计学上一般使用 T-test 检验，其零假设一般为 $\mu_\delta = 0$ （$\mu_\delta = \mu_A - \mu_B$）。

2）模型稳定性的比较：当模型性能无显著差异时，选择更稳定的模型。一般使用 F-test 检验模型方差的稳定性，其零假设为两者方差没有显著的差异性。

最后，模型评分在不同的场景用法不同，例如在信贷行业，线上决策并不直接使用模型评分，而是将评分离散化成几个区间以方便实施。这个过程涉及阈值或称决策点（Cut-off）的定义，并与业务紧密联系，也需业务部门详细评估，此处不再详述。

模型评估通过后，模型将部署上线投入运营，接受线上的考验，任何的错误将直接造成经济损失。所以，在评估、验证模型的过程中，除了常规的模型性能统计指标外，还要重视可视化方法、多维度分析、线上比对分析、灰度上线、小流量测试等。有能力的团队和企业一定要形成一套规范，作为团队管理者更要足够重视质量，严控最后一关，毕竟错误无处不在，防不胜防，需要通过规范来弥补机器学习在软件工程领域测试环节的缺失。

注意： 上线指的是互联网行业将模型作为一个模块或产品对外提供服务，这是企业数据产品关键的一环。后文中上线也是这个意思。当模型是线下的或手动批次运行的时，则稍有差异，但只要保证模型能够正常运行，其结果就是一致的。

第 13 章将详细讲述模型评估的技术手段。

4.1.9　模型部署

是否对模型评分进一步分段处理，是否结合其他模型或策略进行综合评判，这些都可以影响到具体的上线方式。除此之外，线上比对分析、灰度上线等也需要引起足够重视。上线时需要确保模型开发环境和线上环境一致，例如查看主要包的版本是否一致、特征处理结果是否一致、同一批数据的预测结果在开发和线上两个环境中是否一致、统计指标是否一致（AUC、KS）等，例如可使用如下的方法进行校验：

```
# 查看包版本
print(your_package.__version__)
# df 为 pandas.DataFrame, online_score 表示线上得分, dev_score 表示开发环境得分
assert sum(df['online_score']==df['dev_score']) == df.shape[0]
```

总之，环境一致的要求需要在部署之前确认。另外，第 2 章给出了一种环境一致性的方案，读者可以进行参考。第 15 章将讲述模型部署的技术方案与实现。

4.1.10　模型监控

在模型上线前应该准备好模型监控，并与模型一并上线。模型异常可能会导致巨大的经济损失，所以配备专人监控不足为奇。如前文所说，机器学习输出的模型与传统软件开发输出的程序具有典型的差别。当模型本身无 Bug，只是数据出现了差池，例如数据源调

用中断或更新异常,从系统角度来说这也属于 Bug,需要及时发现。当模型评分出现了偏移,需要查找是哪些特征造成的,此时特征监控将指出问题所在。在寻找这些问题的原因时,也可能牵扯出 IT 系统的故障。总之,发现问题就是模型监控的意义所在。

模型监控的内容可分为如下几个部分。

1)模型评分稳定性的监控:分布、稳定性指标、业务指标等。

2)特征稳定性的监控:分布、稳定性指标等。

3)线上服务稳定运行的监控。

第 3 点偏向于 IT 系统,此处不进行详细解释。

对于具有表现期的模型,从监控的时间轴上可分为前期监控、后期监控。前期监控的范围主要在评分与业务决策指标的分布和稳定性,这需要对比建模时同期的样本和预上线时段样本。后期监控指的是具有完整表现的群体监控,重点观察群体的真实表现,例如正负样本分布、KS 等。监控内容的展现形式可以是日报、周报和月报,以短信、微信、邮件等形式发出。

监控细节在第 16 章会进行详细讲述。

4.1.11 模型重训或重建

做好了上述几步,我们还要做好持续迭代的准备。机器学习模型往往是一个迭代的过程,模型可能按天、按月或按年迭代。这有助于我们对机器学习这一系统工程有更长远的设计和考量,而不只是做一次性工作,例如上线框架的设计要考虑到上线的便捷化、数据处理的工具化、模型版本的规范归档等。

模型重训和重建有时是一个意思,重建更注重系统更大的变化。一般情况下模型效果变得较差时需要考虑模型的重建工作:

1)模型运行时间较长,时效性较差,模型效果较差。

2)特征迁移很明显。

3)有新的数据或特征可用。

4)改进模型效果。

4.2 机器学习算法 8 个核心概念

在机器学习实践中会遇到几个核心的概念,它们对建模起到至关重要的作用,分别是:损失函数与正则化、欠拟合与过拟合、偏差与方差、交叉验证、数据泄露。

4.2.1 损失函数和正则化

笔者初学机器学习时曾被同事问倒:"机器学习仅通过损失函数加一个正则项就能进行学习,那它的原理是什么?"

让我们回顾一下 1.2.2 节的机器学习的基础理论。已知机器学习的一种学习范式是权衡经验风险和结构风险，第 1 章的式（1-2）是为了方便描述的一种简化写法，表明了损失和正则构成了机器学习的目标。现在我们将学习器学到的映射 f 以 W 参数表示，模型的复杂度也表示为 W 的函数。学习 f 即是学习 f 中的参数 W，如式 4-1 所示。

$$S(W) = \frac{1}{N} \sum_{i=0}^{N} L(y_i, f(x_i, W)) + \lambda J(W) \tag{4-1}$$

第一项为损失函数 L 的平均，第二项为正则项，用于实现正则化（Regularization）。我们称 $S(W)$ 为目标函数，机器学习中的优化求解算法（比如梯度下降等）即是求解令 S 最小的 W，式（4-1）中损失函数为单实例损失求和后的平均，每个实例对整体损失产生贡献。

式（4-1）是一种常见和直观的写法，理论上来说，最终的损失由损失函数 L 和其聚合方式共同决定，例如此处聚合为均值，理论上也可以聚合最大值或其他统计量。另外，当上下文将损失函数和代价函数区分开来时，区别如下所示。

- 损失函数（Loss Function）：单个样本上损失计算函数。
- 代价函数（Cost Function）：整个训练集上的损失的聚合。
- 目标函数（Object Function）：最终优化的函数，即代价函数和正则化项。

大量的机器学习算法基于上述范式学习。那什么是损失函数呢？

损失函数是一种评估算法对训练数据集拟合好坏程度的方法，是一种类似距离的度量方法，它必须反映实际情况或表达经验，其值非负，一般值越大表明拟合效果越差。例如，如果预测完全错误，那么损失函数值将很大，反之损失函数值很小。按照这个思路，我们试着先写出误差函数。

设 (x, y) 为向量 x 对应的 y，同时假设机器学习获得了一个分类器的模型 F，F 的输入为向量 x，输出为 y'。则可以很自然地定义式（4-2）所示的误差函数。该误差函数的含义很明显，即当预测值等于真实值时，误差为 0，否则为 1。

$$\xi(y_i, F(\omega; x_i, y')) = \begin{cases} 1 & y' \neq y_i \\ 0 & y' = y_i \end{cases} \tag{4-2}$$

式（4-2）表示的是单个样例的损失，对于整个样本集的误差可表示为式（4-3）。

$$\hat{\xi}_N = \sum_{i=1}^{N} \xi(y_i, F(\omega; x_i, y')) \tag{4-3}$$

如果式（4-3）的值很小或为 0，则表示分类模型 F 的经验误差风险很小，而值很大则表示经验误差风险很大。机器学习的目标就是在指定的假设空间 F 中寻找合适的参数 ω，使得式（4-3）达到最小——最小化经验风险。这是一个优化问题，但由于上述表达式不连续、不可导，所以在数学上并不方便优化求解。

转换问题的求解思路：如能找到一个与上述问题有关的，且数学性质好，便于求解的函数，那么该问题便迎刃而解。损失函数就是解决该问题的关键，例如要求损失函数具有良好的数学性质，比如连续、可导、凸性等，是待求解问题的上界等，当样本量趋于无穷时两者能达到一致性，如此通过优化损失函数就能间接求解原问题，此时损失函数就是针对原目标的数学模型，是对现实世界的建模，也是真实问题的代理。正因为此，可以说损失函数是现今机器学习的基础，是连接理论与实践的桥梁。

不同的损失函数关注了现实问题的不同方面，例如有的损失函数具有对称性（正负误差对称），而有的损失函数更关注某一类误差，有的关注整体效果，有的关注排序。实践中除了关注数学性质外，可能还需关注损失函数的计算成本、对异常值是否敏感等。这些问题涉及损失函数如何设计，感兴趣的读者可自行查找相关资料。式（4-2）实际就是 0-1 损失，下面列出了几种常见的损失函数（这里不区分损失函数和成本函数）。

1. 线性回归损失

线性回归中常用的损失函数有：平方损失和平均绝对损失。实际应用中分别为均方误差（Mean Squared Error，MSE）和平均绝对误差（Mean Absolute Error，MAE），又称 L2 和 L1 损失。

MSE 表示预测值与目标值之差的平方和，基于欧式距离，计算简单且具有凸性，常应用于最小二乘法中。定义如式（4-4）所示。

$$MSE = \sum_{i=1}^{N}(y_i - f(x_i))^2 \qquad (4\text{-}4)$$

MAE 表示预测值与目标值之差的绝对值，该函数导数不连续。定义如（4-5）所示。

$$MAE = \sum_{i=1}^{N}|y_i - f(x_i)| \qquad (4\text{-}5)$$

Python 代码示例：

```python
def mse(yi, fi):
    return np.sum((yi - fi)**2)
def mae(yi, fi):
    return np.sum(np.abs(yi - fi))/yi.size
```

MSE 随着误差的增加，损会失以平方指数增加，而 MAE 则为线性增加。当数据集中存在较多异常值时，MSE 会导致模型的整体性能下降，MAE 则更为平稳，对异常值的鲁棒性更好；一般情况下，在数据分析和处理阶段会对异常值进行处理，此时 MSE 是更好的选择。为了避免 MAE 和 MSE 的缺点，我们有改进版本的 Huber 损失函数，其定义如式 (4-6) 所示。

$$L_\delta = \begin{cases} \dfrac{1}{2}(y_i - f(x_i)) & |y_i - f(x_i)| < \delta \\[2mm] \delta(y_i - f(x_i)) - \dfrac{1}{2}\delta & \text{其他} \end{cases} \qquad (4\text{-}6)$$

其 Python 实现如下：

```
def Huber(yi, fi, delta=2.):
    return np.where(np.abs(yi-fi) < delta,.5*(yi-fi)**2 , delta*(np.abs(yi-fi)-
        0.5*delta))
```

三者图形示例如图 4-7 所示。

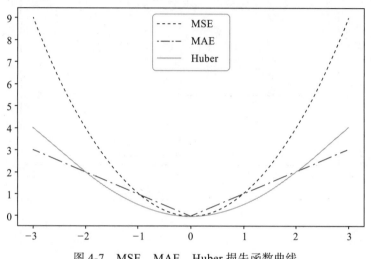

图 4-7　MSE、MAE、Huber 损失函数曲线

下面看看常用的二分类中的损失函数。

2. Hinge 损失函数

Hinge 常见于支持向量机中。当预测值和真实值乘积大于 1 时，损失为 0，否则为线性损失。其定义如（4-7）所示。

$$L_i = \max\{0, 1 - y_i f(x_i)\} \tag{4-7}$$

其 Python 实现为：

```
def Hinge(yi, fi):
    return np.max(0, 1 - fi * yi)
```

Hinge 是 0-1 误差的上界，如图 4-8 所示。

3. 指数损失

指数损失定义如式（4-8）所示，为连续可导凸函数，数学性质非常好，常见于 AdaBoost 算法中。当预测值和真实值类别标号不一致时对学习的惩罚力度非常大（指数力度），否则，符号一致且乘积较大时，惩罚非常小。

$$L_i = e^{-y_i f(x_i)} \tag{4-8}$$

其 Python 实现为：

```
def eloss(yi, fi):
    return np.e**(-yi*fi)
```

其曲线如图 4-9 所示。

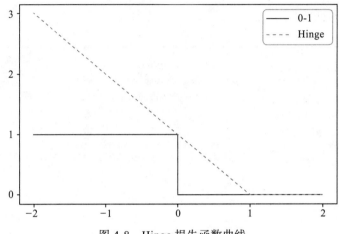

图 4-8　Hinge 损失函数曲线

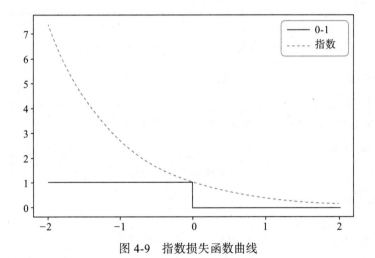

图 4-9　指数损失函数曲线

4. 交叉熵损失

交叉熵损失函数定义如式（4-9）所示，又称对数损失，该函数为连续可导凸函数，数学性质非常好，常见于逻辑回归中。在正标签下，当预测概率接近 1 时惩罚几乎为 0；但当预测概率趋向于 0 时，惩罚非常大。负标签情况类似，曲线对称。

$$L = y_i \log(f_i) + (1 - y_i)\log(1 - f_i) \tag{4-9}$$

其 Python 实现为：

```
def CrossEntropy(yi, fi):
    if yi == 1:
        return -np.log(fi)
    else:
        return -np.log(1 - fi)
```

其曲线如图 4-10 所示。

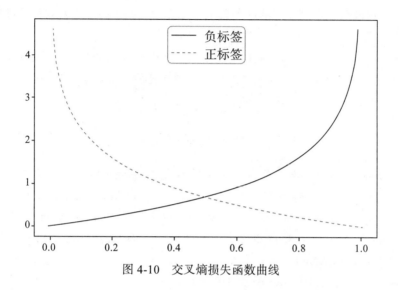

图 4-10　交叉熵损失函数曲线

sklearn.metrics 包中实现了很多评价指标，其中就包括常用损失函数，例如 0-1 损失对应 zero_one_loss，hinge 损失对应 hinge_loss。详情请参考：https://scikit-learn.org/stable/modules/classes.html#module-sklearn.metrics。

5. 正则化

从第 1 章可知，正则损失最小化是机器学习范式的一种实现，正则项作为算法的"稳定剂"，起到了惩罚和控制模型的复杂度的作用，是防止过拟合的经典方法，也符合奥卡姆剃刀原则。

不同的学习算法的模型复杂度可以用不同的方式来衡量，此处统一将这种衡量方式以"正则化"这一概念表述。正则化项为了表征模型复杂度，要求正则化的值随模型复杂度增大而增大，这样才能在最小化优化过程中起到惩罚的作用。下面列举了几个常见模型的正则项。

1）回归模型：回归模型中的正则项如图 4-11 所示。其中，L1 范数的惩罚项又称为 Lasso 回归（一般翻译为套索回归），其值为各项系数绝对值的和；L2 范数的惩罚项又称为 Ridge 回归（一般翻译为岭回归），其值为各项系数平方的和；ElasticNet 直译为

$L_1 = \|\omega\|$	$L_2 = \|\omega\|^2$	$L_{\text{ElasticNet}} = a * L1 + b * L2$
a）L1 范数	b）L2 范数	c）L1-2 范数组合

图 4-11　回归模型中的正则项

弹性网络，是 L1 和 L2 的线性组合。回归模型中变量越多、模型越复杂，明显可见 L1、L2 的值也有越大的倾向。

实际上 L1、L2 和上述的损失函数式（4-4）、式（4-5）的数学含义是一致的，以致有 L1、L2 损失函数的说法。

2）在决策树模型中，以叶子结点个数｜T｜作为正则项时也直观表征了叶子结点越多模型越复杂的特性。

3）XGBoost⊖中正则项如式（4-10）所示，T 指叶子结点的数量，ω 指叶子结点的得分值，前面的系数调节两者权重，其值也表征了模型越复杂其值也越大的特性。

$$\Omega(f) = \gamma T + \frac{1}{2}\lambda \| \omega \|^2 \qquad (4\text{-}10)$$

从数学角度看上述的正则项，是多维向量到低维的一种映射。

注意：不同的正则项，其优化求解算法和计算效率也不相同，实践中注意结合样本量权衡。例如 sklearn 的逻辑回归中 L1 使用坐标下降算法（Coordinate Descent），L2 则有多种选择：lbfgs、sag 和 newton-cg，分别对应拟牛顿（Quasi-Newton）、随机平均梯度下降（Stochastic Average Gradient descent）和牛顿法，而 ElasticNet 使用随机梯度下降法（Stochastic Gradient Descent）。而对于大数据集（样本量大和特征多）来说，随机梯度分类和回归器效率更高（SGDClassifier 和 SGDRegressor）。

4.2.2 欠拟合与过拟合、偏差与方差

前文一直提到机器学习建模是权衡的过程，4.2.1 节的正则化就是调节欠拟合 (Underfitting) 与过拟合（Overfitting）的有效手段。过拟合指的是，模型对训练数据过度学习（例如学习了数据中不该学习的噪声），使得模型在训练集上表现很好，而在测试集上表现很差的现象（即不能推广、泛化到新数据集）。欠拟合指的是，模型对训练数据学习不充分，模型性能表现很差。但是，该定义并没有给出具体的差异阈值表明是否过拟合或欠拟合，这对实践的指导意义打了一些折扣。

在最小化经验风险的学习范式下，机器学习优化算法的目标是最小化误差。训练模型、调优模型的过程就是算法和训练数据集"较劲"的过程。正如前文所述，"在有限的样本下，一旦设定学习目标就有过拟合的风险"，所以机器学习更多关注的是过拟合。过拟合描述的是模型在新数据集上泛化的概念，它往往和模型选择一并出现，如图 4-12 所示。该多项式模型选择误差曲线表明：起初随着多项式次数的增加，训练集和验证集上的误差都在减少，直到从多项式次数达到 7，验证误差急剧上升，表明模型已经过拟合。

⊖ https://arxiv.org/pdf/1603.02754.pdf

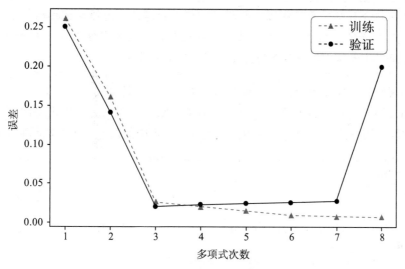

图 4-12　多项式模型选择误差曲线示意图

在实践中，由于模型参数较多，各参数共同作用决定模型效果，单个参数与模型表现也并非简单的单调关系，绘制曲线观察并不现实。但是，可以绘制重要的模型参数误差曲线，观察参数调整方向与误差的趋势，并以此设计合理的参数搜索范围，sklearn 中提供了一个很好的接口——validation_curve。⊖

validation_curve 用来判断是否欠拟合或过拟合。sklearn 中提供的 learning_curve，实践中用于在模型效果表现不好的场景下，查看是否由于样本量过小而造成模型偏差或方差过大，见 4.1.8 节。

和欠拟合与过拟合不同的是，偏差与方差 (Bias-Variance) 从理论层面对泛化误差进行了分解和研究。其中训练集 D，y_D 表示为数据集上的标记，y 为数据集上的真实标记，学得的模型 f，其期望为 $\hat{f}$，如式（4-11）所示。

$$E_D(f;D) = E_D[(f - \hat{f})^2] + (\hat{f} - y)^2 + E_D[(y_D - y)^2] \tag{4-11}$$

上式每项都有平方项，可简写成式（4-12），三项分别是偏差、方差和噪声（例如不正确的类标签或不准确的测量值）：

$$E = \text{bias}^2 + \text{var} + \epsilon^2 \tag{4-12}$$

上述的误差描述如下：偏差刻画了学习算法本身的拟合能力，方差刻画了数据扰动造成的波动，噪声刻画了学习问题本身的难度。这也正代表了模型泛化能力由学习算法、数据和问题本身三者共同决定。

⊖　https://scikit-learn.org/stable/modules/generated/sklearn.model_selection.validation_curve.html

另外，从拟合目标的角度也可以将误差分解为：算法在有限时间迭代、求解后输出的模型与最小化经验风险模型的差异；最小化经验风险模型与最小化期望风险模型的差异；所选算法空间下最优期望风险与全局最优期望风险的差异。

在实际建模中，偏差与方差、过拟合与欠拟合由模型评估得到，可参考 4.1.9 节的模型评估。例如，偏差间接可由模型性能指标（AUC、KS）衡量；方差则由多次运行不同数据集划分下的性能指标波动得到。这些指标正是评估报告中的内容，示例代码如下：

```python
def example(X, y, times, test_size, random_state=42):
    auc_arr = []
    ks_arr = []
    # 多轮训练评估
    for ii in range(times):
        r = np.random.randint(1000)
        # 划分数据集
        X_train, X_test, y_train, y_test = \
            sklearn.model_selection.train_test_split(
                X, y, stratify=y, test_size=test_size,
                                random_state=random_state)
        # 训练模型 - 伪代码
        mm = model_train(X_train, y_train)
        # 计算指标 - 伪代码
        auc_t, ks_t = cal_auc_ks(mm, X_test, y_test)
        auc_arr.append(auc_t)
        ks_arr.append(ks_t)
    # 求平均
    print('mean:auc={},ks={}'.format(np.mean(auc_arr), np.mean(ks_arr)))
    # 求方差
    print('var:auc={},ks={}'.format(np.var(auc_arr), np.var(ks_arr)))
```

偏差与方差在实际建模中可通过技术手段减少，而噪声则不能在建模过程改变，是不可变的误差项，机器学习的目标就是减少可被改变的偏差与方差。理想情况下，我们期望偏差与方差同时小，但由图 1-4 可知，偏差与方差会相互影响，只能权衡取折中得到较好的模型。为了解决偏差与方差间的问题，已经发展了很多相应的学习算法，比如 Boosting 关注解决偏差问题，Bagging 关注解决方差问题，以及前文描述的更具体的正则化。

一般来说欠拟合与过拟合、偏差与方差是相近的一对概念，常常成对出现。图 4-13 显示了欠拟合与过拟合、偏差与方差的关系的两种极端情况，以便读者解释。

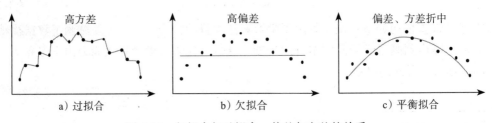

图 4-13 欠拟合与过拟合、偏差与方差的关系

其中：

1）假设当前模型正确拟合所有数据点，那么其 bias 为 0，方差可能很大。

2）假设模型输出为常数，无法正常进行预测，那么其偏差很高；任何数据集上，模型输出都一致，没有波动，所以其方差为 0。

如果我们结合图 1-4 的曲线来描述模型复杂度与过拟合的关系时，可能会有一定的误导性：复杂的模型就会过拟合，简单的模型就会欠拟合。实践上来看，模型复杂度并不是过拟合和欠拟合的充分条件，一个复杂的模型（由于其构造方式，比如能减少方差的随机森林）不一定过拟合，一个简单模型也不一定欠拟合。

为了防止过拟合（高方差），我们的学习目标不再是最小化偏差，而转变为最小化输出差异或最小化各数据集的平均误差。这是一个 NP 难问题，在有限的时间内无法求解。实践中我们期望在众多的候选算法中选择一个较优的模型，这需要相应的模型评估和选择方法，例如留出法（Hold-out）、自助法（Bootstrapping）和交叉验证（Cross validation）。其中留出法可视为交叉验证的特例，自助法大部分集成算法内部已实现，下文我们重点讲述交叉验证法。

4.2.3　交叉验证

下面分三部分介绍交叉验证。

1. 什么是交叉验证

首先看如下的一个例子：

```
from sklearn import datasets
from sklearn.model_selection import train_test_split
from sklearn.linear_model import LogisticRegression
# 加载数据
bc = datasets.load_breast_cancer()
X = bc.data
y = bc.target
# 构建逻辑回归模型
clf = LogisticRegression()
# 划分数据：训练样本量占70%，测试样本量占30%
X_train, X_test, y_train, y_test = train_test_split(
    X, y, test_size=0.3, random_state=None)
# 模型训练
clf.fit(X_train, y_train)
# 模型预测得分
clf.score(X_test, y_test)
```

上述例子是机器学习中常见的数据集划分和训练方式，但有两个主要问题：

1）每次运行上述的代码得到的结果可能都不一样，到底哪次结果才更"靠谱"呢？选最好的一次？这样会有作弊的嫌疑。

2）该划分方式总有一定比例的测试数据无法参与到训练中（此处例子是 30%），如果样本量本就不足，那么将损失宝贵的 30% 的数据，造成浪费。

为了控制随机性，可人为加入随机种子，使每次分隔保持一致（便于复现），例如可在上例 train_test_split 中设置参数 random_state=42。42 是一个很有意思的数字，感兴趣的读者可参考 Wiki 中的解释。但这样做实际加入了人为的偏差，不利于模型性能的公正评估。

为了解决上述两个问题，我们可以很自然地想到，可以通过多次更细粒度的样本划分，多次训练和评估，得到更准确的无偏估计以减少随机性。很多时候我们可以认为，交叉验证就是平均过程，包含了公平评估的思想。它除了可应用在模型的训练和调参中，也能应用在不同算法的评估选择中，这正是交叉验证的评估本质，即评估分类器性能的一种统计分析方法。

初学者常听到一句话，通过交叉验证调整模型参数。这种说法容易让人误以为交叉验证是调参的方法，而实际上交叉验证只是一种评估方法，可用于非调参的场合。

交叉验证可分为如下两个部分。

1）划分数据集：要求保证每次训练的数据集足够多，即一般情况下大于等于 50%，即组数大于等于 2；尽量保证划分后的数据集独立同分布（分层方法）。

2）训练和评估：与具体的学习算法和评估指标有关。

一般的交叉验证流程描述如下所示。

1）随机混洗、重排数据集。
2）将数据集拆分为 K 个组 (Fold)，即 K 折交叉验证 (K-Fold cross-validation)。
3）对于每个独特的组：
　　a）将该组作为保留或测试数据集；
　　b）将剩余的组作为训练数据集；
　　c）在训练集上拟合模型并在测试集上评估；
　　d）保留评估分数（丢弃模型）。
4）使用多组评估分数总结模型的性能。

上述的 K 折交叉验证有如下两种常见的变体。

1）K × N fold cross-validation，即在 K 折的基础上再嵌套一层循环，最终取得平均估计，常见的有 5×2 交叉验证和 10×10 交叉验证。

2）Least-One-Out cross-validation(LOOCV)，留一法，即每次只留一个样例做测试，其余数据作为训练。当数据量极小时，可考虑使用该方法，比如只有 100 个样本，那么按照 LOOCV 的方式，将训练 100 个模型，得到 100 个评价指标。每个模型使用 99 个样本训练，使用 1 个样本测试。

2. 交叉验证的实现

上文提到的交叉验证流程方式很简单，完全可以自己实现，当然，这些交叉验证的方式在 sklearn 中都有接口且十分丰富。

- 统一的实现：cross_val_score。
- 学习器内自带的 CV 功能，例如逻辑回归中的 LogisticRegressionCV。
- 调参网格搜索时也有 CV 的方法，比如 GridSearchCV。

最后，可参考以下示例以更好地理解交叉验证的本质。

1）随机划分数据示例：

```
from sklearn.model_selection import KFold
# 数据示例
X = np.array([1, 2, 3, 4, 5, 6])
# 数据划分准备：n_splits 划分组数 K, shuffle 是否重排打乱数据，随机种子 random_state
kfold = KFold(n_splits=3, shuffle = True, random_state= 42)
# 划分
for train, test in kfold.split(X):
    print('train: {}, test: {}'.format(X[train], X[test]))
```

输出 3 组数据集如下：

```
train: [3 4 5 6], test: [1 2]
train: [1 2 4 5], test: [3 6]
train: [1 2 3 6], test: [4 5]
```

2）使用分层划分，保持 y 同分布：

```
from sklearn.model_selection import StratifiedKFold
y = np.array([0, 0, 0, 1, 1, 1])
skf = StratifiedKFold(n_splits=3,shuffle = True, random_state= 42)
for train_index, test_index in skf.split(X, y):
    print('train: {}, test: {}'.format(X[train_index], X[test_index]))
```

输出 3 组数据集如下：

```
train: [2 3 5 6], test: [1 4]
train: [1 3 4 6], test: [2 5]
train: [1 2 4 5], test: [3 6]
```

前文提到的 train_test_split 同样实现了数据划分功能。

3）使用 cross_val_score 做交叉验证：

```
# 使用上述 breast_cancer 的数据
from sklearn.model_selection import cross_val_score
cross_val_score(clf, X, y, cv=3, scoring='accuracy')
```

输出 3 组模型评估如下：

```
array([0.93684211, 0.96842105, 0.94179894])
```

3. 应用场景示例

下面简述了交叉验证两种常见的应用场景：交叉验证作为调参和模型选择的评估方法。

1）使用交叉验证选择参数。

```
# 使用上述的 breast_cancer 数据
X = bc.data
y = bc.target
from sklearn.linear_model import LogisticRegressionCV
# 此处直接使用了学习器自带的 CV
# 当然也可以使用统一的接口：cross_val_score
lr = LogisticRegressionCV(
    Cs=[1, 10, 100],cv=5,scoring='accuracy')
# 拟合
lr.fit(X, y)
# 输出将是 5 x 3 的二维矩阵
lr.scores_[1]
# 查看 5 组平均效果
lr.scores_[1].mean(axis=0)
# 输出 3 个参数 5 轮平均的 accuracy，正则参数 C=10 的效果最好，所以选择它
# array([0.94559446, 0.95261254, 0.94913428])
```

2）使用交叉验证选择模型。

相比上述调过参数的逻辑回归来说，KNN 算法表现差一些，所以选择逻辑回归。

```
# 接上，使用同样的数据
from sklearn.neighbors import KNeighborsClassifier
# 使用 KNN 默认参数
knn = KNeighborsClassifier()
# 5-fold
scores = cross_val_score(knn, X, y, cv=5, scoring='accuracy')
# 得分：array([0.88695652, 0.93913043, 0.9380531, 0.94690265, 0.92920354])
scores
# 均值：0.9280492497114275
scores.mean()
```

笔者把交叉验证的方式看作机器学习过程中的一种实验手段，实践中可实现适合自己的实验、测试工具，兼顾效率和公平性。

4.2.4 数据泄露

机器学习中还有一个与过拟合非常相似的现象：训练时模型表现异常的好，但在真实预测中表现得很差。这就是数据泄露（Data Leakage）会产生的现象。我们举两个常见的例子，如下所示。

1）对数据进行标准化后再拆分数据训练。

```
# X, y 同上述数据
from sklearn.preprocessing import StandardScaler
scaler = StandardScaler()
X2 = scaler.fit_transform(X)
knn = KNeighborsClassifier()
scores = cross_val_score(knn, X2, y, cv=5, scoring='accuracy')
```

2）预测病人是否会患病：开发一个预测病人是否会患 A 疾病的模型，在准备特征的过程中，收集了病人是否使用过某些药物的特征，其中包含了"是否使用过治疗 A 疾病的药物"的特征。

这两个例子中包含了很多初学者容易犯的错误。在第一个例子中，先进行数据标准化，然后交叉验证。此时已将验证集上的信息（均值、标准差）泄露到了训练集中；第二个例子中，"是否使用过治疗 A 疾病的药物"的特征泄露了是否已患 A 疾病的事实，此时开发的模型是没有意义的。

数据泄露又称特征穿越，指的是在建模过程中的数据收集、数据处理时无意将未来信息引入训练集中。未来信息包括如例一的测试集信息泄露到训练集中，例二中的将目标信息泄露到训练数据中。数据泄露一般发生在时间序列场景或具有时间属性的场景，例如在金融的信贷领域，建模工程师在取数时，误取到了建模时间点后的还款信息、表现等。

注意：机器学习中的数据泄露与计算机安全领域的数据泄露的概念完全不同。日常听到的"用户信息泄露"指的是安全领域的数据泄露，即数据被未经授权的组织剽窃、盗走或使用。

很明显，数据泄露后模型训练效果往往非常好，甚至好到难以置信，而真实场景预测效果往往会大打折扣。除此之外，我们还可以通过如下的方式检查或判断是否发生了数据泄露。

1）数据探索性分析（Exploratory Data Analysis，EDA）：查看特征的分布和特征与目标标量的关系；从业务角度出发，分析和论证该特征的物理含义。

2）特征分析：特征与目标变量的相关性分析；使用基于统计的 OneR（One Rule）算法、使用基于信息论的特征的信息值（IV）、信息熵等，查看特征重要性，如果有表现特别突出的特征，请重点检查。

3）模型比较：详细的模型性能评估和分析；与之前版本模型和行业模型对比。

4）加强测试：如有条件，对模型进行现场测试，查看真实环境的表现与模型训练效果是否有很大的差别。

为了避免数据泄露，实践中需要形成规范的建模方法，例如：

1）具有时间属性的场合要求严格控制时间，取得所需历史快照数据，并追溯变量业务的物理含义。

2）使用特征区分力指标进行直观检查，重点检查区分力强的特征；一定不能使用 ID 类的变量；怀疑某个特征有泄露的可能时，请先不要使用它。

3）只在训练数据集或交叉验证的训练组中执行数据信息提取等相关处理方法（特征选择、异常值删除、编码、特征缩放和降维等）；交叉验证时在每个循环周期内独立进行。

4）在独立的、模型完全未见的数据集上进行模型的最终评估。

5）使用统一的数据处理方法（管道）。

4.3 本章小结

本章讲述了机器学习项目各流程节点：数据分析、数据清洗、特征工程、模型训练、模型验证，并在此基础上，从项目角度将流程进行了横向和纵向的延伸。同时，强调了机器学习工程实践的属性。

4.1 节介绍了机器学习的项目流程 11 小项和相关实现，如取样的脚本等。

4.2 节介绍了机器学习算法的 8 个核心概念，并做了概念的对比讲解，如损失函数和正则化、欠拟合和过拟合和偏差和方差，提到了交叉验证是模型公平评估的统计方法。数据泄露防不胜防，初学者可能一直在错误地建模，甚至一直未发现，我们需要保持审慎和谦卑之心。

总之，在实践中，成功的机器学习项目需要大量的"黑色艺术"和软件工程方法。

第 5 章

数据分析与处理

在第 4 章提到的机器学习项目流程中，数据分析与处理属于建模前期阶段，在定义 y 和确认 X 后，就需要开始数据分析和处理的工作。

数据分析，也称数据探索性分析，目的是了解数据全貌，包括数据概览、可能的错误、基本特征、数据结构和数据相互关系、潜在模式，并以简单而直观的指标或图形呈现。数据分析是一个重要的步骤，它通过数理统计、可视化等手段探索数据的结构和规律，提供了开发模型并正确解释其结果所需的来龙去脉。通过数据分析方法建立对数据的直觉，如果发现数据不太合乎常理且需要对这些异常数据进行核实，那么一定要确保数据的正确性。如果数据的异常或者错误被忽视，可能会导致业务基于错误的数据做出决策，对公司造成资产损失。

数据处理，即根据数据探索性分析得到需要清洗和处理的变量，主要是缺失值、异常值处理和数学变换。数学变换会在第 6 章详细介绍，本章主要介绍缺失值、异常值的检测和处理。

在介绍数据分析方法之前，先了解一下变量大致有哪些类型。

5.1 变量的类型

每个变量都有值和类型，日常统计中使用的特征变量（variables）大致可以分为数值变量（numerical）和分类变量（categorical）。

数值型变量是由测量或计数、统计所得到的值，加、减、求均值等运算对于这些值是有意义的，而对于分类变量是没有意义的。

数值变量可以分为如下两类。

1）离散型变量（discrete）：离散型变量的数值只能用自然数或整数计算，其数值是间断的，相邻两个数值之间不再有其他数值。这种变量的数值一般用计数方法取得，例如一棵果树上结了多少个果实。

2）连续型变量（continuous）：连续型变量的数值在一定区间内可以取任意值，其数值是连续不断的，相邻两个数值之间可以进行无限次分割，即可取无限个数值，例如果树上果实的重量。

分类变量可以分为如下两类。

1）有序分类变量（ordinal）：描述事物等级或顺序，变量值可以是数值型或字符型，也可以是比较差别程度的词，比如可以将疗效按治愈、显效、好转、无效分类。

2）无序分类变量（nominal）：是指所分类别或属性之间无程度和顺序的差别。它既可进行二项分类，如性别（男和女）、药物反应（阴性和阳性）等；也可以进行多项分类，如血型（O、A、B、AB）、职业（工、农、商、学、兵）等。

有序分类变量和无序分类变量的区别是：前者对于"比较"操作是有意义的，而后者对于"比较"操作是没有意义的。图 5-1 描述了它们之间的关系。

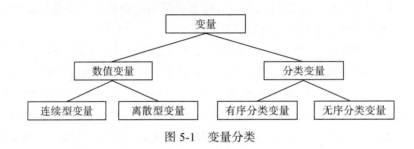

图 5-1　变量分类

除了刚刚介绍的与统计相关的变量，日常工作中还会遇到其他类型的变量。

布尔型变量（Boolean Variable）是有两种逻辑状态的变量，包含两个值：真和假。如果在表达式中使用了布尔型变量，那么将根据变量值的真假而赋予整型值 1 或 0。

对于日期和时间型变量，一般在数据库常见的是 datetime，存储格式为"YYYY-MM-DD HH:mm:ss"，其中 YYYY 表示年、MM 表示月份、DD 表示日期、HH 表示小时、mm 表示分钟、ss 表示秒。

上述数据都是可以用表格形式存储的数据，即结构化数据，除此之外，还有非结构化数据，如文本、图像等。相比结构化数据而言，非结构化数据更难让计算机理解，目前比较流行的做法是使用深度学习方法直接提取特征变量供模型使用。

5.2　常用分析方法

上节对常见变量做了基本介绍，本节将介绍变量的常用分析方法和可视化。可视化借助常用的 Matplotlib、Seaborn 和 pandas.DataFrame.plot 工具实现。

Matplotlib 是一个常用的 Python 绘图库。使用者仅需几行代码，便可以绘制直方图、条形图、散点图以及其他更复杂的图形。Matplotlib 是下面两类方法的基础。

Seaborn 在 Matplotlib 的基础上进行了 API 封装，使制图更加容易。在大多数情况下，使用 Seaborn 就能做出很具有吸引力的图。

Pandas 内置了 plot 等绘图 API，使数据分析和可视化能协同进行，该方法底层默认调用 Matplotlib 的接口。

进行数据可视化时建议优先选择 Seaborn 和 pandas.DataFrame.plot，需要绘制更复杂图形时再考虑使用 Matplotlib。本节将结合一些经典数据集来讲解变量分析方法。

5.2.1　整体数据概览

数据分析的第一步：了解数据全貌。Pandas 中支持快速查看数据概览。

1）导入相关的包和加载示例数据：

```
import pandas as pd
import numpy as np
import seaborn as sns
import matplotlib.pyplot as plt
#seaborn 里有数据集，可以直接加载使用
titanic_df = sns.load_dataset('titanic')
# 查看前 5 条数据
titanic_df.head()
```

输出如图 5-2 所示。

	survived	pclass	sex	age	sibsp	parch	fare	embarked	class	w
0	0	3	male	22.0	1	0	7.2500	S	Third	
1	1	1	female	38.0	1	0	71.2833	C	First	w
2	1	3	female	26.0	0	0	7.9250	S	Third	w
3	1	1	female	35.0	1	0	53.1000	S	First	w
4	0	3	male	35.0	0	0	8.0500	S	Third	

图 5-2　head 接口看数据情况

2）查看数据量和概览：

```
print(titanic_df.shape)
# 输出（891, 15）
# 查看 DataFrame 的基本信息，包含索引、字段名称、非空值统计、字段类型
titanic_df.info()
```

输出如图 5-3 所示。

3）查看数值型变量的描述统计信息，包括数量、均值、标准差、最大最小值、分位数：

```
titanic_df.describe()
```

输出如图 5-4 所示。

```
<class 'pandas.core.frame.DataFrame'>
RangeIndex: 891 entries, 0 to 890
Data columns (total 15 columns):
survived       891 non-null int64
pclass         891 non-null int64
sex            891 non-null object
age            714 non-null float64
sibsp          891 non-null int64
parch          891 non-null int64
fare           891 non-null float64
embarked       889 non-null object
class          891 non-null category
who            891 non-null object
adult_male     891 non-null bool
deck           203 non-null category
embark_town    889 non-null object
alive          891 non-null object
alone          891 non-null bool
dtypes: bool(2), category(2), float64(2), int64(4), object(5)
memory usage: 80.6+ KB
```

图 5-3　DataFrame 基本信息

◆	survived ◆	pclass ◆	age ◆	sibsp ◆	parch ◆	fare ◆
count	891.000000	891.000000	714.000000	891.000000	891.000000	891.000000
mean	0.383838	2.308642	29.699118	0.523008	0.381594	32.204208
std	0.486592	0.836071	14.526497	1.102743	0.806057	49.693429
min	0.000000	1.000000	0.420000	0.000000	0.000000	0.000000
25%	0.000000	2.000000	20.125000	0.000000	0.000000	7.910400
50%	0.000000	3.000000	28.000000	0.000000	0.000000	14.454200
75%	1.000000	3.000000	38.000000	1.000000	0.000000	31.000000
max	1.000000	3.000000	80.000000	8.000000	6.000000	512.329200

图 5-4　数据描述统计信息

5.2.2　单变量可视化分析

数据分析首先从单变量开始。单变量分析是通过数理统计和可视化的方法对变量分布情况和规律进行描述和刻画。不同类型的变量需要使用不同的方法和指标，下面按不同类型的变量分别介绍。

1. 类别变量分析

类别变量的描述性统计指标主要有频数、占比、众数等，使用条形图和饼图就能直观展现。

（1）条形图

条形图用宽度相同的条形的高度或长度来表示类别数据的多少，可以非常直观地展示类别之间的频数差别，如图 5-5 所示。

```
sns.countplot(titanic_df["embarked"])
```

（2）饼图

饼图展示的是占比指标，用于强调各项类别分别占总体的比例情况。

```
# 先对类别变量'embarked'进行聚合计算，计算各类别频数
embarked_cnt=titanic_df.groupby('embarked')['embarked'].count()
# 使用 Pandas 接口画饼图
embarked_cnt.plot.pie(autopct='%1.2f%%', figsize=(6, 6))
```

输出如图 5-6 所示。

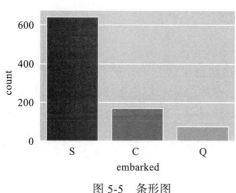

图 5-5　条形图

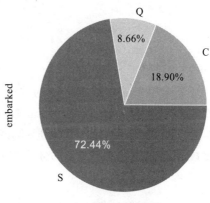

图 5-6　饼图

2. 数值变量分析

数值变量的描述性统计指标主要有平均值、分位数、峰度、偏度、方差、标准差等，常以直方图、箱线图、小提琴图等进行可视化。

（1）直方图

直方图是一种对连续变量（定量变量）的概率分布的图形展示，被卡尔·皮尔逊（Karl Pearson）首先引入数值变量分析中。直方图可以看作没有间隔的条形图。为了构建直方图，第一步是将值的范围分段，然后计算每个间隔中有多少值。这些值通常被指定为连续的、不重叠的变量间隔。间隔必须相邻，并且通常（但非必须）是相等的大小。

```
# 输入空值会报错，因此需要剔除空值
sns.distplot(titanic_df[titanic_df.age.isnull().values ==
    False]['age'],kde=False)
```

输出如图 5-7 所示。

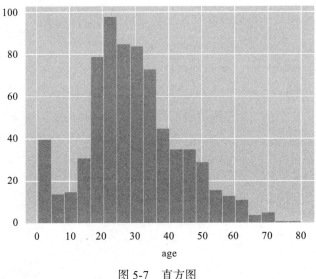

图 5-7　直方图

（2）箱形图

箱形图用于显示数据分散的情况，因其形状如箱子而得名。箱形图于 1977 年由美国著名统计学家约翰·图基（John Tukey）发明，它能显示数据分散情况的关键信息。如图 5-8 所示，箱形图中间深色矩形部分的三条线分别对应上四分位数 Q3、中位数和下四分位数 Q1。远离中间深色矩形部分的两条线是上边缘和下边缘，一般上下边缘范围外的属于异常值。

```
sns.boxplot(titanic_df['age'])
```

（3）小提琴图

小提琴图的功能与箱形图类似，它展示了数据分布及其概率密度，从而可以直观进行比较。与箱形图不同的是，小提琴图的所有绘图单元都与实际数据点对应，中间的黑色粗条表示四分位数范围，而白点表示中位数，从其延伸的黑线代表 95% 置信区间。

箱形图隐藏了有关数据分布的重要细节，例如，我们不能了解数据分布是双模还是多模。小提琴图可以显示更多详情，但也可能包含较多干扰信息，例如小样本的小提琴图可能看起来非常平滑，这种平滑具有误导性，实践中绘制小提琴图时需要留意样本呈的大小。

```
sns.violinplot(y=titanic_df['age'])
```

输出如图 5-9 所示。

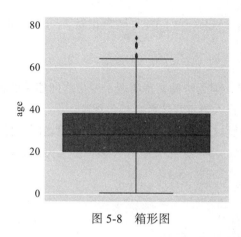

图 5-8　箱形图

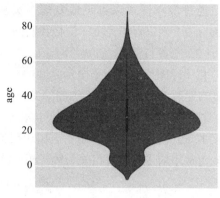

图 5-9　小提琴图

5.2.3　双变量可视化分析

双变量分析同时分析两个变量，以探讨两个变量之间的关系：是否存在关联或差异，以及这种关联或差异的强度。

1. 数值双变量

双变量数值之间常用散点图和相关性图进行可视化分析。

（1）散点图

散点图是显示两个数值变量之间关系的一种可视化，用两组数据构成多个坐标点，考察坐标点的分布，判断两个变量之间是否存在某种关联，或总结坐标点的分布模式。

```
# 查看年龄和舱位等级散点图
sns.swarmplot(y='age', x='pclass', data=titanic_df)
```

输出如图 5-10 所示。

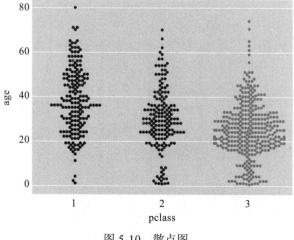

图 5-10　散点图

通过散点图可以直观地发现，买头等舱（pclass=1）的人年龄相对大一些，普通舱（pclass=2）则以青年为主，符合我们的认知。

（2）相关性图

相关性图可反映两个变量之间的相关方向，但无法确切表明两个变量之间相关的程度，因此在绘图的时候还需要增加相关系数，以便让人更直观地判断相关程度。

相关系数是最早由统计学家卡尔·皮尔逊设计的统计指标，是研究变量之间线性相关程度的量，一般用字母 r 表示。由于研究对象的不同，相关系数有多种定义方式，数值变量较为常用的是皮尔逊相关系数。相关计算公式如式（5-1）所示。

$$r = \frac{\mathrm{Covar}(x,y)}{\sqrt{\mathrm{Var}(x)\mathrm{Var}(y)}}$$

$$Covar(x,y) = \frac{\sum(x-\bar{x})(x-\bar{y})}{n}$$

$$Var(x) = \frac{\sum(x-\bar{x})^2}{n}$$ 　　　　（5-1）

$$Var(y) = \frac{\sum(y-\bar{y})^2}{n}$$

公式中 r 是线性相关系数，$Covar$ 是协方差，Var 是方差。

```
from scipy、stats import pearsonr
# 查看年龄和舱位等级相关性
sns.jointplot(x="pclass", y="age", data=titanic_df,
              kind="reg",stat_func=pearsonr)
```

输出如图 5-11 所示。

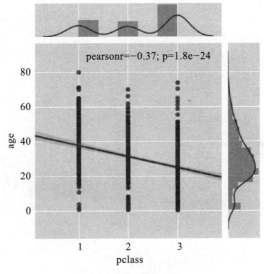

图 5-11　线性相关性图

相关系数取值范围在 −1 和 1 之间，其中 −1 表示完全负线性相关，1 表示完全正线性相关，零表示没有线性相关。图 5-11 中展示了 age 和 pclases 呈现低的负线性相关。需要指出的是，线性相关系数只能表示线性相关，无法表示非线性相关。

2. 类别双变量

双变量类别之间常用堆积图和卡方检验进行分析。

（1）堆积柱形图

堆积柱形图可以直观展示某个类别下另一个类别变量的数量情况：

```
var = titanic_df.groupby(['embarked','who']).who.count()
var.unstack().plot(kind='bar', stacked=True,
    color=['red', 'blue', 'green'],
        figsize=(8, 6))
plt.show()
```

输出如图 5-12 所示。

（2）卡方检验

卡方检验可用于确定分类变量之间的相关性，它基于频率表中一个或多个类别中的预期频率（e）和观察到的频率（n）之间的差异。卡方分布返回计算出的卡方和自由度的概率，概率为零表示两个类别变量之间完全依赖，而概率为 1 表示两个类别变量完全独立。相关计算公式如式（5-2）所示。

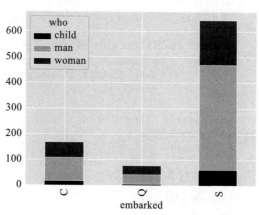

图 5-12　堆积柱形图

$$\chi^2 = \sum_{i=1}^{r}\sum_{j=1}^{c}\frac{(n_{ij}-e_{ij})^2}{e_{ij}}$$

$$e_{ij} = \frac{n_i n_j}{n}$$

$$df = (r-1)(c-1)$$

（5-2）

```
# 导入 scipy.stats.chi2_contingency 包
from scipy.stats import chi2_contingency
# 计算 embarked 和 alive 交叉列联表
embarked_alive = pd.crosstab(titanic_df.embarked, titanic_df.alive)
chi2, p, dof, ex = chi2_contingency(embarked_alive)
print('卡方值: {}'.format(chi2))
print('p_value: {}'.format(p))
print('自由度: {}'.format(dof))
print('期望频率: {}'.format(ex))
```

上述代码输出如下：

```
卡方值: 26.48914983923762
p_value: 1.769922284120912e-06
自由度: 2
期望频率: [ [103.7480315  64.2519685]
          [ 47.5511811  29.4488189]
          [397.7007874 246.2992126] ]
```

这里只是简单介绍卡方检验的使用，更详细的介绍可查看 6.3.4 节。

3. 数值与类别

数值变量和类别变量分析常用含误差条的线图、组合图、Z 检验和 t 检验。

（1）含误差条的线图

含误差条的线图中，横坐标表示类别变量，纵坐标表示具体类别下连续变量的分布情况，其中误差条表示标准误差，这是一种展示两个变量如何相互关联和变化的方法。

```python
plt.errorbar(x=titanic_df.groupby([ 'class']).age.mean().index,
            y=titanic_df.groupby(['class']).age.mean(),
            yerr=titanic_df.groupby(['class']).age.std(),
            fmt="o")

plt.xlabel('class')
plt.ylabel('age')
plt.show()
```

输出如图 5-13 所示。

（2）组合图

组合图同时使用两种或多种图表类型。

```python
ax = sns.boxplot(x="alive", y="age", data=titanic_df)
ax = sns.swarmplot(x="alive", y="age", data=titanic_df, color=".8")
```

输出如图 5-14 所示。

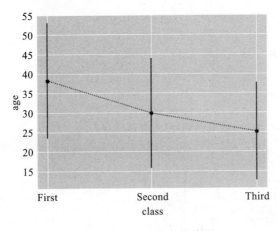

图 5-13　含误差条的线图

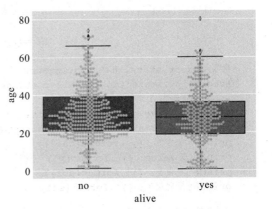

图 5-14　组合图

（3）Z 检验和 t 检验

如果要评估两组数据的均值是否有显著差异，可以使用 Z 检验和 t 检验。Z 检验是用标准正态分布的理论来推断差异发生的概率，从而比较两组数据的均值的差异是否显著。已知标准差，要验证一组数的均值是否与某一期望值相等时，使用 Z 检验。统计量 Z 值计算公式如式（5-3）所示。

$$Z = \frac{\bar{X}_1 - \bar{X}_2}{\sqrt{\dfrac{S_1^2}{n_1} + \dfrac{S_2^2}{n_2}}} \tag{5-3}$$

公式中 X 为均值，S 为方差，n 为频数。一般实际使用中，总体参数标准差经常是未知的，不满足使用 Z 检验的条件，因此一般实际工作中更多使用 t 检验。

t 检验是用 t 分布理论来推断差异发生的概率，从而判定两组数据的均值的差异是否显著。t 检验，亦称 Student t 检验（Student's t test），主要用于总体标准差 σ 未知的正态分布。t 检验是威廉·戈塞（William Gosset）为了观测酿酒质量而发明的，于 1908 年公布在 *Biometrika* 杂志上。由于酿酒厂的规定禁止 Gosset 发表关于酿酒过程变化性的研究成果，Gosset 被迫使用笔名 Student 发表论文。

统计量 *t* 值的计算公式如式（5-4）所示。

$$t = \frac{\bar{X}_1 - \bar{X}_2}{\sqrt{\dfrac{(n_1-1)S_1^2 + (n_2-1)S_2^2}{n_1 + n_2 - 2}\left(\dfrac{1}{n_1} + \dfrac{1}{n_2}\right)}} \tag{5-4}$$

下面使用 SciPy 的 t 检验接口检测经典泰坦尼克数据集 titanic 男女的年龄均值是否有显著差异。

```
# 导入 scipy.stats.ttest_ind
from scipy.stats import ttest_ind
# 剔除 age 空值
titanic_age=titanic_df[titanic_df.age.isnull().values == False]

t_statistics, p = ttest_ind(titanic_age[titanic_age['sex'] == 'female'].age,
                            titanic_age[titanic_age['sex'] == 'male'].age)

print('t 值: {}'.format(t_statistics))
print('p_value: {}'.format(p))
```

输出结果如下：

```
t 值: -2.499206354920835
p_value: 0.012671296797013709
```

由 t 检验结果可知 p_value 小于 0.05，在显著水平 α =0.05 的水准下，titanic 男女的年龄均值是有显著差异的。

5.2.4　多变量可视化分析

多变量数据分析的可视化图像比之前的要更加复杂，但图像越复杂并不代表可视化的效果越好，因为人接收和理解信息的能力是有限的，所以最好的可视化是简单明了地表达出数据中的含义。多变量数据的可视化可以使用二维图像的多维表达、多个二维图像的分类、降维可视化展示。

多维数据可视化比较少用到 Seaborn，而更多地使用 Pandas、Matplotlib。由于部分接口不能传入空值数据，为了方便演示，下面的案例会创建一个新的 Dataframe，并对空值字段进行均值或众数填充。

```
# 导入数据
titanic = sns.load_dataset('titanic')
# 对缺失值进行简单填充
titanic['age'].fillna(titanic['age'].median(), inplace=True)
```

1. 多图网格

Seaborn 提供了非常方便快速查看多变量分布的接口——多图网格 seaborn.FacetGrid 和 seaborn.PairGrid。seaborn.JointGrid 也属于多图网格，不过 JointGrid 主要用于分析单变量和双变量。

（1）FacetGrid

FacetGrid 可以展示在数据集的子集内可视化变量的分布或多个变量之间的关系，FacetGrid 可绘制最多 3 个维度：Row、Col 和 Hue。Row 和 Col 将数据集映射到由行和列组成的网格中的多个轴上，这些轴与数据集中的变量对应。Hue 参数表示第 3 个变量的级别，该参数以不同的颜色绘制数据的不同子集，这使用颜色来解析第三维上的元素。

```
sns.FacetGrid(titanic, hue="alive", size=6).map(plt.scatter, "age",
                                 "fare").add_legend()
```

输出如图 5-15 所示。

（2）PairGrid

seaborn.PairGrid 支持快速绘制变量间两两关系的多个子图。在 PairGrid 中，每行每列都被分配给一个不同的变量，所以最后生成的图片可以展示数据集中所有的成对关系。在 PairGrid 中，每张子图都代表了不同的两个变量间的关系，PairGrid 可以对数据集中的变量关系提供非常快速、整体（但不深入）的总结。

PairGrid 表现的维度理论上无上限，PairGrid 还有一定的灵活性，可以设置对角类型、非对角类型、具体的列、对角上下的图表

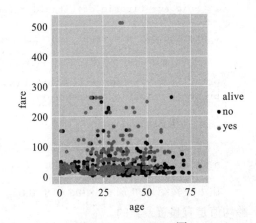

图 5-15　FacetGrid 图

格式等，具体可查看 Seaborn 官方文档。

```
# 为了图的展示效果，行列上只选了两个字段，实际使用时可以选择多个字段
g = sns.PairGrid(titanic[['age', 'fare', 'who']], hue="who", size=5)
g.map_diag(plt.hist)
g.map_offdiag(plt.scatter)
g.add_legend()
```

输出如图 5-16 所示。

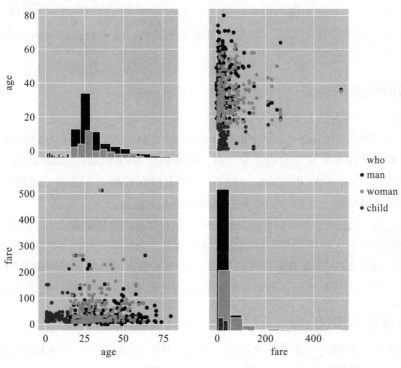

图 5-16　PairGrid 图

2. 热力图

绘制热力图（Heatmap）是数据分析的常用方法，热力图通过色差、亮度来展示数据相关性。

```
# 变量间相关系数热力图
f = titanic[['age', 'fare', 'sibsp']].corr()
sns.heatmap(f, annot=True)
```

输出如图 5-17 所示。

图 5-17 中的数值是皮尔森相关系数，浅颜色表示相关性高。

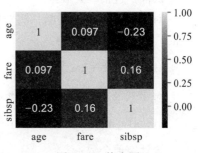

图 5-17　热力图

5.3　缺失值分析与处理

在日常数据分析工作中，经常会遇到数据缺失的情况。在处理缺失数据之前，先要了解数据缺失是由什么原因导致的，数据缺失的情况如何，才能更合理地处理缺失数据。

缺失值的产生原因多种多样，主要可分为系统原因和人为原因。

系统原因是系统故障导致的数据收集或保存失败造成的数据缺失，比如数据存储的失败、存储器损坏、机械故障导致某段时间数据未能收集（对于定时数据采集而言）。

人为原因是人的主观失误、历史局限或有意隐瞒造成的数据缺失，比如在市场调查中被访人拒绝透露相关问题的答案，回答的问题是无效的，或者数据录入人员失误漏录了数据等。

5.3.1　数据缺失的类型

数据缺乏主要分为以下 3 类。

完全随机缺失（Missing Completely At Random，MCAR）指的是数据的缺失是完全随机的，不依赖于任何不完全变量或完全变量，不影响样本的无偏性，如家庭地址缺失。

随机缺失（Missing At Random，MAR）指的是数据的缺失不是完全随机的，即该类数据的缺失依赖于其他完全变量，如财务数据缺失情况与企业的大小有关。

非随机缺失（Missing Not At Random，MNAR）指的是数据的缺失与不完全变量自身的取值有关，如高收入人群不愿意提供家庭收入数据。

对于随机缺失和非随机缺失，直接删除记录是不合适的。对于随机缺失可以通过已知变量对缺失值进行估计并填充，而对于非随机缺失还没有很好的解决办法。

5.3.2　查看缺失情况

查看数据缺失的情况主要结合 Pandas（统计）和 Missingno（可视化）来介绍。

1. Pandas 统计缺失情况

Pandas 提供的接口可以轻松处理和统计缺失数据。例如，Pandas 对象的所有描述性统计默认都不包括缺失数据。

对于元素级别的判断，将对应的所有元素的位置都列出来，元素为空或者 NA 就显示 True，否则就显示 False：

```
titanic_df.isnull()
```

对于列级别的判断，只要该列有为空或 NA 的元素，就为 True，否则为 False：

```
titanic_df.isnull().any()
```

统计空值个数：

```
titanic_df.isnull().sum()
```

2. Missingno 缺失值可视化

Missingno 提供了一个灵活且易于使用的缺失值数据可视化的 Python 库，可以快速直观地查看数据集完整性（或缺失性）的整体情况。直接使用 pip install missingno 安装即可。

missingno.matrix 可以快速直观地以图案方式展示各个变量缺失值的分布情况。

```python
import missingno as msno
# 为了展示效果，只选取部分字段，调整了图片和字段大小
msno.matrix(
    df=titanic_df[['sex', 'age', 'fare', 'embarked', 'deck', 'embark_town']],
    figsize=(8, 4),
    fontsize=16)
```

输出如图 5-18 所示。

图 5-18   缺失值矩阵图

使用 missingno.heatmap 查看缺失变量之间的相关性，它将输入的 Dataframe 通过 dataframe.isnull() 生成新的缺失值的 Dataframe，然后计算变量缺失值的相关性。热力图可以很直观快速地观察哪些变量经常一起缺失，方便数据核验。

```python
msno.heatmap(df=titanic_df, figsize=(8, 4), fontsize=18)
```

输出如图 5-19 所示。

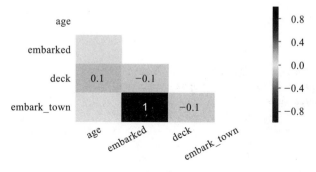

图 5-19   缺失值相关性图

missingno.bar 利用条形图可以更直观地看出每个变量缺失的比例和数量情况，接口展示的是每个变量非空值的数量和比例。图 5-20 直观地展示出 deck 变量的缺失率最高。

```
msno.bar(
    df=titanic_df[['sex', 'age', 'fare', 'embarked', 'deck', 'embark_town']],
    figsize=(8, 6),fontsize=18)
```

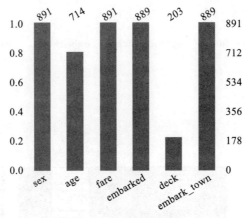

图 5-20　缺失值条形图

5.3.3　缺失值处理方式

在实际工作中，需要根据缺失值的类型和使用场景，对缺失值进行必要的处理。总体上来说，缺失值的处理方式分为删除、填充和不处理。对于主观数据，人将影响数据的真实性，存在缺失值的样本的其他属性值无法保证可靠性，那么依赖于这些属性值的填充也是不可靠的，所以对于主观数据一般不推荐插补的方法，例如客户问卷调查数据。插补主要是针对客观数据，它的可靠性有保证，例如客户年龄。

1. 删除

Pandas 提供的 dropna 接口可以方便地删除行列缺失数据，接口用法如下。

```
titanic_df.shape
```

输出结果如下：

```
(891,15)
```

```
# 如果行数据中有空值，按行删除，按列删除配置 axis=1
titanic_df_row  = titanic_df.dropna (axis=0)
titanic_df_row.shape
```

输出结果如下：

```
(182,15)
```

以上代码只是对 dropna 接口的简单使用，在实际工作中除非数据特征和样本足够多，一般不会只要有缺失值就一定将样本删除，需要计算缺失值的比例以及该变量的区分能力。如果变量的缺失值比例高但是有一定区分能力，则需要结合实际情况考虑保留还是删除。下面的代码案例简单展示了删除缺失值比例大于 0.5 的列。

```
def drop_nan_stat(df, copy=False, axis=0, nan_threshold=0.9):
    ''' 按行、列的缺失值比例删除大于缺失值阈值的行、列 '''
    assert isinstance(df, pd.DataFrame)
    return_df = df.copy() if copy else df
    n_rows, n_cols = return_df.shape

    if axis == 0:
        t = return_df.isnull().sum(axis=0)
        t = pd.DataFrame(t, columns=['NumOfNan'])
        t['PctOFNan'] = t['NumOfNan'] / n_rows
        return_df = return_df.drop(
            labels=t[t.PctOFNan > nan_threshold].index.tolist(), axis=1)
    elif axis == 1:
        t = return_df.isnull().sum(axis=1)
        t = pd.DataFrame(t, columns=['NumOfNan'])
        t['PctOFNan'] = t['NumOfNan'] / n_cols
        print(t)
        return_df = return_df.drop(
            labels=t[t.PctOFNan > nan_threshold].index.tolist(), axis=0)

    return return_df
```

删除缺失值比例大于 0.5 的列。

```
titanic_df_col = drop_nan_stat(df=titanic_df,
                               copy=True,
                               axis=0,
                               nan_threshold=0.5)
msno.bar(df=titanic_df_col, figsize=(8, 4), fontsize=18)
```

输出如图 5-21 所示。

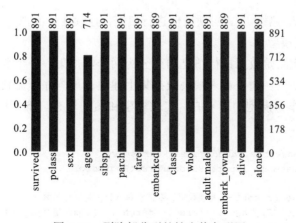

图 5-21　删除部分列的缺失值条形图

对比图 5-20 可以发现，缺失值比例大于 0.5 的列 deck 已经被删除。

2. 填充

对缺失值的填充大体可分为 3 种：替换缺失值、拟合缺失值、虚拟变量。替换是通过数据中非缺失数据的统计指标或业务经验值填充，拟合是通过其他特征建模来填充，虚拟变量是用衍生的新变量代替缺失值。

（1）替换缺失值

替换缺失值较常见的是使用统计方法。如果缺失值是定距型的，那么就以该变量的非缺失值的平均值、中位数等统计值来插补缺失的值；如果缺失值是非定距型的，那么就根据统计学中的众数，用该变量的众数来补齐缺失的值。另外，针对一些专业领域，数据工作者基于他们对行业的理解，对缺失值进行人工填充，往往会得到比统计填充更好的效果。下面主要介绍统计方法替换缺失值。

数值变量 age 使用均值填充示例：

```
# 由于后续的案例也会使用 titanic_df，因而保持 titanic_df 数据不变，复制一份新数据进行填充操作
titanic_df_fill=titanic_df.copy()
titanic_df_fill.info()

titanic_df_fill['age'].fillna(titanic_df_fill['age'].median(), inplace=True)
# 判断 age 填充后是否还有缺失值
titanic_df_fill['age'].isnull().any()
```

输出结果如下：

```
False
```

类似地，类别变量 embarked 使用众数填充的示例如下。

```
titanic_df_fill['embarked'].fillna(titanic_df_fill['embarked'].mode()
    [0],inplace=True)
```

（2）拟合缺失值

拟合是通过构建模型的方式对缺失值进行填充，连续变量的拟合使用回归模型，分类变量的拟合使用分类模型。

建模方法为：将原始数据按待填充的列分为两个数据集，一个数据集中该列未缺失，一个数据集中该列缺失。通过在未缺失数据集上建模，预测并填充缺失数据集中的列值。注意，待填充的列作为模型中的 y 值，实现建模和预测填充。下面以随机森林为例进行说明。

```
# 导入 sklearn.ensemble.RandomForestRegressor
from sklearn.ensemble import RandomForestRegressor

# RandomForestRegressor 只能处理数值、数据，获取缺失值年龄和数值类型变量
age_df = titanic_df[['age', 'fare', 'parch', 'sibsp', 'pclass']].copy()
print(age_df['age'].isnull().any())
```

输出结果如下：

```
True
# 按年龄是否缺失，可分为训练数据集和预测数据集
train_df = age_df[age_df.age.notnull()].as_matrix()
predict_df = age_df[age_df.age.isnull()].as_matrix()
# y 即目标年龄
y = train_df[:, 0]
# X 即特征属性值
X = train_df[:, 1:]

# 训练数据集使用 RandomForestRegressor 训练模型
rf_model = RandomForestRegressor(random_state=42, n_estimators=100)
rf_model.fit(X, y)
# 用训练好的模型预测数据集的年龄进行预测
predict_ages = rf_model.predict(predict_df[:, 1:])

# 预测结果填补原缺失数据
age_df.loc[(age_df.age.isnull()), 'age'] = predict_ages
print(age_df['age'].isnull().any())
```

输出结果如下：

```
False
```

（3）虚拟变量

虚拟变量是指通过判断变量值是否有缺失值来生成一个新的二分类变量。比如，列 A 中特征值缺失，那么生成的列 B 中的值为 True；否则，列 B 中的值为 False。

```
age_df['age'] = titanic_df['age'].copy()

# 判断年龄是否缺失，衍生一个新变量 age_nan
age_df.loc[(age_df.age.notnull()), 'age_nan'] = "False"
age_df.loc[(age_df.age.isnull()), 'age_nan'] = "True"

# 统计新变量 age_nan 缺失和非缺失的数量，可以与之前的缺失值可视化进行缺失值数据核验
age_df['age_nan'].value_counts()
```

输出结果如下：

```
False    714
True     177
```

3. 不处理

如果缺失包含了业务含义，那么完全有理由保留该变量，实际处理中可直接将缺失值填充为区别于正常值的默认值，比如 −1，也可以采取第 6 章介绍的分箱方法，将缺失值单独分为一箱。但是，填充缺失值不一定完全符合客观事实，我们或多或少地改变了原始信息，而且不正确的填充往往会向数据中引入新的噪声，甚至产生错误。因此，在许多情况

下，我们还是希望在尽量保持原始信息不发生变化的前提下对数据进行处理。

在实际应用中，一些模型无法应对具有缺失值的数据，因此要对缺失值进行处理。例如 SVM 和 KNN，其模型原理中涉及了对样本距离的度量，如果缺失值处理不当，最终会导致模型预测效果很差。然而，一些模型本身就可以应对具有缺失值的数据，此时无须对数据进行处理，比如 XGBoost、LightGBM 等模型。

XGBoost 算法允许特征存在缺失值。它对缺失值的处理方式如下：在特征 k 上寻找最佳分裂点时只对该列特征值为 non-missing 的样本进行遍历，从而减少时间开销。在逻辑实现上，为了保证完备性，会尝试将该列特征值为 missing 的样本分别分配到左叶子结点和右叶子结点，并计算和选择分裂后增益最大的那个方向，作为预测时特征值缺失样本的默认分支方向。如果在训练中没有缺失值而在预测中出现缺失值，那么会自动将缺失值的划分方向放到右叶子结点。

5.4 异常值分析与处理

异常值（Outlier）是指那些在数据中明显与其他数值偏离的少量数值，可以通过统计检测（如三西格玛检测）和可视化（如箱型图）发现。在日常的数据分析中经常会遇到异常值，要慎重处理。发现异常值后，对于是否要删除，需要结合专业知识和统计学方法，看能否得到合理的解释。如果数据存在逻辑错误，同时无法找到原观察对象进行核实，那么就只能将该异常观测值删除；如果能得到合理的解释，则可以考虑保留。

异常值的产生大致有两个原因：

1）偶然事件的极端表现，这是真实而正常的数据，只是在某次表现得有些极端，这类异常值与其余观测值属于同一总体。例如一个 App 的每日登录用户数量在一般情况下都相对稳定，而在大范围运营推广活动期间可能会暴增。

2）由系统的偶然性故障或人为录入数据的失误所产生的结果，这是一种非正常的、错误的数据，这些数据与其余观测值不属于同一总体。

5.4.1 查看异常情况

异常值的检测方法有基于统计的方法、基于聚类的方法，以及一些专门检测异常值的方法等。异常值检测的可视化常使用散点图和箱型图（详见 5.2 节）。下面对这些方法进行详细介绍。

1. 异常值检测

异常值统计检测方法可直接使用 pandas.describe。从图 5-4 中可以明显看出 fare 票价字段有 0 值，而票价为 0 不太符合基本的认知，实际工作中需要核实具体原因。

当数据服从正态分布时可使用三西格玛检测异常值：99% 的数值应该位于均值 3 个标

准差之内，即 $P(|x-\mu| > 3\sigma) \leqslant 0.003$，如果数值超出这个范围，可以认为它是异常值。在判断异常值之前需要计算 z 分数（Z-score），它也叫标准分数（Standard Score）。标准分数是一个观测或数据点的值高于被观测值或测量值的平均值的标准偏差的符号数，在平均数之上的分数会得到一个正的标准分数，在平均数之下的分数会得到一个负的标准分数，通过标准分数可以看出数据点在分布中的相对位置。三西格玛检测异常值代码如下：

```
# 只选取上述泰坦尼克数据集的 3 个字段作为案例展示
columns=['pclass','age','fare']
for var in columns:
    titanic_df[var + '_zscore'] = (titanic_df[var] - titanic_df[var].mean()) /
        titanic_df[var].std()
    z_normal = abs(titanic_df[var + '_zscore']) > 3
    print(var + '中有' + str(z_normal.sum()) + '个异常值')
```

输出结果为：

```
pclass 中有 0 个异常值
age 中有 2 个异常值
fare 中有 20 个异常值
```

箱线图中，上下界之外的值可视为异常值。IQR(差值)= U(上四分位数)−L(下四分位数)，上界 = U + 1.5IQR，下界 = L−1.5IQR。这也是 Tukey 异常值检测方法，其代码如下：

```
for var in columns:
    iqr = titanic_df[var].quantile(0.75) - titanic_df[var].quantile(0.25)
    q_abnormal_L = titanic_df[var] < titanic_df[var].quantile(0.25) - 1.5 * iqr
    q_abnormal_U = titanic_df[var] > titanic_df[var].quantile(0.75) + 1.5 * iqr
    print(var + '中有' + str(q_abnormal_L.sum() + q_abnormal_U.sum()) + '个异常值')
```

输出结果为：

```
pclass 中有 0 个异常值
age 中有 11 个异常值
fare 中有 116 个异常值
```

2. 异常点检测

异常点检测与异常值检测主要的区别在于：异常值针对单一变量，而异常点则是针对多变量。异常点检测（又称离群点检测）是通过多种检测方法找出数据集中与大多数数据有明显差异的数据点，这些数据点被称为异常点或者离群点。异常点检测在日常生活有着广泛的应用，比如风控领域的信用卡欺诈、网络通信领域的异常信息流检测等。

常见的异常点检测算法有基于统计的概率模型、聚类算法、专门的异常点检测算法等。下面以聚类算法为例介绍异常点的检测。

异常点检测和聚类分析是两项高度相似的任务，但目的不同。聚类分析发现数据集中的模式，而异常点检测则试图捕捉那些显著偏离多数模式的异常情况。基于聚类的异常点检测是用聚类方式将数据划分为不同的簇，计算簇内每个点与簇中心的相对距离（相对距离等于点到簇中心的距离除以这个簇所有点到簇中心距离的中位数），相对距离较大的点被视为异常点。注意，距离度量使用的是所有点到簇中心距离的中位数，而不是平均值，因为异常值对中位数的影响很小，但是对均值的影响较大。

```python
# 导入 sklearn.cluster.KMeans
from sklearn.cluster import KMeans

# 修改 Matplotlib 配置参数支持中文显示
plt.rcParams['font.family']='SimHei'

# 聚类的类别
k = 3
# 异常点阈值
threshold = 3
# 读取已经填充过空值的数据
data = titanic[['pclass','age','fare']].copy()
# 数据标准化
data_zs = 1.0*(data - data.mean())/data.std()

# 使用聚类模型聚类
model = KMeans(n_clusters = 3, max_iter = 500)
model.fit(data_zs)

# 标准化数据及其类别
r = pd.concat([data_zs, pd.Series(model.labels_, index = data.index)], axis = 1)
r.columns = list(data.columns) + [' 聚类类别 ']

# 计算相对距离
norm = []
for i in range(k):
    norm_tmp = r[['pclass','age','fare']][r[' 聚类类别 '] == i]-model.cluster_
        centers_[i]
    norm_tmp = norm_tmp.apply(np.linalg.norm, axis = 1)
    norm.append(norm_tmp/norm_tmp.median())
norm = pd.concat(norm)

# 正常点，相对距离小于或等于异常点阈值
norm[norm <= threshold].plot(style = 'go')
# 异常点，相对距离大于异常点阈值
discrete_points = norm[norm > threshold]
discrete_points.plot(style = 'ro')

plt.xlabel(' 编号 ')
plt.ylabel(' 相对距离 ')
plt.show()
```

输出如图 5-22 所示。

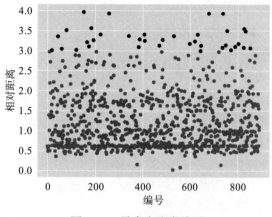

图 5-22 异常点聚类检测

获取大于异常点阈值的索引，方便后续处理：

```
discrete_points = norm[norm>threshold]
discrete_points.index
```

5.4.2 异常值处理

通过上述检测方法找到的异常值并不是绝对准确的，具体情况还需根据业务的理解加以判断。同样，也需结合实际情况对异常值进行处理：删除、修正或者不处理。

- 视为缺失值：使用缺失值填充方法进行异常值修正（平均数、中位数、模型拟合等）。
- 直接删除：一些模型比如逻辑回归对异常值很敏感，如果不进行处理，可能会出现过拟合等问题。
- 不处理：部分模型如树模型对异常值不敏感，或采取第 6 章介绍的分箱方法，将缺失值单独分为一箱。

5.5 数据分析工具包开发实战

结合上述数据分析基本方法的介绍，本章开发了一个数据分析的工具包，用于展现数据集的整体和做部分细节。该工具的输入可以是未做任何处理的原始数据，输出以报告形式给出，方便查阅和做数据汇报。由于缺失值和异常值的处理需要核实数据实际情况，结合相关行业经验进行相应的处理，本工具包不涉及这两部分的内容。

5.5.1 核心功能

该工具包基于 Pandas，开发了 DataFrame 的基本功能类 DFutils 和数据分析类 DataMetaInfo。

DFutils 主要的功能如下所示。

- count_unique：计算每列唯一值数量，NA 不在统计范围内。
- count_na_col：每列空值的数量。
- count_na_row：每行空值的数量。
- sample_df：DataFrame 随机采样。
- all_na_cols：全是空值的列。
- all_na_rows：全是空值的行。
- is_numeric、is_numeric_bycount：通过数据类型、数量判断是否为数值。
- max_strlen_invalue：最大字符串的长度。

DataMetaInfo 类中实现的功能如下所示。

- report_zero_var：方差接近 0 的列报告。
- report_numeric：数值变量的分析报告，包含百分位、最大与最小、偏度、峰度，以及 0、正数、负数占比等。
- report_cols：各列报告统计，包含数据类型、空值占比、唯一值数量等。
- cal_duplicated：计算重复的行或列。

5.5.2 使用示例

先加载相关数据分析包。

```
from dataeda import *
```

以本章的 titanic_df 数据为例说明该工具包的使用。将原始 DataFrame 输入 DataMetaInfo。

```
dm = DataMetaInfo(titanic_df)
```

查看数据基本统计：

```
dm.psummary()
```

输出结果为：

```
Data shape:
(891, 15)
Data mem size:
0.079M
......
```

运行数据分析：

```
r1,r2,r3 = dm.run()
```

r1、r2、r3 的输出如图 5-23 所示。其中 r1 为空，表示 titanic_df 中没有方差接近 0 的列；r2 显示了数值型变量的数理统计指标；r3 显示了各列的统计信息。这些信息可直接存入 Excel 中，作为数据分析的基本信息报告。

```
In [11]: r1
Out[11]:
```

	Column	NaPct	Top1Pct	Top2Pct

```
In [12]: r2
Out[12]:
```

Max	Mean	Std	Mad	Skewness	Kurtosis	NumOfNegative	PctOfNegative	NumOfPositive	PctOfPositive	NumO
.0000	0.383838	0.486592	0.473013	0.478523	-1.775005	0	0.0	342	0.383838	
.0000	2.308642	0.836071	0.761968	-0.630548	-1.280015	0	0.0	891	1.000000	
.0000	29.699118	14.526497	11.322944	0.389108	0.178274	0	0.0	714	0.801347	
.0000	0.523008	1.102743	0.713780	3.695352	17.880420	0	0.0	283	0.317621	
.0000	0.381594	0.806057	0.580742	2.749117	9.778125	0	0.0	213	0.239057	
.3292	32.204208	49.693429	28.163692	4.787317	33.398141	0	0.0	876	0.983165	

```
In [13]: r3
Out[13]:
```

	types	dtypes	NumOfNan	PctOFNan	NumOfUnique	IsAllNa	NearZeroVar	MaxLenOfStrValue
survived	factor	int64	0	0.000000	2	False	False	NaN
pclass	factor	int64	0	0.000000	3	False	False	NaN
sex	factor	object	0	0.000000	2	False	False	6.0
age	numeric	float64	177	0.198653	88	False	False	NaN
sibsp	factor	int64	0	0.000000	7	False	False	NaN
parch	factor	int64	0	0.000000	7	False	False	NaN
fare	numeric	float64	0	0.000000	248	False	False	NaN
embarked	factor	object	2	0.002245	3	False	False	1.0
class	factor	category	0	0.000000	3	False	False	6.0
who	factor	object	0	0.000000	3	False	False	5.0
adult_male	factor	bool	0	0.000000	2	False	False	NaN
deck	factor	category	688	0.772166	7	False	False	1.0
embark_town	factor	object	2	0.002245	3	False	False	11.0
alive	factor	object	0	0.000000	2	False	False	3.0
alone	factor	bool	0	0.000000	2	False	False	NaN

图 5-23　数据分析工具包输出示例

5.5.3　核心代码

dataeda 代码如下：

```python
# -*- coding: utf-8 -*-
# Chanson 21:30
import sys, os
import pandas as pd
import numpy as np
class DataMetaInfo():
    '''not support date type'''
    def __init__(self, df, copy=False, factor_threshold=10):
        '''#nas : list, 用户定义 na'''
        assert isinstance(df, pd.DataFrame)
        self.df = df.copy() if copy else df
```

```python
        self.n_rows, self.n_cols = self.df.shape
        # 是否为数值
        self.num_idx = DFutils.is_numeric(self.df)
        self.num_cols = DFutils.ser_index(self.num_idx)
        # 是否为字符
        self.char_idx = (self.df.dtypes == object)
        self.char_cols = DFutils.ser_index(self.char_idx)
        # 统计指标：空值列数、空值行数、唯一值数量
        print('na col row and unique stat')
        self.na_col_count = self.nan_stat(0)
        self.na_row_count = self.nan_stat(1)
        self.unique_count = DFutils.count_unique(self.df)
        # 是否为因子型，参考 R
        print('factor stat')
        self.factor_idx = self.is_factor(factor_threshold)
        self.factor_cols = DFutils.ser_index(self.factor_idx)
        # 常量列、重复列
        print('constant_cols stat')
        self.constant_cols = self.stat_constant()
        # 全 na 统计
        print('all na stat')
        self.all_na_cols_idx = DFutils.all_na_cols(self.df, index=True)
        self.all_na_cols = DFutils.all_na_cols(self.df, index=False)
        self.all_na_rows = DFutils.all_na_rows(self.df)
        # 方差近 0 列
        print('near zero var stat')
        self.near_zero_idx = DataMetaInfo.near_zero_var(self.df)
        self.near_zero_var_cols = DFutils.ser_index(self.near_zero_idx)
        self.dup_cols = []
        self.dup_rows = []
        # 字符串长度统计
        print('max len stat')
        self.str_maxlen = DFutils.max_strlen_invalue(self.df)
        # 数据类型
        self.dtypes = self.df.dtypes.apply(lambda x: x.name)
        self.types = self.data_types()
        # 汇总信息
        # self._structure = pd.DataFrame()
        self.meta_info = None
        # 这个最好在接口中作为参数提供，因为大部分情况下用户并不知道数据情况
        self._nas = {'unknown', 'na', 'missing', 'n/a', 'not available'}

    def cal_duplicated(self):
        '''
        由于计算量很大，单独拿出来，当资源有限无法跑过时，在下一次报告时再运行
        '''
        print('duplicated cols and row stat')
        self.dup_cols = self.duplicated_cols()
        self.dup_rows = self.duplicated_rows()


    @staticmethod
```

```python
def sign_summary(df):
    ''' 每列正负数量统计: 建议 / 要求传入的 df 中都为数值型
    more than describe'''
    assert isinstance(df, pd.DataFrame), 'Input data is not pd.dataframe'
    s = pd.DataFrame(columns=[
        'NumOfNegative', 'PctOfNegative', 'NumOfPositive', 'PctOfPositive'
    ])
    s['NumOfPositive'] = df.apply(lambda x: (x > 0).sum(), axis=0)
    s['NumOfNegative'] = df.apply(lambda x: (x < 0).sum(), axis=0)
    s['NumOfZero'] = df.apply(lambda x: (x == 0).sum(), axis=0)
    s['PctOfPositive'] = s['NumOfPositive'] / df.shape[0]
    s['PctOfNegative'] = s['NumOfNegative'] / df.shape[0]
    s['PctOfZero'] = s['NumOfZero'] / df.shape[0]
    return s


def nan_stat(self, axis=0):
    ''' 行、列的 na 统计 '''
    if axis == 0:
        t = DFutils.count_na_col(self.df)
        t = pd.DataFrame(t, columns=['NumOfNan'])
        t['PctOFNan'] = t['NumOfNan'] / self.n_rows
    elif axis == 1:
        t = DFutils.count_na_row(self.df)
        t = pd.DataFrame(t, columns=['NumOfNan'])
        t['PctOFNan'] = t['NumOfNan'] / self.n_cols
    return t


def str_value_maxlen(self):
    ''' string 列最长值 '''
    return DFutils.max_len_in_strvalue(self.df)  #, self.char_cols)


def stat_constant(self):
    col_to_keep = DFutils.sample_df(self.df).apply(
        lambda x: len(x.unique()) == 1, axis=0)
    if len(DFutils.ser_index(col_to_keep)) == 0:
        return []
    return DFutils.ser_index(self.df.loc[:, col_to_keep].apply(
        lambda x: len(x.unique()) == 1, axis=0))


def is_factor(self, threshold=10):
    ''' 唯一值较少的统计 '''
    threshold = threshold * self.n_rows if 0 < threshold < 1 else np.abs(
        threshold)
    return self.unique_count <= threshold


def duplicated_cols(self, threshold=0.1):
    ''' 由于计算量大, 做些优化——排除部分列 '''
    cal_cols = [
        cc for cc in self.df.columns.tolist()
        if (cc not in self.near_zero_var_cols + self.all_na_cols)
```

```
        ]
        if len(cal_cols) == 0:
            print('No columns to cal duplicated')
            return []
        print(
            'There are {} cols to cal duplicated after remove near_zero_var_
                cols+all_na_cols ({})'
            .format(len(cal_cols),
                    len(set(self.near_zero_var_cols + self.all_na_cols))))

        # 测试, 如果100行里没有重复的那必然就没有重复的
        df = self.df[cal_cols]
        if threshold < 1:
            threshold = int(threshold * df.shape[0])
        t = DFutils.sample_df(df, nr=threshold).T
        idx = (t.duplicated()) | (t.duplicated(keep='last'))
        if len(DFutils.ser_index(idx)) == 0:
            return []
        t = (df.loc[:, DFutils.ser_index(idx)]).T
        dup_index = t.duplicated()
        dup_index_complete = DFutils.ser_index((dup_index)
                                                | (t.duplicated(keep='last')))

        ll = []
        to_check_list = DFutils.ser_index(dup_index)
        check_cols = dup_index_complete
        while len(to_check_list) > 0 and len(check_cols) > 0:
            col = to_check_list.pop()
            index_temp = df[check_cols].apply(
                lambda x: (x == df[col])).sum() == self.n_rows
            # temp: 一组重复的列名。包括col本身, 所以如果有重复的, 只要在一组里随便保留一个
                即可
            temp = list(df[check_cols].columns[index_temp])
            if len(temp) > 0:
                ll.append(temp)
                for cc in temp:
                    if cc in to_check_list:
                        to_check_list.remove(cc)
                    if cc in check_cols:
                        check_cols.remove(cc)
        return ll

    def duplicated_rows(self, subset=None, return_df=False):
        if sum(self.df.duplicated()) == 0:
            print("there is no duplicated rows")
            return None
        if subset is not None:
            dup_index = (self.df.duplicated(subset=subset)) | (
                self.df.duplicated(subset=subset, keep='last'))
        else:
            dup_index = (self.df.duplicated()) | (self.df.duplicated(
```

```
                keep='last'))
        return dup_index


    @staticmethod
    def near_zero_var(df, freq_cut=95.0 / 5, unique_cut=10):
        nb_unique_values = DFutils.count_unique(df)
        n_rows, _ = df.shape
        percent_unique = 100 * nb_unique_values / n_rows

        def helper_freq(x):
            if nb_unique_values[x.name] == 0:
                return 0.0
            elif nb_unique_values[x.name] == 1:
                return 1.0
            else:
                t = x.value_counts()
                return float(t.iloc[0]) / t.iloc[1:].sum()

        freq_ratio = df.apply(helper_freq)

        zerovar = (nb_unique_values == 0) | (nb_unique_values == 1)
        near_zero = ((freq_ratio >= freq_cut) &
                     (percent_unique <= unique_cut)) | (zerovar)
        return near_zero

    def report_zero_var(self, top=2):
        ''' 必然有 2 个 Top 值，多个 Top 的话，输出格式就不固定了 '''
        cols = self.near_zero_var_cols
        if len(cols) == 0:
            print('There is no zero_var columns~')
        ser_list = []
        for cc in cols:
            values = self.df[cc].value_counts().values[:top]
            v_list = [cc]
            na_pct = self.df[cc].isnull().sum() * 1.0 / self.df.shape[0]
            v_list.append(na_pct)

            sum_na = sum(self.df[cc].notnull())
            for tt in values:
                top_pct = tt * 1.0 / sum_na
                v_list.append(top_pct)
            if len(values) < top:
                t = len(values)
                while t < top:
                    v_list.append(np.nan)
                    t += 1
            ser_list.append(v_list)
        cols_name = ['Column', 'NaPct']
        cols_name += ['Top' + str(ii + 1) + 'Pct'
                      for ii in range(top)]   #python3
```

```python
        return pd.DataFrame(ser_list, columns=cols_name)

    @staticmethod
    def metrics_of_numeric(df):
        '''more than describe
        建议传入的 df 中都为数值型
        '''
        assert isinstance(df, pd.DataFrame), 'Input data is not pd.dataframe'

        col_order = [
            'Min', 'Max', 'Mean', 'Pct1', 'Pct5', 'Pct25', 'Pct50', 'Pct75',
            'Pct95', 'Pct99', 'Std', 'Mad', 'Skewness', 'Kurtosis'
        ]
        try:
            quantile_list = [0.01, 0.05, 0.25, 0.5, 0.75, 0.95, 0.99]
            dfq = df.quantile(quantile_list).T
            dfq.rename(columns=dict(zip(quantile_list, col_order[3:10])),
                       inplace=True)
            dfq['Min'] = df.min()
            dfq['Max'] = df.max()
            dfq['Mean'] = df.mean()
            dfq['Std'] = df.std()
            dfq['Mad'] = df.mad()
            dfq['Skewness'] = df.skew()
            dfq['Kurtosis'] = df.kurt()
        except MemoryError:
            print(
                'MemoryError!!! So, all the numeric stat is Nan,you can try next
                    time'
            )
            func_list = [[np.nan] * df.shape[1]] * len(col_order)
            return pd.DataFrame(func_list, index=col_order).T
        return dfq

    def data_types(self):
        dtypes_r = self.df.apply(lambda x: "character")
        dtypes_r[self.num_idx] = 'numeric'
        dtypes_r[self.factor_idx] = 'factor'
        return dtypes_r

    @staticmethod
    def report_numeric(df):
        print('metrics of numeric stat')
        metrics = DataMetaInfo.metrics_of_numeric(df)
        s = DataMetaInfo.sign_summary(df)
        return pd.concat([metrics, s], axis=1)

    def report_cols(self):
        self.types.name = 'types'
        self.dtypes.name = 'dtypes'
```

```
        self.unique_count.name = 'NumOfUnique'
        self.all_na_cols_idx.name = 'IsAllNa'
        self.near_zero_idx.name = 'NearZeroVar'
        self.str_maxlen.name = 'MaxLenOfStrValue'

        return pd.concat([
            self.types, self.dtypes, self.na_col_count, self.unique_count,
            self.all_na_cols_idx, self.near_zero_idx, self.str_maxlen
        ], axis=1)

    def psummary(self):
        print('Data shape:\n{}\n'.format(self.df.shape))
        print('Data mem size:\n{:.3f}M\n'.format(
            self.df.memory_usage(index=True).sum() / 1024.0 / 1024.0))

        print('Sum of duplicated rows:\n{}\n'.format(
            sum(self.dup_rows) if self.dup_rows is not None else 'None'))
        print('Duplicated columns:\n{}\n'.format(
            self.dup_cols if self.dup_cols is not None else 'None'))
        print('Nero zero var columns:{}\n{}\n'.format(
            len(self.near_zero_var_cols), self.near_zero_var_cols))
        print('All na columns:{}\n{}\n'.format(len(self.all_na_cols),
                                               self.all_na_cols))
        print('All Na rows:{}\n{}\n'.format(
            sum(self.all_na_rows == True),
            DFutils.ser_index(self.all_na_rows)))

    def run(self):
        return self.report_zero_var(), DataMetaInfo.report_numeric(
            self.df[self.num_cols]), self.report_cols()
```

dataeda 依赖的相关函数定义在 Dfutils 中，其代码如下：

```
import sys,os
import pandas as pd
import numpy as np
from numpy.random import permutation


class DFutils():
    '''DataFrame 上操作'''
    @staticmethod
    def ser_index(series, index=False):
        ''' 返回为 True 的 index(Index 数组 ) 或 index 的名字 '''
        if index:
            return series[series].index
        else:
            return series[series].index.tolist()

    @staticmethod
    def is_df(data):
        return isinstance(data, pd.DataFrame) if data is not None else False
```

```python
    @staticmethod
    def count_unique(df):
        ''' 计算每列唯一值数量，排除 NA:nunique: Excludes NA '''
        return df.apply(lambda x: x.nunique(), axis=0)

    @staticmethod
    def count_na_col(df):
        ''' 每列 na count'''
        return df.isnull().sum(axis=0)

    @staticmethod
    def count_na_row(df):
        ''' 每行 na count'''
        return df.isnull().sum(axis=1)

    @staticmethod
    def sample_df(df, pct=0.1, nr=100):
        ''' 采样 随机取 a 行 '''
        a = max(int(pct * df.shape[0]), int(nr))
        return df.loc[permutation(df.index)[:a], :]

@staticmethod
    def all_na_cols(df, index=False):
        '''全是缺失值的列'''
        if index:
            return DFutils.count_na_col(df) == df.shape[0]
        else:
            return DFutils.ser_index(DFutils.count_na_col(df) == df.shape[0])

    @staticmethod
    def all_na_rows(df):
        ''' 全是缺失值的行索引 '''
        return DFutils.count_na_row(df) == df.shape[1]

    @staticmethod
    def is_numeric(df, colname=None):
        '''return
            True or False
        '''
        if colname is None:
            colname = df.columns.tolist()
        dtype_col = df.loc[:, colname].dtypes
        t = (dtype_col == int).values | (dtype_col == float).values
        return pd.Series(t, index=dtype_col.index)

    @staticmethod
    def max_strlen_invalue(df, str_cols=None):
        '''str_cols:list of str columns'''
        if str_cols is not None:
            return df[str_cols].apply(lambda x: np.max(x.str.len()), axis=0)
```

```
    else:
        return df.apply(
            lambda x: np.max(x.str.len()) if x.dtype.kind == 'O' else
                np.nan,
            axis=0)
```

5.6　本章小结

本章讲述了建模的前期阶段——数据分析与处理。好的数据分析与处理工作能为建模项目打下一个良好的基础。

5.1 节介绍了变量的分类方式和各类变量的特性。变量大致可以分为数值变量和分类变量。加、减、求均值等运算操作对于数值变量是有意义的，而对于分类变量是没有意义的。数值变量分为离散型变量和连续型变量，分类变量分为有序量和无序量。

5.2 节介绍了常用的分析方法：整体数据概览、单变量分析、双变量分析和多变量分析，并结合相关的数据处理工具包进行了实战演示。单变量分析是对单个变量的分布情况和规律进行描述和刻画，双变量分析是探讨两个变量之间的关系，多变量分析是探索多个变量间的内在联系和相互影响。

5.3 节介绍了缺失值、异常值的检测和处理相关的知识。

数据分析与处理作为机器学习项目流程中最耗时的步骤之一，甚至还涉及同其他部门的数据核验工作。机器学习从业者必须严格要求自己，保持足够的耐心和细心，确保数据的可靠性。

第三部分

特　征　篇

第 6 章

特 征 工 程

第 1 章在给机器学习下的定义中提到，"机器学习本质上是进行知识和经验的表示和表达，进而在计算机世界里传承"，而特征工程（Feature Engineering）的目的就是让算法正确识别且更容易学习数据。

有这样一种说法，"数据和特征决定了机器学习的上限，而模型和算法只是逼近这个上限而已"，足见特征工程在机器学习中的重要地位。特征越真实，算法就越准确。确实，特征对模型结果的影响很大，正确的特征工程对结果的信息增益贡献比算法还显著。可惜的是，特征工程并不像算法有大量相关的研究论文，"工程"二字透露出它偏向于工程和实践层面。

本章重点讲述在建模实战中常见的特征工程方法和技巧，关注特征的转换和离散化方法，这些方法是特征变换的常用方法，其中离散化方法在金融领域评分卡中的应用已非常成熟。第 5 章的数据处理部分可归到特征工程的范畴，关于特征的交叉衍生和特征选择将分别在第 7 章和第 8 章介绍。

6.1　特征工程简介

特征工程是一个很大的主题，它是利用数据的领域知识来创建使机器学习算法工作的特征的过程，这个过程涉及特征的获取与提取、特征的处理（清洗、变换、衍生、缺失值处理、降维等）、特征选择等，是一项系统性工程。换句话说，特征工程是将原始数据转换为更能代表模型基础问题的特征的过程，从而提高学习能效，这是特征工程的终极目的。实际上，特征工程就是知识表示的过程，所有机器学习算法的成功与否都取决于数据呈现的方式。

举个特别的例子，假设某个变量是日期字符串，其中一个特征值为"2019 年 9 月 13 日"。特征处理技术很容易将其拆解出年、月、日 3 个数值特征，并可以直接进行算法识别。但对于算法而言，它们仅仅是 3 个数值变量而已，难以从中发掘出有价值的信息。当我们以"业务专家"的身份介入时发现，这一天是周五，还是个特别的日子——中秋节。

如果能将"是否是节假日"的信息呈现给算法，那么可能引发算法新的"思考"并轻易学到有价值的信息。在这个例子中，我们进行了如下活动：

- 从日期的字符串中提取了年、月、日的细分特征；
- 进一步通过日期能得到是否是周末的信息特征；
- "业务专家"在介入后能发现是否是节日的信息特征。

上述活动即特征挖掘和知识表示的过程，特征转换的目的之一是寻求数据的某种最佳表示方式，从而让算法正确识别且更容易学习。在文本、图像、音频处理等领域，此类非直观数值的对象最终也需提取出数值的特征向量（这个过程被称为特征提取），毕竟大多数机器学习算法依赖于数字或分类特征，我们必须以一种算法或计算机可识别的方式来表示这些数据，然后才能将其输入机器学习算法中。

类似于拆解年、月、日的方式，有时拆解特征能简化模型，降低对模型学习能力的要求，继而降低模型的复杂度。例如某个特征和 Y 或其他特征具有非线性关系，通过拆解将非线性关系转换为线性，那么此时使用简单模型即可。这种特征分解是通过增加特征的复杂性来降低模型的复杂性的典型代表。有这样一种趋势：特征越好，模型越简单。这种模式实际上是特征工程和模型复杂度之间的权衡。

当然，好的特征不仅体现在数据信息的呈现方面，还应该符合模型的假设、满足算法求解的要求、匹配计算机数值计算的精度，抑或降低计算复杂度以至于可能降低估计误差。

例如，朴素贝叶斯只能处理分类特征；线性模型做了一个欧式距离的实例空间的假设，特征作为笛卡儿坐标，只能处理连续变量和定量特征。

想要实现这些，就要在入模训练前，对不适合的特征进行转换。例如在线性模型中，我们常常对特征进行规范化处理，使各特征处于同一级别的量纲，这既方便查看特征重要性，又便于计算机求解。基于距离的模型中，K 均值方法（K-Mean）、最近邻方法（K-Nearest Neighbor，KNN）等对特征的量纲要求更为严格。这也是这些算法要求规范化处理特征的主要原因。

假设有如下 3 个变量，时速、席位、是否白天，令 $x_1= (100,1,0)$，$x_2=(200,3,0)$。使用欧式距离，对于连续变量，距离为差的平方根；对于离散变量，相同时距离为 1，不同时为 0。那么 x_1 和 x_2 的欧式距离计算如下：

$$d(x_1,x_2) = \sqrt{(200-100)^2+1+0} = \sqrt{10001}$$

很明显，最终的距离基本由"时速"变量决定，另外两个变量几乎没有起作用，这正是特征尺度表现出的问题。当然有的模型对尺度并不敏感，例如树模型。另外，按上述定义，d（商务座，二等座）=1，d（商务座，一等座）=1，但实际上，商务座和二等座的差异比商务座和一等座要大，这种距离定义方式并不能体现该问题的真实情况。这提示我们特征值的表征应该满足特定场景的需求，包括特征的定义和转换。类似地，如果某个变量与目标变量不相干，那么按欧式距离计算向量之间的距离时，结果就完全没有意义，甚至会是错误的。如何选择有意义的特征，并在大量的特征中选择更重要的特征，是特征选择要解决的问题。

实践中的特征工程在做什么呢？简单来说，我们处理较多的是特征的增、删、改、选，这些也是本书讲述特征工程的主要内容，如图 6-1 所示。

图 6-1 书中特征工程主要内容

- 增：增加或创建特征，包括组合和拆解现有特征。
- 删：删除冗余和质量差的特征，例如变量间相关性太大、缺失比率过大等的特征。
- 改：对特征进行变换，例如归一化、对数变换、离散化等。这也是本章的重点。
- 选：对特征进行筛选，只将筛选后的变量入模。

虽然此处简单地将特征工程的实践归结为增、删、改、选，但不同的数据类型（连续、有序、无序等）有不同的特征处理方法；不同数据类型的组合变换同样有不同的方法。那么该如何衡量这些方法实践的效果呢？

最终效果取决于评价指标或者体现在模型的表现上，当某种特征工程方法的评价指标或模型表现好于另一种时，那么择优选择。这也说明，建模过程必将是一个实验和往复的过程。"没有免费的午餐"，这句话也适用于特征工程。特征工程涵盖的实操内容如此之多，是机器学习中耗时最大的一部分，实践中应注意权衡可用的项目资源（时间成本等）和模型效果。

每个待解决的机器学习问题都有所差异，数据每次都有所不同，不同算法也差异明显。问题、数据和模型如此多样化，必然使得每个问题中特征处理方法有所差别。有时按标准的特征处理技巧就能应付，有时参与者要靠自己的"黑魔法"才能令问题的解决柳暗花明。特征工程就像编程一样，有鲜明的方法和规则，建模人员经过大量的项目实践后，面对很多问题都可凭借经验快速制胜；有时特征工程又充满了灵活性，面对新问题可能需要出奇制胜。正因如此，特征工程亦被视为一门实践艺术。

上面简要说明了什么是特征工程，以及为什么要执行特征工程，接下来看一下在实践中是如何做的。

6.2 特征处理基础方法和实现

第 5 章提到了不同的数据类型：定量特征、序数特征、类别特征，又称名义特征，以及布尔变量、日期变量、富文本型等。不同的数据类型对应不同的数据分析方法，也对应不同的特征处理方法，但不管是哪种类型的数据，最终都需要将其表示或编码为数值特征，以便计算机的数值计算。

不同的数据类型具有不同的数学属性，我们从是否有标度（尺度）、有序两个方面进一步描述。

- 定量特征有序有尺度，但不一定是加性的尺度，有可能是乘性尺度，例如身高。
- 序数特征有序但无尺度，例如高中、本科、硕士。
- 类别特征无序无尺度，例如白色、黑色、蓝色。

相比之下，定量特征具有最丰富的数学描述，例如方差、偏度、峰度等。

实际上，定量型对应定性型，定性型包含定序型和名义型两种。在现实中，定量特征既有连续的，也有离散的。因变量离散型可作为连续型的回归问题来处理以表征其一定的尺度，但也可以使用分类问题来拟合，通过实验看两者的效果，这需要我们在实践中权衡。

某种程度上，特征处理可以实现不同数据类型之间的转换，但类似于计算机编程语言中的 int、float、double 变量类型的转换，当高精度类型转换为低精度类型时往往会导致信息的丢失。例如定量特征可转换为序数特征和类别特征，同时会损失部分信息。图 6-2 显示了不同数据类型转换的路径和实现方法。

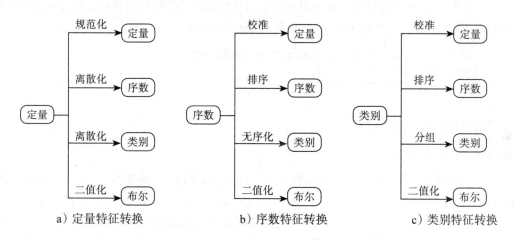

图 6-2　不同类型特征转换方法

- 规范化（Normalization）：此处包含特征缩放、归一化、标准化、正则化等。
- 离散化（Discretization）：本书中称为分箱。将定量特征离散化为多个子区间。
- 二值化（Binarization）：通过一个阈值将特征转换为一组布尔特征。
- 校准（Calibration）：根据类信息将特征转换为某种有意义的比例（比如先验概率），进而增加特征尺度。属于有监督的特征转换。
- 无序化（Unordering）：忽略特征值的顺序，将有序特征按类别特征处理。
- 分组（Grouping）：对类别特征进行分组。

另外，布尔型特征可通过校准的方式转化为定量特征，再通过排序转化为序数特征。除此之外，在自然语言处理或图像领域会有不同的特征处理方法，比如自然语言处理领域的特征哈希（feature hashing）方法。

下面我们来详述各类型特征常用的转换方法。

6.2.1 定量特征

定量特征具有尺度特性，有很多种关于尺度变换的方法。

1）中心化处理：变换方式为 $f_i' = f_i - \overline{f}$。特征变换后均值为 0。实现示例如下：

```
x = np.array([1,2,3,4,5])
x -x.mean()
```

输出结果为：

```
array ([-2., -1., 0., 1., 2.])
```

2）标准化（Standardization）：变换方式为 $z=(x-u)/s$。其中 u 为样本均值，s 为样本方差。该变换又称 0 均值标准化（Z-score Normalization）。特征变换后均值为 0，标准差为 1（方差也为 1）。标准化适用于本身具有或近似具有高斯分布的特征转换。该变换适用于线性回归、逻辑回归、含方差计算的 PCA 等。实现示例如下：

```
from sklearn.preprocessing import StandardScaler
s = StandardScaler()
x2 = s.fit_transform(x.reshape(-1, 1))
x2.mean(),x2.std()
```

输出结果为：

```
#(0.0, 0.99999999)
```

3）特征缩放（Rescaling）：该变换可以实现任意范围 [a,b] 的变换。当将特征取值范围限定在 [0,1] 时，也称为（线性）归一化，其公式如式（6-1）所示；当分子中减去均值时，其公式如式（6-2）所示。实际上，归一化将不同比例特征调整至同一水平，归一化后的特征可以避免数据溢出，有助于优化算法的收敛（如梯度下降），同时适用于具有权重的输入算法（如神经网络）和距离度量算法（如 KNN）。

$$f_i' = \frac{f_i - f_{min}}{f_{max} - f_{min}} \tag{6-1}$$

$$f_i' = \frac{f_i - \overline{f}}{f_{max} - f_{min}} \tag{6-2}$$

Min-Max 实现示例如下：

```
from sklearn.preprocessing import MinMaxScaler
# feature_range 可以任意指定
scaler = MinMaxScaler(feature_range=(0, 1))
scaler.fit_transform(x.reshape(-1, 1))
```

输出结果为：

```
array ([[0.  ],
        [0.25],
        [0.5 ],
        [0.75],
        [1.  ]])
```

4）规范化/正则化（Normalization）：将每个样本（行）的长度调整为单位范数，这种预处理对于具有不同尺度特征的稀疏矩阵很有用，同样适用于具有权重的输入算法和距离度量算法。

注意：该变换方法针对的是样本行，而不是特征列，这是少有的行级变换方法。

实现示例如下：

```
from sklearn.preprocessing import normalize
X = np.array([[1, -1, 2], [2, 1, 0], [0, 1, -1]])
# norm : 'l1', 'l2', or 'max', optional ('l2' by default)
X_normalized = normalize(X, norm='l2')
X_normalized
```

输出结果为：

```
array([[ 0.40824829, -0.40824829, 0.81649658],
       [ 0.89442719,  0.4472136 , 0.          ],
       [ 0.        ,  0.70710678, -0.70710678]])
```

```
# 取第一行验证是否为单位范数
np.square(X_normalized[0,:]).sum()
```

输出结果为1。

5）对数转换（Log Transformation）：Log函数可以极大压缩大数值的范围，相对而言就扩展了小数字的范围。该转换方法适用于长尾分布且值域范围很大的特征，变换后特征趋向于正态分布。实际上，对数转换主要适用于计数型特征，比如单词数量。变换后的特征能突出：一个单词出现一次和没有出现，要比一个词出现10000次和10001次重要。

注意：对数转换将改变原始数据的分布，而之前介绍的特征缩放只改变了尺度，并不改变特征分布。

其转换示例如下：

```
x = np.array([1,10,100,1000,10000])
x_log = np.log(x)
# x_log
array([0., 2.30258509, 4.60517019, 6.90775528, 9.21034037])
```

对数变换的推广有Box-Cox变换等，统称Power Transform（幂变换）。幂变换是一组参数化和单调变换的方法簇，变换后数据趋向于高斯分布，这对于要求具有常数方差或正态性的相关建模问题很有用。sklearn 中实现了 Box-Cox 变换（数据严格为正）和 Yeo-Johnson 转换（数据可正可负），详情请参考相关资料[⊖][⊖]。其使用示例如下：

```
# 要求 sklearn 版本 不低于 v0.20
import numpy as np
from sklearn.preprocessing import PowerTransformer
pt = PowerTransformer()
X = [[1, 2], [3, 2], [4, 5]]
pt.fit_transform(X)
```

输出结果为：

```
array([[-1.31616039, -0.70710678],
       [ 0.20998268, -0.70710678],
       [ 1.1061777 ,  1.41421356]])
```

6）特征的二值化：小于和大于阈值时分别为 0 和 1，适用于定量特征和序数特征。示例如下：

```
x = pd.Series([1,2,3,4,5])
x2 = (x>3).astype(int)
x2.values
```

输出结果为：

```
array([0, 0, 0, 1, 1])
```

此外还有 Sigmoid 等变换方法，本节不再详述。定量特征的离散化会在 6.3 节讲述。

6.2.2 序数特征

序数特征虽然没有尺度，但可以通过众数和中位数衡量其集中趋势，通过分位数衡量其离散程度。树模型中序数特征可直接作为定量特征进入模型，使用 Label 编码将非数值（字符串）转换为数值型变量，如果序数特征本身就是数值型变量，可不进行该步骤。

Label Encoding 方法默认从 0 开始，按字符顺序编码，sklearn 中使用的例子如下所示。

```
from sklearn.preprocessing import LabelEncoder
x = ['b', 'b', 'a', 'c', 'b']
encoder = LabelEncoder()
x2 = encoder.fit_transform(x)
x2
```

⊖ I.K. Yeo and R.A. Johnson, "A new family of power transformations to improve normality or symmetry." Biometrika, 87(4), pp.954-959, (2000).

⊖ G.E.P. Box and D.R. Cox, "An Analysis of Transformations", Journal of the Royal Statistical Society B, 26, 211-252 (1964).

输出结果为:

```
array([1, 1, 0, 2, 1])
```

Pandas 中的类别转换默认进行 Label 编码:

```
x2 = pd.Series(x).astype('category')
x2.cat.codes.values
```

输出结果为:

```
array([1, 1, 0, 2, 1], dtype=int8)
```

Pandas 中的因子化与此类似,但不按字符顺序编码:

```
import pandas as pd
x2, uniques = pd.factorize(x)
x2
```

输出结果为:

```
array([0, 0, 1, 2, 0])
```

特征二值化与定量特征处理方法一致。

在构建自动化的机器学习应用时,如果要使用 Label 进行编码,可能需要考虑新数据集上出现未见过的值或者空值,此时这些方法需要定制开发。

6.2.3 类别特征

类别特征由于无序无尺度,处理相对麻烦,需要从另外的维度去衡量。类别变量编码的目的是找到某种“合适的”量化方式。下文的编码中引入了一个人工构造的虚拟变量来量化。另外,当类别值是字符型时,一般的做法是先进行 Label 编码,然后再进行接下来要讲述的变换方法。

One-Hot 编码,中文翻译为“独热编码”,其变换后的单列特征值里只有一位是 1(One-Hot)。如下示例中,一个特征包含 3 个不同的类别值(a、b、c),编码后转换为 3 个子特征,其中每个特征值中只有一位是有效位 1。

```
from sklearn.preprocessing import LabelEncoder, OneHotEncoder
one_feature = ['b', 'a', 'c']
label_encoder = LabelEncoder()
feature = label_encoder.fit_transform(one_feature)
onehot_encoder = OneHotEncoder(sparse=False)
onehot_encoder.fit_transform(feature.reshape(-1, 1))
```

输出结果为:

```
array([ [0., 1., 0.],
        [1., 0., 0.],
```

```
[0., 0., 1.]])
```

sklearn.preprocessing.LabelBinarizer 也有类似的编码效果，运行如下：

```
from sklearn.preprocessing import LabelBinarizer
LabelBinarizer().fit_transform(one_feature)
```

sklearn 中的方法要求输入参数是多维向量，Pandas 中使用 DataFrame 构建更为便捷，示例如下：

```
one_feature = ['b', 'a', 'c']
pd.get_dummies(one_feature,prefix='test')
```

输出结果为：

```
   test_a  test_b  test_c
0     0       1       0
1     1       0       0
2     0       0       1
```

在 sklearn 中对字典型的数据有专门的接口 sklearn.feature_extraction.DictVectorizer[⊖]，其能够自动实现 One-Hot 的转化。

经过 One-Hot 编码后，具有 n 个类别值的单个特征将会编码成 n 个子特征，但实际上有一维是冗余的。因此，虚拟编码（Dummy Coding）只使用 $n-1$ 个特征，同时将产生一个全零的向量（参考类别，Reference Category），示例如下：

```
pd.get_dummies(one_feature,prefix='test',drop_first=True)
```

输出结果为：

```
   test_b  test_c
0     1       0
1     0       0
2     0       1
```

另外，get_dummies 中的参数 dummy_na 支持将空值编码为单独的一类，请读者参考相关的资料。

注意：One-Hot 和 Label 编码方式都是从 0 开始编码，笔者认为主要是为了便于解释。例如，在只有两个类别值的单变量的回归问题中，$y=b_0+b_1x$，其中 b_0 将等于参考类（编码为 0 的）对应 y 的平均值。而其他类似的编码方式将引发不同的解释，例如使用 Simple Coding（与 Dummy Coding 类似，只是 1 的地方用 $(k-1)/k$ 代替，0 的地方使用 $-1/k$ 代替，k 为类别数）后，b_0 将等于整体 y 的平均值。

按照上述的编码方式，如果某个特征具有 100 个类别值，那么经过编码后将产生 100

⊖ https://scikit-learn.org/stable/modules/feature_extraction.html#loading-features-from-dicts

或 99 个新特征，这极大增加了特征维数（特征空间）和特征的稀疏度，不适合具有多个特征值的特征。

多类别值处理有如下常用的处理方法。

- 使用简单的线性模型处理该建模问题。
- 特征压缩：基于统计的方法，包括基于特征值的统计或基于标签值（y）的统计——基于标签的编码（Target-based Encoding）。
- 特征哈希。

下面的代码演示了使用特征值出现频数的分组方法，小于指定阈值的将编码为同一个值，如图 6-3 所示。注意，该代码实现并未考虑相同频率值的特殊处理。

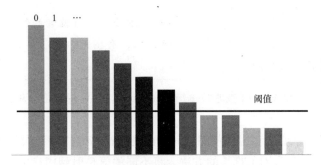

图 6-3 阈值线下的统一编码为一类

```
def map_data_by_value_count(ser, count):
    ''' 小于 count 的统一为一组 '''
    assert count > 0, 'count must be larger than 0!'
    vc = ser.value_counts()
    up_list = vc[vc >= count].index.tolist()
    low_list = vc[vc < count].index.tolist()
    print('split to {}+{} category'.format(
        len(up_list), 1 if len(low_list) > 0 else 0))
    map_data = {}
    i = 0
    for mm in up_list:
        map_data.update({mm: i})
        i += 1
    for mm in low_list:
        map_data.update({mm: i})
    return map_data
```

运行示例如下：a 编码为 1，c 编码为 2，其他编码为 3，然后再做处理。

```
x = pd.Series(['a', 'b', 'c', 'd', 'e', 'a', 'a', 'c'])
map_data_by_value_count(x, 2)
```

输出结果为：

```
split to 2+1 category
```

```
{'a': 0, 'c': 1, 'e': 2, 'b': 2, 'd': 2}
```

读者可以自行练习：基于上述函数封装，实现指定分组的数量和分组内的样本占比的分组方法。

分组是一个简单且快捷的方法，但可能会带来一些问题，因此可以稍加改进，将其转换为类别值在样本中的占比（分布或 bad rate）。此外，转换还可以使用标签信息，比如每个类别特征使用其对应的 y 值的均值替代（Target-based Statistics）。开源算法包 CatBoost 中对类别特征的编码集成到了算法包内部，同时对类别变量的编码也更为细致，如进行统计前先重排数据、加入先验信息、不同的问题（分类、回归）进行差异化处理等[⊖]。

下面我们将进一步讲述利用标签信息的 WOE 编码。

注意： 我们将使用标签信息（y）的特征处理方法称为有监督的特征处理方法，将其他的称为非监督的特征处理方法。针对高维稀疏特征，有相关的专门算法，例如 Factorization Machines（FM）及其衍生算法。

对于类别特征的二值化，可参考数据分析的结论，将某些特征值编码为 1，剩余特征值编码为 0。

当特征的类别变量值太多时，使用 One-Hot 还可能带来内存错误的问题，因此 sklearn 中的 FeatureHasher 接口采用了哈希的方法，将不同的值映射到用户指定长度的数组中。由于单纯在数据层面进行转化已经没有业务含义，同时使用了哈希的算法，所以具有碰撞的可能（不同的类别值编码为同一个数组），但该方法占用内存少、效率高，可以在多类别值的变量中尝试使用。以下示例中共有 10 个不同的类别值，但只使用了指定的长度为 5 的数组进行编码：

```
from sklearn.feature_extraction import FeatureHasher
h = FeatureHasher(n_features=5, input_type='string')
test_cat = ['a', 'b', 'c', 'd', 'e', 'f', 'g', 'h', 'i', 'j']  # 10
f = h.transform(test_cat)
print(f.toarray())
```

输出结果为：

```
[[ 1.  0.  0.  0.  0.]
 [ 0. -1.  0.  0.  0.]
 [ 0.  0. -1.  0.  0.]
 [ 0.  0.  0.  0.  1.]
 [ 0.  0.  0.  0.  1.]
 [ 0.  0.  0.  1.  0.]
 [ 0.  0. -1.  0.  0.]
 [-1.  0.  0.  0.  0.]
 [ 0. -1.  0.  0.  0.]
 [ 0. -1.  0.  0.  0.]]
```

⊖ https://catboost.ai/docs/features/categorical-features.html#dataset-processing

6.2.4 WOE 编码

WOE（Weight of Evidence，证据权重）编码利用了标签信息，属于有监督的编码方式。该编码方式广泛应用于金融领域信用风险模型中，是该领域的经验做法（也可以不这么做）。下文我们会以"好坏"样本的说法解释二分类中 WOE 的计算方法。WOE 的计算公式如（6-3）所示。

$$\text{WOE}_i = \ln\left(\frac{P_{y1}}{P_{y0}}\right)_i = \ln\left(\frac{B_i B}{G_i G}\right) \qquad (6\text{-}3)$$

WOE_i 值解释可为第 i 类别（或第 i 组）中好坏样本分布比值的对数。其中：

- P_{y1} 表示该类别中坏样本分布。
- P_{y0} 表示该类别好样本的分布。
- B_i 表示该类别中坏样本的数量，B 为总样本中坏样本的数量。
- G_i 表示该类别中好样本的数量，G 为总样本中好样本的数量。

很明显，如果整个分数值大于 1，那么得到 WOE 值为正，否则为负，所以 WOE 的取值范围是正负无穷。

注意：实际上，计算 WOE 时分子分母是可以调换的，得到的值刚好与原值符号相反，但这并不影响最终的模型结果。

再以具体示例解释如下，该示例数据为随机生成的 1000 行样本。

```
import pandas as pd
import numpy as np
np.random.seed(0)
test_df = pd.DataFrame({
    'x': np.random.choice(['红','绿','蓝'],1000),
    'y': np.random.randint(2, size=1000)
})
```

其中 x 表示模拟类别变量，取值范围为红、绿、蓝；y 表示模拟标签，取值范围为 0、1，分别代表好、坏标签。

各类别统计由 Pandas 中的交叉表实现：

```
pd.crosstab(test_df['y'], test_df['x'],margins=True)
```

输出结果为：

```
x    红   绿   蓝    All
y
0    153 165 163  481
1    184 170 165  519
All  337 335 328  1000
```

以"红"类别为例，该类别中，好样本数为153，坏样本为184，所以其WOE的编码为：

$$\text{WOE}_{红} = \ln\left(\frac{184/519}{153/481}\right) = 0.108461$$

由WOE的定义可以推断，相邻类别的绝对值差异越大，说明组之间差异越大，预测性能越好。

注意：WOE正负号表明了自变量对因变量的影响方向，其绝对值的大小代表了该影响的程度。由于WOE本身已经表示了这种影响的方向（正负），所以，以WOE表示的特征，使用逻辑回归建模后，所有的变量系数要么都为正，要么都为负（取决于好坏样本的占比或分子与分母的顺序）。如果模型系数出现了不一致的情况，那么该模型就是存在问题的，如共线性问题；反过来不一定成立，即共线性不一定会出现系数符号相异的情况。WOE编码方式与逻辑回归定义方式关系紧密，这使得WOE编码后对逻辑回归的拟合将产生特殊的作用，例如具有回归系数正则化的作用。这些内容将在第9章讲述逻辑回归评分卡时涉及。

本节内容承接的是类别变量的编码。实际上，金融行业评分卡的做法是将连续变量也进行离散化，然后计算WOE，并要求[⊖]：

- 空值单独分组。
- 每组样本量占比5%。作为一个默认的规则，有统计意义。
- 没有全0或全1的组。

上述3点，也是特征离散化（将在6.3节介绍）需要关注的问题。

最后，我们给出WOE具体的编码实现：

```python
def cal_woe(x, y):
    '''
    x,y: pd.Serises
        变量x为类别变量,y为0, 1
    '''
    t = pd.crosstab(y, x)
    w = t.div(t.sum(axis=1), axis=0)
    # 坏样本分布 / 好样本分布
    return np.log(w.iloc[1, :] / w.iloc[0, :])
```

运行示例如下：

```python
cal_woe(test_df['x'],test_df['y'])
```

输出结果为：

```
x
红    0.108461
```

⊖ Siddiqi N. Credit risk scorecards: developing and implementing intelligentcredit scoring[M]//Credit Risk Scorecards: Developing And Implementing Intelligent Credit Scoring. SAS Publishing, 2005.

```
绿    -0.046184
蓝    -0.063841
dtype: float64
```

6.2.5 日期特征

日期特征中常见的转换是基于某个参考时间点做差得到一个定量的数值，以及将日期和时间特征衍生为年月日、上中下旬、是否周末、白天或黑夜和节假日等。下面直接给出一份日期特征的转换代码供读者参考。

```python
class DateTimeProcess:
    def __init__(self, s):
        # 格式化
        self.s = pd.to_datetime(s, errors='coerce')
        self.df = pd.DataFrame()

    def date_process(self):
        ''' 衍生日期特征
        return:
            Mth：月份
            isWeekend：是否周末。0：否；1：是
            PeriodOfMonth：1：上旬；2：中旬；3：下旬
        '''
        def _level(d):
            if d < (1 / 3.0):
                return 1
            elif d > (2 / 3.0):
                return 3
            else:
                return 2
        self.df['Mth'] = self.s.dt.month
        t = self.s.dt.day * 1.0 / self.s.dt.daysinmonth
        self.df['PeriodOfMonth'] = t.apply(_level)
        # 数据在0~6之间，星期一是0，星期日是6
        self.df['isWeekend'] = (self.s.dt.dayofweek >= 5).apply(int)

    def time_process(self):
        ''' 衍生时间特征
        return:
            0：深夜；1：上午；2：下午；3：晚上
        '''
        def _hour(hour):
            if (hour >= 0) & (hour <= 6):
                return 1
            elif (hour > 6) & (hour <= 12):
                return 2
            elif (hour > 12) & (hour <= 18):
                return 3
            else:
                return 4
```

```
        self.df['PeriodOfDay'] = self.s.dt.hour.apply(_hour)

    def process(self):
        self.date_process()
        self.time_process()
        return self.df
```

使用示例如下：

```
t = pd.Series([
    '2018-07-19T09:38:55.795+08:00', '2018-01-20T21:29:05.306+08:00',
    '2018-12-26T09:36:10.334+08:00', '2017-11-16T18:43:19.857+08:00',
    '2019-01-20T00:16:22.355+08:00', '2018-04-13T15:12:30.334+08:00',
])
DateTimeProcess(t).process()
```

输出如图 6-4 所示。

	Mth	PeriodOfMonth	isWeekend	PeriodOfDay
0	7	2	0	2
1	1	2	1	4
2	12	3	0	2
3	11	2	0	3
4	1	2	1	1
5	4	2	0	3

图 6-4   日期特征转换输出

Pandas 中有部分时间序列处理的相关函数，比如 DataFrame.shift()，读者可自行参考其文档。

上述主要内容是单特征的变换和处理，实际上特征间的组合、交叉、主成分分析（PCA）等还包含大量的内容，第 7 章将讲述特征交叉衍生，而其他特征变换的内容在本书中不再详述。

6.3 特征离散化方法和实现

特征离散化指的是将连续特征划分离散的过程：将原始定量特征的一个区间——映射到单一的值。在下文中，我们也将离散化过程表述为分箱（Binning）的过程。特征离散化常应用于逻辑回归和金融领域的评分卡中，同时在规则提取、特征分类中也有应用价值。特征离散化后将带来如下优势。

- 数据被规约和简化，便于理解和解释，同时有助于模型部署和应用，加快了模型迭代。
- 增强模型鲁棒性：对于异常值、无效值、缺失值、未见值可统一归为一类，降低噪声，从而避免此类极端值对模型的影响。

- 增加非线性表达能力：连续特征不同区间对模型贡献或重要度不一样时，分箱后不同的权重能直接体现这种差异，离散化后的特征再进行特征交叉衍生能进一步加强这种表达能力。
- 提升模型的泛化能力：总体来说分箱后模型表现更为稳定。
- 扩展数据在不同类型算法中的应用范围。
- 减少存储空间和加速计算等。

当然，离散化也有缺点，如下所示。

- 信息损失：分箱必然造成一定程度的信息损失。
- 增加流程：建模过程加入额外的离散化步骤。
- 影响模型稳定性：当一个特征值处在分箱点的边缘，微小的偏差会造成该特征值的归属从一箱跃迁到另外一箱，影响稳定性。

离散化（分箱）可以从不同的角度进行划分。当分箱方法中使用了目标 y 的信息，那么该分箱方法就属于有监督的分箱方法，反之为无监督的分箱方法。当分箱的算法策略是不断增加分隔点以达到分箱的目的，那么称之为分裂式；当策略是不断地合并原始或粗分箱时则称为合并式。相应的，算法层面上，有监督的方法一般属于贪心算法；分裂式称为自上而下的算法；合并式则称为自底向上的算法。6.3.1 节将讲述常用的分箱算法，图 6-5 总结了这些算法的分类。

分箱算法的流程总结如下：

- 预设分箱条件，例如箱数、停止阈值等。
- 选择某个点作为候选分隔点，由算法中的评价指标衡量该分隔点的效用。
- 根据该效用是否满足预设的条件，选择分裂、合并或放弃。
- 当满足预设的停止条件时停止。

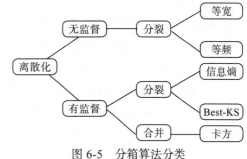

图 6-5　分箱算法分类

不同的评价指标代表不同的分箱算法，除了书中给出的分箱算法外，读者完全可以尝试新的方法和策略。

笔者认为离散化的本质是组内差异小，组间差异大，但以下两个不同的目标有不同的权衡：当分箱是作为特征处理方法时，分箱应是为建模服务的；当分箱的目标直接作为规则和预测时，则可追求箱内的纯度。

实际上，即使尝试了多种分箱方法，我们依然很难找到一个最优解。下文的分箱方法来自工程实践，实验数据依然使用 Breast Cancer Wisconsin（Diagnostic）Database 数据集。

```
from sklearn.datasets import load_breast_cancer
```

```
bc = load_breast_cancer()
y = bc.target
X = pd.DataFrame.from_records(data=bc.data, columns=bc.feature_names)
# 转化为 df
df = X
df['target'] = y
```

取其中的字段 mean radius，其原始分布可视化如图 6-6 所示。

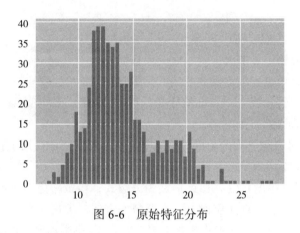

图 6-6 原始特征分布

6.3.1 等宽和等频离散法

等宽、等频分箱都属于无监督分箱方法，不需要标签 y 的信息。由于两者实现简单，因此应用非常广泛，例如快速粗筛特征、监控和可视化等。

1.等宽分箱

等宽分箱（Equal-Width Binning）指的是每个分隔点或划分点的距离一样，即等宽。实践中一般指定分隔的箱数，等分计算后得到每个分隔点，例如将数据序列分为 n 份，则分隔点的宽度计算如式（6-4）所示。

$$w = \frac{max - min}{n} \tag{6-4}$$

一般情况下，等宽分箱的每个箱内的样本数量不一致，使用 Pandas 中的 cut 为例说明如下：

```
value,cutoff = pd.cut(df['mean radius'],bins=8,retbins=True,precision=2)
```

输出结果为：

```
array([ 6.959871,  9.622125, 12.26325 , 14.904375, 17.5455  , 20.186625,
       22.82775 , 25.468875, 28.11    ])
c2 = cutoff.copy()
c2[1:] - cutoff[:-1]
```

输出结果为：

```
array([2.662254, 2.641125, 2.641125, 2.641125, 2.641125, 2.641125,
       2.641125, 2.641125])
```

可以看出每个分隔点距离相等。

按上述分隔点划分后，数据分布如图 6-7 所示。

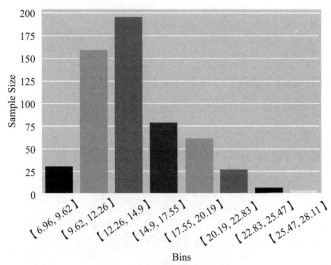

图 6-7　等宽分箱后数据分布

等宽分箱便于计算，但是当数值有很大的差距时，可能会出现没有数据的空箱（如图 6-7 中的最后一箱数量非常少）。这个问题可以通过自适应数据分布的分箱方法——等频分箱来避免。

2. 等频分箱

顾名思义，等频分箱（Equal-Frequency Binning）理论上分隔后的箱内数据量大小一致，但当某个值出现次数较多时，会出现等分边界是同一个值，导致同一数值分到不同的箱内，这是不正确的。具体实现时可去除分界处的重复值，但这也导致每箱的数量不一致。如下的代码演示了这个情况：

```
# 正常情况，1、2属于一箱，3、4属于一箱，5、6属于一箱
s1 = pd.Series([1,2,3,4,5,6])
value,cutoff = pd.qcut(s1,3,retbins=True)
value.value_counts()
```

输出结果为：

```
(4.333, 6.0]      2
(2.667, 4.333]    2
(0.999, 2.667]    2
dtype: int64
```

当 6 出现次数特别多时，将出现如下情况：

```
s2 = pd.Series([1,2,3,4,5,6,6,6,6])
value,cutoff = pd.qcut(s2,3,duplicates='drop',retbins=True)
value.value_counts(sort=False)
```

输出结果为：

```
(0.999, 3.667]    3
(3.667, 6.0]      6
dtype: int64
```

同样，我们对 df['mean radius'] 使用等频分箱，该数据分布正常，等频分箱后每箱数量基本一致。

```
value = pd.qcut(df['mean radius'],8,precision=1)
```

value 的分布如图 6-8 所示。

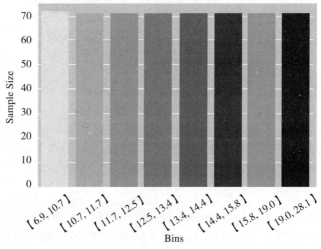

图 6-8　等频分箱后数据分布

等频分箱的一个特例是分位数分箱，下面以 4 分位数为例进行说明：

```
# 两者数据的分隔点都是：
# array([ 6.981, 11.7, 13.37, 15.78, 28.11 ])
np.array(np.percentile(df['mean radius'], [0,25, 50, 75,100]))
# cutoff 和上面的分隔点相同
value,cutoff = pd.qcut(df['mean radius'],4,retbins=True)
```

上述的等宽和等频分箱容易出现的问题是每箱中信息量变化不大，例如：等宽分箱不太适合分布不均匀的数据集、离群值；等频方法不太适合特定的值占比过多的数据集，如长尾分布。此外，当将"年龄"这样的特征等频分箱后，极有可能出现每箱中好坏样本的差异不显著的情况，对算法的帮助有限。那么如何才能得到更有意义的分箱呢？

6.3.2 信息熵分箱原理与实现

以往离散化的方式常由等宽、等频、专家建议、直觉经验等确定，但这些方法对模型构建的优化有限。如果分箱后箱内样本对 y 的区分度好，那么这是一个较好的分箱。通过信息论理论，我们可知信息熵衡量了这种区分能力。当特征按某个点划分成上下两部分后能达到最大的信息增益，那么这是一个优选的分箱点。

1. 信息熵计算

信息熵的计算如式（6-5）所示，信息增益的计算如式（6-6）所示。

$$\text{Entropy}(y) = -\sum_{i=1}^{m} p_i \log_2 p_i \tag{6-5}$$

$$\text{Gain}(x) = \text{Entropy}(y) - \text{Info}_{\text{split}}(x) \tag{6-6}$$

二分类问题中式（6-5）中的 m=2。

信息增益的物理含义表述为：x 的分隔带来的信息对 y 不确定（熵）性带来的增益。

对于二值化的单点分隔，可分隔成 P1 和 P2 两个部分，其信息计算公式如（6-7）所示。

$$\text{Info}_{\text{split}}(x) = P1_{\text{ratio}}\text{Entropy}(x_{P1}) + P2_{\text{ratio}}\text{Entropy}(x_{P2}) \tag{6-7}$$

信息增益的计算过程如图 6-9 所示，该示例中特征 x=（1，2，3，4，5），y=（0，1，0，1，1），以 x 为 3 的点作为分隔点，带来的信息增益为 0.420。

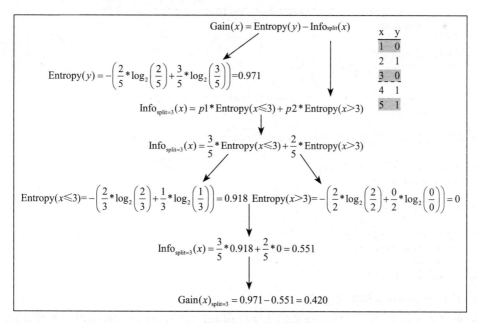

图 6-9　信息增益计算过程演示

类似的可以继续计算其他分隔点的信息增益，最终选取信息增益最大时对应的点为分隔点。同时我们也可以看出，当分箱后某个箱中因变量 y 的各类别（二分类时为 0 和 1）的比例相等时，其熵值达到最大，相反，当某个箱中因变量为单个类别时，那么该箱的熵值达到最小的 0，即纯度最纯。从结果上看，最大信息增益对应分箱后的总熵值最小，即最大信息增益划分和最小熵分箱的含义是一致的。

关于信息熵和信息增益，下面给出一个实现参考：

```python
class entropy:
    ''' 计算离散随机变量的熵
    x,y: pd.Series 类型
    '''
    @staticmethod
    def entropy(x):
        ''' 信息熵 '''
        p = x.value_counts(normalize=True)
        p = p[p > 0]
        e = -(p * np.log2(p)).sum()
        return e

    @staticmethod
    def cond_entropy(x, y):
        ''' 条件熵 '''
        p = y.value_counts(normalize=True)
        e = 0
        for yi in y.unique():
            e += p[yi] * entropy.entropy(x[y == yi])
        return e

    @staticmethod
    def info_gain(x, y):
        ''' 信息增益 '''
        g = entropy.entropy(x) - entropy.cond_entropy(x, y)
        return g
```

验证使用如下，其输出结果与上述计算得到的结果是一致的。

```python
y= pd.Series([0,1,0,1,1])
entropy.entropy(y)
```

输出结果为：0.97095。

```python
x = pd.Series([1,2,3,4,5])
entropy.info_gain(y, (x < 4).astype(int))
```

输出结果为：0.41997。

2. 基于 sklearn 决策树离散化

经典的决策树算法中，信息熵是特征选择和划分背后的实现。下面我们看看 sklearn 中的决策树算法，借助该算法我们可以实现数据的离散化：

```python
from sklearn.tree import DecisionTreeClassifier
# max_depth=3，表示进行 3 次划分构造 3 层的树结构
```

```
def dt_entropy_cut (x, y, max_depth=3, criterion='entropy'):  # gini
    dt = DecisionTreeClassifier (criterion=criterion, max_depth=max_depth)
    dt.fit (x.values.reshape (-1, 1), y)
    qts = dt.tree_ .threshold[np.where(dt.tree_.children_left > -1)]
    if qts.shape[0] == 0:
        qts = np.array ([np.median (data[:, feature])])
    else:
        qts = np.sort (qts)
    return qts
```

使用该方法对数据划分示例如下，cutoff 中的点即是 sklearn 的决策树基于信息熵的分隔点。

```
cutoff  = dt_entropy_cut(df['mean radius'], df['target'] )
cutoff = cutoff.tolist()
[np.round(x,3) for x in cutoff]
```

输出结果为：

```
[10.945, 13.095, 13.705, 15.045, 17.8, 17.88]
```

注意，该数据序列中只给出了 6 个点，相当于只分了 7 箱。其划分效果如图 6-10 所示。

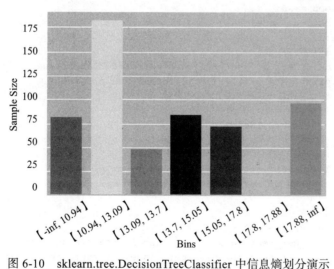

图 6-10　sklearn.tree.DecisionTreeClassifier 中信息熵划分演示

DecisionTreeClassifier 也支持基尼系数（Gini）的分隔方法，输入参数 criterion='gini' 即可。

3. 最小熵离散化

我们借助 sklearn 中已有的实现，输入树的深度即可得到相应的分隔点。然而，DecisionTreeClassifier 的初衷并不是数据的离散化，我们并不能自由控制分箱的过程，比如倒数第 2 箱的数据很少，但我们无法干预。下文给出了一个自定义的基于信息熵的数据离散化方法，供读者参考。首先我们给出如下的信息熵分箱算法进行描述。

1. 计算原始信息熵。
2. 对于数据中的每个潜在分割点计算以该点划分后各部分的信息熵。
3. 计算信息（熵）增益。
4. 选择信息增益最大值对应的分割点。
5. 递归地对每个分箱后的部分执行 2、3、4，直到满足终止条件为止。终止条件一般为：
    a. 到达指定的分箱数。
    b. 当信息增益小于某一阈值。
    c. 其他经验条件。

    算法结束后得到一系列的分隔点，这些点作为最终的分箱点（Cutoff），由这些分箱点得到分箱（Bins）。停止条件直接指定箱数即可，但考虑到算法递归实现，每进行一次递归，分隔点将翻倍，代码设计时使用了递归的轮数，这样实现比较直接。该算法实现参考如下：

```
def cut_by_entropy(df, label, loop=3, margin=0.01):
    ''' 停止准则：
    1. 已到循环次数
    2. 信息增益增加小于阈值 ( 用最小熵，不便定义熵值的大小 )
    '''
    assert len(df.columns) == 2, 'not support'
    def _get_best_points(df, label, feature_col, loop=3, margin=0.01):
        if loop == 0:
            return [None]
        else:
            # 计算信息增益
            gain, max_p = get_max_gain_point(df, label, feature_col)
            print('max_p={},gain={}'.format(max_p, gain))
            # 信息增益小于指定阈值时停止分箱
            if gain < margin:
                return [None]

            # 左闭，右开
            left = df.loc[df[feature_col] < max_p, :]
            right = df.loc[df[feature_col] >= max_p, :]

            # 递归分箱
            return [max_p] + \
                _get_best_points(left, label, feature_col,loop - 1,  margin) + \
                _get_best_points(right, label, feature_col, loop - 1, margin)

    feature_col = [aa for aa in df.columns.tolist() if aa != label][0]
    points = _get_best_points(df, label, feature_col, loop, margin)
    points = [p for p in points if p is not None]
    points = list(set(points))
    points.sort()
    return points

def get_max_gain_point(df, label, feature_col):
    '''
```

```
分箱后，使用离散方法计算信息增益
注意这里的 for 实现效率较低，实践中请先粗分类
'''
gain, max_p = -1, -1
ps = df[feature_col].unique().tolist()
ps.sort()

if len(ps) < 2:
    return -1, None

for pp in ps:
    #tmp = (df[feature_col] <= pp).astype(int)
    tmp = (df[feature_col] < pp).astype(int)
    g = entropy.info_gain(df[label], tmp)
    if g > gain:
        gain = g
        max_p = pp
return gain, max_p
```

测试示例如下，其分隔点的输出与上述决策树的输出基本是一致的：

```
cut_by_entropy(df[['mean radius','target']],'target',margin=0.001)
```

输出结果为：

```
[10.95, 13.11, 13.71, 15.05, 17.85, 17.91]
```

如果我们在 cut_by_entropy 中加入其他停止条件，这与 6.2.4 中提到的条件类似，比如：

- 待分裂的区间样本数要求。
- 待分箱的序列已经是同一类别了。

那么分箱将得到不同的结果。我们在上述的代码中加入如下的两个条件：

```
def _is_too_small(df, min_count):
    return df.shape[0] < min_count
def _is_only_one_class(df, label):
    return len(df[label].unique().tolist()) == 1
```

同时将 _get_best_points 改造如下：

```
def _get_best_points(df,
                label,
                feature_col,
                loop,
                min_count,
                margin):
    if loop == 0 or _is_only_one_class(df, label) or _is_too_small(
            df, min_count):
        print('loop end')
        return [None]
```

```
    else:
        # 计算信息增益
        gain, max_p = get_max_gain_point(df, label, feature_col)
        print('max_p={},gain={}'.format(max_p, gain))
        # 信息增益小于指定阈值时停止分箱
        if gain < margin:
            return [None]

        # 左闭，右开
        left = df.loc[df[feature_col] < max_p, :]
        right = df.loc[df[feature_col] >= max_p, :]

        if _is_only_one_class(left, label) or _is_only_one_class(
                right, label) or _is_too_small(
                    left, min_count) or _is_too_small(right, min_count):
            print('    不满足要求，该分隔点去除')
            return [None]

        # 递归分箱
        return [max_p] + \
            _get_best_points(left, label, feature_col,loop - 1, min_count,
                margin) + \
            _get_best_points(right, label, feature_col, loop - 1, min_
                count,margin)
```

当再次执行下面的语句时，只得到 3 个分隔点：

```
cut_by_entropy(df[['mean radius','target']],'target',
                            min_count=5,margin=0.001)
```

输出结果为：

```
max_p=15.05,gain=0.4629862529990506
max_p=13.11,gain=0.07679344919283099
max_p=10.95,gain=0.02701401365980899
    不满足要求，该分隔点去除
max_p=13.71,gain=0.015068640676456302
loop end
loop end
max_p=17.91,gain=0.08068906189021191
    不满足要求，该分隔点去除
[13.11, 13.71, 15.05]
```

上述分箱效果如图 6-11 所示。

上述代码基本实现了基于信息熵特征离散算法，实践中读者可进一步改进上述代码。

从上文可以看出，基于信息熵构造的决策树实际忽略了定量特征的比例，统一将它们按序数特征处理。

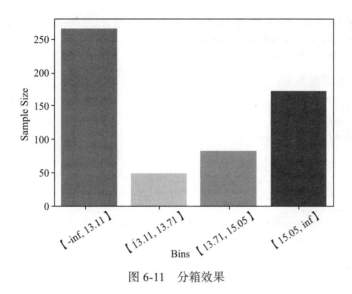

图 6-11 分箱效果

6.3.3 Best-KS 分箱原理与实现

介绍 Best-KS 的资料非常少，笔者暂未找到详细资料，但业内确实有许多应用实践，这也许侧面说明 Best-KS 是实践得出的特征工程方法。

1. 3 种 KS

KS（Kolmogorov-Smirnov）是模型区分能力的一个常用评价指标，该指标衡量的是好坏样本之间的累计差异。KS 值越大，表示该变量越能将好、坏客户进行区分。不仅是模型评价可以使用 KS，单个特征也可以计算 KS，此时 KS 值表示单纯以该特征作为模型效果的区分力。13.3.1 会讲解模型的 KS。

KS 原理：这一统计方法由苏联数学家 Kolmogorow 和 Smirnov 联合发明。Kolmogorov-Smirnov 检验（K-S 检验）基于累积分布函数，用于检验一个经验分布是否符合某种理论分布或比较两个经验分布是否有显著性差异，属于非参数检验方法，其优点是不假设数据的分布。该检验的统计量称为 KS 值，在几何上可直观解释为：累计好、坏样本分布曲线的最大间隔。在数值上可解释为：累计好、坏样本分布差值绝对值的最大值。

KS 与 K 统计量无关。K 统计量是由 R.A.Fisher 于 1928 引进的一种对称统计量，是累积量的无偏估计量。

常见 3 种 KS 分别为：K-S test(K-S 检验)、模型 KS(KS 统计量)、特征 KS(KS 统计量)。其背后的原理都是一致的，其中模型 KS 和特征 KS 实际在做的事情是比较预测 y 和真实 y 分布是否一致或计算差距的度量。

KS 为好坏样本累计分布差异的最大值，其计算逻辑描述如下：

1. 计算每个区间或值对应的好坏样本数。

2．计算累计好样本数占总好样本数比率（good%）和累计坏样本数占总坏样本数比率（bad%）。

3．计算两者的差值：累计 good%－累计 bad%；

4．取绝对值中的最大值记为 KS 值。

下面给出一个实现参考：

```
class CalKS:
    @staticmethod
    def pivot(df, label):
        """
        1.计算数据透视表 -pivot
        2.只支持二分类
        paramters
        ----------
        df：带标签的 DataFrame，共两列数据
        label：带 label 的列名

        return
        ------
        DataFrame—数据透视表
        """
        assert len(df.columns) == 2, 'not support'
        df_ = df.copy()
        feature_col = [aa for aa in df_.columns.tolist() if aa != label][0]

        return pd.pivot_table(
            df_,
            index=[feature_col],
            columns=[label],
            aggfunc=len,
            fill_value=0)

    @staticmethod
    def cal_ks(df, is_pivot=True, label=None):
        '''
        paramters
        ----------
        df：    待计算的两列数据：x,y
        label：label 列名
        计算方法：
            abs(表签 0 累计用户占比 -表签 1 累计用户占比 )
        return
        ------
        DataFrame—KS 统计表
        '''
        pivot_df = df.copy()
        if is_pivot is False:
            pivot_df = CalKS.pivot(df, label)

        # 二分类 (0, 1) 实际就是 [0, 1]
        label_value = pivot_df.columns.tolist()
```

```
    # 表签 0 的数量
    count_0 = pivot_df[label_value[0]].sum()
    pivot_df['cum_percent_1'] = \
        pivot_df[label_value[0]].cumsum() / count_0

    # 表签 1 的数量
    count_1 = pivot_df[label_value[1]].sum()
    pivot_df['cum_percent_2'] = \
        pivot_df[label_value[1]].cumsum() / count_1

    pivot_df['KS'] = pivot_df['cum_percent_1'].sub(
        pivot_df['cum_percent_2']).abs()
    print('KS:', pivot_df["KS"].max())
    return pivot_df
```

执行如下示例：

```
df_ks = CalKS.cal_ks(
    df[['mean radius', 'target']], is_pivot=False, label='target')
```

输出结果为：

```
KS: 0.728621637334179
# df_ks 内容结构如下:
target      0   1   cum_percent_1 cum_percent_2 KS
mean radius
6.981       0   1   0.0  0.002801     0.002801
7.691       0   1   0.0  0.005602     0.005602
7.729       0   1   0.0  0.008403     0.008403
```

当然，KS 应用多年，自然有相关的开源实现，下面展开列举。

KS 在 sklearn 中的实现：

```
import numpy  as np
from sklearn import metrics
def ks1(actual, pred):
    fpr, tpr, threshold = metrics.roc_curve(actual, pred, pos_label=1)
    ks = np.max(np.abs(tpr - fpr))
    return ks
```

执行如下示例：

```
ks1(df['target'], df['mean radius'])
```

输出结果为：

```
0.728621637334179
```

KS 在 SciPy 中的实现：

```
from scipy.stats import ks_2samp
def ks2(actual, pred):
    get_ks = lambda pred, actual: ks_2samp(pred[actual == 1], pred[actual != 1]).
        statistic
    return get_ks(pred, actual)
```

执行如下示例，将得到与上述两种方法一样的结果。

```
ks2(df['target'], df['mean radius'])
```

2. Best-KS 离散化

Best-KS 分箱逻辑和基于熵的分箱逻辑基本一致，其算法描述如下所示。

1．指定分箱数量的阈值等停止条件。
2．从小到大排序特征值。
3．计算累计正负标签占比的差，找出 KS 最大的位置对应的特征值，记为 B 点，称为最佳分割点，在 B 点将特征值序列分为左右两个部分。
4．递归步骤 2：B 点左右的数据按同样的方法进行分割，直到满足停止的条件。

从上述算法逻辑可以看出：

- Best-KS 分箱算法属于二分递归分割的技术，递归将产生一棵二叉树，如图 6-12 所示。
- 每次递归时独立计算特征序列的 KS，与上一步无关。
- 特征分箱后特征的 KS 值必将小于等于原特征 KS 值。

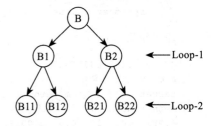

图 6-12　2 轮递归后的二叉树

主要算法逻辑可参考上述基于熵的分箱方法的实现，而算法第 3 点可以由上述的 CalKS 实现，得到 KS 最大值对应的点，考虑相关的实现细节后，最终代码如下：

```
def bestks_cut (df,
                    label,
                    loop=3,
                    min_count=0.01,
                    return_combine=True):
    # 去除了空值
    pivot_df = CalKS.pivot(df, label)
    if 0.0 < min_count < 1.0:
        min_count = int(min_count * df.shape[0])
    min_count = max(min_count, int(0.01 * df.shape[0]))
    assert min_count > 1, 'bestks_cut:wrong min_count:{}'.format(min_count)
    return get_bestks_points (pivot_df, loop, min_count)

def get_bestks_points (df, loop=3, min_count=5):
    cols = df.columns.tolist()
    # 是否为空箱
```

```python
def _is_null(df):
    return df.shape[0] == 0


# 是否为全 0 或全 1 的标签
def _is_only_one_class(df, cols):
    return df[cols[0]].sum() == 0 or df[cols[1]].sum() == 0


# 箱内的样本数量是否太少
def _is_too_small(df, cols, min_count):
    return (df[cols[0]].sum() + df[cols[1]].sum()) < min_count


def _split_bestks(df, loop=3, min_count=5):
    '''
    df：透视表格式
    '''
    if loop == 0 or _is_null(df) or _is_only_one_class(
            df, cols) or _is_too_small(df, cols, min_count):
        return [None]
    else:
        max_p = CalKS.cal_ks(df).idxmax()['KS']
        left = df.loc[df.index < max_p, :]
        right = df.loc[df.index >= max_p, :]

        # 如果不满足继续拆分的条件则返回 None
        if _is_null(left) or _is_null(right) or \
            _is_only_one_class(left, cols) or \
            _is_only_one_class(right, cols) or \
            _is_too_small(left, cols, min_count) or \
            _is_too_small(right, cols, min_count):
            return [None]

        # 左右子树递归
        return [max_p] + _split_bestks(left, loop - 1,min_count) \
                   + _split_bestks(right, loop - 1, min_count)

points = _split_bestks(df, loop, min_count)
points = [p for p in points if p is not None]
points = list(set(points))
return points
```

执行示例：

```python
bestks_cut (df[['mean radius','target']],'target')
```

输出分隔点如下：

```python
[11.75, 13.7, 13.08, 15.04, 16.84, 15.27, 17.85]
```

上述分箱效果如图 6-13 所示。

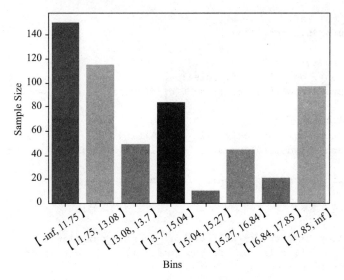

图 6-13　Best-KS 分箱效果

6.3.4　卡方分箱原理与实现

卡方分箱算法最早见于 Randy Kerber 的卡方分箱论文⊖，后续关于卡方分箱的内容基本都是基于该版本的优化或改进。卡方分箱基于卡方检验，而卡方检验的背后则是卡方分布（Chi-Square Distribution 或 χ^2-distribution）。

1. 卡方分箱基础

卡方分布是概率统计里常见的一种概率分布，是卡方检验的基础。

卡方分布：若 n 个独立的随机变量 Z_1，Z_2，…，Z_n 满足标准正态分布 N(0, 1)，则 n 个随机变量的平方和 $X = \sum_{i=0}^{n} Z_i^2$ 为服从自由度为 n 的卡方分布，记为 $X \sim \chi^2(n)$。参数 n 称为自由度（样本中独立或能自由变化的自变量的个数），不同的自由度是不同的分布，例如，一个标准正态分布的平方就是自由度为 1 的卡方分布。

卡方检验：一般指的是 Pearson 卡方检验（Pearson's chi-squared test）由 Pearson 提出并证明式（6-8）在一定条件下满足卡方分布，属于非参数假设检验的一种。有两种类型的卡方检验，但其本质都是频数之间差异的度量。其原假设为：观察频数与期望频数无差异或两组变量相互独立不相关。

$$\chi^2 = \sum \frac{(O - E)^2}{E} \tag{6-8}$$

- 卡方拟合优度检验（Chi-Square Goodness of Fit Test）：用于检验样本是否来自某一

⊖ Kerber R. ChiMerge: Discretization of Numeric Attributes[J]. Proc.national Conf.on Artificial Intelligence, 1999:123-128.

个分布，比如检验某样本是否为正态分布。

- 独立性卡方检验（Chi-Square Test for Independence），查看两组类别变量分布是否有差异或相关，以列联表（contingency table，如 2×2 表格）的形式比较。以列连表形式的卡方检验中，卡方统计量由式（6-8）给出。

其中，O 表示观察到的频数（即实际的频数），E 表示期望的频数。很明显，越小的卡方值，表明两者相差越小，反之，越大的卡方值表明两者差异越大。示例如图 6-14 所示，左侧表示观察到的两组样本分布，右侧演示了期望频数的计算过程。由观察频数和期望频数带入式（6-8）即可求得卡方值。从计算方式来看，调换行列，卡方值不变，但一般约定自变量放在列中，因变量放在行中。

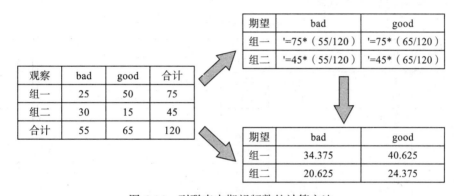

图 6-14　列联表中期望频数的计算方法

科学计算库 SciPy 包含了卡方检验的实现，使用示例如下：

```python
from scipy.stats import chi2_contingency
obs = np.array([[25,50],[30,15]])
# 注意，默认有校准
chi2, p, dof, ex = chi2_contingency(obs,correction=False)
```

该接口输出解释如下：

- chi2：表示卡方值，此处值为 12.587413。
- p：p_value，此处值为 0.000388。
- dof：表示自由度，此处值为 1。
- ex：表示期望频率，此处值如图 6-14 所示。

另外，SciPy 库中具有计算卡方值的 chisquare() 函数，但该函数需要手动计算期望值，而 chi2_contingency() 的易用性更好。

读者可以回忆下在学校学习概率与统计课程时进行卡方检验的实操做法是：在得到卡方值以后，查询卡方分布表并比较 p_value 值，继而做出接受或拒绝原假设的判断。下段代码是输出卡方分布表的实现：

```
from scipy.stats import chi2
def chi2_table(freedom=10, alpha=None):
    ''' 使用示例
        1. chi2_table()
        2.chi2_table(alpha=[0.1])
    '''
    if alpha is None:
        alpha = [0.99, 0.95, 0.90, 0.5, 0.1, 0.05, 0.025, 0.01, 0.005]
    df = pd.DataFrame([chi2.isf(alpha, df=i) for i in range(1, freedom)])
    df.columns = alpha
    df.index = df.index + 1
    return df
```

执行 chi2_table() 将得到表 6-1。

表 6-1 卡方分布表

置信水平 自由度	0.99	0.95	0.9	0.5	0.1	0.05	0.025	0.01	0.005
1	0	0	0.02	0.45	2.71	3.84	5.02	6.63	7.88
2	0.02	0.1	0.21	1.39	4.61	5.99	7.38	9.21	10.6
3	0.11	0.35	0.58	2.37	6.25	7.81	9.35	11.34	12.84
4	0.3	0.71	1.06	3.36	7.78	9.49	11.14	13.28	14.86
5	0.55	1.15	1.61	4.35	9.24	11.07	12.83	15.09	16.75
6	0.87	1.64	2.2	5.35	10.64	12.59	14.45	16.81	18.55
7	1.24	2.17	2.83	6.35	12.02	14.07	16.01	18.48	20.28
8	1.65	2.73	3.49	7.34	13.36	15.51	17.53	20.09	21.95
9	2.09	3.33	4.17	8.34	14.68	16.92	19.02	21.67	23.59

由表可知，当自由度为 1、置信水平为 0.05 时，对应的卡方值为 3.84，而此例卡方值 12.587 > 3.841，说明在 0.05 的显著性水平是可以拒绝原假设的，即观察频数与期望频数有差异。换个角度描述卡方检验的物理含义：当两个分箱中，好坏（正负）分布是一致时，卡方为 0，相似时接近 0，对应到卡方分箱算法中，应该合并这两箱样本。

计算卡方值时在某些特殊情况下建议进行校准，例如在列联表中各频数不都大于 5 时；在 chi2_contingency() 中当自由度为 1 时默认进行校准——耶茨连续性修正（Yates'correction for continuity），具体的实现是对观察值加上或减去 0.5: $O = O + 0.5 * sign(E-O)$。除了修正方法，文献[1]推荐使用 Fisher's exact test。如今算力已经足够，文献[2]提及 G 检验（G-test）比卡方检验效果更好，读者可尝试使用。

2. 卡方离散化

卡方分箱采用的是自底向上的算法逻辑，算法执行的过程是逐级合并的过程，正是卡

---

[1] http://www-users.york.ac.uk/~mb55/msc/ytustats/chiodds.htm

[2] https://en.wikipedia.org/wiki/G-test

方分箱论文中使用的"ChiMerge"——卡方合并的原因,该过程如图 6-15 所示。图中显示了算法的实现过程:计算相邻组的卡方值,卡方值满足条件的相邻组逐层向上合并。卡方合并的原则是:组内差异小,组间差异大,也就是说卡方值小的(分布差异小)合并,直到和相邻的分布差异大时停止。

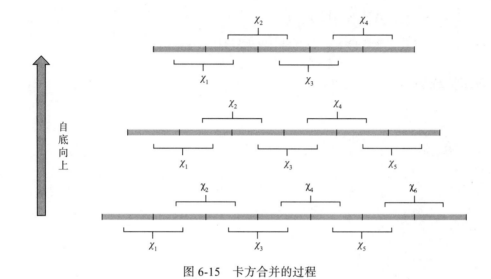

图 6-15 卡方合并的过程

下面同样以 df['mean radius'] 特征演示该算法的实现过程:

1)计算卡方值:

```
from scipy import stats
def stats_chi2(arr,correction=False):
    try:
        # 便于演示,此处统一未使用校准,实际中可根据频数精确控制
        s=stats.chi2_contingency(arr,correction=correction)
    except ValueError:
        # 返回 0 认为 0 的组应该进行合并
        print('Data Error')
        return 0
    return s[0]
```

2)粗分箱,此处简单通过数值精度和等分 12 份实现粗分箱来便于演示:

```
# 降低精度,便于演示、计算和查看
x = df['mean radius'].round(0)
# 便于演示先等分 12 箱
value,cutoff = \
    pd.cut(x,bins=12,retbins=True,precision=0,include_lowest=True)
# 便于演示将初始分隔点取整
cutoff = cutoff.round(0)
cutoff
```

输出结果为：

```
array([ 7.,  9., 10., 12., 14., 16., 18., 19., 21., 23., 24., 26., 28.])
# 再次分箱
value,cutoff = \
    pd.cut(x,bins=cutoff,retbins=True,precision=0,include_lowest=True)
```

3）生成列联表，其数据结构如下：

```
freq_tab = pd.crosstab(value, df['target'])
freq_tab
```

输出结果为：

```
    target  0    1
mean radius
(6.0, 9.0]      0   28
(9.0, 10.0]     0   37
(10.0, 12.0]    9  141
(12.0, 14.0]   31  117
(14.0, 16.0]   50   32
(16.0, 18.0]   42    2
(18.0, 19.0]   22    0
(19.0, 21.0]   40    0
(21.0, 23.0]   10    0
(23.0, 24.0]    2    0
(24.0, 26.0]    3    0
(26.0, 28.0]    3    0
```

array（[7., 9., 10., 12., 14., 16., 18., 19., 21., 23., 24., 26., 28.]）作为初始分箱点，同时将列联表转化为 numpy 多维数组：

```
freq = freq_tab.values
```

4）计算各相邻箱的卡方值：

算法数据结构设计，使用二维数组记录各相邻组的卡方值。

```
cvs = np.array([])
for i in range(len(freq) - 1):
    cvs = np.append(cvs, stats_chi2(freq[i:i + 2]))
```

cvs 中存储了相邻各箱的卡方值：

```
array([ 0., 2.33224719, 14.31978033, 37.05919675, 17.27738586,
        1.03125, 0., 0., 0., 0.,0.])
```

5）设定卡方阈值，常使用 0.90、0.95、0.99 的置信度。

```
# 此处以 95% 的置信度 ( 自由度为类数目 -1) 设定阈值。
from scipy.stats import chi2
threshold = chi2.isf(0.05, df=1)
threshold
```

输出结果为：

```
3.8414588206941285
```

6）设置合并的条件：小于阈值时进行合并。读者可以加入其他的类似条件，比如分箱数量等。

```
_c1 = lambda x: x < threshold
```

7）循环直到卡方值不满足阈值条件：

```
while _c1(cvs.min()):
    cvs, freq, cutoff = chi2_merge_core(cvs, freq, cutoff, cvs.argmin())
```

其中 chi2_merge_core() 实现的功能是合并最小卡方值的相邻组（合并到左边组）：

```
def chi2_merge_core(cvs, freq, cutoffs, minidx):
    ''' 卡方合并逻辑 '''
    print(' 最小卡方值索引 :',minidx,'; 分割点 :',cutoffs)
    # minidx 后一箱合并到前一组
    tmp = freq[minidx] + freq[minidx + 1]
    freq[minidx] = tmp
    # 删除 minidx 后一组
    freq = np.delete(freq, minidx + 1, 0)
    # 删除对应的分隔点
    cutoffs = np.delete(cutoffs, minidx + 1, 0)
    cvs = np.delete(cvs, minidx, 0)

    # 更新前后两个组的卡方值，其他部分卡方值未变化
    if minidx <= (len(cvs) - 1):
        cvs[minidx] = chi2_value(freq[minidx:minidx + 2])
    if minidx - 1 >= 0:
        cvs[minidx - 1] = chi2_value(freq[minidx - 1:minidx + 1])
    return cvs, freq, cutoffs
```

该循环输出如下：

```
最小卡方值索引 : 0 ；分割点 : [ 7.  9. 10. 12. 14. 16. 18. 19. 21. 23. 24. 26. 28.]
最小卡方值索引 : 5 ；分割点 : [ 7. 10. 12. 14. 16. 18. 19. 21. 23. 24. 26. 28.]
最小卡方值索引 : 5 ；分割点 : [ 7. 10. 12. 14. 16. 18. 21. 23. 24. 26. 28.]
最小卡方值索引 : 5 ；分割点 : [ 7. 10. 12. 14. 16. 18. 23. 24. 26. 28.]
最小卡方值索引 : 5 ；分割点 : [ 7. 10. 12. 14. 16. 18. 24. 26. 28.]
最小卡方值索引 : 5 ；分割点 : [ 7. 10. 12. 14. 16. 18. 26. 28.]
最小卡方值索引 : 4 ；分割点 : [ 7. 10. 12. 14. 16. 18. 28.]]
```

输出解释如下：第 1 轮 9 分隔点往 7 分割点合并，第 2 轮后连续将 19、21、23、24、26 分隔点合并到 18 分隔点，至此所有分箱后的相邻卡方值都大于等于阈值，合并终止（分箱完成）。该分箱效果如图 6-16 所示。

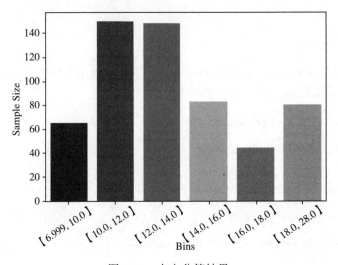

图 6-16 卡方分箱结果

6.3.5 分箱效果

实践中还有较多的分箱技巧和经验，例如，将缺失值单独作为一箱；分箱数量不宜过多，10 箱以下较为常见。上述分箱方法都有实际应用价值，并且应用广泛，但这些方法并未表明分箱效果的好坏，要评价分箱效果还需引入其他的评价指标。宽泛来说，较好的分箱能有效保留原有特征的信息，避免过多的信息损失。实践中常见的评价方式有：

- 算法效率。
- 模型效果的改善，特征或模型稳定性。
- 分箱后特征 IV（Information Value，信息量）是否较优，Bad Rate 或 WOE 是否具有单调性。该评价方式多见于金融领域的评分卡建模中。

和机器学习算法一样，没有哪种分箱方法永远是最优的，需要针对不同建模算法和具体情况尝试多种分箱算法并择优选取。

6.4 本章小结

本章介绍了特征工程庞大知识体系的核心。文中特征工程主要内容表述为特征的"增、删、改、选"，这是一个知识表示的过程，该过程同建模流程一样是一个实验和往复的过程。

6.1 节对特征工程做了基本的介绍。

6.2 节介绍了不同特征类型对应的不同特征工程方法，主要类型的特征间（定量特征、序数特征等）可进行一定程度的互相转换。实际中，需要依据不同的算法或任务要求进行相应处理。定量特征讲述了特征的尺度变换、标准化、正则化和二值化等；序数特征中讲述了特征的 Label Encoding；类别特征处理相对麻烦，讲述了 One-Hot Encoding、Dummy coding 和多类别值的处理案例。此外，还讲述了 WOE 编码方法。WOE 适用于序数或类别特征的编码，广泛应用于金融领域信用风险模型中。针对日期特征，本章直接给出了一份参考代码。

6.3 节以浓重的笔墨描述了特征离散化的原理和实现。特征离散化针对的是连续特征的离散化，书中称之为分箱。从分箱算法中是否使用了目标 y 的信息可将其分为有监督和无监督；从每箱的策略上可将分箱分为分裂式和合并式，并详细讲述了等宽和等频离散法、基于信息熵的分箱、实践出的 Best-KS 分箱和卡方分箱的原理和实现。

随着开源算法包集成越来越强大，必然会出现更多"开箱即用"的特征工程方法，部分开源包已经将特征工程作为内置功能的一部分，用户无感知，例如 CatBoost 开源库对类别变量的自动处理。这在简化使用的同时，也带来了副作用：底层的细节越来越不为大众所知了。

本章提供了所有上述特征处理方法的 Python 代码，这些代码都源于笔者的工程实践，值得读者详细参考学习。

第 7 章

基于 Featuretools 的自动特征衍生

机器学习越来越多地从人工设计模型转为使用 H2O、TPOT 和 auto-sklearn 等自动优化的工具。这些库以及方法旨在通过寻找匹配数据集的最优模型来简化模型选择和机器学习调优过程，几乎不需要人工干预。然而，特征工程作为机器学习流程中最有价值的一个方面，在很多场景下都是人工的。人工进行特征工程存在耗时较长和复用性较差的缺点，人工衍生特征也会受到数据工作者的耐心和创造力影响。这些问题使得特征工程自动化成为一个必要的发展方向。

7.1 特征衍生

众所周知，模型的性能在很大程度上取决于特征的质量。由于直接使用原始特征很难产生令人满意的结果，因此通常要对特征进行组合并衍生新特征，以便更好地表示数据并提高学习性能。下面通过一个简单的案例介绍特征组合衍生。

在图 7-1 中，圆圈代表好苹果，三角代表坏苹果。我们需要通过机器学习来训练一个模型来预测苹果的好坏。

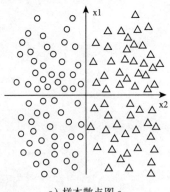

a）样本散点图 a

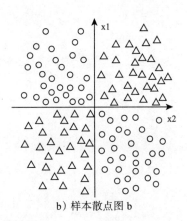

b）样本散点图 b

图 7-1 两类样本分布散点图

在图 7-1 中，a 图可以用一条线将好苹果与坏苹果准确分开吗？当然可以。这是个线性问题，通过简单的线性回归模型，使 x_1 和 x_2 作为输入特征可以得到：$y = b + w_1x_1 + w_2x_2$。

在图 7-1 中，b 图可以用一条线将好苹果与坏苹果准确分开吗？这是不可能的，任何一条线（线性回归模型）都不能很好地预测苹果的好坏。要解决 b 图所示的非线性问题，可以衍生一个组合特征，即通过将两个或多个输入特征相乘来对特征空间中的非线性规律进行编码。定义 1 个 x_1 和 x_2 的乘积的特征为 x_3，我们像处理其他特征一样来处理这个新建组合特征 x_3，线性公式变为：$y = b + w_1x_1 + w_2x_2 + w_3x_3$。通过观察，如果 x_1 和 x_2 都为正或者都为负，那么它们的乘积则为正；如果二者异号，则其乘积为负。这样便通过交叉乘积的简单合成特征达到了使用线性模型学习非线性规律的目的。

作为提高模型效果的重要手段，特征衍生以往大多需要组建专门的数据科学团队，依靠他们的经验进行数据探索和试错，需要耗费较高的人力成本。另外，特征衍生是一个冗长的人工过程，依赖专业领域知识、直觉和数据操作。这个过程可能是极其枯燥的，同时最终得到的特征将会受到人的主观性和时间的限制。在本章中，我们将介绍使用 Featuretools 来实现自动特征衍生。

7.2 Featuretools 简介

Featuretools⊖是一个可以自动构造特征的 Python 库，它采用计算机遍历关系数据集，通过数学运算构造特征矩阵，把之前需要人工操作的特征衍生过程变为自动化程序，提高特征工程的效率。

Featuretools 是基于深度特征合成（Deep Feature Synthesis，DFS）算法来实现特征的自动化衍生。DFS 是 2014 年由麻省理工学院计算机科学与人工智能实验室提出的一个概念，James Max Kanter 和 Kalyan Veeramachaneni 利用 DFS 构建了一台"数据科学机器"，它可以实现复杂的多表格数据集自动构建预测模型。利用这个系统，他们在线上数据竞赛中取得了优异的成绩。

深度特征合成是一种用于构造特征的自动化方法，它不是通过深度学习生成特征，而是通过对特征进行数学运算和叠加的方式实现，生成特征的深度是由构建这个特征所使用的基元个数决定的。理解深度特征合成有如下 3 个关键概念。

1）关系数据集之间的特征交叉衍生是特征的主要来源。目前的企业使用的 IT 系统常按业务划分为各个子系统，业务数据存储使用分库分表设计。数据库多表数据和日志文件数据等关系数据集是企业最常见的数据类型。单表衍生的特征维度和数量有限，特征衍生工作还是更多地使用多表交叉衍生，DFS 非常适合针对关系型数据进行自动特征衍生。

2）特征的衍生过程中使用的数学运算大部分都比较类似。为了理解这一点，我们联

⊖ https://www.featuretools.com

想下客户购物记录的数据集。对于每个客户，我们希望计算代表客户最大购买金额的特征。为此，我们将收集与客户相关的所有交易，并计算衍生特征"购买金额最大值"。但是，想象一下我们预测飞机延误概率时，利用的飞机飞行记录的数据集，如果我们将"最大值"应用于数值列，则可以计算衍生特征"最长航班延误时间"。尽管特征的自然语言描述完全不同，但计算特征数学运算仍然是相同的。在这两种情况下，我们将相同的操作应用于数值列表，这些与数据集无关的基础运算操作称为"基元"。

3）新的特征是基于之前衍生的特征构建的。基元定义了数据的输入和输出类型，通过组合实现大量复杂特征的构建。基元是可以自定义的，业务实践过的、有价值的特征变换可以定义为函数添加到基元里。DFS 可以跨实体应用基元，因此可以在多表数据集间创建新特征，新特征的复杂性由最大深度来控制。

7.2.1 安装

安装 Featuretools：

```
conda install -c conda-forge featuretools
```

conda-forge 的 featuretools 的版本可能不是最新的，如需使用最新版本可以使用如下命令进行更新。

```
pip install --upgrade featuretools
```

如需支持特征生成关系图的可视化，还需要安装 graphviz 库。

```
conda install python-graphviz
```

7.2.2 核心概念和接口介绍

Featuretools 中数据集以数据实体来描述，数据集之间的关系即为实体间的关系。DFS 和基元作用于实体间的关系，从而实现自动特征衍生。下面结合 Featuretools 中的接口⊖来介绍核心概念和相关细节。

1. 实体集

实体集（EntitySet）是由实体（entity）和实体之间的关系组成的集合，对于机器学习任务的建模过程，通常是将多张表拼凑成一张表，然后进行数据清洗、特征提取等操作。而 FeatureTools 将实体作为对象，实体就类似于表，实体集就可以理解为多张表通过各自唯一 ID 进行关联后集合。

创建实体使用的数据格式是 Pandas 的 DataFrame，每一张表就是一个实体，每张表必须有唯一的 ID 用于关系的构建。

⊖ https://docs.featuretools.com/api_reference.html

（1）实体

创建实体的接口 featuretools.Entity() 的主要参数介绍如下所示。

- id：设置实体的名称。
- df：实体对应的数据 DataFrame。
- index：实体对应数据的索引字段名。
- time_index：实体对应的时间索引字段名，可选项。
- entityset：实体对应到实体集的名称。
- variable_types：指定实体的数据类型。
- make_index：默认值为 False，dataframe 有唯一索引时使用；当值为 True 时，dataframe 没有唯一索引时使用，表示整数（0，len（dataframe））创建一个新的索引列。

（2）关系

创建关系的接口 featuretools.Relationship() 的主要参数介绍如下所示。

- parent_variable：父实体中的变量实例。
- child_variable：子实体中的变量实例。

（3）实体集

创建实体集的接口 featuretools.EntitySet() 的主要参数介绍如下所示。

- id：设置实体集的名称。
- entities：实体字典，条目采用格式 {entity id - >（dataframe，id column，(time_column)，(variable_types))}。请注意，time_column 和 variable_types 是可选的。
- relationships：实体之间的关系列表。列表项是具有格式的元组（父实体 id、父变量、子实体 id、子变量）。

实体集函数 featuretools.EntitySet 还有一些动态添加实体 entity_from_dataframe 和关系 add_relationship 的方法，更多使用方法请查看官方文档⊖。

2. DFS

构建好实体集后就可以直接运行 DFS 使用默认基元来生产特征了，featuretools.dfs() 的主要参数介绍如下所示。

- entities：实体字典。条目采用格式 {entity id - >（dataframe，id column，(time_column))}，time_column 字段可选。
- relationships：实体之间的关系列表。列表项是具有格式的元组（parent entity id, parent variable, child entity id, child variable）。
- entityset：已初始化的实体集名称。如果未定义 entities 和 relationships，则必须进行配置。

⊖　https://docs.featuretools.com

- target_entity：实体集中任务目标实体，必选配置项。
- max_depth：特征数学运算叠加最大深度，默认值 2。实际使用尽量不要配置太深，产生的特征的可解释性较差。
- agg_primitives：聚合基元类型列表，可选。
- trans_primitives：转换基元类型列表，可选。
- max_features：生成的特征数量限制。默认值为 −1，没有限制。
- features_only：默认值为 False，如果为 True，则只返回衍生特征字段名列表，而不计算特征矩阵。由于数据量较大时计算一次特征矩阵比较耗时，可以配置该参数查看 DFS 准备衍生的特征名称。
- n_jobs：计算特征矩阵时使用的并行进程数。
- save_progress：将中间计算结果保存到配置的路径下。
- cutoff_time：指定行数据可用于特征计算的最后截止时间点。在计算特征之前，该截止时间点之后的所有数据都会被过滤掉，生成的特征矩阵将使用最多包括 cutoff_time 的数据。
- dask_kwargs：创建 dask 客户端和调度程序时要传递的关键字参数的字典。即使未设置 n_jobs，使用 dask_kwargs 也会启用多处理。主要参数如下所示。
  - cluster（str 或 dask.distributed.LocalCluster）：要将任务发送到的集群或集群的地址。如果未指定，将创建一个集群。
  - diagnostics port（int）：用于 Web 仪表板的端口号。如果未指定，则不会启用 Web 界面，也将接受 LocalCluster 的有效关键字参数。

3. 基元

基元是 featuretools 用来自动衍生特征的基础运算操作，通过单独使用或叠加组合使用基元衍生新的特征。使用基元的好处在于，只需要限制数据的输入和输出类型，就可以在不同的数据集上采用通用的计算基元来计算。

基元有两种：聚合基元和转换基元。此外，还可以通过 API 来自定义基元，API 自定义基元案例会在 7.4 讲解。Featuretools 默认的基元有 60 多种，配置 agg_primitives 和 trans_primitives 基元列表参数传递给 dfs 接口即可。agg_primitives 和 trans_primitives 基元列表参数可以配置为空，表示不衍生新特征。

（1）聚合基元

聚合基元 featuretools.primitives.AggregationPrimitive 是根据父表和子表的关联，在不同的实体间完成对子表的数学统计操作。聚合基元包含常见的计算频数、最大值、最小值、均值和标准差等。Featuretools 中可用聚合基元的列表查看方法如下。

```
import featuretools as ft

primitives = ft.list_primitives()
```

```
primitives[primitives['type'] == 'aggregation'].head(6)
```

聚合基元示例如图 7-2 所示。

⬍	name ⬍	type ⬍	description ⬍
0	num_true	aggregation	Counts the number of `True` values.
1	max	aggregation	Calculates the highest value, ignoring `NaN` values.
2	mode	aggregation	Determines the most commonly repeated value.
3	time_since_last	aggregation	Calculates the time elapsed since the last datetime (default in seconds).
4	sum	aggregation	Calculates the total addition, ignoring `NaN`.
5	any	aggregation	Determines if any value is 'True' in a list.

图 7-2　聚合基元

（2）转换基元

转换基元 featuretools.primitives.TransformPrimitive 是对单个实体的一个或多个字段变量进行操作的，并为该实体衍生出一个新的字段变量。其常见操作如下所示。

- 组合运算：and、or、not 等。
- 常规转换：绝对值、百分位数、计算时间差等。
- 日期转换：年、月、日、时、分、秒、星期等。
- 累计转换：数列差、累计计数、累计总和、累计平均值等。
- 文本转换：字符串中的字符数、单词数等，主要针对英文字符。

Featuretools 中可用转换基元的列表查看方法如下所示。

```
primitives[primitives['type'] == 'transform'].head(6)
```

转换基元示例如图 7-3 所示。

⬍	name ⬍	type ⬍	description ⬍
20	greater_than_equal_to	transform	Determines if values in one list are greater than or equal to another list.
21	second	transform	Determines the seconds value of a datetime.
22	negate	transform	Negates a numeric value.
23	multiply_numeric_scalar	transform	Multiply each element in the list by a scalar.
24	time_since	transform	Calculates time from a value to a specified cutoff datetime.
25	day	transform	Determines the day of the month from a datetime.

图 7-3　转换基元

（3）数据类型

不同的基元只能处理确定类型的数据，这要求定义实体时明确配置好数据类型。Featuretools 使用的数据类型如表 7-1 所示。

表 7-1   Featuretools 数据类型

Index	数据类型	解释
1	Index	表示唯一标识实体实例的变量
2	Id	表示一个实体实例的变量
3	TimeIndex	表示实体的时间索引
4	DatetimeTimeIndex	表示日期时间的实体的时间索引
5	NumericTimeIndex	表示数字实体的时间索引
6	Datetime	表示作为时间的变量
7	Numeric	表示包含数值的变量
8	Categorical	表示可以采用无序离散值的变量
9	Ordinal	表示采用有序离散值的变量
10	Boolean	表示布尔值的变量
11	Text	表示变量字符串
12	LatLong	表示一个数组（纬度，经度）
13	ZIPCode	表示美国的邮政地址
14	IPAddress	表示计算机网络 IP 地址
15	FullName	表示一个人的全名
16	EmailAddress	电子邮箱地址
17	URL	有效的网址
18	PhoneNumber	表示任何有效的电话号码
19	DateOfBirth	将出生日期表示为日期时间
20	CountryCode	表示 ISO-3166 标准国家代码
21	SubRegionCode	表示一个 ISO-3166 标准子区域代码
22	FilePath	表示有效的文件路径

本节介绍了 Featuretools 中主要的 API，Featuretools 以实体集表示数据和关系，基于 DFS 算法通过叠加使用基元操作，自动衍生大量特征。实践案例在 7.4 详细介绍。

7.3   Featuretools 原理

Featuretools 采用深度特征合成算法（Deep Feature Synthesis）。深度特征合成算法是一个能够从关系型数据自动生成特征的算法，本质上，该算法遵循数据集之间的基本关联关系，然后沿关系路径依次应用数学函数创建最终特征。下面我们着重学习如何把具体问题一般化和抽象化。一旦我们从众多现实问题中抽象出一个共有的特性，或者说抽象出一个具有某些特性的概念，然后着手去解决这个抽象问题，那我们就能解决现实中的这一类问题。这个过程中最难的就是抽象，抽象的工具之一就是数学化的形式表达。

7.3.1　特征综合抽象

深度特征合成算法的输入是关系相连的实体（数据表）。每个实体可以由多个实例构成，但每个实体都需要有唯一标识的实例。例如，一个实体可以使用相关实体的唯一标识找到与其相关的实体的实例，即数据库里表的唯一 ID。实体的实例类型可能是：连续数值、离散类别、时间戳和文本。算法主要合成 3 种新的特征：实体特征（Entity Feature，简称"efeat"）、直接特征（Direct Feature，简称"dfeat"）和关系特征（Relational Feature 简称"rfeat"）。

假设一个实体集为 $E^{1\cdots K}$，每个实体都有 $1 \sim J$ 个特征，$x^k_{i,j}$ 表示第 k 个实体中的第 i 个实例的第 j 个特征的值，DFS 将定义的多种数学函数用于两种类别的特征衍生，即实体特征和关系特征。

实体特征表示基于实体自身衍生出来的新特征，比如用户基本信息表、利用用户的体重和身高衍生出体重指数的特征。它是由实体中的各个值 $x_{i,j}$ 通过计算衍生出新的特征，转换函数将一个或多个特征转换成另外一个新特征，表示如下：

$$x_{i,j'} = efeat(x_{.,j}, i)$$

直接特征和关系特征都是基于实体之间的两种关联方式衍生出的新特征。这两种关联是：前向关系（forward）或后向关系（backward）。

直接特征被应用在前向关系中（商品购买记录 E^k 和商品信息 E^l 就是多对一关系，一个商品会在商品购买记录里被多次购买），E^l 商品价格特征直接传递给 E^k 使用。

关系型特征被应用在后向关系中（客户信息 E^m 和商品购买记录 E^k 是一对多的关系，一位客户会有多次商品购买记录）。首先 E^k 中的直接特征进行各种聚合操作，生成新的特征 j 集合。E^m 通过特征 j 集合中唯一客户 ID 关联，获取特征 j 集合。客户信息 E^m 获取新的聚合特征，例如每位客户的购买商品总金额。

7.3.2　深度特征综合算法

为了描述深度特征综合算法，我们首先假设一个包含 K 实体的数据集，表示为 $E^{1\cdots K}$。我们的目标是提取目标特征 E^K 的 rfeat、dfeat 和 efeat。此外，我们知道 E^K 拥有的所有实体向前或向后的关系。这些设置为 E_F 和 E_B。首先，我们看到 efeat 特性是使用实体中已存在的特征，所以优先合成 rfeat 和 dfeat 特征。为了生成 E^K 的特征 rfeat，我们使用来自 E_B 中实体的特征，因此，我们必须为 E_B 中的每个实体创建所有特征类型，然后才能为 E^K 合成 rfeat 特征。以类似的方式，我们在 E^K 合成 dfeat 特征，实现这些特征需要使用 E_F 中所有实体的特征，因此我们首先计算 E_F 中每个实体的所有特性，然后把 dfeat 特征添加到 E^K。图 7-4 展示了 Featuretools 特征衍生的过程。我们可以使用相同的序列递归地生成特征，当到达设定的深度或没有相关实体时递归就可以终止。

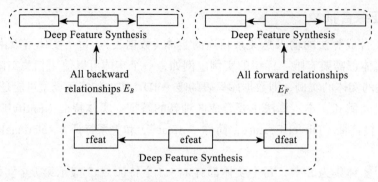

图 7-4　Featuretools 特征衍生的过程

　　图 7-5 给出了生成特征的伪代码算法，用于生成第 i 个实体的特征 F^i。递归调用的组织和每种特征类型的计算符合上面的约束条件。

1:　**function** M~AKE_~F~EATURES~ $(E^i,\ E^{1\,:\,M},\ E_V)$
2:　　$E_V = E_V \cup E^i$
3:　　$E_B = \mathrm{B_{ACKWARD}}\,(E^i,\ E^{1\cdots M})$
4:　　$E_F = \mathrm{F_{ORWARD}}\,(E^i,\ E^{1\cdots M})$
5:　　**for** $E^j \in E_B$ **do**
6:　　　M~AKE_~F~EATURES~ $(E^j,\ E^{1\cdots M},\ E_V)$
7:　　　$F^j = F^j \cup \mathrm{RF_{EAT}}\,(E^i,\ E^j)$
8:　　**for** $E^j \in E_F$ **do**
9:　　　**if** $E^j \in E_V$ **then**
10:　　　　CONTINUE
11:　　　M~AKE_~F~EATURES~ $(E^j,\ E^{1\cdots M},\ E_V)$
12:　　　$F^i = F^i \cup \mathrm{DFEAT}\,(E^i,\ E^j)$
13:　　$F^i = F^i \cup \mathrm{EF_{EAT}}\,(E^i)$

图 7-5　递归生成特征伪代码

　　伪代码中的 rfeat、dfeat 和 efeat 函数负责根据提供的输入来合成各自的特征类型。该算法存储并返回信息，以帮助之后使用合成特征。存储的信息不仅包括要素值，还包括有关已应用的基本特征和功能的元数据。

　　在深度特征综合算法中，先计算 rfeat 特征，再计算 dfeat 特征。此外，E_V 还会跟踪"访问"过的实体。在伪代码第 9、10 行中，需要确保不包括访问过的实体的 dfeat 特征，这样可以避免重复计算 rfeat 特征。

　　图 7-6 显示了一个深度为 3 的递归特征的生成示例，在这个例子中，我们会最终计算出每个客户的平均订单金额。为了实现该特征值，我们从 Product 实体开始进行中间计算。首先，我们计算 dfeat，将产品价格添加到 ProductOrders 实体中。 接下来为 Orders 计算 rfeat，通过将 SUM 函数应用于与 Orders 实体相关联的 ProductOrders 的所有实例。最后，我们计算另一个 rfeat 以计算每个客户的平均订单金额。

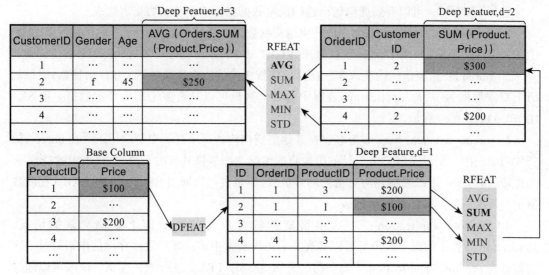

图 7-6　递归特征生成示例

7.4　Featuretools 实践案例

特征衍生对于解决数据科学问题至关重要。手动方法费时、乏味、容易出错，并且必须针对每个类似问题进行重复性的工作，而自动化特征工程的目的是在较短时间内从一组相关表中自动创建成百上千个新特征，从而在特征衍生这一关键过程中为数据科学家提供帮助。

本节以一个案例来讲述实践中是如何使用 Featuretool 的，该案例来自 kaggle 竞赛上的经典金融案例——捷信违约预测。

7.4.1　流程

使用自动特征衍生方法来解决违约预测问题，具体的流程如下：

- 读入相关数据表生成 dataframe。
- 创建一个 EntitySet 并向其中添加实体（创建实体时需要注意索引的配置）。
- 为创建的实体集中的实体之间添加关系。
- 选择特征基元以创建新特征。
- 运行 DFS 生成数千个新特征。

7.4.2　捷信数据

捷信信用违约风险是一项有监督的分类任务，其目标是预测贷款申请人（称为客户）是否会拖欠贷款。该数据包括针对客户的社会经济指标、特定于贷款的财务信息，以及有关捷信（赞助比赛的机构）和其他信贷机构先前贷款的综合数据。此项竞赛的模型评价标准是 ROC 和 AUC。

数据下载[⊖]后，可以看到捷信信用违约风险数据集由 7 个相关数据表组成。

1）application：捷信中每个客户的申请贷款数据，每笔贷款为一行，并由功能 SK_ID_CURR 进行唯一标识。申请人还款状态 TARGET：0 表示已偿还贷款；1 表示未偿还贷款。

2）bureau：从征信机构获取客户在其他信贷机构的历史贷款数据（非捷信贷款）。每笔历史贷款数据为一行，application 数据中的一个客户可以具有多笔历史贷款数据。由 SK_ID_BUREAU 唯一标识。

3）bureau_balance：bureau 为客户在其他信贷机构的每个月历史贷款记录。在 bureau 的贷款明细表中，记录了客户每个月的历史贷款情况，即表格具有的行数："样本中的贷款 × 历史贷款数量 × 可以观察到历史贷款的月份数"，该表可以通过 SK_ID_BUREAU（在此数据中不是唯一的）关联到 bureau 表。

4）previous_application：本次申请贷款的客户之前在捷信上申请贷款的情况。application 数据中的每个客户都可以拥有多笔历史贷款申请。客户之前在捷信申请的每一次贷款对应 previous_application 中的一行，并由 SK_ID_PREV 进行唯一标识。该表可以通过 SK_ID_CURR（在此数据中不是唯一的）关联到 application 表。

5）POS_CASH_balance：客户之前的消费贷款或现金贷款的每月快照数据。该表可以通过 SK_ID_PREV（在此数据中不是唯一的）关联到 previous_application 贷款数据。

6）redit_card_balance：客户的信用卡消费记录的每月快照数据。该表可以通过 SK_ID_PREV（在此数据中不是唯一的）关联到 previous_application 贷款数据。

7）installments_payments：客户在捷信贷款的还款历史。每期还款都有一行记录，即是否还款。该表可通过 SK_ID_PREV（在该数据中不是唯一的）关联到 previous_application 贷款数据。

注意：确认和理解数据表的结构和各个数据表之间的业务关联关系是十分重要的，需要专业领域的业务知识才能准确地把数据表抽象成对应的实体和关系，这是使用 featuretools 自动构建特征的基础，只有这样才能保证衍生特征的业务可解释性。

下面介绍读入相关数据表生成 dataframe。

首先，导入 pandas、numpy 和 featuretools 包。

```
import pandas as pd
import numpy as np
import featuretools as ft
```

使用 pandas 读取 7 个数据表生成 dataframe。

```
app_train = pd.read_csv('input/application_train.csv')
app_test = pd.read_csv('input/application_test.csv')
bureau = pd.read_csv('input/bureau.csv')
```

⊖ https://www.kaggle.com/c/home-credit-default-risk/data

```
bureau_balance = pd.read_csv('input/bureau_balance.csv')
cash = pd.read_csv('input/POS_CASH_balance.csv')
credit = pd.read_csv('input/credit_card_balance.csv')
previous = pd.read_csv('input/previous_application.csv')
installments =pd.read_csv('input/installments_payments.csv')
```

注意，捷信信用违约风险数据集的数据量较大，申请贷款表 application 有 30 多万条数据，月历史贷款记录 bureau_balance 和 cash 都是千万级的表，在使用 DFS 构建特征时比较耗费计算机资源和时间，内存不够会直接报错，通常需要专业的服务器。在使用个人电脑环境运行案例时需要减少样本数据量，可以针对 SK_ID_CURR 主键对贷款申请和其他关联表进行抽样处理。

将训练集和测试集的申请贷款数据合并在一起，以确保构建相同的特征，在构建完成特征矩阵入模训练时再分开。

```
app_test['TARGET'] = np.nan
app = app_train.append(app_test, ignore_index = True, sort = True)
```

其中几张表的索引字段数据是浮点类型，需要把它们转换为整型以确保正常地添加关系。

```
for index in ['SK_ID_CURR', 'SK_ID_PREV', 'SK_ID_BUREAU']:
    for dataset in [app, bureau, bureau_balance, cash, credit, previous,
        installments]:
        if index in list(dataset.columns):
            dataset[index] = dataset[index].fillna(0).astype(np.int64)
```

7.4.3　构建实体和实体集

Featuretools 中操作的实体必须具有唯一索引。数据集里的 app、bureau 和 previous 都具有唯一索引（分别为 SK_ID_CURR、SK_ID_BUREAU 和 SK_ID_PREV）。对于其他 dataframe，当我们使用它们创建实体时，必须配置参数 make_index = True，然后指定索引的名称。实体也可以具有时间索引，这些时间索引表示何时知道该行中的信息。

首先，我们将创建一个名为 clients 的空实体集。

```
es = ft.EntitySet(id = 'clients')
```

Featuretools 可以自动推断变量类型，但是在某些情况下，我们需要明确地告诉 Featuretools 变量类型，例如将只有两种类别的变量调整为布尔型。

```
import featuretools.variable_types as vtypes

app_types = {}

# 将两种类别的变量调整为布尔型
for col in app:
    if (app[col].nunique() == 2) and (app[col].dtype == float):
        app_types[col] = vtypes.Boolean
```

```
# 剔除目标变量 'TARGET'
del app_types['TARGET']
```

某些类别变量的业务含义上还有排序性，需要配置为 Ordinal 类型。

```
# 调整变量类型为 Ordinal
app_types['REGION_RATING_CLIENT'] = vtypes.Ordinal
app_types['REGION_RATING_CLIENT_W_CITY'] = vtypes.Ordinal
app_types['HOUR_APPR_PROCESS_START'] = vtypes.Ordinal
previous_types = {}
for col in previous:
    if (previous[col].nunique() == 2) and (previous[col].dtype == float):
        previous_types[col] = vtypes.Boolean
```

除了识别布尔变量外，还要确保 Featuretools 不会创建无效特征，例如 id 的统计汇总（平均值、最大值等）。credit、cash 和 installments 数据均具有 SK_ID_CURR 变量，但是这 3 张表在特征衍生的过程中是不需要 SK_ID_CURR 变量的，构建关系也是使用 SK_ID_PREV 变量将它们关联到申请表 app。这 3 张表为什么要使用 SK_ID_PREV 变量构建关系，我们会在下节详细说明。在处理 SK_ID_CURR 这类变量时可以配置 Featuretools 参数让 Featuretools 在自动衍生特征时忽略它们，或者在构建实体集之前将其删除。本案例采用的是删除无效变量的方法。

```
installments = installments.drop(columns = ['SK_ID_CURR'])
credit = credit.drop(columns = ['SK_ID_CURR'])
cash = cash.drop(columns = ['SK_ID_CURR'])
```

现在，我们依次定义实体或数据表，并将其添加到 EntitySet 中。如果表有一个索引，则需要传递索引；否则，请使 make_index = True。在需要建立索引的情况下，必须为索引提供名称。如果需要识别任何特定的变量，那么我们还需要传入变量类型的字典，如下代码将所有 7 个表都添加到 EntitySet 中。

```
# 创建具有唯一标识索引的实体
es = es.entity_from_dataframe(entity_id='app',
                             dataframe=app,
                             index='SK_ID_CURR',
                             variable_types=app_types)

es = es.entity_from_dataframe(entity_id='bureau',
                             dataframe=bureau,
                             index='SK_ID_BUREAU')

es = es.entity_from_dataframe(entity_id='previous',
                             dataframe=previous,
                             index='SK_ID_PREV',
                             variable_types=previous_types)

# 创建没有唯一标识索引的实体
```

```
es = es.entity_from_dataframe(entity_id='bureau_balance',
                              dataframe=bureau_balance,
                              make_index=True,
                              index='bureaubalance_index')

es = es.entity_from_dataframe(entity_id='cash',
                              dataframe=cash,
                              make_index=True,
                              index='cash_index')

es = es.entity_from_dataframe(entity_id='installments',
                              dataframe=installments,
                              make_index=True,
                              index='installments_index')

es = es.entity_from_dataframe(entity_id='credit',
                              dataframe=credit,
                              make_index=True,
                              index='credit_index')

es
```

输出实体集信息如下：

```
Entityset: clients
    Entities:
        app [Rows: 20001, Columns: 123]
        bureau [Rows: 95905, Columns: 18]
        previous [Rows: 93147, Columns: 38]
        bureau_balance [Rows: 1376507, Columns: 5]
        cash [Rows: 556515, Columns: 9]
        installments [Rows: 748735, Columns: 9]
        credit [Rows: 208716, Columns: 24]
    Relationships:
        No relationships
```

EntitySet 允许我们将所有表分组为一个数据结构，这比一次处理一个表要容易得多。

7.4.4　构建关系

关联关系不仅是 Featuretools 中的基本概念，也是各种关系数据库中的基本概念。关系中最常见类型是一对多，一对多关系可以类比为父亲与孩子的关系。父亲是一个单体，可以有多个孩子。在父表中，每个人只有一行，并且由索引（也称为键）唯一标识，而父表中的每个人在子表中可以有多行。实际上，大部分的场景会更加复杂，因为子代可以拥有自己的子代，从而使这些子代成为原始父代。

作为父子关系的示例，app 为每个客户提供一行（由 SK_ID_CURR 标识），而 bureau dataframe 为客户在其他信贷机构的历史贷款数据，因此 bureau 是 app 的子级。另外，

bureau dataframe 是 bureau _balance 的父级，因为每笔贷款在 bureau 中都有一行（由 SK_ID_BUREAU 标识），在 bureau_balance 中每笔贷款有多个月度记录。当我们进行手动特征工程设计时，跟踪这些关系会耗费非常多的时间，但是我们可以将这些关系添加到 EntitySet 中，让 Featuretools 保存正确的关系。

```
print('Parent: app, Parent Variable of bureau: SK_ID_CURR\n\n',
    app.iloc[:, 111:114].head())  #111:115
print(
    '\nChild: bureau, Child Variable of app: SK_ID_CURR\n\n',
    bureau[bureau['SK_ID_CURR'] == 100002].iloc[:, :3])
```

输出结果为：

```
Parent: app, Parent Variable of bureau: SK_ID_CURR
    SK_ID_CURR   TARGET   TOTALAREA_MODE
0    100002      1.0         0.0149
1    100003      0.0         0.0714
2    100004      0.0           NaN
3    100006      0.0           NaN
4    100007      0.0           NaN


Child: bureau, Child Variable of app: SK_ID_CURR
        Unnamed: 0   SK_ID_CURR   SK_ID_BUREAU
37884     675684       100002       6158904
37885     675685       100002       6158905
37886     675686       100002       6158906
37887     675687       100002       6158907
37888     675688       100002       6158908
37889     675689       100002       6158909
75006    1337779       100002       6158903
83119    1486113       100002       6113835
```

上面的案例展示了 SK_ID_CURR 100002 在父表中有一行，在子表中有多行。app 和 bureau dataframe 通过 SK_ID_CURR 变量关联，而 bureau dataframe 和 bureau _balance 通过 SK_ID_BUREAU 关联。链接变量在父表中称为父变量，在子表中称为子变量。下面，我们把 7 张表的业务关联关系抽象为 Featuretools 的关系，然后将它们添加到 EntitySet 中。

```
# 为 app 和 bureau 构建关联关系
r_app_bureau = ft.Relationship(es['app']['SK_ID_CURR'],
                        es['bureau']['SK_ID_CURR'])

# 为 bureau 和 bureau _balance 构建关联关系
r_bureau_balance = ft.Relationship(es['bureau']['SK_ID_BUREAU'],
                        es['bureau_balance']['SK_ID_BUREAU'])

# 为 app 和 previous 构建关联关系
r_app_previous = ft.Relationship(es['app']['SK_ID_CURR'],
                        es['previous']['SK_ID_CURR'])
```

```
# 为 previous 与 cash、installments、credit 构建关联关系
r_previous_cash = ft.Relationship(es['previous']['SK_ID_PREV'],
                           es['cash']['SK_ID_PREV'])
r_previous_installments = ft.Relationship(es['previous']['SK_ID_PREV'],
                                    es['installments']['SK_ID_PREV'])
r_previous_credit = ft.Relationship(es['previous']['SK_ID_PREV'],
                             es['credit']['SK_ID_PREV'])

# 构建好的关系添加到实体集
es = es.add_relationships([r_app_bureau, r_bureau_balance, r_app_previous,
                    r_previous_cash, r_previous_installments, r_previous_credit])
```

输出实体集信息如下:

```
Entityset: clients
    Entities:
        app [Rows: 20001, Columns: 123]
        bureau [Rows: 95905, Columns: 18]
        previous [Rows: 93147, Columns: 38]
        bureau_balance [Rows: 1376507, Columns: 5]
        cash [Rows: 556515, Columns: 9]
        installments [Rows: 748735, Columns: 9]
        credit [Rows: 208716, Columns: 24]
    Relationships:
        bureau.SK_ID_CURR -> app.SK_ID_CURR
        bureau_balance.SK_ID_BUREAU -> bureau.SK_ID_BUREAU
        previous.SK_ID_CURR -> app.SK_ID_CURR
        cash.SK_ID_PREV -> previous.SK_ID_PREV
        installments.SK_ID_PREV -> previous.SK_ID_PREV
        credit.SK_ID_PREV -> previous.SK_ID_PREV
```

我们可以看到使用 EntitySet 能够跟踪所有关系,这使我们可以在更高的抽象水平,即整个数据集上进行工作,而不是在单独的表中工作,从而大大提高了效率。

注意:从父级到子级,不要有多个路径关联。如果我们通过 SK_ID_CURR 关联 app 和 cash,通过 SK_ID_PREV 关联 previous 和 cash,通过 SK_ID_CURR 关联 app 和 previous,这样就创建了从 app 到 cash 的两条路径而导致歧义。通常采取的做法是:通过 previous 将 app 链接到 cash。

我们使用 SK_ID_PREV 在 previous(父级)和 cash(子级)之间建立关系,使用 SK_ID_CURR 在 app(父级)和 previous(现在是子级)之间建立关系,Featuretools 将能够通过堆叠多个基元,在 app 通过 previous 和 cash 衍生特征的基础上构建新特征。

实体集中的所有实体都可以通过这些关系链接。从理论上讲,这使我们能够计算任何实体的特征,但是在实际工作中,我们仅会为 app dataframe 计算特征,因为申请贷款违约预测才是我们需要实际解决的问题。我们已经可以使用 Featuretools 的默认参数来创建数千个特征,但是仍然有一些基本特征衍生过程需要理解。下节将讲解特征基元。

7.4.5　特征基元

特征基元是应用于表或一组表以创建特征的操作。特征基元代表了基础的数学计算，我们已经在手动特征工程中使用了许多简单的计算，这些计算可以相互叠加以创建复杂的深层特征。

Featuretools 中可用的聚合和转换基元已经在 7.2.2 节展示，另外 Featuretools 提供了自定义基元的接口 featuretools.primitives.make_trans_primitive 和 featuretools.primitives.make_agg_primitive，在实际工作中有些特殊衍生特征计算逻辑，可以通过自定义基元函数的方式加入基元列表。下面我们通过一个简单的转换函数给特征值加一的实例来演示如何自定义基元。

```
# 自定义函数
def plusOne(column):
    return column + 1
# 通过接口添加自定义基元
plus_one = ft.primitives.make_trans_primitive(
    function=plusOne,
    input_types=[ft.variable_types.Numeric],
    return_type=ft.variable_types.Numeric)

feature_matrixp, feature_namesp = ft.dfs(entityset=es,
                                         target_entity='app',
                                         trans_primitives=[plus_one],
                                         agg_primitives=['count'],
                                         max_depth=2)
# 查看两组比对衍生特征
feature_matrixp[['AMT_ANNUITY','PLUSONE(AMT_ANNUITY)','COUNT(bureau)','PLUSONE(C
    OUNT(bureau))']]
```

图 7-7 显示了该输出的结果。

SK_ID_CURR ◆	AMT_ANNUITY ◆	PLUSONE(AMT_ANNUITY) ◆	COUNT(bureau) ◆	PLUSONE(COUNT(bureau)) ◆
100001	20560.5	20561.5	7.0	8.0
100002	24700.5	24701.5	8.0	9.0
100003	35698.5	35699.5	4.0	5.0
100004	6750.0	6751.0	2.0	3.0
100005	17370.0	17371.0	3.0	4.0
100006	29686.5	29687.5	0.0	1.0
100007	21865.5	21866.5	1.0	2.0

图 7-7　自定义基元衍生特征

7.4.6　深度特征合成

深度特征合成（Deep Feature Synthesis，DFS）是 Featuretools 用于合成新特征的方法，DFS 堆叠特征基元以形成"深度"等于基元数量的特征。例如，如果我们采用客户先前贷款的最大值（例如 MAX(previous.loan_amount)），则该特征的深度为 1。要创建深度为 2 的特征，我们可以堆叠通过获取客户以前每笔贷款的平均每月还款额的最大值（例如 MAX(previous (MEAN(installments.payment))))）获得基本值。在手动特征工程中，这将需要两个单独的分组和聚合，需要花费较多时间为每个特征编写代码。

要在 Featuretools 中执行 DFS，我们使用 dfs 函数向其传递给一个实体集——target_entity（需要创建特征的目标实体），其他参数根据使用场景配置即可。

比较常用的参数是 features_only。如果将其设置为 True，则 dfs 仅生成特征名称，而不计算特征矩阵。由于数据量较大时计算一次特征矩阵比较耗时，当我们要检查即将创建的特征时，设置为 True 可以很快地查看合成特征名称。下面我们使用默认参数来创建数千个特征。

```
# 使用 DFS 默认基元合成特征
feature_names = ft.dfs(entityset=es,
                       target_entity='app',
                       features_only=True)
print (len(feature_names))
```

输出合成特征数量为 2274。

```
print (feature_names[1000: 1010] )
```

输出合成特征名称，中间的 10 条如下：

```
[<Feature: STD(previous.SUM(credit.CNT_INSTALMENT_MATURE_CUM))>,
 <Feature: STD(previous.SUM(credit.SK_DPD))>,
 <Feature: STD(previous.SUM(credit.SK_DPD_DEF))>,
 <Feature: STD(previous.MAX(credit.Unnamed: 0))>,
 <Feature: STD(previous.MAX(credit.MONTHS_BALANCE))>,
 <Feature: STD(previous.MAX(credit.AMT_BALANCE))>,
 <Feature: STD(previous.MAX(credit.AMT_CREDIT_LIMIT_ACTUAL))>,
 <Feature: STD(previous.MAX(credit.AMT_DRAWINGS_ATM_CURRENT))>,
 <Feature: STD(previous.MAX(credit.AMT_DRAWINGS_CURRENT))>,
 <Feature: STD(previous.MAX(credit.AMT_DRAWINGS_OTHER_CURRENT))>]
```

下面根据捷信违约预测的场景选用一些常见的基元合成特征，配置参数是 features_only 为 True，快速生成衍生特征名称，确认是否符合自己的需求。确认后恢复默认值 False，运行 dfs 函数生成特征矩阵。

```
# 选择运算基元
agg_primitives = [
    "sum", "max", "min", "mean", "count", "percent_true", "num_unique", "mode"
]
```

```
trans_primitives = ['percentile', 'and']

# 调用 dfs 接口
feature_matrix, feature_names = ft.dfs(entityset=es,
                                       target_entity='app',
                                       agg_primitives=agg_primitives,
                                       trans_primitives=trans_primitives,
                                       features_only=False,
                                       max_depth=2)


feature_matrix
# 输出合成特征
```

输出合成特征矩阵如图 7-8 所示。

SK_ID_CURR ⬦	AMT_ANNUITY ⬦	AMT_CREDIT ⬦	AMT_GOODS_PRICE ⬦	AMT_INCOME_TOTAL ⬦	AMT_REQ_CREDIT_BUREAU_DAY ⬦	AMT_R
100101	22072.5	343377.0	283500.0	202500.0	NaN	
100102	10264.5	327024.0	270000.0	126000.0	0.0	
100103	16965.0	450000.0	450000.0	72000.0	0.0	
100104	30690.0	547344.0	472500.0	90000.0	0.0	
100105	23755.5	225000.0	225000.0	193500.0	0.0	

图 7-8　捷信衍生特征矩阵

7.5　本章小结

本章主要介绍自动化机器学习比较重要的一环，即基于 Featuretools 自动化构造特征。

7.1 节讲述了特征衍生的概念。

7.2 节介绍了开源特征衍生包 Featuretools 的安装和接口使用。Featuretools 中有 3 个重要概念：实体、关系和特征基元。三者是业务知识的抽象，需要人工准确的配置，这样衍生特征才具有业务含义和可用性。

7.3 节介绍了 Featuretools 的原理。

7.4 节通过介绍 Featuretools 的实践案例来演示 Featuretools 构建特征的过程。最后结合 Kaggle 的经典金融案例——捷信违约预测，从实战的角度讲述如何从原始数据文件衍生特征的全过程。

第 **8** 章

特 征 选 择

在很多机器学习的书中，特征选择似乎都没有得到足够的重视，很少将特征选择独立成章，以至于笔者在刚开始从事机器学习工作时，面对成百上千的特征难以定制明确的实践方向：先做什么后做什么？有什么遵循的方法或流程？有特征选择的套路吗？

从笔者个人的经验来看，特征选择普遍不被重视有如下几方面的原因：

- 大部分机器学习算法本身具有特征选择的功能，是机器学习算法的一项副产品。
- 特征选择属于数据科学的特征工程范畴，面对不同场景的方法灵活多样；在机器学习的发展过程中，特征选择属于较为基础和陈旧的知识点。
- 从缺数据、缺特征的小数据时代到高维大数据时代的转变过程中，特征选择可能没有引起大家足够的重视。

但是，特征选择是企业数据实践过程中最重要的工作之一，其技术含金量高，不仅是机器学习建模的一部分，还包括数据挖掘以及数据质量评估与测试，用于决定是否购买或引入第三方数据源。

本章将为读者总结机器学习中常用的特征选择算法原理和实现，涉及业务层特征选择和技术层特征选择。在业务层的特征选择的指引下，重点讲述技术层的特征选择。

8.1 特征选择概述

试想这样一个建模场景：数据集包含 1000 个特征，我们希望从中选择不超过 50 个最好的特征建模。要如何开始这样的建模工作呢？示例之所以选择 50 个，是因为企业实践中很可能出现了如下的情况：

- 参考了之前版本的实践经验。
- 数据采购较为昂贵，希望控制好采购的字段数以控制成本。
- 样本量较大，使用太多的字段训练和调优模型耗费时间太长，效率太低，不能满足紧急项目的需要。
- 模型上线时，数据的 ETL 工作量较大。需要清洗的特征较多，导致上线需要编写较多的代码，容易出现 Bug。

- 模型监控中，需要监控较多的特征，需要开发额外的监控代码。另外，监控的报表页数太多，容易被大家忽视。

8.1.1 特征选择及其意义

从 1000 个特征到 50 个特征，这就是特征选择的过程，而 50 个往往是业务层特征选择的目标。

特征选择（Feature Selection）又可称特征子集的选择（Subset Selection）或属性选择（Attribute Selection），是从特征池中选择适合的、相对少量的特征子集（特征并不是越少越好，也不是越多越好），作为后续模型的输入。通俗来说，特征选择是在较多的特征里选择最能解决建模问题的特征，犹如人类的学习过程，将知识化繁为简，从高维信息简练到更具代表性的低维，进而抓住最重要和最本质的部分。

特征选择是特征工程中最重要的内容之一，我们期望丢弃不重要的特征，保留有效的特征。特征选择后，虽然特征数量减少了，但是模型效果并没有显著降低甚至会表现得更好。特征选择在某种程度上也是一个权衡的过程。

特征选择在降维后，具有如下优势：

- 工程上，避免"维数灾难"，更少的特征需要的资源（计算资源和存储资源）更少，计算更快。建模效率越高，后期的维护成本也越小。
- 理论上，更少的特征降低了模型假设类的复杂度，符合奥卡姆剃刀原则，有利于降低估计误差并防止过拟合，在特征质量较差的情况下，甚至能避免建模的错误，例如噪声的加入会混淆学习算法。
- 业务上，更少的特征更有利于业务的分析和解释（模型解释），人们能够理解一定数量的特征和业务含义，尤其便于数据可视化。超过百个特征对于人类来说难以理解，也降低了业务上的推广效率，使用少量特征建模是决策层更倾向采用的建模方式。

另外，特征选择有助于了解数据和数据的重要特征，甚至包括特征之间的关系。

从数据集的角度看，特征选择后减少了数据集的列数，达到了减少数据集的效果；在机器学习领域同样可以进行样本选择，减少数据集的行数，也能达到减少数据集的效果。这是另外一个知识点，感兴趣的读者可自行查阅相关资料。除此之外，特征选择与特征降维（PCA 等方法）也有差异，请读者平时注意区分。

8.1.2 业务层特征选择

业务层特征选择是以业务的经验和目标为指引的特征选择过程，也是一个理解数据的过程。

在企业实践过程中，不再能获取、不再采购、不再产生、经常更新迭代的数据源产品都不能作为特征使用。例如数据源的产生过程是基于某款 App 产品，而该产品在最近迭代更新了，旧版产品的部分字段在当前产品中已经不存在，那么基于业务的实际情况，已经不存在的字段（内容为空）在新版模型中将不能再作为特征使用。然而，这些业务的细节往往并不为机器学习工程师或建模人员所了解，他们习惯专注于技术细节而忽视了业务的意义，导致建模错在了起点！这也是本书提到的重点——机器学习和建模需要具有软件工程思想。

此时，业务层特征的定义和选择将决定建模的正确与否，这也正是本书将业务特征层的选择和目标作为技术层特征选择的先决条件的原因。如果要在业务层做正确的特征选择，需要建模人员：

- 充分了解业务背景。
- 充分了解数据来源和字段。
- 充分了解产品和数据变更历史。

以上 3 点需要企业内部建立良好的沟通和信息同步机制才能实现。

8.1.3　技术层特征选择

技术层特征选择的输入是可被选的或潜在的入模特征，是经过业务层特征过滤后的备选特征。该步骤需要使用相关统计分析和特征选择技术。

以 8.1.1 中的场景为例，假设经过业务层特征选择和初步的数据清洗选择后，剩余 200 个备选特征，我们的目标则是选择约 50 个最佳特征子集。按照数学组合的计算方法，其组合数是 C_{200}^{50}，这是一个组合爆炸。不仅如此，不同的学习算法和该算法不同参数的组合同样存在巨大搜索空间，如果目标是选择 60 个特征子集呢？在这样的多重组合下，想当然的穷举法是不可行的，因为它是一个 NP 难问题[⊖]。

与其寻找最佳的特征子集，不如先从单个特征下手，这是人们解决复杂问题的一贯思路。单个特征的过滤法（Filter）能逐个删除单个特征，能有效地减少备选特征的数量。

如果将过滤法稍加改进可产生双指标的过滤法，如 8.4.2 节演示的"相关性 +IV 的双指标"过滤法。随着备选特征数量越来越少，可进一步引入前向、递归（后向）特征消除算法（Recursive Feature Elimination，RFE）、子集搜索（Subset Search）这类贪婪的特征选择算法和特定模型的特征选择算法。在上述的特征选择过程中，还有如下几个最基础的问题待解决。

- 如何定义单个特征好坏：使用什么指标评判单个特征的好坏，然后才能进行过滤和选择。

⊖ Amaldi E , Kann V . On the approximability of minimizing nonzero variables or unsatisfied relations in linear systems[J]. Theoretical Computer Science, 1998, 209(1-2):237-260.

- 如何定义特征子集的评价方法：最终特征子集效果好坏的评价。
- 何时停止特征选择：特征选择算法不能穷举，需要确定停止条件。

第 1 个问题的单特征评价指标将在 8.3 节进一步阐述，例如使用特征与目标的相关性过滤相关性过低的特征；第 2 个问题实际可使用模型效果评价的方法，例如使用交叉验证判断模型性能表现；第 3 个问题实际讲述的是特征选择搜索算法的终止条件，书中将在本章后续的内容中逐渐展开。

1. 特征选择算法分类

在特征选择技术的发展过程中，一种广为流传的特征选择算法分类如下：

- 过滤法（Filter Method）。对特征进行某种得分排序，取排名靠前的特征，详情请参考 8.4 节。
- 包裹法（Wrapper Method）。借助模型，评价不同特征子集的效果，取效果最好的子集，详情请参考 8.5 节。
- 嵌入法（Embedded Method）。借助模型自带的特征选择功能实现特征选择，未被选中特征的系数或权重为 0，详情请参考 8.6 节。

以上的特征选择算法或策略都是通过某种方式避免穷举搜索的问题。最后，我们从其他的角度看特征选择方法。

如同将机器学习分为有监督学习和无监督学习，特征选择同样可以根据是否使用了目标变量，可将其分为有监督和无监督的特性选择算法。例如在过滤法中，使用特征方差过滤时，不需要任何目标变量的信息，因此为无监督的特征选择；如果使用相关性过滤，由于使用了目标变量来计算相关性，所以为有监督的特征选择。

在嵌入法中，有的模型能够输出特征的权重，有的模型直接通过正则的方式训练模型并得到相应的选中的特征，而有的模型既有正则应用也有权重输出。

如果把嵌入式特征选择称为隐式特征选择（Implicit Feature Selection，即训练模型"不小心"把特征也选择了），那么那些明显的特征选择算法则称为显式的特征选择（Explicit Feature Selection）。

如果从是否使用学习算法（建模）的角度看，特征选择又可分为基于模型的选择方法和基于数据分析的选择方法。

如果从搜索策略上来说，特征选择又可分为纯排序（Pure Ranking）和子集搜索算法（Feature Subset Search）。

2. 子集搜索策略

如果将上述的 3 种特征选择技术作为基础，在外层继续封装某种选择策略，可得到稳定性选择（Stability Selection）和前向（Forward Selection）、后向（Backward Selection/ Backward Elimination）特征消除的选择方法。后者可归属于特征子集搜索算法，由于搜索过程中使用了某种度量指导，也可称为启发式搜索。

启发式搜索：将潜在的非常大的搜索空间智能地缩小，以得到满意解的过程。在搜索过程中的每个决策点，使用一个启发式度量来确定搜索空间中的最佳路径。

（1）稳定性选择

其主要思想是基于不同的特征子集（二次抽样）应用基于模型的特征选择算法，经过多轮重复后聚合选择的结果，例如特征被选中的次数作为其稳定和重要性的度量，因为我们有理由相信，好的特征会被多次选中，而差的特征被选中的机会较少。此方式类似于随机数种特征子集的选择和构造过程。sklearn 中属于该类的有：RandomizedLasso、RandomizedLogisticRegression[⊖]。

8.7 节实现的特征选择投票策略是在各类特征选择算法的基础上进行的封装，可归属于稳定性特征选择，所有上层的特征策略的稳定性很大程度上依赖于底层的算法。另外，还可通过置乱特征的方式实现稳定性选择，第 14 章提到这种方式的特征重要性衡量方法。

（2）前向特征选择

也称为正向选择。起始状态为空的特征子集，其策略是逐个向特征子集中添加特征尝试建模，取模型效果改进最显著的一个特征加入，当效果改进不明显时停止该过程。

（3）后向特征选择

也称为反向消除。起始状态为所有特征，其策略是根据度量逐个删除特征，直到满足指定阈值的要求，如满足特征数量。

前向和后向特征选择使用的度量一般有特征系数、特征重要性、特征是否显著等。

sklearn 中实现了一个版本的后向选择算法：递归特征消除。递归特征消除使用某学习器在所有的特征上构建模型，通过模型的系数或特征重要性给特征排序，选择最好的几种特征或删除最差的几种特征，递归地执行该过程，直到满足预设的阈值时停止该过程。很明显该算法过程属于最优特征子集的贪心算法。

```
from sklearn.feature_selection import RFE
# 参数 step 指明了每轮删除特征的数量或比例
RFE(estimator, n_features_to_select=None, step=1, verbose=0)
```

前向选择由于只能增加特征而不能删除特征，导致其存在一个严重的缺点：最好的单个特征比某两个特征要差，但由于最好的单个特征入选，使得某两个特征无法被同时选中。另外，当加入一个新特征时，可能会使现有选中特征子集中的一个或多个特征变得不显著，会产生一个弱的特征子集。这个缺点刚好可由后向特征选择来避免，或许这就是 sklearn 中未实现前向特征的原因之一。

当然，如果只选最好的一个变量，前向选择要优于后向选择；从计算成本的角度来说，前向特征选择也优于后向特征选择。实践中可以将两种方式结合，例如逐步回归中的

⊖ 这两个接口在 0.19 版本中已经被标记为 DEPRECATED，原作者认为此类算法具有超参和维护的问题，尤其是随机 L1 的不稳定的缺陷，详情见 https://github.com/scikit-learn/scikit-learn/issues/8995。

Stepwise 建模方法，该方法将在 8.5 节中做进一步介绍。

在搜索效率上，前向特征选择有如下 3 种常见的变体。

1）计算所有单个特征的 LOOCV 并排序，接着取最好的 N 种特征作为下一步的特征子集。这种情况下我们进行了 N 次单个特征的计算和一次 N 个特征的计算。

2）计算所有单个特征的 LOOCV 并排序，接着取最好的两个特征并计算它们的 LOOCV 误差，然后取最好的 3 个单独的特征，以此类推，直到 N 个特征。该算法能得到比第 1 种变体更好的特征子集。

3）每次只考虑更有潜力的特征，这与传统的前向特征考虑所有特征有所不同。其具体过程如下所示。

1. 计算所有单个特征的 LOOCV 并排序。
2. 由上一步最好的特征加入最好的 $N/2$ 个单个特征，形成二维特征并进行 LOOCV，然后排序。
3. 在 $N/2$ 的特征对中取最佳的两个特征子集。
4. 计算由上一轮得到特征子集，加入最好的 $N/3$ 个单个特征，形成三维特征并进行 LOOCV，然后排序，得到最佳的 3 个特征子集。
5. 以此类推，直到获得最好的 N 个特征子集。

注意：上述特征选择算法是按照某种递进的关系描述的，但这并不代表哪一种算法占据特征选择的绝对优势。

在实践中，面对数据集大小不同的场景和项目背景，特征选择往往会做出适当的变化。例如面对小数据集，笔者的经验是做更为细致的单特征和组合特征的分析和筛选，并且阈值设置也相对保守，尽量将特征保留到下一个选择节点；而面对大数据集（高维和大量样本）的特征选择，除了需要加强前期过滤的力度，工程实践上也会采取大数据算法技术或多进程、多线程特征筛选方法。

总之，特征选择除了统计分析方法、模型层面的技巧，还包括解决问题的思路、方法和相关工程技术，这是一项特别有技术含量的建模工作，足以体现建模人员的综合实力。

8.2　特征选择流程与模式

与上述将特性选择分为业务层和技术层特征选择类似，特征选择在流程上也分为：业务流程指导特征选择方向和技术流程实施具体的特征选择。

8.2.1　数据质量和特征质量

笔者将原始数据挑选衡量方法分为数据质量和特征质量。数据质量重点在数据本身，例如缺失率、分布差、脏、难以处理等。数据质量分析请参考第 5 章，一般通过缺失值、方差、重复项、唯一值等统计量进行考量。特征质量则偏向于特征对目标变量的区分度。按照这个思路，特征选择流程将分为数据质量分析和特征质量分析，如图 8-1 a 所示，两者都包含数据分析过程。按照完整的特征工程过程来说，两者之间可加入特征衍生的过程节点，图 8-1 b 所示。

a) 2 个过程　　　　　　　　　　　　　　　b) 3 个过程

图 8-1　特征选择阶段

除了分为上述的两个流程节点，挑选过程的指导方法表述为：盲选、粗选和精挑细选，反复迭代。

- **盲选**：设置阈值后由特征选择方法自动实施选择过程，其中无须人工干预。例如数据质量分析进行了变量筛选，但较为保守，比如空值超过 95% 进行盲选，大部分进入后续的粗选和精挑细选。
- **粗选**：使用某种粗略的方法进行粗略的筛选，例如在计算特征的信息量时，使用了等分的粗分箱方法计算。
- **精挑细选**：使用更为细致的分析方法进行筛选，例如使用基于卡方的分箱方法计算信息量。

在数据质量分析筛选的过程中，根据项目紧迫性或资源可控性，实践中往往会进行适当的取舍。例如对于地理的、空间的变量，很难进行有意义的量化处理，其性价比较低，此时可先处理更为简单的变量或使用较简单的数据清洗方法。如果这些变量的效果已经达到预期，那么项目中完全可以丢弃这些"脏乱差"的数据；除非模型效果很差，无其他数据可用，那么尝试使用这些数据也无可厚非。熟练的建模工程师应该具有类似的辨别能力。

8.2.2　串联和并联流程

数据处理按难易程度先后进行，整个特征选择的实践中都应遵循"先简单后复杂"的原则。例如在执行过滤、包裹、嵌入这 3 种特征选择方法时，一般的原则是先过滤，然后再进行嵌入和包裹，笔者将其称为串联模式。串联模式能有效过滤掉特征，是特征选择前期重点使用的方法。与串联模式相对应的称为并联模式，即在工程上实现并行，进而实现更高效的特征选择。并联之后使用某种聚合方法聚合特征选择结果（例如投票选取），如图 8-2 所示。

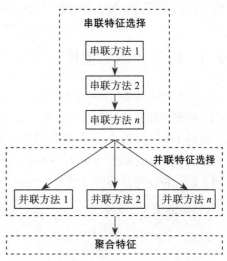

图 8-2　串联和并联特征选择组合流程

在特征选择技术的发展过程中，逐渐形成了在一些特定的场景下特有的特征选择方法，笔者将其称为特定模型的特征选择方法。例如逻辑回归、评分卡应用场景中的逐步回归特征选择方法、RFE-LR 方法、LR 正则 1(Lasso) 和正则 2(Ridge) 结合法、随机逻辑回归法和相关性与 IV 结合法等。通用的特征选择方法和特定模型的特征选择方法是否是有明显的模型性能差异有待进一步研究，例如在使用一些集成树模型时，是否使用其自身的特征选择方法会优于通用的特征选择方法，这个问题值得我们在实践中探究。

8.2.3 特征选择结果评价

通过模型性能评价特征选择的结果最为直接，模型评价使用交叉验证法实现，但特征选择过程中所使用的交叉验证与普通的交叉验证有所区别。下面的步骤描述了一种通过 K 折交叉验证评价特征选择效果的方法。

1. 打乱训练数据集。
2. 将训练数据集分为 K 份（K 折）。
3. 对于每份数据集（i = 0,1,...,K-1）。
   1）设 OTest(i) 为第 i 份数据集。
   2）设 OTrain(i) 为 OTest(i) 外的数据集。
   3）设 ITrain(i) 为 OTrain(i) 中随机抽取的如 70% 的数据集。
   4）设 ITest(i) 为 OTrain(i)-ITrain(i)。
   5）对每个 j=0,1,...,m(共 m 个特征)。
       在 ITrain(i) 上使用 LOOCV 得到最好的特征组 Fj。
       设 IScore 为 Fj 在 ITest(i) 的得分。
   6）设 Fbest 为 IScore 最好的一组特征。
   7）设 OScore 为 Fbest 在 OTest(i) 的得分。
4. 返回平均的 OScore。

每种特征选择算法都是基于某个指标或度量进行的，在不同的指标或度量下，模型性能会得到不同的分数，即模型性能一部分由评价指标而定。

8.3 特征预测力指标

特征预测力指的是单个特征的预测能力，作为单特征的评价指标，一般在过滤法中使用。预测力通俗描述为与目标相关。通俗意义上的相关可细分为线性相关性（线性相关）和关联性（非线性相关）。相关性是用于表示两数据序列之间线性关系的一系列特定指标，而关联性表示为非线性关系的一系列特定指标。一般场景中相关性表现为特征与特征之间的相关性、特征与目标变量的相关性；关联性则更多表述为特征与目标变量之间的关联性。

1）两个或多个变量相关，称为多重共线性，请参考第 13 章。

2）特征 KS 也可作为预测力的参考。

那么什么是相关呢？

如果特征值的变化会导致预测值的变化，那么特征就是相关的。相关性的强弱表示了这种关系的程度。如果在预测模型中使用特征 A 能明显消除分类的模糊性，那么它是强相关的，否则为弱相关。如果从特征集中删除某些特征后，特征 A 才变得相关，那么它是弱相关的。如果一个特征既不是强相关的，也不是弱相关的，那么认为它是不相关的。特征选择的目标即是选择（强）相关的特征。下面根据特征不同的数据类型，列举了常用于描述这种关系的指标，有的指标只适用于特定的数据类型，有的指标则适用于多种数据类型。

8.3.1 相关性指标

相关性指标最为常见，常用的有 Pearson 相关系数（Pearson Correlation Coefficient）、Spearman 相关系数 (Spearman Rank Correlation) 和 Kendall 相关系数（Kendall Tau Correlation Coefficient）。

1. Pearson 相关系数

其计算公式如式（8-1）所示，X、Y 分别表示两个数据序列，带上标的为其对应的均值。另外的表示方式是使用期望和方差。

$$\rho_{X,Y} = \frac{\Sigma(X-\bar{X})(Y-\bar{Y})}{\sqrt{\Sigma(X-\bar{X})^2\Sigma(Y-\bar{Y})^2}} \qquad (8-1)$$

其物理含义解释为：一个变量的增加与另一个变量的增加越相关则 ρ 越接近 1；反之，一个变量的增加与另一个变量的减少越相关，ρ 越接近 -1。如果 X 和 Y 相互独立，则 ρ 接近 0；反之则不然，即使两个变量之间存在很强的关系，但 Pearson 相关系数依旧可能很小。

注意：

1）Pearson 相关系数对异常数据和偏态分布敏感。

2）相关性并不意味着因果关系，需要通过进一步的研究来确定。

3）相关性不等于回归中的斜率，斜率很小，相关系数也可能会很大。

4）相关系数也不表征关系的尺度，0.5 的相关系数不能说是 0.25 的相关性的两倍。

5）相关系数的平方称为决定系数 R^2(R-square)，其物理含义为用 X 解释 Y 方差的比例，详情请参考第 13 章。

---

3 种相关性指标中要属 Pearson 相关系数应用最广，在实践中，有如表 8-1 所示的经验值供参考，读者可根据实际情况进行调整。

Pearson 相关系数适用于定量变量之间的相关性计算。

很多开源的方法可使用，例如：

表 8-1 相关性程度参考

相关系数范围（绝对值）	相关强度
0.00 ~ 0.19	非常弱
0.20 ~ 0.39	弱
0.40 ~ 0.59	中等
0.60 ~ 0.79	强
0.80 ~ 1.00	非常强

```
pandas.DataFrame.corr(method='pearson')
```

2. Spearman 相关系数

Spearman 相关系数（又称 Spearman 秩相关系数）是 Pearson 相关系数的一个特例，其计算公式同式（8-1），性质也类似，但它不使用原始变量，不用平均值和方差，而是使用变量的排序序号（秩），式中的平均值在 Spearman 中为平均等级。这使得 Spearman 被认为是正则化的 Pearson 相关系数，也使得它适用于连续和离散变量，即定量和定序变量相关性的衡量。其物理含义是测量两个变量之间的单调关联性（严格递增或递减）。

注意：结合 Pearson 相关系数，我们可以得出相关性并不是变量内在关系的完整描述。弱的相关性或没有相关性并不表示不存在关联，强的相关性也可能无法完全捕获其内在关系的本质。实践中推荐使用数据可视化和多个统计量来获得变量之间较全面的关系。

可参考如下的实现：

```
pandas.DataFrame.corr(method='spearman')
```

3. Kendall 相关系数

Kendall 相关系数也是基于秩的，但它不使用原始变量的秩而是数值对的秩，这使得它更适用于离散变量和定序遍历，也可作为 Spearman 相关系数的替代方案。

Kendall 相关系数计算公式如式（8-2）所示。

$$\tau = \frac{(\text{Count of concordant pairs}) - (\text{Count of discordant pairs})}{n(n-1)/2} \qquad (8\text{-}2)$$

取所有 X、Y 的值对，共 C_n^2 种（n 为样本长度），分别比较各值对中元素的大小，如果其大小方向是一致的，则计数一致，否则计数不一致。以两个值对 (x_1, y_1)、(x_2, y_2) 为例，如果 $x_1 > x_2$ 并且 $y_1 < y_2$，或者 $x_1 > x_2$ 并且 $y_1 > y_2$，则为一致的值对，否则为不一致的值对。其物理含义为数据点的相对位置比之间的差异更重要。当 τ 为 1 时，表示两个随机变量拥有一致的等级相关性；当 τ 为 -1 时，表示两个随机变量拥有完全相反的等级相关性；当 τ 为 0 时，表示两个随机变量是相互独立的。

由于其分母为值对的组合数，所以 τ 取之范围也是 -1 到 1。可参考如下的实现：

```
pandas.DataFrame.corr(method='kendall')
```

8.3.2 关联性指标

关联性指标能够描述数据序列非线性相关性，常用的有互信息（Mutual Information, MI）、最大信息系数（Maximal Information Coefficient, MIC）和信息量（Information Value, IV），它们都以信息论为基础。

1. 互信息

互信息测量变量之间的关联程度，当且仅当两个随机变量独立时，MI 值为零，当两个随机变量关联性越强，MI 值越大。互信息在决策树中称为信息增益（不同称呼时两者描述的侧重点有所不一样），具体的公式请参考第 10 章，它是信息论的基本概念之一。

sklearn 中互信息的实现基于 K 近邻对熵的估计，基于 MI 的单变量特征选择方法如下，分别适用于分类和回归问题：

```
sklearn.feature_selection.mutual_info_classif
sklearn.feature_selection.mutual_info_regression
```

互信息适用于连续与连续变量、连续与离散变量间的关联性度量。

2. 最大信息系数

最大信息系数是在互信息的基础上发展起来的，最大的归一化互信息就是最大信息系数，它能发掘变量间更深层的关联关系，包含线性和非线性关系，例如线型关系时 MIC 近似等于 Pearson 相关系数。MIC 的取值范围为 0～1，0 表示无关，1 表示相关。

MIC 于 2011 年被提出[一]，经历了很多质疑[二][三]。作者持续发表有关 MIC 的论文，目前较新的论文在 2018 年发表[四]，足见其认真的研究态度。相关的开发工具论文表明其能捕捉常规方法不能捕捉到的关系[五]。使用示例如下[六]：

```
from minepy import MINE
def cal_mic(x,y):
    #x,y: serises
    m = MINE()
    m.compute_score(x, y)
    return m.mic()
```

3. 信息量

特征信息量的计算依赖 WOE（请参考 6.2.4 节），其计算公式如式（8-3）所示，为 WOE 值的加权和：

$$IV = \sum_{i}^{n} IV_i \text{其中：} IV_i = (py1 - pn0)_i \times WOE_i \tag{8-3}$$

即当一个变量有 n 个值（或箱）时，每个值有一个子 IV，最终 IV 值为所有 n 个子 IV

⊖ Reshef D N , Reshef Y A , Finucane H K , et al. Detecting Novel Associations in Large Data Sets[J]. Science, 2011, 334 (6062):1518-1524.

⊖ Kinney J B, Atwal G S . Equitability, mutual information, and the maximal information coefficient[J]. Proceedings of the National Academy of Sciences, 2014, 111(9):3354-3359.

⊜ http://statweb.stanford.edu/~tibs/reshef/comment.pdf

⊕ https://projecteuclid.org/euclid.aoas/1520564467#supplemental

⊛ Albanese D, Riccadonna S , Donati C , et al. A practical tool for maximal information coefficient analysis[J]. GigaScience, 2018, 7(4).

⊗ https://minepy.readthedocs.io/en/latest/python.html

的和。WOE 的值依赖于变量的分箱（WOE 避免极端情况：x_i 中对应的 y 只有正类或负类，否则可考虑 x_i 的合并或人工处理，例如分子分母各加 1），所以对于连续变量 IV 值依赖于如何分箱（请参考 7.3 节），离散变量在不合并等处理的情况下 WOE 和 IV 值是确定的。IV 的物理含义表述为：值越大说明目标的正负例在该变量上的分布差异越大，即该变量对目标变量的区分能力越好。

注意：

1）IV 只适用于二分类问题。

2）式（8-3）与相对熵计算非常类似，是一种距离的度量方式。

3）IV 和 WOE 忽略了变量的有序性，可实现有序到无序的转化，也可实现类别变量到定量变量的转化。

信息量经验参考值如表 8-2 所示，但要注意，箱数越多 IV 值具有越大的倾向，这与信息增益是类似的，所以箱数越多，建议将 IV 的阈值也提高，例如大于 5 箱时可考虑将 IV 阈值从 0.02 提高到 0.04。

实现参考示例：

```
def cal_iv(y, X):
    '''
    y,X: serises
    X 为类别变量 ,y 为 0 和 1
    '''
    t = pd.crosstab(y, X)
    w = t.div(t.sum(axis=1),
        axis=0)
    s = w.iloc[1, :] - w.iloc[0, :]
    woe = (w.iloc[1, :] / w.iloc[0, :]).apply(lambda x: np.log(x))
    return np.sum(s * woe)
```

表 8-2　信息量参考

值范围（绝对值）	预测力
$0.00 \sim 0.02$	无预测力
$0.02 \sim 0.09$	弱
$0.10 \sim 0.29$	中等
$0.30 \sim 1$	强

4. 假设检验

在统计学中，卡方检验和 F 检验也是常用有关和无关的测试方法。

（1）卡方检验

关于卡方的基础知识和使用方法请参考 7.3.4 节。卡方统计量用于衡量类别变量之间的关联性，通过变量的列联表（频率）计算卡方统计量。当待检测的两个变量相互独立时其卡方统计量为 0。

（2）F 检验

可用于衡量定量变量和类别变量之间的关联性。其物理含义表述为在随机变量 Y 的不同水平下，检验变量 X 是不是有显著的变化。F 统计量越大表示影响越显著，关联性越大，同时检验 p-value 是否小于阈值。F 检验有较多的实现，例如：

```
sklearn.feature_selection.f_classif
```

```
stats.f_oneway
```

特征 KS 也可作为关联性参考，具体细节请参考第 7 章。

8.4 过滤法与实现

过滤法（Filter Method）首先选择评分方法，然后计算特征的评分，对特征排序，最后根据阈值或要求的特征数量过滤得到选中的特征。该特征选择过程与后续学习算法无关。过滤法的过程如图 8-3 所示。

图 8-3 过滤法特征选择过程

由于过滤法不涉及后续的模型构建，因此被认为是一种无偏的特征选择方法，并且由于其运行高效，也常用于特征选择流程的前期。

8.4.1 常用单指标过滤法

如何从特征集中挑选"最好的"特征？将特征按某种得分排序，选取得分高者的特征是一种很自然的选择方法。单指标特征选择方法与其他特征无关，可以是与目标变量相关的有监督的特征选择，也可以是与目标变量无关的无监督特征选择。由于这种单特征选择算法简单、易扩展、便于理解和解释，许多特征选择算法都将这种排序选择方法作为选择机制或辅助选择机制。

8.3 节中的预测力指标都可作为单指标过滤法中的评分。

下面我们以常用的特征选择预处理方法——方差指标为例。方差的大小表明了该数据序列的离散程度，如果所有的值都一样或接近一致，那么可认定该特征几乎没有区分力。下面列举了 sklearn 官网给出的示例，该例子中假设变量只取 0 和 1，此时方差 Var = $p(1-p)$，如果 1 或 0 占比为 80%，那么其方差为 0.8(1-0.8)=0.16。下面的代码演示了过滤掉 80% 都是一样取值的变量。

```
X = np.array([[0, 0, 1], [0, 1, 0], [1, 0, 0], [0, 1, 1], [0, 1, 0], [0, 1, 1]])
```

X 输出为：

```
array([[0, 0, 1],
       [0, 1, 0],
       [1, 0, 0],
       [0, 1, 1],
       [0, 1, 0],
       [0, 1, 1]])
```

使用 VarianceThreshold 过滤：

```
from sklearn.feature_selection import VarianceThreshold
# VarianceThreshold(0) 表示过滤掉的所有值都是一样的变量
sel = VarianceThreshold(threshold=(.8 * (1 - .8)))
sel.fit_transform(X)
```

输出结果为：

```
array([[0, 1],
    [1, 0],
    [0, 0],
    [1, 1],
    [1, 0],
    [1, 1]])
```

结果显示过滤掉了第一列（第一列的 0 的占比为 5/6 > 0.8）。VarianceThreshold 要求输入序列必须为数值型，下面笔者给出了一个适合连续和离散变量的方差过滤方法，该方法默认过滤得分最高的数据值占 95% 的序列。

```
def count_unique(df):
    ''' 计算每列唯一值数量，排除 NA:nunique: Excludes NA '''
    return df.apply(lambda x: x.nunique(), axis=0)
def near_zero_var(df, freq_cut=95.0 / 5, unique_cut=10):
    nb_unique_values = count_unique(df)
    n_rows, _ = df.shape
    percent_unique = 100 * nb_unique_values / n_rows

    def helper_freq(x):
        if nb_unique_values[x.name] == 0:
            return 0.0
        elif nb_unique_values[x.name] == 1:
            return 1.0
        else:
            t = x.value_counts()
            return float(t.iloc[0]) / t.iloc[1:].sum()
            # 只取 " 得分最高的数据 / 其他数据和 "

    freq_ratio = df.apply(helper_freq)
    zerovar = (nb_unique_values == 0) | (nb_unique_values == 1)
    near_zero = ((freq_ratio >= freq_cut) &
                (percent_unique <= unique_cut)) | (zerovar)
    return near_zero
```

sklearn 中实现了单指标特征选择的框架。

- sklearn.feature_selection.SelectKBest：选择最好的 K 个特征。
- sklearn.feature_selection.SelectPercentile：选择指定百分比前的特征，如选择最靠前的 20% 特征。

上述使用示例如下：

```
# 取卡方检验得分最高的 30 个特征
SelectKBest(chi2, 30)
# 取方差检验得分最高的前 20% 的特征
SelectPercentile(f_classif, percentile=percentile)
# 取互信息得分最高的前 70% 的特征
SelectPercentile(smutual_info_classif, percentile=70)
```

8.4.2 相关性与 IV 双指标过滤法

线性相关和非线性相关的 IV 的组合是一种常见的双指标过滤法，在金融行业应用广泛。如果选中的特征与目标关联性很好，同时特征间的相关性又非常小，那么有理由认为该特征子集是一个好的选择。

其过滤思想为：先以特征 IV 值排序，然后过滤掉相关性高的变量。这样既保留了大信息量的特征，同时也过滤掉了与大信息量特征相关性高的特征。下面给出了笔者的一个实现供参考：

```
def filter_bycorr_with_orderly_cols(df,
                                    orderly_cols,
                                    columns=None,
                                    threshold=0.6,
                                    gap=0.1):
    ''' 筛选流程：
    1. 按 IV 值降序排特征。
    2. 对排序好的特征分别计算相关性，大于人为设定的阈值则删除（多尝试几次阈值，得到大约的特征
       数量即可）。实现中加入了参数 gap，其意义为大的 IV 下相关性阈值有所提高。gap 设置为 0 则
       该功能失效，返回选中的特征名。
    '''
    def _get_diff_list(a_column, a_list, removed=None):
        ''' 返回 a_list 中不属于 a_column 和 removed 的元素 '''
        all_cols = a_list
        if removed is not None and len(removed) > 0:
            all_cols = [aa for aa in a_list if aa not in removed]
        return [aa for aa in all_cols if aa != a_column]

    if columns is None:
        columns = df.columns.tolist()

    result = []
    removed = []
    to_cal_columns = [cc for cc in orderly_cols if cc in columns]
    cal_ed = []

    for cc in to_cal_columns:
        cal_ed.append(cc)
        if cc not in removed:
            tmp_cols = _get_diff_list(cc,
                                      to_cal_columns,
                                      removed=removed + cal_ed)
```

```
        thred_diff = gap * 1.0 / (len(tmp_cols) + 1)
        count = len(tmp_cols)
        for tt in tmp_cols:
            count -= 1
            # 计算相关性
            relation = df[cc].corr(df[tt])
            if abs(relation) > threshold + thred_diff * count:
                removed.append(tt)

    result = [cc for cc in to_cal_columns if cc not in removed]
    print('After filter,remains:{}\n'.format(len(result)))
    return result
```

当然，我们也可以使用其他线性与非线性的双指标过滤法，请读者自行实践。

8.4.3　最小冗余最大相关

如果选中的特征与目标相关性很好，同时特征间的冗余又非常小，即特征同目标变量依赖高，特征之间差异却很大，那么也有理由认为该特征子集是一个好的选择。最小冗余最大相关（minimum redundancy maximum relevance，mRMR）就是这样的一种特征选择方法。

特征的冗余可通俗描述为：相对于类变量 c，特征 fi 是多余的，即存在第二个特征 fj，如果 fi 对 fj 的预测能力强于预测类变量 c。从原理上看，冗余特征违背了特征独立性的假设。

mRMR 的定义为 Max（最大相关 – 冗余度）。该方法的实现流程如图 8-4 所示。

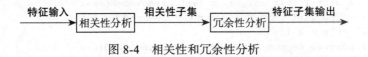

图 8-4　相关性和冗余性分析

其中：
- 相关性分析：计算特征与目标变量间的相关性，度量方式可根据数据类型的不同使用互信息、最大信息系数和方差检验等，记为 C。
- 冗余性分析：计算特征间的相关性，度量方式可使用互信息、最大信息系数和相关系数等，记为 R。

最后使用 Max (C-R) 或 Max (C/R) 综合考虑相关性和冗余性。

下面给出了一个实现示例，该示例中只以 MIC 度量变量间的相关性：

```
def cal_mics(dfx, y):
    '''
    dfx: dataframe
    y:serises
    '''
```

```python
        return dfx.apply(lambda x: cal_mic(x, y))

def mrmr(dfx, y, n):
    '''n: 待选的特征数 '''
    # 记录已选择的列
    selected = []
    # 记录特征 MIC
    mic_dict = {}

    # 计算相关
    relevances = cal_mics(dfx, y)
    #print(' 与 y 的关联性 :\n{}'.format(relevances))

    last_sel = relevances.idxmax()
    selected.append(last_sel)
    relevances = relevances.to_dict()
    print('    选中 : {}'.format(last_sel))
    # 冗余 - 初始化为 0.0
    redundances = defaultdict(float)

    while len(selected) < dfx.shape[0] and len(selected) < n:
        mr = -np.inf
        new_sel = None
        for cc in dfx.columns:
            if cc not in selected:
                redundances[cc] += cal_mic(dfx[cc], dfx[last_sel])
                # 综合考虑相关性和冗余性
                _mrmr = relevances[cc] - (redundances[cc] / len(selected))
                if _mrmr > mr:
                    mr = _mrmr
                    new_sel = cc
        print('    选中 : {}'.format(new_sel))
        selected.append(new_sel)
        last_sel = new_sel
    #print('x 的冗余性 :\n{}'.format(redundances))
    return selected
```

该方法实际上与上述相关性与 IV 结合的方法类似，也可以看作一种双指标的过滤方法，只不过是基于最大信息系数。

8.5　包裹法与实现

如果特征加入后，模型性能的提升只有万分之几，一般这样的特征不应该被选中。

包裹法（Wrapper Method）首先确定学习算法（但该算法的主要目的是对后续的特征子集评分），然后产生一个特征子集，使用学习算法训练（和交叉验证）得到该子集的评分，最后满足人为设定的停止条件时取得分最高的特征子集为最佳子集，过程如图 8-5 所示。

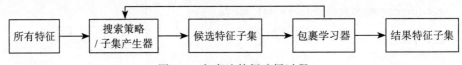

图 8-5　包裹法特征选择过程

包裹法涉及模型构建和子集搜索，相对过滤法是一种计算成本非常高的特征选择方法，但往往精度也更高。有这样一种观点：特征选择方法的终极目的是寻找对性能有用的特征（组合），而不一定要找到相关的特征。

8.1.3 节提到了子集搜索策略，这些搜索策略在包裹法中得到了大量的应用。前文提到了 RFE，Sklean 还包含 RFECV，该方法自带交叉验证的评估方式，建议在实践中多使用该方法。

下面以逻辑回归中的前向、后向和前后向的 Stepwise 逐步回归的实现来演示包裹法中的子集搜索策略和评估方法。在该实现中我们使用了 Python 的统计模型包 statsmodels 来构建回归模型。

```
import numpy as np
import pandas as pd
import statsmodels.api as sm
```

逐步回归思想：根据变量是否显著，逐步将候选变量加入或移除构建回归模型，直到不满足显著条件才停止加入或删除。

逐步回归可以使用多种显著性的评价指标，包括统计检验（T-test、F-test）、模型 AIC 与 BIC。下文的实现使用了 statmodels 模块中的逻辑回归，也使用了 BIC 评价模型效果，同时结合 p-value 选择特征。

注意：

1）笔者编码时，发现 statmodels 中的 BIC 比 AIC 更为稳定，不确定是否是 statmodels 的 bug。

2）在每一次加入或减少变量时，都要对所有的变量进行显著性检验。

首先构建 StepWise 类和数据初始化：

```
class StepWise:
    def __init__(self, X, y, func_model=None):
        '''stepwise 回归变量选择，通用的方法
        X:dataframe
        y:serise
        supprort
        ----------
            1:forward
            2:backward
            3:forward/backward
            4:backward/forward
```

```
    sle:select in
    sls:drop out
    func_model: 带 fit 的回归建模函数
    n_features_to_select 为空，表示没有数量限制。
        优先级低于 sle 和 sls，即只有在满足 sle/sls 的情况下该参数才起作用
    return
    -------
        选中的列
    usage
    -----
    st = StepWise(df_test[x_cols],df_test['label'])
    selected = st.fb(n_features_to_select=5,verbose=True,sle=0.2)
    '''
    self.func_model = func_model if func_model is not None else StepWise.sm_logit
    self.X = X
    self.y = y
```

默认使用 Binomial 回归模型，读者也可以根据实际情况加入高斯、泊松等回归形式。

```
@staticmethod
def sm_logit(X, y):
    return sm.GLM(
        y, sm.add_constant(X), family=sm.families.Binomial()).fit()
```

加入 print 函数：

```
def _print(self, pvs, bak_print, flag):
    t = 'select' if flag else 'remove'
    if pvs.notna().any():
        print('{}:{:30},BIC={:.6f},pv={:.6f}'.format(
            t, pvs.idxmin(), pvs.min(), bak_print[pvs.idxmin()]))
```

8.5.1　前向选择实现

前向选择方法寻找最好的 n 个的特征，其评价方法为：p-value 小于指定阈值且 BIC 是最好的特征。实现代码如下：

```
def _forward(self, X, y, selected, sle=0.1, verbose=False):
    ''' 得到候选特征中最好的一个变量，要求 pv 小于 sle '''
    candidate = list(set(X.columns.tolist()) - set(selected))
    pvs = pd.Series(index=candidate)
    bak_print = {}
    for cc in candidate:
        m = self.func_model(X[selected + [cc]], y)
        # 加入 BIC 是否为空的判断
        if m.pvalues[cc] < sle:
            if pd.isna(m.bic):  # 导致 na，表明该特征的加入反而不稳定
                print('bic is na,set to np.inf')
                pvs[cc] = np.inf
            else:
                pvs[cc] = m.bic
```

```
                    bak_print[cc] = m.pvalues[cc]
            elif verbose:
                print('  p-value of {:30} >={:.6f}(sle),exclude(donot select)'.
                    format(cc, m.pvalues[cc]))

        if len(bak_print) == 0:
            print('All p-values >={}(sle)'.format(sle))
            return None
        if verbose:
            self._print(pvs, bak_print, 1)

        if pvs.notna().any():
            return pvs.idxmin()
        else:
            print('All BIC ARE NaN!!')
            return None

    def forward(self, sle=0.1, n_features_to_select=None, verbose=False):
        selected = []
        # 注意 n_features_to_select is None 在前
        assert (n_features_to_select is None or n_features_to_select > 0
            ), 'n_features_to_select need larger than 0 or None'
        n = np.inf if n_features_to_select is None else n_features_to_select

        while True and len(selected) < n:
            best = self._forward(self.X,
                            self.y,
                            selected=selected,
                            sle=sle,
                            verbose=verbose)
            if best is not None:
                selected.append(best)
            else:
                break
        return selected
```

很明显，后续加入的特征（组合）可能导致前面已选择的特征变得不显著或显著性大大
降低，这是前向选择的缺点，后向选择能一定程度避免这个缺点。

8.5.2　后向选择实现

后向选择的评价方法为：从初始化的所有特征中根据 p-value 和 BIC 逐个删除最差的特
征，直到满足阈值的要求时停止。

```
    def _backward(self, X, y, removed, sls=0.04, verbose=False):
        ''' 得到已有特征中最差的一个变量，要求 pv 大于 sls '''
        candidate = list(set(X.columns.tolist()) - set(removed))
        if len(candidate) == 0: return None
        pvs = pd.Series(index=candidate)
        m = self.func_model(X[candidate], y)
```

```
    pvs = m.pvalues
    pvs = pvs[~(pvs.index == 'const')]
    pvs = pvs[pvs > sls]

    candidate = pvs.index.tolist()
    bak_print = pvs.copy()

    if len(candidate) == 0:
        if verbose:
            print('  All p-values <={}(sls),donot remove'.format(sls))
        return None
    selected = list(set(X.columns.tolist()) - set(candidate) - set(removed))
    pvs = pd.Series(index=candidate)
    for cc in candidate:
        t = (candidate + selected).copy()
        t.remove(cc)
        m = self.func_model(X[t], y)
        pvs[cc] = m.bic

    if verbose:
        self._print(pvs, bak_print, 0)
    # 这里有一个潜在含义: 如果去除某个 cc 后 BIC 为 NaN, 也说明该 cc 整体起到的作用, 不应该去除
    if pvs.notna().any():
        return pvs.idxmin()
    else:
        print('All BIC ARE NaN!!')
        return None

def backward(self, sls=0.04, n_features_to_select=None, verbose=False):
    removed = []
    assert (n_features_to_select is None or n_features_to_select > 0
            ), 'n_features_to_select need larger than 0 or None'
    # 都取反
    n = np.inf if n_features_to_select is None else (self.X.shape[1] -
                                        n_features_to_select)
    while True and len(removed) < n:
        worse = self._backward(self.X,
                                self.y,
                                removed=removed,
                                sls=sls,
                                verbose=verbose)
        if worse is not None:
            removed.append(worse)
        else:
            break
    return [cc for cc in self.X.columns.tolist() if cc not in removed]
```

8.5.3 Stepwise 实现

当把前向和后向进行组合就得到所谓的 Stepwise 算法。这种组合可以有两种: 前向 +

后向或后向＋前向，更为常见的是前者。笔者认为 Stepwise 是这类特征选择方法的总称。
Stepwise 算法能有效避免单独的前向或后向选择的缺点。

当然，不同的 Stepwise 算法的具体实现可能不同，笔者列举的是个人的实现版本，供
读者参考，下面的 fb 代码清单实现了前向＋后向的算法：

```python
def fb(self,
       sle=0.1,
       sls=0.04,
       n_features_to_select=None,
       verbose=False,
       n_threshold=3):
    selected = []
    assert (n_features_to_select is None or n_features_to_select > 0
            ), 'n_features_to_select need larger than 0 or None'
    n = np.inf if n_features_to_select is None else n_features_to_select

    while True and len(selected) < n:
        best = self._forward(self.X,
                             self.y,
                             selected=selected,
                             sle=sle,
                             verbose=verbose)
        if best is not None:
            selected.append(best)
        else:
            break
        # 理论和实践的差异体现在这些细节里：满足一定数量的特征再进行后向选择过程
        if len(selected) < n_threshold:
            continue
        worse = self._backward(self.X[selected],
                               self.y,
                               removed=[],
                               sls=sls,
                               verbose=verbose)
        if worse is not None:
            if selected[-1] == worse:
                print(
                    'remove threshold:{},select threshold:{},infinite loop!!!'.
                    format(sls, sle))
                break
            selected.remove(worse)
    return selected
```

下面的 bf 代码清单实现了后向＋前向的算法：

```python
def bf(self,
       sls=0.04,
       sle=0.1,
       n_features_to_select=None,
       verbose=False,
```

```
                  n_threshold=3):

        removed = []
        assert (n_features_to_select is None or n_features_to_select > 0
                ), 'n_features_to_select need larger than 0 or None'
        # 都取反
        n = np.inf if n_features_to_select is None else (self.X.shape[1] -
                                        n_features_to_select)
        while True and len(removed) < n:
            worse = self._backward(self.X,
                            self.y,
                            removed=removed,
                            sls=sls,
                            verbose=verbose)
            if worse is not None:
                removed.append(worse)
            else:
                break

            if len(removed) < n_threshold:
                continue
            selected = list(set(self.X.columns.tolist()) - set(removed))
            best = self._forward(self.X,
                            self.y,
                            selected=selected,
                            sle=sle,
                            verbose=verbose)
            if best is not None:
                if removed[-1] == best:
                    if verbose:
                        print(
                            'remove threshold:{},select threshold:{},infinite loop!!!'.
                            format(sls, sle))
                    break
                removed.remove(best)
        return [cc for cc in self.X.columns.tolist() if cc not in removed]
```

　　细致的读者可能会发现：前向 + 后向和后向 + 前向实际上是前向和后向的特殊情况，所以前向 + 后向设置失效后向，那么结果应该等于前向，后向 + 前向同理。

注意：

　　1）理论和实践存在差异。例如一个特征加入后马上又检查是否删除一个特征可能导致无效的迭代，实践中的做法是选择一定数量后的特征再进行删除特征的逻辑，请仔细阅读上述代码。

　　2）sklearn 中不支持 Stepwise 回归，读者可自行去发掘背后的原因，以及与 R 语言中实现了 Stepwise 方法开源包背后的设计思想。

　　3）尽管 Stepwise 融合了前向和后向选择的优点，但得到的结果可能和前向或后向是相同的，即最终的 Stepwise 模型并不能保证是最优的模型。

4）上述 Stepwise 算法的过程未考虑变量的业务含义，例如可能有必要强制包含人为指定的变量，此时需要重构代码。

建议读者参考第 1 章中的测试驱动开发方法，重新实现上述代码。

8.6　嵌入法与实现

上面讲述的是特征选择通用的流程和方法，实际上特征选择与后续所使用的具体学习算法密切相关。例如，设有特征 x_1、x_2 和 y，其中 $y = x_1^2$，$x_2 = y+z$，z 是来自某个均匀分布。如果使用线性回归，那么 x_2 是首选，但如果使用的学习器是二次的多项式回归，那么 x_1 是更好的选择。如第 1 章所讲述的学习器的偏好，学习器自身的特性将会影响到其输入特征的选择。

嵌入法（Embedded Method）特征选择比较特殊，它要求学习算法本身具有特征选择的功能。例如带 L1 正则项的回归算法，算法输出回归系数为 0 的特征即是被删除掉的特征，从而表现为学习算法自带特征选择功能。正则化的决策树也具有同样的功能⊖。笔者认为树模型中权重为 0 的特征是没有被模型选中的特征，所以树模型的特征选择理应也归属于嵌入法，但笔者暂未看到相关资料显式地提及这一点。嵌入法特征选择的过程如图 8-6 所示。

图 8-6　嵌入法特征选择过程

由于嵌入法设置未被选中的特征系数或权重为 0，所以在实践中，嵌入法也会是一个循环的过程，例如第二次建模只输入第一次选中特征，此时由于特征空间的变化，第二次建模结果依然有可能出现系数或权重为 0 的特征，此时可以再重复运行，直至所有的特征系数或权重不为 0。

8.6.1　基于随机森林的特征选择

决策树构造的过程亦是特征选择的过程，例如，树的构造过程中选择具有最大信息增益的特征（分类问题），关于决策树的构造细节请参考第 12 章。随机森林基于决策树在行列上采样构造树模型，最终计算每个特征的不纯度或基尼的减少的平均数，排序后得到特征重要性，从而得到平均不纯度减少、基尼减少、方差（回归问题）的特征选择方法。该方法具有稳定性特征选择的特点。基于随机森林的特征选择算法实现示例：

```
from sklearn.ensemble import RandomForestRegressor, RandomForestClassifier
```

⊖　Deng H , Runger G . Feature Selection via Regularized Trees[J]. 2012.

```
def get_decrease_gini(clf, X, y):
    '''
    clf = RandomForestRegressor  or RandomForestClassifier
    '''
    rf = clf()
    rf.fit(X, y)
    return get_importance_df(rf, X.columns.tolist())

def get_importance_df(clf, columns):
    ''' 根据特征重要性 ( 不纯度或基尼 ) 排序 '''
    f_imp = sorted(zip(rf.feature_importances_.round(6), names), reverse=True)
    return pd.DataFrame(f_imp, columns=['importance', 'column'])
```

8.6.2 基于正则的特征选择

4.2.1 节中定义了 L1 范数和 L2 范数，两者具有不同的正则化效果。使用 L1 的模型中会得到稀疏解，即大部分特征对应的系数为 0（而表现为稀疏），很明显系数为 0 或接近 0 的特征是没有被选中的特征，即 L1 正则化的效果具有特征选择的作用。使用 L2 的模型中则会输出趋于一致的系数，得到较为稳定的模型。使用正则进行特征选择的算法主要有支持向量机和回归模型。

下面以回归为例讲解基于正则的特征选择方法。参考 sklearn 官网示例[⊖]，做了适当修改后以突出不同正则强度下的特征系数的变化情况。根据上述介绍，我们很容易识别图 8-7 中的两个图分别代表了哪种回归。L1 的回归称为 Lasso 回归，L2 的回归称为 Ridge。

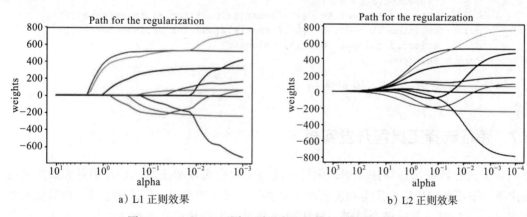

a）L1 正则效果　　　　　　　　　　b）L2 正则效果

图 8-7　L1 和 L2 不同正则强度下的特征系数变化情况

sklearn 中提供了 L1 正则的逻辑回归算法，可以使用如下的接口得到选中特征的索引：

```
lr = LogisticRegression(penalty='l1',C=0.01)
```

⊖　https://scikit-learn.org/stable/auto_examples/linear_model/plot_lasso_lars.html#sphx-glr-auto-examples-linear-model-plot-lasso-lars-py

```
ret = SelectFromModel(lr).fit(self.X, self.y)
ret.get_support(indices=True)
```

注意：

1）在 sklearn 提供的接口中，惩罚项力度的参数为 C。C 为正则化强度的倒数，C 越小正则化的力度越大。

2）相关算法中 loss 可以是 L2，惩罚同样可以是 L2。

从 L2 具有的效果来看，可以使用 L2 正则辅助特征进行选择，例如 L1 得到的回归系数大于指定的阈值同时 L2 得到的回归系数也大于某个阈值时被认为是较好的特征，实现该想法的代码如下：

```
def by_lr_l1_l2(X, y, C1=0.1, C2=1.0, coef1=0.001, coef2=0.01):
    ''' 返回选中的特征索引 '''
    ret1 = SelectFromModel(LogisticRegression(penalty='l1', C=C1)).fit(X, y)
    ret2 = SelectFromModel(LogisticRegression(penalty='l2', C=C2)).fit(X, y)
    selected = []
    l1 = ret1.estimator_.coef_[0]
    l2 = ret2.estimator_.coef_[0]

    for i in range(len(l1)):
        if abs(l1[i]) <= coef1 and abs(l2[i]) < coef2:
            pass
        else:
            selected.append(i)
    print('selected l1 coef:\n  {}'.format([l1[ss] for ss in selected]))
    print('selected l2 coef:\n  {}'.format([l2[ss] for ss in selected]))
    print('selected columns index:', selected)
    return selected
```

注意，对特征要进行归一化处理。

8.7 特征选择工具包开发实战

看了各种特征选择算法介绍，你可能还是不太会实现和使用，只有亲自实践才是解决之道。下面的代码给出了本章提到的主要特征选择算法实现，供读者参考，该算法主要基于 sklearn，以分类问题为示例，该实现的输出结果是特征是否被选中的二维表，便于查看。

特征选择工具包中实现了本章讲述的 Filter、Wrapper、Embedded，基于 sklearn 实现起来非常简洁。首先导入相关的包，包含 Filter、Wrapper、Embedded 实现需要的接口：

```
import numpy as np
import pandas as pd
from minepy import MINE
```

```
from scipy.stats import pearsonr
from sklearn.feature_selection import chi2
from sklearn.feature_selection import RFE
from sklearn.feature_selection import SelectKBest
from sklearn.feature_selection import SelectFromModel
from sklearn.feature_selection import VarianceThreshold
from sklearn.feature_selection import f_classif, f_regression

from sklearn.svm import LinearSVC
from sklearn.ensemble import ExtraTreesClassifier
from sklearn.ensemble import RandomForestClassifier
from sklearn.linear_model import LogisticRegression
from sklearn.ensemble import GradientBoostingClassifier
def list_diff(list1, list2):
    """return: 两个list之间的差集"""
    if len(list1) > 0 and len(list2) > 0:
        return list(np.setdiff1d(list1, list2))
    else:
        print('list_diff:len <=0 !!')
```

工具类中首先实现的是初始化和内部方法：

```
class SelectFeatures():
    '''
    X:pandas.DataFrame
    y:pandas.serise 或 nparray
    n_features_to_select:选择特征的数
    only_get_index: 是否只返回选中特征的索引
    '''
    def __init__(self, X, y, n_features_to_select=None, only_get_index=True):
        self.cols = X.columns.tolist()
        self.X = np.array(X)
        self.y = np.array(y)
        self.x_index = range(self.X.shape[1])
        self.only_get_index = only_get_index
        self.n_features_to_select = n_features_to_select
        if n_features_to_select is None:
            self.n_features_to_select = np.ceil(2 / 3 * self.X.shape[1])
            print('self.n_features_to_select:', self.n_features_to_select)
        self.removed = []

    def _log(self, index, method):
        print('***{}:'.format(method))
        print('  remain feature index:\n  {}'.format(index))
        rmvd = list_diff(self.x_index, index)
        self.removed += rmvd
        print('  removed feature index:\n  {}\n'.format(rmvd))

    def _return(self, ret, method):
        # True 代表该特征被选中
        index = ret.get_support(indices=True)
```

```
                    self._log(index, method)
                    if self.only_get_index == True:
                        return index
                    else:  # 返回筛选之后的 X
                        return ret.transform(self.X)
```

Filter 方法使用了 SelectKBest，Wrapper 方法使用了 RFE，Embedded 方法使用了 Select-FromModel：

```
# Filter 方法
def _by_kbest(self, func, method):
    ret = SelectKBest(func,
                      k=self.n_features_to_select).fit(self.X, self.y)
    return self._return(ret, method)


# Wrapper 方法
def _by_RFE(self, mm, method, step=1):
    ret = RFE(estimator=mm,
              n_features_to_select=self.n_features_to_select,
              step=step).fit(self.X, self.y)
    return self._return(ret, method)


# Embedded 方法
def _by_model(self, mm, method):
    ret = SelectFromModel(mm).fit(self.X, self.y)
    return self._return(ret, method)
```

具体的 Filter 方法包含卡方、相关系数和最大相关系数等：

```
# stat
def by_var(self, threshold=0.16):
    ret = VarianceThreshold(threshold=threshold).fit(self.X)
    return self._return(ret, 'by_var')


def by_chi2(self):
    return self._by_kbest(chi2, 'by_chi2')


def by_pearson(self):
    ''' 相关系数法 '''
    _pp = lambda X, Y: np.array(list(map(lambda x: pearsonr(x, Y), X.T))
                               ).T[0]
    return self._by_kbest(_pp, 'by_pearson')


def by_max_info(self):
    # or mutual_info_classif
    def _mic(x, y):
        m = MINE()
        m.compute_score(x, y)
        return (m.mic(), 0.5)

    _pp = lambda X, Y: np.array(list(map(lambda x: _mic(x, Y), X.T))).T[0]
```

```
        return self._by_kbest(_pp, 'by_max_info')

    def by_f_regression(self):
        '''
        return:
            F values of features.
            p-values of F-scores.
        '''
        ret = f_regression(self.X, self.y)
        print('Feature importance by f_regression:{}'.format(ret))
        return ret

    def by_f_classif(self):
        ret = f_classif(self.X, self.y)
        print('Feature importance by f_regression:{}'.format(ret))
        return ret
```

具体的 Wrappeer 方法包括逻辑回归和支持向量机:

```
    def by_RFE_lr(self, args=None):
        return self._by_RFE(LogisticRegression(), 'by_RFE_lr')

    def by_RFE_svm(self, args=None):
        return self._by_RFE(LinearSVC(), 'by_RFE_svm')
```

具体的 Embedded 方法包括 GBDT、随机森林等:

```
    def by_gbdt(self):
        return self._by_model(GradientBoostingClassifier(), 'by_gbdt')

    def by_rf(self):
        return self._by_model(RandomForestClassifier(), 'by_rf')

    def by_et(self):
        return self._by_model(ExtraTreesClassifier(), 'by_et')

    def by_lr(self, C=0.1):
        return self._by_model(LogisticRegression(penalty='l1', C=C), 'by_lr')

    def by_svm(self, C=0.01):
        return self._by_model(LinearSVC(penalty='l1', C=C, dual=False),
                              'by_svm')
```

示例中调用了 10 种特征选择方法,最后投票得出最终的特征选择结果:

```
# 演示示例
def example_10_methods(self):
    name = [
        'by_var', 'by_max_info', 'by_pearson', 'by_RFE_svm', 'by_RFE_lr',
        'by_svm', 'by_lr', 'by_et', 'by_rf', 'by_gbdt'
    ]
```

```python
# {0:col_0,1:col_1}
map_index_cols = dict(zip(range(len(self.cols)), self.cols))

# 执行特征选择算法
method_dict = {}
method_dict['by_var'] = self.by_var()
method_dict['by_max_info'] = self.by_max_info()
method_dict['by_pearson'] = self.by_pearson()
method_dict['by_RFE_svm'] = self.by_RFE_svm()
method_dict['by_RFE_lr'] = self.by_RFE_lr()
method_dict['by_svm'] = self.by_svm()
method_dict['by_lr'] = self.by_lr()
method_dict['by_et'] = self.by_et()
method_dict['by_rf'] = self.by_rf()
method_dict['by_gbdt'] = self.by_gbdt()

# 打平选中特征的 list
selected = [j for i in list(method_dict.values()) for j in i]

# 构建特征被哪些方法选中: 用 0、1 表示
dicts01 = {}
for nm in name:
    dicts01[nm] = [
        1 if i in list(method_dict[nm]) else 0
        for i in range(len(self.cols))
    ]

# 构建结果统计用的 DataFrame
stat_f = pd.Series(selected).value_counts().reset_index()
stat_f.columns = ['col_idx', 'count']
stat_f['feature'] = stat_f.col_idx.map(map_index_cols)

# 升序排列匹配模型选择方法的值
stat_f.sort_values(by='col_idx', ascending=True, inplace=True)

for i in name:
    stat_f[i] = dicts01[i]

# 按照特征被选中个数降序排列, 个数相同的情况下按照 idx 升序排列
stat_f.sort_values(by=['count', 'col_idx'],
                ascending=[False, True],
                inplace=True)

selected = stat_f['feature'][:self.n_features_to_select].tolist()
print('*' * 10 + 'remains columns:\n{}'.format(selected))

return selected, stat_f
```

测试数据准备: 本次使用了 sklearn 中自带的多分类数据集 iris。

```python
from sklearn.datasets import load_iris
```

```
data = load_iris()
# 转化为 df
X = pd.DataFrame.from_records(data=data.data, columns=data.feature_names)
df = X
df['target'] = data.target
df.shape
```

输出结果为：

```
(150, 5)
```

运行示例：

```
x_col = [cc for cc in df.columns if cc != 'target']
sf = SelectFeatures(df[x_col], df['target'])
selected, stat_f = sf.example_10_methods()
```

输出示例：

```
***by_var:
    remain feature index:
    [0 1 2 3]
    removed feature index:
    []
# 省略了大部分输出
......
***by_gbdt:
    remain feature index:
    [2 3]
    removed feature index:
    [0, 1]

**********remains columns:
['petal length (cm)', 'petal width (cm)', 'sepal length (cm)']
```

返回结果：变量 selected 记录了上述打印的"remains columns"。stat_f 为 dataframe 数据结构，记录了各特征被选中的情况，在 Jupyter 中输出如图 8-8 所示。

col_idx	count	feature	by_var	by_max_info	by_pearson	by_RFE_svm	by_RFE_lr	by_svm	by_lr	by_et	by_rf	by_gbdt
2	10	petal lenght (cm)	1	1	1	1	1	1	1	1	1	1
3	8	petal width (cm)	1	1	1	1	1	0	0	1	1	1
0	5	sepal lenght (cm)	1	1	1	0	0	1	1	0	0	0
1	5	sepal width (cm)	1	0	0	1	1	1	1	0	0	0

图 8-8   特征选择统计结果

各字段解释如下所示。

- col_idx：特征在原数据索引。
- count：特征共被算法选中的次数。
- feature：特征名。

- by_*: 1 表示被算法选中, 0 表示未选中。

注意: 细心的读者可能发现, 上述的算法未指定随机数, 因此每次特征选择的结果可能稍有差异。

上述的工具包为了演示, 部分功能不完善, 但提供了一份简洁的特征选择框架模板, 建议读者依此做适当修改和完善, 完成属于自己的第一版特征选择算法包。

8.8 本章小结

本章主要介绍了如何选择特征。本章将特征选择划分为业务特征选择和技术特征选择, 并以此展开。

8.1 节介绍了特征选择的目的和意义。特征选择时为了在满足业务需求的前提下, 选择匹配问题域的合适特征, 这不仅在工程效率上有巨大的优势, 同时也符合机器学习理论和业务成本等可观的优势。

8.2 节介绍了特征选择的流程和模式, 通过数据质量和特征质量、串联和并联的特征选择和特征选择结果评判。

8.3 节介绍了特征的预测力指标, 分为相关性指标和关联性指标, 它们从不同角度实现特征筛选。

8.4 节到 8.6 节介绍了特征子集选择中著名的分类方式: 过滤法、包裹法和嵌入法。在过滤法中, 实践了单指标、双指标和相关性与关联性组合的特征选择方法。包裹法则详细描述了前向选择、后向选择以及前后向组合的特征选择方法。深度的描述体现在代码实现上, 这些代码清单详细展现了算法的细节, 也弥补了理论和实践的鸿沟, 想必能让读者有更深层的体会。同时笔者也建议读者多编码实践, 这样才能理解自然语言和计算机语言的巨大差异。嵌入法展现了两种经典的特征选择方法: 基于随机森林的特征选择和基于正则的特征选择方法。书中详细讲解了 3 种方法的定义和差别, 并在 8.7 节实现了这些算法, 也形成了一个特征选择的代码框架, 该框架在笔者初学机器学习时总结完成, 想必也能让读者受益。

如本书的重要观点——机器学习是一门实验科学, 特征选择深刻体现了这一点, 在没有科学的实践之前我们无法确定当下环境的最佳子集。还说什么, Just do it !

第四部分

模 型 篇

第 **9** 章

线 性 模 型

现实世界的问题似乎很少是线性的，例如预测天气情况或判断是否发放贷款的问题都不是线性的。如果以线性关系来理解所有问题，那机器学习似乎没有什么难度了，但是也无法解决上述两个复杂的问题。但是，在 4.1.5 节中提到的著名数据科学网站 KDnuggets 的统计中，线性回归模型确实独占鳌头，能够解决很多现实问题。

笔者在初学机器学习时有类似的困惑：线性模型为什么能解决非线性问题。提醒读者，避免只从字面理解"线性"而产生误会，即线性模型只能解决线性问题。本章将线性模型定位和表述为在数学表达式上具有线性的表示方式的数学模型，包含普通线性回归模型和广义线性模型（线性支持向量机本章不进行讲述）。前者是传统意义上的线性模型，后者则具有一定非线性的解决能力，尤其是当结合一定的特征工程（如交叉衍生）后，所谓的线性模型同样能处理非线性问题。广义线性模型是普通线性回归模型的推广，有多种变体或衍生，以处理更广泛的现实问题。

本章将带领读者从普通的线性回归自然迁移到广义线性模型中常用的逻辑回归模型（包含正则的逻辑回归）和金融领域的评分卡模型，从而形成线性模型的知识体系。

9.1　普通线性回归模型

在回归模型的发展进程中，经历了一元线性回归、多元线性回归以及下文讲述的广义线性模型等多种模型。回归（Regression）一词早在 19 世纪 80 年代⊖就已出现，由英国统计学家 Francis Galton 在研究父代和子代身高之间的关系时提出。他发现在同一族群中，子代的平均身高介于其父代身高和族群平均身高之间，即高个子的父亲，其儿子的身高有低于其父亲的趋势，而矮个子父亲，其儿子的身高有高于其父亲的趋势。也就是说，子代的身高有向族群平均身高回归的趋势，这就是"回归"最初的含义——回归到均值，这也是回归模型的本质。

⊖　http://www-history.mcs.st-andrews.ac.uk/Biographies/Galton.html

回归广泛应用于自变量和因变量关系的探索和由自变量预测因变量的数据分析和统计中，常见的应用场景有 3 种：

- 用于描述自变量和因变量的因果关系，即数据产生的某种机制。
- 通过回归统计模型概括大量数据信息的一种表达方式。
- 得知自变量和因变量的关系后，应用新数据得到预测结果。

在机器学习学科的框架下，构建模型的目的是预测，即第 3 点。前 2 点则更多应用于统计学科。笔者认为，正因为不同的应用场景导致了不同的研究方向，使得统计和机器学习有着千丝万缕的联系。

回归建模的步骤有：样本假设、参数估计、方差分析（或显著性检验、拟合优度检验）等。但这些统计分析技术都属于统计学范畴，所以在众多的机器学习书中并不常出现。

1）样本假设：对因变量和误差项有严格的假设要求，比如正态分布。9.1.2 节中将详细介绍。

2）参数估计：即参数求解，如下文提到的最小二乘法、机器学习中的梯度下降法等。

3）方差分析（或显著性检验）：包含两个方面。一是模型整体检验，检验根据样本拟合出的模型是否在总体中具有解释力，常通过方差分析（ANOVA）构造 F 统计量使用 F-test 检验是否所有的自变量系数都为 0；二是回归系数检验，即检验单个自变量和因变量是否显著，常使用系数的估计量和估计标准误差构造 t 统计量，使用 T-test 进行检验。

4）拟合优度检验：检验模型拟合效果的好坏，常用的指标有 R^2，与假设检验常混合使用，只是关注点稍有区别。

上述几点内容书中不再一一介绍，请读者参考相关的资料学习。

9.1.1　线性回归

为了顺利地过渡到广义线性模型，下面简要介绍一下一元线性回归和多元线性回归模型。

1. 一元线性回归

自变量只有一个线性回归模型的称为一元线性回归，其模型的统计表达式为式（9-1）。

$$y_i = \beta_0 + \beta_1 x_i + \epsilon_i \tag{9-1}$$

式中 y_i 表示因变量，是一个连续正态随机变量；x_i 表示已知的自变量，可以是连续、离散或两者的组合；β_0 和 β_1 表示未知的模型参数；ϵ_i 表示随机误差项，也是一个随机变量，并且设该随机误差项的期望为 0；方差固定为 σ^2。由于一元回归只有一个自变量，是最简单的线性回归模型。该式的线性表现为如下两个方面。

- 模型的参数是线性的：线性乘积的形式。
- 模型的自变量也是线性的：自变量是一次项，而不是指数等非线性的形式。

注意：上述式子虽然和一元一次方程形式一致，但并不是函数关系而是统计关系。函数关系精确地表示了变量与变量之间关系，而统计关系则不表示精确关系，表示的是变量

与变量的趋势关系。统计机器学习所有模型表达式都是统计关系而不是单纯的函数关系。请注意学习过程中数学到统计知识的迁移和转化。

回归模型中，每个指定的 x_i，其条件期望计算式如（9-2）所示。

$$E(Y|X=x_i)=\mu_i=\beta_0+\beta_1 x_i \tag{9-2}$$

该式子的含义为：对于每个特定的 x_i，观测值 y_i 来自一个均值为 μ_i、方差为 σ^2 的正态分布（y 来自多个正态分布），其中 β 为回归系数。如果连接各个点 (x_i, μ_i) 将得到一条直线，该直线称为"回归线"，此时 β_0 和 β_1 分别表示为该回归线的截距和斜率。在现实中由于样本有限，由样本估计得到的参数称为经验参数，其回归方程表示为经验回归方程，由经验回归方程得到的估计值和观察值 y 的差表示为残差。残差的几何意义表现为样本到回归线上的欧式距离。

回归方程一般使用普通最小二乘法（Ordinary Least Square，OLS）求解，使得残差平方和（Residual Sum of Squares，RSS）最小或均方误差最小。下述代码对截距、斜率和残差等做了简要的实验演示。sklearn 中的 LinearRegression 使用最小二乘法求解，从输出来看，该回归模型很好地拟合了数据。

```python
import numpy as np
from sklearn.linear_model import LinearRegression
# 准备人工数据：y 与 X 的统计关系近似的使用函数 1+2x 表示
X = np.array([1, 2, 3, 4, 5])
e = np.array([0.1, 0.2, -0.2, 0.15, -0.1])# 模拟随机误差
y = 1 + 2 * X + e

lr = LinearRegression(fit_intercept=True)
lr.fit(X.reshape(-1, 1), y)

# 回归模型的截距，输出：1.165
lr.intercept_
# 回归模型的斜率，输出：1.955
lr.coef_
# 残差表示为：输出：[ 0.02, -0.125, 0.23, -0.165, 0.04 ]
lr.predict(X.reshape(-1, 1)) - y
# 输出模型的拟合优度 R²:0.997
lr.score(X.reshape(-1, 1), y)
```

2. 多元线性回归

一个自变量的回归模型几乎解决不了实际问题，因为一个实际建模问题必将涉及多个因素。由多个自变量描述的线性回归模型称为多元线性回归模型，其通用的模型表达式为式（9-3），式中包含 $m-1$ 个自变量，y_i 表示为某个因变量：

$$y_i=\beta_0+\beta_1 x_{i1}+\beta_2 x_{i2}+\cdots+\beta_k x_{ik}+\beta_{m-1} x_{im-1}+\epsilon_i \tag{9-3}$$

式（9-3）和式（9-2）的相关参数含义基本一致，此时 β 称为偏回归系数，表示对因变量的

一种偏效应（控制其他自变量不变，自变量对因变量的净效应）。将式（9-3）重写成向量的形式（9-4）：

$$y = \beta_0 + \sum_{i=1}^{m} \beta_i X_i + \epsilon \qquad (9\text{-}4)$$

如果在 X 矩阵中添加一项常数为 1 的列，那么式（9-4）可以简写为式（9-5）：

$$y = \sum_{i=0}^{m} \beta_i X_i + \epsilon \qquad (9\text{-}5)$$

同一元线性回归一样，取条件期望后消去误差项，就开始估计模型参数。在经典的统计模型开源包 statmodel 中，多元回归的实现就是这样的，示例如下：

构造人工数据集：

```
import statsmodels.api as sm
np.random.seed(42)

# 两个自变量 x1 和 x2，生成 100 个样本
nsample = 100
# 0 ～ 10 等分 100
x1 = np.linspace(0, 10, 100)
# 构造非相关变量！
x2 = x1**2
X = np.column_stack((x1, x2))
'''X 示例如下
array([[0.00000000e+00, 0.00000000e+00],
       [1.01010101e-01, 1.02030405e-02],
       [2.02020202e-01, 4.08121620e-02],
       ...
'''
# beta0, beta1, beta2
beta = np.array([1, 0.1, 10])
# 生成随机正态分布的误差
e = np.random.normal(size=nsample)
```

添加 beta0 对应常数项 1：

```
X = sm.add_constant(X)
'''X 加入常数项后
array([[1.00000000e+00, 0.00000000e+00, 0.00000000e+00],
       [1.00000000e+00, 1.01010101e-01, 1.02030405e-02],
       [1.00000000e+00, 2.02020202e-01, 4.08121620e-02],
       [1.00000000e+00, 3.03030303e-01, 9.18273646e-02],
       ...
'''
```

人工构造观察值 y：

```
y = np.dot(X, beta) + e
```

模型拟合：

```
model = sm.OLS(y, X)
results = model.fit()
```

拟合结果:

```
results.params
```

输出如下, 说明很好地接近了 beta。

```
array([ 0.94812365, 0.04049094, 10.00733023])
```

skearn 中的 LinearRegression 易用性更好, 因为它无须人为加入常数项。请读者自行实验, 并验证两者得到的结果是否一致。

9.1.2　线性回归的假设

工作中曾听到有人质疑:"回归模型都需要满足数据的正态分布假设, 很明显现有的数据无法满足, 使用这样的数据能得到有效的模型吗?"本章后续的内容能够给出答案。

在上述的一元回归和多元回归模型中使用最小二乘法求解参数时, 确实要求有相关的假设:

1)线性假设:建模问题本身可以构建如式(9-1)的数学线性表达式。

2)正交假设:误差项 ϵ 与 x 不相关, 即两者的协方差为 0, 同时也要求 ϵ 的期望为 0。多元回归中则表示误差项与所有的 x 都不相关。

3)独立同分布:误差项 ϵ 相互独立, 即 ϵ_i 和 ϵ_j 之间的协方差为 0(i 不等于 j), 同时满足同一分布, 即方差相等且为常数 σ, 即常说的同方差假设。

4)正态分布:误差项 ϵ 还满足 $N(0,\sigma^2)$。此时, 最小二乘法等同于总体参数的最大似然估计。大样本下, 一般可忽略该假设。

在第 1 点和第 2 点的假设下能够得到消除了误差项的式(9-2)。以上的假设也能说明线性回归建模的理论依据和估计参数的无偏性, 而且是无偏估计中的最佳选择。

实际构建模型时可能加入了与目标变量无关的因变量, 或未加入有关的变量。此时模型的效果又会如何呢?

实际上, 在上述的 4 点假设下, 无关变量并不会影响最小二乘法估计结果的无偏性, 但是可能增加多重共线性的问题(请参考 11.6 节), 从而减弱估计的有效性。对于未加入的有关的变量, 可能会导致模型性能的降低。

9.1.3　线性模型如何解决非线性问题

线性模型能够处理非线性问题吗?

答案是肯定的, 最直接的方式是对自变量进行非线性变换, 如常见的对数变换、二次项变换、指数变换等, 但现实世界并没有这么简单, 自变量进行哪种非线性变换后能使得与因变量线性相关呢。看看下面的例子:

设 A 当前的月薪为 5 千元，B 当前的月薪为 2 万元。同时给 A、B 涨薪 5 千元，设目标变量是涨薪带来的幸福感。很明显涨薪带来的幸福感 A 要强于 B，类似的，月薪 3 万元的 C 可能需要增加 2 万元才能体会到 A 的这种幸福感。也就是说，在不同的薪资水平下，不同的涨薪幅度带来的幸福感不是线性的。如果把这种涨薪幅度作为地区的房屋购买力的自变量时，也应该不是线性的。

看了上述自变量与因变量非线性关系的例子，再看因变量更为复杂的情况：现实世界在很多情况下是离散、定性的，而非像上述回归描述的连续的或定量的。例如，是否会点击广告、贷款是否会逾期、从阴天变为晴天的状态转变等，它们属于二分（0 和 1）或多分的因变量。处理这类二分变量最直接的方式是在小于 0 时限制为 0，大于 1 时限制为 1。这会产生一条 Z 字形的不连续折线。一种较"委婉"的做法是限制当自变量越靠近 0 和 1 的两端时，其对因变量的影响越来越小，以一种无限趋近的曲线表示这种影响，这样的描述似乎非常符合月薪增幅带来的幸福感。在二维中描述了普通线性回归和二元因变量拟合情况如图 9-1 所示。

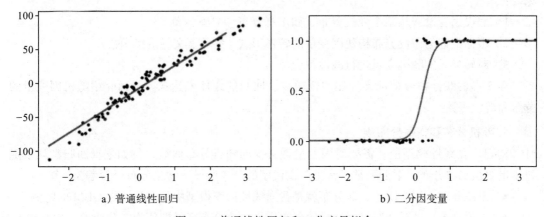

a) 普通线性回归   b) 二分因变量

图 9-1　普通线性回归和二分变量拟合

从图中可以看出，a 图的目标变量的值域范围理论上可以是正、负无穷，b 图的目标变量的值域范围在问题定义时限制为 0 和 1，表示某事件是否会发生。

如果继续沿用线性回归的分析方法，b 图散点图的问题是，中间段接近线性，两端则是非线性且当 x 取值足够小或足够大到 $y=0$ 或 $y=1$ 时，x 的改变对因变量就不再有影响。这样的拟合回归已经不满足正态性和同方差的假设，具体表现为误差（残差）不再是正态分布，误差也与 X 有了一定的关系（越靠近端点误差越小），不再无关。线性的概念和相加的性质无法得到满足。

对于现实非线性问题，除了使用复杂的非线性模型，另一个选择是使用复杂度适中的非线性转化。这种转换实现了高低阶的转化，包含自变量和因变量的转换。一般这种变换由某种非线性的转换完成，就如上述 b 图曲线显示的那样。想要解决问题则需要更泛化的定义。

9.2 广义线性模型

广义线性模型（Generalized Linear Models，GLM）由 Nelder 和 Wedderburn 于 1972 年提出和发表[⊖]，旨在解决普通线性回归模型无法处理的因变量离散，并发展能够解决非正态因变量的回归建模任务的建模方法。在广义线性模型的框架下，因变量不再要求连续、正态，当然自变量更加没有特殊的要求。普通的线性回归假设严格，适用面窄，而没有了这些强制的假设要求，GLM 适用面更广，能够对正态分布、二项分布、泊松分布、Gamma 分布等随机因变量进行建模。

通俗来说，广义线性模型是普通线性模型的普遍化，如果把 9.1 节的普通线性回归模型称为狭义线性模型，那么它就是广义线性模型中因变量服从正态分布的一个特例。

9.2.1 建模方法论

从普通线性回归模型到广义线性模型的发展过程中可以看出，广义线性模型建模方法论为：

1）假设因变量服从某个随机分布，如正态分布、二项分布。

2）根据上述的假设分布构建因变量的转换形式（参考下文的链接函数）。

3）对转换后的随机变量进行线性拟合。

第 3 点的线性拟合即前文描述的普通线性回归的线性表达式。下面介绍随机因变量的分布和链接函数。

1. 随机分布和指数分布族

构建广义线性模型前，需要对因变量做必要的随机分布假设，例如逻辑回归默认了随机变量服从二项分布。下面列举了常见广义模型的分布假设，常见分布可参考 3.1 节。

- 正态分布：如前所述，该分布就是普通线性回归模型中的假设，是 GLM 的特例。
- 二项分布：逻辑回归对因变量的分布假设，该分布变量取值为二分变量，如 0 和 1。
- 泊松分布：泊松回归对因变量的分布假设，该分布适合计数型变量的建模，取值为自然数。
- Gamma 分布：Gamma 回归对因变量的分布假设，该分布适合对生存时间、降雨量等只取正值的情况建模。

如上分布有一个共同的特点：它们都可以写成一致的指数统计表达式，所以称为指数分布族，其统一的概率分布为式（9-6）。此外指数分布族还包括负二项分布、Tweedie 分布等。

$$p(y \mid \theta, \phi) = \exp\left(\frac{y\theta - b(\theta)}{\phi} + c(y, \phi) \right) \qquad (9\text{-}6)$$

⊖ Nelder J A，Wedderburn R W M．Generalized Linear Models[J]. Journal of the Royal Statistical Society, 1972, 135(3):370-384.

其中 θ 称为标准参数，是均值（μ）的一个函数，同理 $b(\theta)$ 也是均值的一个函数；ϕ 为离散参数，衡量了 y 的方差；c 则为观察值 y 和离散参数的函数。例如正态分布使用上式改写成式（9-7）的指数形式表示正态分布：

$$f(y\,|\,\mu,\sigma^2)=\frac{1}{\sqrt{2\pi}\sigma}\exp\left(-\frac{(y-\mu)^2}{2\sigma^2}\right)\longrightarrow\exp\left(\frac{y\mu-\frac{1}{2}\mu^2}{\sigma^2}-\frac{1}{2}\left(\frac{y^2}{\mu^2}+\log_e(2\pi\sigma^2)\right)\right)\quad(9\text{-}7)$$

表 9-1 列举了上述分布的指数形式的参数，供大家参考。

表 9-1　4 个分布的指数族参数

分布	值域	$\mu=E[Y|x]$	$\theta(\mu)$	$b(\theta)$	ϕ
正态分布 $N(\mu,\sigma^2)$	$(-\infty,\infty)$	μ	μ	$\frac{1}{2}\theta^2$	σ^2
二项分布 $B(n,p)$	$0,1,\cdots,n$	np	$\log\frac{p}{1-p}$	$n\log(1+e^\theta)$	1
泊松分布 $P(\mu)$	$0,1,\cdots,\infty$	μ	$\log(\mu)$	e^θ	1
Gamma 分布 $N(\mu,v)$	$(0,\infty)$	μ	$-\frac{1}{\mu}$	$-\log(-\theta)$	1

在指数分布族中，随机变量的均值和方差分别为 $\mu=b'(\theta)$ 和 $Var(y)=b''(\theta)\phi$。另外，指数函数具有优良的数学特性，在参数估计过程中直接使用最大似然估计求解即可（连乘取对数似然后转化为累加）。

2. 链接函数

线性模型拟合的是目标变量 y 的（条件）期望 $E(y)$，即 y 所服从分布的均值，可以得到如式（9-8）的变换，其中带 "-1" 上标的表示反函数。

$$E(y)=\mu=b'(\theta)\longrightarrow b'^{-1}(E(y))=\theta\quad(9\text{-}8)$$

在广义线性模型框架下，θ 和样本 X 有线性关系，即可以写成如式（9-2）的线性表达式，也就是说 θ 表征了该线性关系，我们把 θ（即 $b'^{-1}(\cdot)$）称为链接函数（Link Function），它一般使用 $g(\cdot)$ 来表示，如式（9-9）所示。

$$g(E(y))=\sum_{i=0}^m\beta_iX_i\quad(9\text{-}9)$$

链接函数链接了均值和线性表达式，从而构成了统一形式的广义线性模型。

可以看出：
- 链接函数是线性和非线性的桥梁。
- 广义线性模型是随机变量期望变换后的线性模型或原期望的非线性模型。

9.2.2 示例

Statmodel 中实现了这些广义线性模型：Binomial、Gamma、Gaussian、InverseGaussian、NegativeBinomial、Poisson、Tweedie。例如二项分布的使用示例如下：

```
import statsmodels.api as sm
logit_model = sm.GLM(y, X, family=sm.families.Binomial())
```

如需查看每种广义模型下的链接函数可以使用 sm.families.family.<familyname>.links，例如二项分布可以使用多种链接函数。

```
sm.families.family.Binomial.links
# 输出
[statsmodels.genmod.families.links.logit,
 statsmodels.genmod.families.links.probit,
 statsmodels.genmod.families.links.cauchy,
 statsmodels.genmod.families.links.log,
 statsmodels.genmod.families.links.cloglog,
 statsmodels.genmod.families.links.identity]
```

sklearn 中并未包含上述所有实现，但实现了逻辑回归、带正则化的 Ridge、Lasso 回归和多项式回归、稳健回归等，其中带正则项的回归和逻辑回归将在下文介绍。

sklearn 中多项式回归由多项式特征转化方法 sklearn.preprocessing.PolynomialFeatures 结合普通的回归实现，如线性回归、Ridge 回归等。稳健回归由 TheilSenRegressor、RANSACRegressor、HuberRegressor 方法实现，三者分别对应自变量和因变量有少量的离群点（outliers）、因变量有很大的离群点、直接减少离群点的效应。

9.3 正则化的回归

正则化的回归是在普通回归经验风险中加入正则项构成的回归，如式（9-10）所示。

$$\min_{\beta} \mathrm{MSE} + \alpha \mathrm{L_p} \tag{9-10}$$

$\mathrm{L_p}$ 参考式（9-8），是待估计参数 β 的函数。正则化的回归也属于广义线性模型。正则化技术是机器学习发展过程中处理结构风险最小化的有力工具，正则化系数（alpha）在模型调参中称为超参数，一般通过交叉验证的方式确定，评价方法可选用 AIC 和 BIC，请参考 13.3.2 节。4.2.1 节中提到了正则化的应用，8.6.2 节中讲述了基于正则化的特征选择技术，本节将进一步讲述正则化原理和示例。

9.3.1 正则化原理

最常见的正则化方法是使用 $\mathrm{L_p}$ 正则化项，即 $\mathrm{L_p}$ 范数，其数学表达式为式（9-11）：

$$\|\mathbf{x}\|_p := \left(\sum_{i=1}^{n} |x_i|^p \right)^{1/p} \tag{9-11}$$

图 9-2 描述了二维情况下 L_p 范数的几何图形。

机器学习中最常见的是使用 L1 和 L2 正则化，即图 9-2 中的两条实线表示的曲线，一个曲线尖锐，一个则很圆滑。回归参数求解时就是对 β 进行上述的范数计算并受到正则范围限制。最小 β 周围不断扩展的等高线与上述几何图形相切的点，即为 β 的满足限制条件的取值，L1 的限制下该等高线会和 Y 轴相切得到 X 轴上系数为 0 的 β，而与 L2 得到的是非零的两个 β。在数值计算中表现为：L1 范数在原点不可导，进而使用次梯（Sub-Gradients）结合软阈值（Soft Thresholding）的坐标下降法求解，此时在软阈值范围内导数定义为 0，感兴趣的读者可参考相关的数学推导。

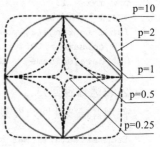

图 9-2　二维范数几何示例

9.3.2　Lasso 和 Ridge 回归

L1 的回归称为 Lasso（套索）回归，L2 的回归称为 Ridge（岭）回归。Lasso 回归由于具有产生系数为 0 的特性（系数为 0 的特征表示未被选中），使得它具有特征选择的效果。Ridge 回归则具有压缩（Shrink）系数的特性，能有效避免过拟合。两种正则的线性组合称为 ElasticNet（弹性网络）回归，详情可参考 4.2.1 节。图 9-3 的虚线展示了 ElasticNet 回归的正则效果处于 L1 和 L2 之间，以融合双方的优点或实现权衡。

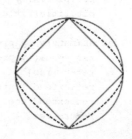

图 9-3　ElasticNet 正则在二维空间的图形示例

sklearn 中的正则化的回归实现较为全面。

- 普通：Lasso、Ridge 、ElasticNet、RidgeClassifier。
- 带交叉验证：LassoCV、RidgeCV、ElasticNetCV、RidgeClassifierCV。

Statsmodels 中也支持部分正则化的方法，请参考 regression.linear_model.GLS.fit_regularized。

9.3.3　正则化效果演示

下面以代码示例来演示两种回归的差异。

1. 数据准备

使用三角函数 cos 模拟了 48 个点，同时构造了这些不同幂的值：

```
np.random.seed(42)
x = np.array([i * np.pi / 180 for i in range(-180, 60, 5)])
# 加入了正态分布的噪声
```

```
y = np.cos(x) + np.random.normal(0, 0.15, len(x))
data = pd.DataFrame(np.column_stack([x, y]), columns=['x', 'y'])

pow_max = 13
# 构造不同幂的 x
for i in range(2, pow_max):
    colname = 'x_%d' % i
    data[colname] = data['x']**i
```

2. 普通线性回归

使用普通线性回归模型拟合上述的点，绘制指定幂的 4 个图形并记录所有幂的拟合情况：

```
from sklearn.linear_model import LinearRegression
def myplot(x, y, y_pred, sub, title):
    plt.subplot(sub)
    plt.tight_layout()
    plt.plot(x, y_pred)
    plt.plot(x, y, '.')
    plt.title(title)

def summary(y, y_pred, intercept_, coef_):
    rss = sum((y_pred - y)**2)
    ret = [rss]
    ret.extend([intercept_])
    ret.extend(coef_)
    return ret

def linear_regression(data, power, models_to_plot):
    # 设置预测变量 x, x_2, x_3...
    predictors = ['x']
    if power >= 2:
        predictors.extend(['x_%d' % i for i in range(2, power + 1)])
    # 线性拟合，通过自变量的处理实现多项式回归
    linreg = LinearRegression(normalize=True)
    linreg.fit(data[predictors], data['y'])
    y_pred = linreg.predict(data[predictors])
    # 绘制指定的幂的图形
    if power in models_to_plot:
        myplot(data['x'], data['y'], y_pred, \
            models_to_plot[power], 'power=%d' % power)
    # 记录模型拟合效果 rss、截距和系数
    return summary(data['y'], y_pred, linreg.intercept_, linreg.coef_)
```

构建模型：

```
col = ['rss', 'intercept'] + ['coef_x_%d' % i for i in range(1, pow_max)]
ind = ['pow_%d' % i for i in range(1, pow_max)]
coef_matrix_linear = pd.DataFrame(index=ind, columns=col)

# 设置显示 4 个图形，幂分别为 1、4、8、12
```

```
models_to_plot = {1: 221, 4: 222, 8: 223, 12: 224}
# 拟合所有幂的变量
for i in range(1, pow_max):
    coef_matrix_linear.iloc[i - 1, 0:i + 2] = linear_regression(
        data, power=i, models_to_plot=models_to_plot)
```

上述输出图形如图 9-4 所示。

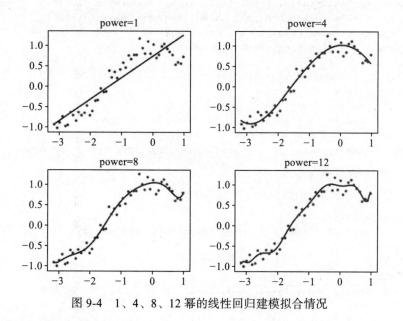

图 9-4　1、4、8、12 幂的线性回归建模拟合情况

coef_matrix_linear 输出如图 9-5 所示。

	rss	intercept	coef_x_1	coef_x_2	coef_x_3	coef_x_4	coef_x_5	coef_x_6	coef_x_7	coef_x_8	coef_x_9	coef_x_10	coef_x_11	coef_x_12
pow_1	4.1	0.75	0.54	NaN	NaN	NaN	NaN	NaN	NaN	NaN	NaN	NaN	NaN	NaN
pow_2	2.4	0.78	0.23	−0.14	NaN	NaN	NaN	NaN	NaN	NaN	NaN	NaN	NaN	NaN
pow_3	0.89	0.99	0.11	−0.56	−0.13	NaN	NaN	NaN	NaN	NaN	NaN	NaN	NaN	NaN
pow_4	0.85	0.96	0.043	−0.49	−0.038	0.021	NaN	NaN	NaN	NaN	NaN	NaN	NaN	NaN
pow_5	0.75	0.96	−0.13	−0.58	0.17	0.18	0.03	NaN	NaN	NaN	NaN	NaN	NaN	NaN
pow_6	0.74	0.95	−0.11	−0.5	0.17	0.11	−0.0093	−0.006	NaN	NaN	NaN	NaN	NaN	NaN
pow_7	0.74	0.96	−0.08	−0.59	0.044	0.16	0.1	0.042	0.0063	NaN	NaN	NaN	NaN	NaN
pow_8	0.71	0.96	0.072	−0.53	−0.49	−0.22	0.4	0.42	0.14	0.015	NaN	NaN	NaN	NaN
pow_9	0.7	0.96	0.092	−0.42	−0.53	−0.48	0.31	0.56	0.26	0.05	0.0036	NaN	NaN	NaN
pow_10	0.66	0.92	−0.0096	0.093	0.29	−1.5	−1.5	0.44	1.3	0.73	0.18	0.016	NaN	NaN
pow_11	0.63	0.92	−0.21	0.08	1.7	−0.69	−3.8	−1.8	1.7	2.1	0.92	0.18	0.014	NaN
pow_12	0.62	0.9	−0.12	0.56	1.2	−2.9	−3.8	1.4	3.7	1.2	−0.53	−0.46	−0.11	−0.0096

图 9-5　普通回归模型拟合细节

从系数可以看出，随着模型复杂度（幂越大和项数越多）的增加，系数具有逐渐增大的趋势。反过来说，如果正则化具有约束系数的作用，那么正则化具有减少模型复杂度的作用。

3. Lasso 回归

使用 Lasso 回归的代码如下：

```
from sklearn.linear_model import Lasso

def lasso_regression(data, predictors, alpha, models_to_plot):
    lassoreg = Lasso(alpha=alpha, normalize=True, max_iter=1e6)
    lassoreg.fit(data[predictors], data['y'])
    y_pred = lassoreg.predict(data[predictors])

    # 绘制指定的 alpha 的图形
    if alpha in models_to_plot:
        myplot(data['x'], data['y'], y_pred, \
            models_to_plot[alpha], 'alpha=%.3g' % alpha)
    # 记录模型拟合效果 rss、截距和系数
    return summary(data['y'], y_pred, lassoreg.intercept_, lassoreg.coef_)
```

使用不同的正则惩罚力度进行拟合：

```
# 拟合了所有的 x
predictors = ['x']
predictors.extend(['x_%d' % i for i in range(2, pow_max)])

# 设置正则系数
alpha_lasso = [
    1e-15, 1e-10, 1e-8, 1e-4, 1e-3, 1e-2, 1e-1, 1, 5, 10, 20, 50
]
ind = ['alpha_%.2g' % alpha_lasso[i] for i in range(0, len(alpha_lasso))]
coef_matrix_lasso = pd.DataFrame(index=ind, columns=col)
models_to_plot = {1e-15: 221, 1e-3: 222, 1e-2: 223, 1e-1: 224}

for i in range(len(alpha_lasso)):
    coef_matrix_lasso.iloc[i, ] = lasso_regression(data, predictors,
                                        alpha_lasso[i],
                                        models_to_plot)
```

上述输出图形如图 9-6 所示。

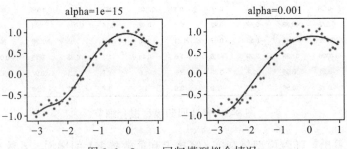

图 9-6 Lasso 回归模型拟合情况

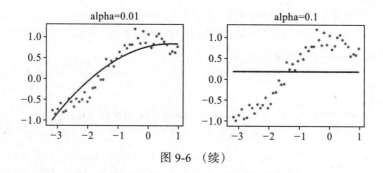

图 9-6 （续）

coef_matrix_lasso 输出如图 9-7 所示。

	rss	intercept	coef_x_1	coef_x_2	coef_x_3	coef_x_4	coef_x_5	coef_x_6	coef_x_7	coef_x_8	coef_x_9	coef_x_10	coef_x_11	coef_x_12
alpha_1e-15	0.72	0.96	-0.043	-0.55	-0.052	0.11	0.16	0.062	0.0016	0.00032	0.00061	-0.00014	1.1e-05	1.7e-05
alpha_1e-10	0.72	0.96	-0.043	-0.55	-0.052	0.11	0.16	0.062	0.0016	0.00032	0.00061	-0.00014	1.1e-05	1.7e-05
alpha_1e-08	0.72	0.96	-0.044	-0.55	-0.05	0.11	0.16	0.062	0.0015	0.00027	0.0006	-0.00014	1e-05	1.7e-05
alpha_0.0001	0.78	0.95	0.017	-0.46	0	0.012	-0.0078	0	-0	0	0	-0	0	-9.3e-07
alpha_0.001	1.1	0.87	0.082	-0.3	-0	0	-0	0.0015	-0	0	-0	0	-0	-0
alpha_0.01	2.7	0.72	0.2	-0.13	0	-0	0	0	-0	0	-0	0	-0	-0
alpha_0.1	24	0.16	0	-0	0	-0	0	-0	0	-0	0	-0	0	-0
alpha_1	24	0.16	0	-0	0	-0	0	-0	0	-0	0	-0	0	-0
alpha_5	24	0.16	0	-0	0	-0	0	-0	0	-0	0	-0	0	-0
alpha_10	24	0.16	0	-0	0	-0	0	-0	0	-0	0	-0	0	-0
alpha_20	24	0.16	0	-0	0	-0	0	-0	0	-0	0	-0	0	-0
alpha_50	24	0.16	0	-0	0	-0	0	-0	0	-0	0	-0	0	-0

图 9-7　Lasso 回归模型拟合细节

图 9-7 的第一列，随着 alpha 的增加，RSS 不断增加，模型复杂度降低，回归系数为 0 的个数不断增加，系数矩阵逐渐稀疏。当 alpha 为 0.1 时的拟合曲线已经变成了平行于 x 轴的直线，即所有的回归系数都为 0。

4. Ridge 回归

使用 Ridge 回归的代码如下：

```
from sklearn.linear_model import Ridge

def ridge_regression(data, predictors, alpha, models_to_plot):
    ridgereg = Ridge(alpha=alpha, normalize=True)
    ridgereg.fit(data[predictors], data['y'])
    y_pred = ridgereg.predict(data[predictors])

    # 绘制指定的 alpha 的图形
    if alpha in models_to_plot:
        myplot(data['x'], data['y'], y_pred, \
            models_to_plot[alpha], 'alpha=%.3g' % alpha)
```

```
# 记录模型拟合效果 rss、截距和系数
return summary(data['y'], y_pred, ridgereg.intercept_, ridgereg.coef_)
```

使用不同的正则惩罚力度进行拟合：

```
# 拟合了所有的 x
predictors = ['x']
predictors.extend(['x_%d' % i for i in range(2, pow_max)])

# 设置正则系数
alpha_ridge = [1e-15, 1e-10, 1e-8, 1e-4, 1e-3, 1e-2, 1e-1, 1, 5, 10, 20, 50]
ind = ['alpha_%.2g' % alpha_ridge[i] for i in range(0, len(alpha_ridge))]
coef_matrix_ridge = pd.DataFrame(index=ind, columns=col)

models_to_plot = {1e-15: 221, 1e-3: 222, 1: 223, 50: 224}
for i in range(len(alpha_ridge)):
    coef_matrix_ridge.iloc[i, ] = ridge_regression(data, predictors,
                                                    alpha_ridge[i],
                                                    models_to_plot)
```

上述输出图形如图 9-8 所示。

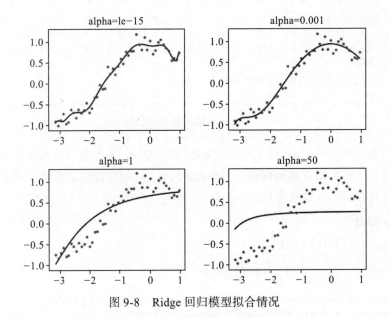

图 9-8   Ridge 回归模型拟合情况

coef_matrix_ridge 输出如图 9-9 所示。

从图 9-9 可以看出：随着 alpha 的增大，系数越来越小，逐渐趋向于 0；RSS 增加，模型复杂度降低的同时逐渐从过拟合到欠拟合。当 alpha 为 1e-15 时，该曲线和普通线性回归中最后一个图基本一致，表示没有正则化的效果；当 alpha 为 0.001 时，对模型过拟合进行了良好的矫正；但是，当 alpha 为 50 时，所有回归系数几乎都为 0，导致拟合的曲线接近

一条直线，出现欠拟合。需要注意的是：此时系数接近 0，但并不为 0，这是与 Lasso 差异最显著的地方。

	rss	intercept	coef_x_1	coef_x_2	coef_x_3	coef_x_4	coef_x_5	coef_x_6	coef_x_7	coef_x_8	coef_x_9	coef_x_10	coef_x_11	coef_x_12
alpha_1e-15	0.62	0.9	-0.12	0.56	1.2	-2.9	-3.8	1.4	3.7	1.2	-0.53	-0.46	-0.11	-0.0096
alpha_1e-10	0.66	0.94	-0.014	-0.095	0.24	-1.1	-1.3	0.31	1.1	0.65	0.1	-0.024	-0.01	-0.001
alpha_1e-08	0.71	0.96	0.018	-0.58	-0.29	-0.021	0.29	0.24	0.08	0.013	0.0004	-0.00022	0.00011	3.4e-05
alpha_0.0001	0.74	0.95	-0.047	-0.45	0.079	0.034	-0.0081	0.0024	-0.00012	-0.00012	7.1e-05	-2.1e-05	2e-06	2.3e-05
alpha_0.001	0.78	0.94	0.011	-0.42	0.018	0.01	-0.0047	0.0014	-0.00026	2.3e-05	9.2e-05	-6.1e-06	2.2e-06	-4.9e-07
alpha_0.01	0.99	0.87	0.091	-0.29	0.018	0.00085	-0.0022	0.00084	-0.00025	5.8e-05	-8.8e-06	-6.7e-07	1.4e-06	-7.9e-07
alpha_0.1	1.9	0.77	0.2	-0.12	0.018	-0.0033	0.00023	7.7e-05	-5.4e-05	2.1e-05	-7.1e-06	2.1e-06	-5.7e-07	1.4e-07
alpha_1	4.6	0.59	0.13	-0.049	0.012	-0.0028	0.00064	-0.00013	2.4e-05	-2.8e-06	-3.8e-07	4.6e-07	-2.4e-07	1e-07
alpha_5	9.8	0.41	0.056	-0.021	0.0058	-0.0016	0.00046	-0.00013	3.6e-05	-1e-05	2.8e-06	-8e-07	2.3e-07	-6.4e-08
alpha_10	13	0.34	0.035	-0.014	0.004	-0.0012	0.00035	-0.0001	3e-05	-9e-06	2.7e-06	-8e-07	2.4e-07	-7.3e-08
alpha_20	16	0.28	0.021	-0.0083	0.0025	-0.00076	0.00023	-7e-05	2.1e-05	-6.6e-06	2e-06	-6.2e-07	1.9e-07	-5.9e-08
alpha_50	20	0.22	0.0095	-0.0039	0.0012	-0.00038	0.00012	-3.6e-05	1.1e-05	-3.5e-06	1.1e-06	-3.4e-07	1.1e-07	-3.3e-08

图 9-9　Ridge 回归模型拟合细节

以上的演示也解释了两种正则化的应用场景。正则化技术是机器学习和统计分析建模区分最明显的地方。

9.4　逻辑回归

用户是否会点击广告、贷款是否会逾期等二分因变量取值一般定义为 0 和 1（一般把关注的事件编码为 1），或 +1 和 -1，对于这类问题可以使用逻辑回归建模。

9.4.1　模型原理

抛硬币的随机事件中，抛一次硬币的结果可能是正面或反面，设正面表示为 1，概率为 p，则该随机事件属于伯努利分布。该概率分布可统一写成表达式：$f(y|p) = p^y(1-p)^{1-y}$。例如，如果事件为 1，即 $y=1$，表达式的值为 p；如果事件为 0，即 $y=0$，表达式的值为 $1-p$，该结果和 3.1.2 节中描述的是一致的。根据该表达式，可以得出似然函数如式（9-12）所示，其中 h 为待求解的假设，即预测的概率。

$$L(\beta; X, y) = \prod_{i=1}^{n} h(x_i; \beta)^{y_i}(1 - h(x_i; \beta))^{1-y_i} \tag{9-12}$$

参考 3.1.3 节，如果连续抛硬币 n 次，就得到 n 重伯努利实验。从这个角度出发，式（9-12）的含义为 n 次 p 不断变化的伯努利实验，p 由 x_i 和 β 共同确定，换句话说每个样本对应一个伯努利分布。

上述的表达式 f 可以按照指数的形式改写成式（9-13）：

$$f(y \mid p) = e^{y \log\left(\frac{p}{1-p}\right) + \log(1-p)} = e^{y\theta - \log(1+e^{\theta})}, \quad 其中 \theta = \log\frac{p}{1-p} \qquad (9\text{-}13)$$

参考表 9-1 第二行，从广义线性模型的定义来看，逻辑回归实际上是链接函数为 $\log\frac{p}{1-p}$ 的广义线性模型，并假设因变量服从二项分布。该链接函数对原问题（事件发生的概率）做了如下的数学转换，并满足了前述的普通线性回归对因变量的要求。

1) $\frac{p}{1-p}$：称为几率（Odds）。p 的取值范围为 $0 \sim 1$，那么该比数取值范围为 $0 \sim +\infty$，去除了右侧值域的限制，其含义为相对于不发生的可能性而言发生的可能性。

2）比数取对数：称为对数几率（Log Odds）。该变换在数学上去除了比数下限 0 的限制，即去除了左侧值域的限制。

至此，经过链接函数转化后的原值域为正、负无穷。该变换称为 logit 变换，经过 logit 变换后可以顺利地使用线性回归模型拟合观察值的对数几率。此时，我们称该模型为逻辑回归模型，适用于分类问题。如果反过来讲，单纯从值域上看，实际上可以使用其他非线性的转化函数替代 Sigmoid 函数，如三角函数 tan，但链接函数 logit 本质上将线性预测值约束到了二项分布，从而得到式（9-12）的必然结果。

在上述转化中，x 每变化一个单位时 logit 是连续变化的，但概率 p 不是，如表 9-2 所示。

表 9-2　logit 保持 1 的变化但 p 的变化不是线性的

logit	−3	−2	−1	0	1	2	3
p	0.047	0.119	0.269	0.500	0.731	0.881	0.953
p 的变化	—	0.072	0.150	0.231	0.231	0.150	0.072

这种非线性的关系正好符合 9.1.3 节描述的非线性问题。

上述虽然是以对数几率构建的线性回归模型，但是在常用的算法包中对模型的输出进行了概率转化，用户得到的结果就是概率 p。logit 和概率之间互转方式如式（9-14）所示，这也是大多数算法最后输出概率的方式。

$$p = \frac{1}{1 + e^{-\beta^T x}} \qquad (9\text{-}14)$$

上式可通用地表示为式（9-15）：

$$y = f(z) = \frac{1}{1 + e^{-z}} \qquad (9\text{-}15)$$

式（9-14）称为 Sigmoid 函数，也称为 "S 型函数"，数学图形类似图 9-1b。该曲线在 0.5 的位置对称，具有良好的可导性（$f'(z) = f(z)(1 - f(z))$）。

1）如果将本节开始抛硬币的例子改为掷骰子（如 6 面的骰子），抛掷 n 次，则二项分布

泛化为多项分布，此时对应的多分类回归的模型称为 Softmax 回归，也称多分类的逻辑回归。构建该模型需要使用多项分布的链接函数进行转化后建模，相关详情书中不再讲述。

2）对于二分的因变量，也常使用 Probit 链接函数进行非线性转化，然后进行 Probit 分析。

9.4.2　最大似然估计

逻辑回归参数求解常使用最大似然估计法。最大似然估计的做法是寻找这样一组模型参数，在该组模型参数下，最有可能观察到现有的样本。以抛硬币为例，设抛硬币 5 次，正面出现了 3 次，反面出现了 2 次，并设正面的概率为 p，则根据二项分布得到该事件的概率是：

$$P(3次正面2次反面)=C_5^3 p^3(1-p)^2$$

去除前面的常数项后，表 9-3 列举了 p 取不同值的概率情况。按照最大似然估计的方法应取 $p=0.6$ 为最终解。

表 9-3　不同 p 的情况下出现 3 次正面和 2 次反面的事件概率

p	0.1	0.2	0.3	0.4	0.5	0.6	0.7	0.8	0.9	1.0
概率	0.00081	0.00512	0.01323	0.02304	0.03125	0.03456	0.03087	0.02048	0.00729	0.00000

了解了最大似然估计后，将式（9-12）两边取对数，并定义该对数似然（Log-Likelihood）为逻辑回归的损失函数，如式（9-16）所示，这就是 4.2.1 节中所说的交叉熵损失函数。

$$\text{Loss}(\beta; X, y) = \sum_{i=1}^{n} y_i \log h(x_i) + (1-y_i)\log(1-h(x_i))$$

$$其中 h(x_i) = \frac{1}{1+e^{-\beta^T x}}$$

（9-16）

1）似然函数中的连乘（极小数值）会有丢失精度的缺点，取对数后乘法变为加法，规避了该问题。

2）上述损失函数在大部分机器学习书中都有描述，实际上这是将事件结果定义为 0 和 1 推导出来的情况，如果将事件结果定义为 −1 和 +1 则将得到另一种形式的损失函数，但两种损失函数最终的求解结果是一致的，感兴趣的读者可进一步了解。

最大化似然函数时，一般使用梯度下降法和拟牛顿法求其最优解。与普通线性回归一样，正则化技术也可用于逻辑回归中。

9.4.3　LogisticRegression 解析与示例

sklearn 中的 LogisticRegression 实现了上面所描述的内容，默认支持正则化。主要的参数描述如下[一]：

```
class sklearn.linear_model.LogisticRegression(penalty='l2', dual=False,
tol=0.0001, C=1.0, fit_intercept=True, intercept_scaling=1, class_weight=None,
random_state=None, solver='warn', max_iter=100, multi_class='warn', verbose=0, warm_
start=False, n_jobs=None, l1_ratio=None)
```

- penalty：正则项，支持 L1 和 L2 正则，默认使用 L2，适用于常用的逻辑回归的建模。
- dual：只有在 L2 正则且 solver 参数为 liblinear 算法时才有效，表示用对偶方式求解。默认为 False，即原始方式求解。一般情况下（样本数大于特征数）配置 dual=False，高维场景可尝试使用对偶问题求解，实践中可尝试运行两种求解方式，并在后续择优使用。
- tol：底层算法迭代进行时的停止标准，误差不超过 tol 时，停止计算。
- C：正则化强度（正则化系数 λ）的倒数，所以取值越小正则强度越大。要求是大于 0 的浮点数，默认为 1.0。
- fit_intercept：是否使用截距拟合，默认是 True，一般无须更改。
- intercept_scaling：截距缩放系数。当 solver 参数为 liblinear 且 fit_intercept 为 True 时生效，此时 x 变为 [x, intercept_scaling]，即在 x 中附加一个值为 intercept_scaling 常量的"合成"特征——intercept_scaling * synthetic_feature_weight（合成特征权重）。注意：合成特征权重与所有其他特征一样，要经过 L1 或 L2 正则化，为了减少正则化对该特征权重（从而对截距）的影响，必须增加截距的缩放，此时设置为大于 1。
- class_weight：取值 dict 或 balanced，默认为 None，表示无权重或相同的权重。用于标示分类模型中各类别标签的权重，其格式为 {class_label: weight}，二分类中示例为 {0:0.9, 1:0.1}。该参数主要用于不平衡样本的场景。如果设置为 balanced，该方法会根据 y 自动调整与输入数据中的类频率成反比的权重，其计算公式为 n_samples / (n_classes * np.bincount(y))，即某种类型样本量越多，权重越低。注意：该参数会乘以模型拟合（fit）时传入的参数 sample_weight，作为每个实例最终的权重。
- random_state：伪随机数生成器的种子，取值 int，还可以是 RandomState 的类实例或 None，用于数据打乱（混洗）。当 solver 参数为 sag 或 liblinear 时生效。
- solver：数值求解算法，支持 newton-cg、lbfgs、liblinear、sag、saga，默认为 liblinear（注意类的定义中为 warn）。对于小型数据集，liblinear 是一个不错的选择，而 sag 和 saga 对于大型数据集会更快；对于多分类问题，只有 newton-cg、lbfgs、liblinear、sag、saga 支持处理多项式损失，liblinear 则仅限于二分类的损失形式。newton-cg、lbfgs、sag 和 saga 支持 L2 惩罚和无惩罚；liblinear 和 saga 还支持 L1

⊖ https://scikit-learn.org/stable/modules/generated/sklearn.linear_model.LogisticRegression.html

惩罚，其中 liblinear 要求有惩罚项。saga 还支持 elasticnet 惩罚，且只有它支持该惩罚形式。注意：sag 和 saga 可快速收敛，但要求特征具有近似相同的尺度，此时可以使用 sklearn.preprocessing 中的 scaler 对数据进行归一化处理。

损失函数数值求解算法简介如下所示。

liblinear：使用开源的 liblinear 库（支持逻辑回归和线性支持向量机），含坐标下降法求解、信赖域牛顿法（Trust Region Newton，TRON），支持原问题求解和对偶问题求解。

lbfgs：一种拟牛顿法，bfgs 算法的有限内存版本，使用了损失函数二阶导数矩阵，即海森矩阵（Hessian Matrix）。

newton-cg：共轭梯度的拟牛顿法，使用损失函数二阶导数矩阵。

sag：随机平均梯度下降，是梯度下降法的变种，其区别是每次迭代仅仅用一部分的样本来计算梯度，适用于大样本求解。

saga：线性收敛的随机优化算法。

由于上述部分算法使用了二阶导数，所以出现了不支持 L1 惩罚（无连续导数）的情况。

- max_iter：仅适用于 newton-cg、sag 和 lbfgs 求解器。求解算法（solver）计算时的最大迭代次数。
- multi_class：取值 ovr、multinomial 或 auto，默认为 ovr。ovr 采用 one-vs-rest 策略，multinomial 采用多分类策略，拟合整个概率分布的多项式损失（包含二分类的情况）。solver 参数为 liblinear 时不可使用 multinomial；二分类或 solver 参数为 liblinear 时使用 ovr，其他情况使用 multinomial。
- verbose：int 型，使用 liblinear 和 lbfgs 时的日志输出级别，值越大输出越详细。
- warm_start：热启动参数，取 True 时使用前一次训练结果作为初始值继续训练，对 liblinear 算法无效。
- n_jobs：multi_class 取值为 ovr 时支持并行运算，指定并行的核数，取 -1 时表示使用全部 CPU，对 liblinear 算法无效。
- l1_ratio：penalty 取值为 elasticnet 时生效，其取值范围为 [0，1]。取 0 时等价于 L2，取 1 时等价于 L1。

LogisticRegression 分类器与上文提到的 RidgeClassifier 有所差异：首先，两者使用的损失函数不同；其次，RidgeClassifier 单纯使用 Ridge 回归，直接对结果进行了离散化。sklearn 中还实现了 SGDClassifier 分类器，该分类器是使用随机梯度下降算法求解参数的线性分类器的集合，包含 SVM、Logistic Regression 等。当数据集特别大的时候，可使用 SGDClassifier 代替 LogisticRegression（尽管其中支持多种数值求解算法），因为随机梯度较梯度下降法效率更高。建议读者在项目实践中实验这些算法，观察其性能和效果。

本章内容覆盖了上述核心参数，请读者结合相关知识并实践。下面给出一个简单的例子：

```
# iris 是 3 分类数据
from sklearn.datasets import load_iris
from sklearn.linear_model import LogisticRegression
X, y = load_iris(return_X_y=True)

# 使用 liblinear 和 ovr 多分类策略
clf = LogisticRegression(solver='liblinear',
                         multi_class='auto',
                         random_state=42).fit(X, y)
```

预测前两行样本每个分类得分概率：

```
clf.predict_proba(X[:2, :])
```

输出结果为：

```
array([[8.78030305e-01, 1.21958900e-01, 1.07949250e-05],
       [7.97058292e-01, 2.02911413e-01, 3.02949242e-05]])
```

预测前两行样本最终的分类（此处预测结果都为第 0 类）：

```
clf.predict(X[:2, :])
```

输出结果为：

```
array([0, 0])
```

9.5 金融评分卡

随着近几年互联网金融的发展，评分卡逐渐进入相关行业人员的视野。评分卡有时也称信用评分卡，诞生于 20 世纪 80 年代，主要应用于金融领域尤其是信贷行业（如信用卡、抵押、贷款等），如国外知名的 FICO 分（类比于国内的芝麻分），适用于贷前、贷中、贷后的信用风险管理。评分卡要实现如下的目标：预测是否会违约、预估或审查信用额度、利率定价、催收策略等。笔者认为其解释性是常见模型中最好的，因此深受金融行业人士喜爱。

9.5.1 评分卡简介

标准评分卡的表现形式如表 9-4 所示（类似于一个记分卡），该表中仅以单个变量"年龄"构建了模型，预测得分算法为加法：基础分 + 年龄得分。例如用户 35 岁时，得分为 500+30=530。类似的，当评分卡建模使用了多个变量时，最终得分为该样本每个变量分值的总和（加基础分）。

构建标准的评分卡有一套专业而严谨的建模流程，该流程大体与机器建模的流程类似，但是下面的 4 点专业且特殊：

表 9-4　以单个变量"年龄"的评分卡表现形式

变量	自变量取值范围	分值
基础分		500
年龄	[-,30)	20
	[30,40)	30
	[40,55)	28
	[56,+)	20
	缺失	18

1）样本的定义有一套业界规范，请参考 4.1.2 节。

2）数据处理方法特殊，一般对自变量进行特殊的 WOE 转化，请参考 6.2.4 节。

3）模型结果转化特殊，转化后预测结果表现为特征得分的求和，即加性。

4）评分刻度对第 3 点的进一步实施，实现评分卡片化。

如需详细了解，建议读者阅读相关的资料和书，如《信用风险评分卡研究：基于 SAS 的开发与实施》。本节将着重讲解 WOE 转化建模原理和结果转化的方法与实现。

9.5.2　加性原理

观察表 9-4，预测的结果（评分）表现为该实例（用户）的每个特征下的得分和，即加性。有了这种得分形式，我们可以明确地从变量的业务角度解释该实例为什么得到这个分数。这与常规的机器学习的形式完全不一样，而要得到这种简洁的效果需要分别对 X 和 y 进行特殊的数学变换。

- y 的转化：即 logit 变换，评分卡基于逻辑回归。
- X 的转化：WOE 的转化，类别变量直接计算 WOE，连续变量离散化后计算 WOE。

WOE 转化后的逻辑回归模型可以转化为标准评分卡的形式，WOE 这一特征工程直接决定了模型的结果形式，这是 WOE 最重要的意义：将线性模型转化为加性模型。下面看一下加性模型的构造过程。

参考 6.2.4 节，变量 x 取值为红、绿、蓝，对应的 WOE 值分别为 0.108、-0.046、-0.064，写成统一形式（9-17）。其中 δ 是一个指示性变量，取值为 0 或 1，当变量 x 取具体值时，对应值的 δ 为 1，其他为 0。例如，当 x 为红时，$\text{WOE}(x=红)=1 \times \text{WOE}_红 + 0 \times \text{WOE}_绿 + 0 \times \text{WOE}_蓝 = 0.108$。

$$\text{WOE}(x) = \delta_1\text{WOE}_1 + \delta_2\text{WOE}_2 + \cdots + \delta_m\text{WOE}_m \tag{9-17}$$

当以 WOE(x) 代替原变量 x，作为逻辑回归的自变量构建模型时，就是标准评分卡的建模方式，此时模型方程的两端都是发生和不发生比的对数形式。为了不失一般性，设有如表 9-5 所示的 3 个自变量。

表 9-5　3 个变量示例

变量	变量取值
x_1	x_{11}、x_{12}
x_2	x_{21}、x_{22}、x_{23}
x_3	x_{31}、x_{32}、x_{33}、x_{34}

对上述 3 个变量进行 WOE 转化：

$$u_1 = \text{WOE}(x_1) = \delta_{11}w_{11} + \delta_{12}w_{12}$$

$$u_2 = \text{WOE}(x_2) = \delta_{21}w_{21} + \delta_{22}w_{22} + \delta_{23}w_{23}$$

$$u_3 = \text{WOE}(x_3) = \delta_{31}w_{31} + \delta_{32}w_{32} + \delta_{33}w_{33} + \delta_{34}w_{34}$$

将转化后的变量带入逻辑回归模型式中，式（9-18）就是逻辑回归模型。

$$\ln(\text{odds}) = \ln\left(\frac{p}{1-p}\right) = \beta_0 + \beta_1 u_1 + \beta_2 u_2 + \beta_3 u_3 \tag{9-18}$$

将 WOE 值带入式（9-18）得到式（9-19）：

$$\ln(\text{odds}) = \beta_0 + \beta_1(\delta_{11}w_{11} + \delta_{12}w_{12}) + $$
$$\beta_2(\delta_{21}w_{21} + \delta_{22}w_{22} + \delta_{23}w_{23}) + \qquad（9\text{-}19）$$
$$\beta_3(\delta_{31}w_{31} + \delta_{32}w_{32} + \delta_{33}w_{33} + \delta_{34}w_{34})$$

把上式的 δ 提取出来转化为式（9-20）：

$$\ln(\text{odds}) = \beta_0 + \delta_{11}(\beta_1 w_{11}) + \delta_{12}(\beta_1 w_{12}) + $$
$$\delta_{21}(\beta_2 w_{21}) + \delta_{22}(\beta_2 w_{22}) + \delta_{23}(\beta_2 w_{23}) + \qquad（9\text{-}20）$$
$$\delta_{31}(\beta_3 w_{31}) + \delta_{32}(\beta_3 w_{32}) + \delta_{33}(\beta_3 w_{33}) + \delta_{34}(\beta_3 w_{34})$$

上式就是标准评分卡的模型，解释如下：

1）β_0 是所有样本实例的基础分。

2）如果 x_1 取值为 x_{11}，则得分 $(\beta_1 w_{11})$，如果取值 x_{12}，则得分 $(\beta_1 w_{12})$，以此类推。

3）将所有变量 x 对应取值的分值和基础分加总，得到总分。

至此，我们得到了加性模型，得分的物理含义为好坏比的对数，即 logit。虽然该结果不是概率，但得到的分值具有排序效果即可应用，比如分高者被拒绝或被接受。

基于加性得到的评分结果具有如下的优势：每个实例（用户）在各变量得分清楚明了，能够轻易解释不同实例（用户）得分的差异，以及哪些变量的取值能够得到高分或低分。当所有变量取最高分或最低分时能够得到评分卡的最高分和最低分。

当然易解释和原理简单，有时也会是劣势：模型容易被破解，表现为通过不同尝试能够猜到模型评分的机制，从而达到某种目的。例如在互联网金融发展的过程中，存在大量的"薅羊毛党"，他们在了解了评分机制后，可以使自己得到高分从而通过审批获得贷款。所以模型保密、变量保密已属于商业机密。

由于 X 变换和 y 变换的一致性，变换后的 WOE 值理应可以在逻辑回归中得到合理的解释。这种合理的解释一般表现为 WOE 值的单调性。当未能表现一定的单调性时，可能的原因有：连续变量分箱不合适或离散变量合并不合适；当无法调优至单调时可考虑遗弃该变量。当然实际业务中存在不单调而是 U 型的变量是可解释的，此时可以将其纳入建模变量。例如年纪较小和年纪较老的用户，还款能力可能都较低，反而年龄处于中间段的用户还款能力突出，此时的 WOE 分布将是类似 U 型的。

上述分析过程实际上是变量选择的过程，类似于 WOE 化的 IV 作为变量选择指标（参考第 10 章）。总之，WOE 和 IV 分析和计算本质上是在进行特殊的单变量分析。正因如此，笔者一直认为评分卡的建模过程更多的是数据分析的过程，包含了对业务的深刻解读，是小数据时代和涉及金钱交易的金融行业首选建模方法的重要原因。

9.5.3　评分刻度与实现

从 logit 的变换可以看出，评分分配和几率有关，随着评分的降低，违约的几率将提高一个倍数，例如评分 500 的用户的违约可能性是评分 520 用户的两倍，这样分值比常规的模型的概率结果更能表现业务的风险。业务人员可以根据评分制定相应的信贷政策使违约损失和相关成本可控，这是其他模型难以实现的操控方法。举个例子：几率为 1/50 时表示 1 个坏人，50 个好人，1 个坏账由 50 个好人承担。设放款利率为 x，对应的纯利润是 $0.5x$，收支平衡时 $50*0.5x = 1$，对应放款利率 x 为 4%。也就是说，一旦放款利率大于 4% 就能实现盈利。通过控制几率或下文的分数，即可达到较精准的成本和盈利的控制，具有很强的现实意义。

1. 评分刻度方法

当按如下公式设置分数时，得到的高分代表低风险（如果减号变加号，得到的解释就刚好相反）：

$$\text{Score}=A-B\ln(\text{odds}) \tag{9-21}$$

其中 A、B 为常数，分别称为补偿和刻度，当按下述定义后，反推得到两者的值如下所示。

1）设置分数基准：即某个特定几率对应特定的一个分值，如几率为 1/50 时对应分数 500。

2）设置几率翻倍时的分数（Point of Double Odds，PDO），如几率翻倍的分数为 20。

设几率为 ρ_0 对应的分值是 P_0，几率翻倍，$2\rho_0$ 时对应的分值为 $P_0-\text{PDO}$（低分高风险），带入式（9-21）得到式（9-22）。

$$P_0=A-B\ln(\rho_0)$$
$$P_0-\text{PDO}=A-B\ln(2\rho_0) \tag{9-22}$$

由式（9-22）可得 A、B 的解为：

$$B=\frac{\text{PDO}}{\ln(2)}$$
$$A=P_0+B\ln(\rho_0)$$

而根据式（9-20）可知 $\ln(\text{odds})$ 表示为求和的形式，再结合式（9-21）就能得到具体的评分。当保持 A 和 B 在后续的版本一致时，得到分数刻度也一致，此时不同版本的评分卡，甚至不同公司的评分都能够直接对比。

设 $\rho_0=1/50$，对应的 $P_0=500$ 分，PDO=20 分。按下述代码，求得 A=387.123，B=28.854。

```
def cal_A_B(pdo=20, base_score=500, odds=1 / 50):
    B = pdo / np.log(2)
    A = base_score + B * np.log(odds)
    return A, B
```

此时可以计算得到评分卡的一部分刻度，如表 9-6 所示。

表 9-6　评分卡刻度

分数	Odd（违约 / 正常）	违约率（%）	分数	Odd（违约 / 正常）	违约率（%）
560	1/400	0.25	480	1/25	3.85
540	1/200	0.5	470	1/17.5	5.41
520	1/100	0.99	450	1/8.75	10.26
500	1/50	1.96			

2. 代码实现

以 sklearn 中的逻辑回归建模为例，同时为了使读者能够更深入地理解，下面给出了两种评分计算方式。

1）使用上述推导的求和的方式计算：

```
'''
parameter
---------
df：变量的 WOE，要求与模型训练 logit 时的列顺序一样
logit: sklearn 中的逻辑回归模型，带截距
return
------
    新增每行数据的评分列：Score
example:
    df= cal_score(df,logit)
'''

def cal_score_byadd(df, logit, A=387.123, B=28.854):
    def _cal_woe_score(x, beta, n, B, beta0, A):
        ''' 只计算总分 '''
        score = 0.0
        for cc in x.index.tolist():
            score += x[cc] * beta[cc]
        score = A - B * (beta0 + score)
        return score

    beta = dict(zip(df.columns.tolist(), logit.coef_[0]))
    n = df.shape[1]
    beta0 = logit.intercept_[0]

    df['Score'] = df.apply(lambda x: _cal_woe_score(x, beta, n, B, beta0, A),
                           axis=1)
    return df
```

2）直接使用 Odds 的方式计算：

```
def cal_score_byodds(df, logit, A=387.123, B=28.854):
    beta0 = logit.intercept_[0]
    prob_01 = logit.predict_proba(df)
    df['Score'] = A - B * np.log(prob_01[:, 1] / prob_01[:, 0])
    return df
```

完整的建模和评分过程为：

```
# df : 各变量的 WOE 的 Dataframe 数据结构
logit = LogisticRegression()
logit.fit(df,y)
df = cal_score_byodds(df, logit)
```

上述是标准的做法，实际中也有把基础分均匀分配到各个变量上计算，示例如下：

```
# 其中 n 变量数，c 为某列
A / n - (woes * beta[c] + beta0 / n) * B
```

在信贷领域，值得回头检验模型的假设：假设各个样例（用户）独立。现实中很多用户相互关联，且存在团伙欺诈等行为，会导致构建模型起点存在不可靠的情况。那么在现实中该如何解决呢？

理论上，排除团伙欺诈或关联用户后，假设违约行为独立是满足模型独立性假设的要求的。按照这个思路，使用聚类和图谱技术筛选团伙欺诈等关联群体后能使模型具有实际意义。

9.6　解决共线性

回归模型中还有很多问题有待研究，例如共线性、拒绝演绎等，其中共线性是建模过程中常常遇到的问题，不过非常好解决。共线性简单来说就是某个变量能通过其他变量线性组合而得到，例如变量 $f_1=2f_2+3f_3$，f_1 能够通过 f_2 和 f_3 完美地组合得到。所以，查看变量的共线性只需将待检验的变量当作 y，其他变量当作 x 进行线性回归建模，然后查看拟合的情况即可，拟合得好说明共线性大，（超过某个阈值）应该排除。

共性线本质上是加入了额外的变量，这违背了奥卡姆剃刀简约的原则，浪费了自由度，并有可能影响精度，所以一般在建模过程中都需要排除共线性强的变量。但反过来讲，一定程度的冗余变量可能会是好事，例如冗余的变量能够中和现实情况中变量不稳定的因素，这需要在实践中把握好度，做好权衡，毕竟理论和实践有差异又有紧密联系。

解决回归模型中的共线性属于特征选择的范畴或作为模型评估报告的工作，13.3.2 节中有进一步的介绍。

9.7　本章小结

本章主要介绍了线性模型相关的内涵和外延知识，从统计学的视角讲述了线性回归和逻辑回归等模型。

9.1 节讲述了普通线性回归模型，因为笔者认为这才是回归和逻辑回归的基础。书中为此特意添加了一元线性回归和多元线性回归等统计学相关的内容，是因为大多数读者直接投入机器学习中，其自身的基础并不能使其形成一个较完整的知识环路，需要基础知识的补充。

9.2 节介绍了广义线性模型，它是通过数学函数将原目标变量的值域进行了转换，同时设目标变量满足不同的分布，是扩展普通线性回归模型的一套统计分析方法。广义线性模型中 y 的假设分布都可以统一表示为指数分布，进而为广义线性模型的统一表达奠定了基础。不同假设分布，对应了不同变量变换的方法，其中核心的变换由链接函数实现，链接函数链接了均值和线性表达式。

9.3 节讲述了正则化的回归，它是线性模型在机器学习中典型的应用，详细讲解了 Lasso 回归和 Ridge 回归，并延伸到 9.4 节中的逻辑回归。如果将普通的逻辑回归称为线性，那么 9.5 节介绍的评分卡就是加性，加性表现为预测结果是由各变量得分累加得到的。要实现加性的特性，需要在原始因变量的 logit 变换的基础上再进行自变量的 WOE 转化。由于评分卡的解释性强，有实际的业务指导意义，所以广泛应用于金融信贷等与金钱交易的领域。

本章希望能给读者构建起一个粗略的回归模型的体系，形成知识的闭环，但在本章讲述过程中穿插了统计和机器学习的两个视角，希望不会给读者造成困扰。

第 **10** 章

树 模 型

树模型是最常见的机器学习方法之一，也是入门机器学习必须掌握的基础知识。树模型由于其构造方法成熟且相对简单，易于从概念上理解而被普遍使用。一棵树的构建可以简单理解为多个判断规则的多路径分类，根据单个样本分到其中一类。从数据的分类规则上看，树模型可以理解为一系列 if-then-else 组合；从统计学上理解，树模型可以看成是在特征组合空间与类别之间的条件概率分布。树模型通常分为分类树和回归树。分类树主要针对目标变量是离散变量（一般为二元变量）的情形，回归树针对目标变量是连续变量的情形。本章主要先阐述决策树的定义，然后对如何构建一棵树展开详细介绍，主要针对特征选择和决策树过拟合问题讲解决树的剪枝，最后介绍对连续变量和缺失值的处理。

在树的构建上，分类树主要是二分类树，它是最常见和应用最广泛的树模型。首先我们从数据结构上认识树。

10.1 树结构

树（tree）的数据结构是由 n（$n \geqslant 0$）个有限结点组成的一个具有层次关系的集合。把它叫作"树"是因为它看起来像一棵倒挂的树，即根在上而叶朝下。树是包含 n（$n \geqslant 0$）个结点的有穷集，树中的每个元素称为结点（node），最顶层的叫作根结点或树根（root）。根结点之外的元素被分为 m（$m \geqslant 0$）个互不相交的集合 T_1, T_2, $\cdots$, T_{m-1}，其中每一个集合 T_i（$1 \leqslant i \leqslant m$）本身也是一棵树，被称作原树的子树（subtree）。

上层结点及其下级结点构成父子关系。每个结点有零个或多个子结点，每一个非根结点有且只有一个父结点。树结构如图 10-1 所示，案例是使用树结构存储的集合 {A, B, C, D, E, F, G, H, I, J, K, L} 的示意图。对于根结点 A 来说，它的子结点是 B、C、D；对于结点 D 来说，它的子结点是 H、I。

接下来我们结合图 10-1 介绍树结构的常见概念。

1）结点的度：某结点的度定义为该结点子结点的个数。图 10-1 中根结点 A 的度是 3，

结点 E 的度是 2。

2）叶子结点：度为 0 的结点，即图 10-1 中的 J、K、L 结点。

3）树的度：一棵树中，最大结点的度称为树的度。图 10-1 中树的度为 3。度大于 2 的树是多叉树，度最大为 2 的树则为二叉树。

4）结点的高度：从该结点起到叶子结点的最长无重复边的路径的边数。D 结点高度为 2。

5）树的高度：根结点的高度。

6）结点的层数：从根开始定义起，根为第 1 层，根的子结点为第 2 层，以此类推。结点 B 的层数为 2，结点 L 的层数为 4。结点的层数也被称为结点的深度。

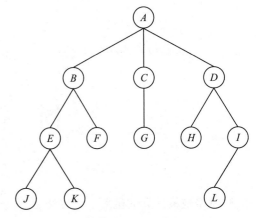

图 10-1 树结构图

7）树的层数：根结点的层数。图 10-1 中树的层数为 4。树的层数也被称为树的深度。

从树结构的概念可以得出，树结构结点数和层级的关系大体如下：树总结点数等于所有结点的度数加 1。如度为 n 的树中，根结点是第 1 层，则第 i 层上最多有 $n^{(i-1)}$ 个结点。

10.2 决策树

树结构是一种常见的决策方式，在日常生活中应用很广泛。在决策的过程中，我们把影响该事件的过程进行层层拆解，将最重要的因素排在前面，层层决策，最后得到结论，整个过程会依赖于人的经验。而机器学习的决策树在进行决策的过程中，会把之前的经验进行量化处理，以最终目标为导向（目标函数），利用一定的规则（熵、基尼系数及均方误差等）筛选特征，构建一组简单而有效的决策规则。

机器学习中把构建的树称为决策树（Decision Tree）。单棵树是由结点和有向边组成，结点分为根结点、分裂结点和叶子结点。分裂结点又称内部结点，表示模型中的特征分裂条件，叶子结点表示最终的结论。

决策树的结构简单、直观，其决策思想自上而下，分而治之。图 10-2 是一个简单的决策树示意图。

从图 10-2 中我们可以很直观地看出某个样本或决策是因为哪个特征而分裂，最后流向了哪个叶子结点。在分裂结点的

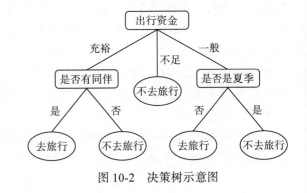

图 10-2 决策树示意图

内部，包含经过计算出来的阈值。很明显，树模型是一系列 if-then-else 的组合，进而构建一条直观的路径，并且每个样本有且只有一条路径，所以该决策路径（决策规则）是互斥且完备的。再进一步看，后面的分割是在前面的决策基础上进行的，即后面的决策依赖于前面的决策。从这个角度看，决策树是基于特定特征下的条件概率分布，单个样本的类别依赖于前面特征的切分，在每次进行特征切分时，都将样本划分为互斥且完备的空间。决策树的一条路径决定了一个划分单元，从而决定最终的类别。决策树的目标函数通常是正则化的极大似然函数，决策树的学习策略是最小化目标函数。

决策树分为二叉树和多叉树，多于两个分支的即为多叉树。多叉树可以转化成二叉树，比如天气特征有 3 个取值——晴天、阴天和下雨，先根据"是否下雨"这个标准将天气分为"下雨"和"不下雨"，"不下雨"又可划分为"晴天"和"阴天"。从这个简单的例子中可以看出，通过增加划分的深度能够将多叉树转化成二叉树。按照分类树最终的类别个数，可将其分为二分类问题和多分类问题。多分类问题的目标变量（Y 值）个数多于两个。

如果决策树的目标变量是离散变量，则称它为分类树（Classification Tree）；如果目标变量是连续变量，则称它为回归树（Regression Tree）。scikit-learn 已经有现成的 API。

- 分类树 sklearn.tree.DecisionTreeClassifier 使用的特征分裂指标是熵和基尼指数，对应配置参数 criterion{"gini"，"entropy"}，默认值为"gini"。熵和基尼指数在 10.3.1 节进行详细介绍。
- 回归树 sklearn.tree.DecisionTreeRegressor 使用特征分裂指标是均方误差和平均绝对误差，对应配置参数 criterion{"mse"，"friedman_mse"，"mae"}，默认值为"mse"。

10.3 决策树算法

构建决策树常见算法的有 3 种：ID3、C4.5 及 CART。这 3 种算法是机器学习中的经典算法，本节将逐步展开这 3 种算法的特征选择过程、决策树的生成细节。

决策树的构造核心在于如何分支，即如何选取最优的特征和划分点依据，需要一个统一的指标（信息量）。

10.3.1 熵和基尼指数

构建一棵树的基础是挑选出最有用的特征——特征选择。特征选择的依据是特征的贡献度。ID3、C4.5 及 CART 分类树挑选特征的依据是使用熵和基尼指数。

1. 熵

熵（entropy）是由信息论之父克劳德·香农（Claude Elwood Shannon）在 1948 年提出的概念。在信息论中，熵用来度量随机变量的不确定性。一个系统越有序，熵越小；越混乱，熵越大。因此熵用来衡量一个系统的有序程度。在机器学习的过程中，变量的不确定性越大，熵越大。

假设随机变量可能的取值为 $x_1, x_2, \cdots x_n$，其概率分布如式（10-1）所示。

$$P(X = x_n) = p_i, \ i = 1, 2, \cdots, n \qquad (10\text{-}1)$$

此时随机变量 X 的熵定义如（式 10-2）所示。

$$H(X) = -\sum_{i=1}^{n} p_i \log p_i \qquad (10\text{-}2)$$

在式（10-2）中的 log 函数通常是以 2 或自然对数 e 为底。熵的大小与 X 的取值无关，只取决于 X 的分布。对于样本集合 D 来说，随机变量 X 是样本的类别，假设样本中有 k 个类别，每个类别的概率是 C_K/D，样本集合 D 的经验熵为式（10-3）：

$$H(D) = -\sum_{k=1}^{K} \frac{C_k}{D} \log_2 \frac{C_k}{D} \qquad (10\text{-}3)$$

对于随机变量只有两个取值的情况下，假如分类变量中只有 0 和 1 的取值，熵可以简化为式（10-4）：

$$H(p) = -p \log_2 p - (1-p) \log_2 (1-p) \qquad (10\text{-}4)$$

此时熵值会呈现一个倒 U 曲线，熵随着 p 值先增大，后缩小，在 p 等于 0.5 时，熵达到最大值（如图 10-3 所示）。熵值随着 p 的变化而变化，可以从如下代码中观察到：

```python
import numpy as np
import matplotlib.pyplot as plt
p = np.linspace(0, 1, 100)
entropy = -p * np.log2(p) - (1-p) * np.log2(1-p)
plt.plot(p, entropy, 'b')
plt.xlabel('p(x)')
plt.ylabel('entropy')
plt.show()
```

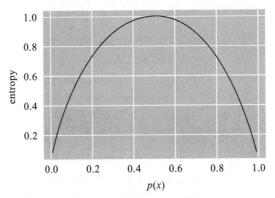

图 10-3　在二分类问题中，熵和概率的关系

2. 基尼指数

基尼指数（GINI）最初用于经济学中，用来衡量收入分配公平的程度。基尼指数越大，代表贫富差距越大，反之则贫富差距越小。它在机器学习中的含义和经济学中相似：基尼指数越大，样本集合的不确定性越大。在二分类问题中，用基尼指数衡量变量的重要程度。基尼指数也称为基尼不纯度，表示样本集合中一个随机选中的样本被分错的概率。基尼指数越小表示被分错的概率越小，即集合的纯度越高；反之，集合越不纯。

全体集合的基尼指数：在二分类问题中，基尼指数的计算非常简单。若样本属于正类的概率为 p，此时概率分布的基尼指数为如式（10-5）所示。

$$\text{CINI}(p) = 2p(1-p) \tag{10-5}$$

条件基尼指数：在一个总量为 D 的样本集中，根据特征 A 是否可以取某值 m，可将 D 划分为 D_1 和 D_2，此时在特征 A 的条件下，集合 D 的基尼指数为：

$$\text{CINI}(D, A) = \frac{D_1}{D}\text{GINI}(D_1) + \frac{D_2}{D}\text{GINI}(D_2) \tag{10-6}$$

在式（10-6）中，D_1 表示全量中特征 A 值等于 m 的数量，D_2 表示全量中特征 A 值不等于 m 的数量，二者相加等于全集，GINI(D) 代表全体集合 D 的不确定性，GINI(D, A) 代表经过特征 A 等于 m 时集合 D 的不确定性。

基尼指数的求解方式相对简单，计算耗时少，并且易于理解，10.3.4 节会进一步展开。

10.3.2　ID3 算法

ID3 算法是 20 个世纪 80 年代 Quinlan 对其算法原理进行总结并提出的，是决策树最初期的一种理论和方法。ID3 算法的核心是利用各个结点上的信息增益选择特征，构建决策树。其主要实现过程是：从根结点开始，计算各特征的信息增益，选择信息增益最大的特征作为分裂结点，完成一层分割之后，产生新的结点，再在新的结点上重复上述方法。

ID3 的求解过程就是计算特征上的信息增益。信息增益是计算某特征分割前后的熵差。差值越大，说明不纯度减少越多，该特征则越有用。给定数据集 D 和特征 A，定义信息增益 $g(D, A)$ 为式（10-7）：

$$g(D, \text{A}) = H(D) - H(D|A) \tag{10-7}$$

在式（10-7）中，$H(D)$ 代表未经过分割的信息熵，即对整个数据集进行分类的不确定性。$H(D|A)$ 称为条件经验熵，代表在特征 A 已知的情况下，对数据集进行分类的不确定性。它们的差值即代表信息增益，表示因为特征 A 而使得不确定性减少的程度。

在工程中，具体的实现方式是使用所有的特征对样本集进行切分，从这些特征中选取信息增益最大的。在构建树的过程中，越简单的树越好，因此会有限选择最有用的特征以求更快达到更高纯度的集合，这里的"更快"和优化算法中的梯度算法是一个原理。

信息增益的计算方法：整个数据集有 K 个类，每个类的个数为 C_k；特征 A 有 n 个类，

每个类的个数有 D_i。计算整个数据集上的经验熵 $H(D)$，如式（10-8）所示。

$$H(D) = -\sum_{k=1}^{K} \frac{C_k}{D} \log_2 \frac{C_k}{D} \qquad (10\text{-}8)$$

计算特征 A 对整个数据集的经验熵 $H(D|A)$，如式（10-9）所示。

$$H(D|A) = \sum_{i=1}^{n} \frac{D_i}{D} H(D_i) = -\sum_{i=1}^{n} \frac{D_i}{D} \sum_{k=1}^{k} \frac{D_{ik}}{D_i} \log_2 \frac{D_{ik}}{D_i} \qquad (10\text{-}9)$$

按式（10-7）计算，即可得出最终结果。

下面用一个旅游选择问题的例子来说明 ID3 的计算过程。现有一组包含 16 个样本的旅游数据，用来判断某人是否会去旅游。如表 10-1 所示，表中包含 6 列数据，分别为样本序号、季节、是否有充裕的出行资金、是否要请假、是否有同伴、是否去旅行。第 1 列样本序号为每个样本的唯一表示，从 1 到 16；第 2～5 列为特征。第 1 个特征为季节，有春、夏、秋、冬，共 4 个可能值；第 2 个特征为是否有出行资金，有充裕、一般、不足，共 3 个可能值；第 3 个特征为是否要请假，有是和否两个取值；第 4 个特征为是否有同伴，有是和否两个取值；最后一列是目标变量，也是类别变量，为是否去旅游，可分为两个值。研究该问题的目的是根据现有的 16 个样本（虽然看起来极其有限），训练出一个决策树模型对一个新进的样本进行判断，判断该样本是否去旅游。

表 10-1　旅游数据集

样本序号	季节	出行资金	是否要请假	是否有同伴	是否去旅游
1	春	充裕	是	是	是
2	春	一般	否	是	是
3	春	不足	是	否	否
4	春	充裕	否	否	否
5	春	充裕	否	否	是
6	夏	不足	是	是	否
7	夏	充裕	是	是	是
8	夏	一般	否	否	是
9	秋	不足	否	是	是
10	秋	充裕	否	否	是
11	秋	一般	是	否	否
12	秋	不足	否	否	否
13	秋	一般	否	是	否
14	冬	不足	是	否	否
15	冬	一般	否	是	是
16	冬	不足	是	否	否

在上面的例子中，4 个特征就是前文所述的分裂结点（内部结点），每个特征的取值即为该特征可能形成的分支数量。最后一列目标变量的个数决定了这个分类问题是否为二分类问题，显然本例子中目标变量只有两个取值，为二分类问题。

为了方便计算，将上文中的特征分别用 A_1、A_2、A_3、A_4 表示，将每个特征中文取值转换成数值（可使用 sklearn 中的 Label Encode 编码）。季节：1 代表春，2 代表夏，3 代表秋，4 代表冬；出行资金：1 代表充裕，2 代表一般，3 代表不足；是否要请假、是否有同伴、是否去旅游：1 代表是，0 代表否。转换后数据集如表 10-2 所示。

表 10-2 转换后的旅游数据集（仅展示前三行）

样本序号	季节	出行资金	是否要请假	是否有同伴	是否去旅游
1	1	1	1	1	1
2	1	2	0	1	1
3	1	3	1	0	0

第一步，计算经验熵 $H(D)$。

$$H(D) = -\frac{8}{16}\log_2\frac{8}{16} - \frac{8}{16}\log_2\frac{8}{16} = 1.0$$

第二步，计算每个特征的经验熵。

$$H(D\,|\,A_1) = \frac{5}{16}H(D_1) + \frac{3}{16}H(D_2) + \frac{5}{16}H(D_3) + \frac{3}{16}H(D_4) = \frac{5}{16}\left(-\frac{2}{5}\log_2\frac{2}{5} - \frac{3}{5}\log_2\frac{3}{5}\right) +$$

$$\frac{3}{16}\left(-\frac{2}{3}\log_2\frac{2}{3} - \frac{1}{3}\log_2\frac{1}{3}\right) + \frac{5}{16}\left(-\frac{2}{5}\log_2\frac{2}{5} + \frac{3}{5}\log_2\frac{3}{5}\right) + \frac{3}{16}\left(-\frac{2}{3}\log_2\frac{2}{3} - \frac{1}{3}\log_2\frac{1}{3}\right) = 0.951$$

$$H(D\,|\,A_2) = \frac{5}{16}H(D_1) + \frac{5}{16}H(D_2) + \frac{6}{16}H(D_3) = \frac{5}{16}\left(-\frac{1}{5}\log_2\frac{1}{5} - \frac{4}{5}\log_2\frac{4}{5}\right) +$$

$$\frac{5}{16}\left(-\frac{2}{5}\log_2\frac{2}{5} - \frac{3}{5}\log_2\frac{3}{5}\right) + \frac{6}{16}\left(-\frac{5}{6}\log_2\frac{5}{6} - \frac{1}{6}\log_2\frac{1}{6}\right) = 0.773$$

$$H(D\,|\,A_3) = \frac{9}{16}H(D_1) + \frac{7}{16}H(D_2) = \frac{9}{16}\left(-\frac{4}{9}\log_2\frac{4}{9} - \frac{5}{9}\log_2\frac{5}{9}\right) + \frac{7}{16}\left(-\frac{4}{7}\log_2\frac{4}{7} - \frac{3}{7}\log_2\frac{3}{7}\right) = 0.989$$

$$H(D\,|\,A_4) = \frac{9}{16}H(D_1) + \frac{7}{16}H(D_2) = \frac{9}{16}\left(-\frac{6}{9}\log_2\frac{6}{9} - \frac{3}{9}\log_2\frac{3}{9}\right) + \frac{7}{16}\left(-\frac{2}{7}\log_2\frac{2}{7} - \frac{5}{7}\log_2\frac{5}{7}\right) = 0.894$$

第三步，计算信息增益。

$$g(D\,|\,A_1) = 1.0 - 0.951 = 0.049$$
$$g(D\,|\,A_2) = 1.0 - 0.773 = 0.227$$
$$g(D\,|\,A_3) = 1.0 - 0.989 = 0.011$$
$$g(D\,|\,A_4) = 1.0 - 0.894 = 0.106$$

从上面的信息增益中可以看出，A_2 特征的信息增益 0.227 是最大的，表明出行资金这个因素是第一次划分的最优特征。在第二次划分时，把第一次的结果当成经验熵，再在这个基础上循环实现整个过程，直到不能再分为止，整个树就构建完成了。

从上面的例子可以看出，ID3 算法用到的特征选择方法是信息增益，计算比较简单，但 ID3 的局限性在于：

- 没有考虑连续特征，只能对类别型的特征进行处理；
- 对缺失值没有做进一步处理；
- 整棵树是完全生长的，没有进行剪枝操作，因此很容易过拟合；
- 容易选择取值较多的特征，当一个特征的取值越多，其信息增益偏大。

10.3.3 C4.5算法

C4.5算法是在ID3算法基础上的改进，针对ID3算法倾向于选择包含可能值较多的特征。C4.5采用信息增益率（information gain ratio）来代替信息增益，把原来的绝对增量转换为相对增量，一定程度上避免了由于特征取值较多而被选中。信息增益率的计算公式如式（10-10）所示。

$$g_R(D.A) = \frac{g(D.A)}{H_A(D)} \tag{10-10}$$

$g_R(D, A)$ 表示信息增益率，$H_A(D)$ 表示特征 A 的经验熵。在求解 $H_A(D)$ 的过程中，是将当前特征 A 的取值当作随机变量；而在之前的信息增益中，是将集合类别作为随机变量。信息增益的本质是在信息增益的计算过程中加了一个惩罚系数，当特征取值个数越多时，分母的值越大；反之分母的值越小。根据经验，取值越大，分母会越大，这样对因为特征个数而导致信息增益变大的特征进行了惩罚。

通过比较式（10-10）与式（10-7）可以看出，信息增益率的分子为ID3算法的信息增益，在这个基础上加入了分母项。因此本例中只计算部分 $H_A(D)$，如下所示：

$$H_{A_1}(D) = -\frac{5}{16}\log_2\left(-\frac{5}{12}\right) - \frac{3}{16}\log_2\left(-\frac{3}{12}\right) - \frac{5}{16}\log_2\left(-\frac{5}{12}\right) - \frac{3}{16}\log_2\left(-\frac{3}{12}\right) = 1.95$$

$$H_{A_2}(D) = -\frac{5}{16}\log_2\left(-\frac{5}{12}\right) - \frac{5}{16}\log_2\left(-\frac{5}{12}\right) - \frac{6}{16}\log_2\left(-\frac{6}{12}\right) = 1.579$$

$$H_{A_3}(D) = -\frac{9}{16}\log_2\left(-\frac{9}{12}\right) - \frac{7}{16}\log_2\left(-\frac{7}{12}\right) = 0.989$$

$$H_{A_4}(D) = -\frac{9}{16}\log_2\left(-\frac{9}{12}\right) - \frac{7}{16}\log_2\left(-\frac{7}{12}\right) = 0.989$$

接下来计算信息增益率：

$$g_{R1}(D, A_1) = \frac{0.049}{1.954} = 0.025$$

$$g_{R2}(D, A_2) = \frac{0.227}{1.579} = 0.144$$

$$g_{R3}(D, A_3) = \frac{0.011}{0.989} = 0.011$$

$$g_{R4}(D, A_4) = \frac{0.106}{0.000} = 0.107$$

从上面的信息增益率来看，第二个特征出行资金最大，根据信息增益率最大的为最优切分特征原则来看，首次切分的特征应为出行资金。

C4.5 算法相对于 ID3 算法进行了如下优化：

- 对连续特征进行二分离散化处理；
- 对缺失值进行相应的处理策略；
- 采用悲观剪枝策略进行后剪枝，避免过拟合问题；
- 使用信息增益率来代替信息增益，一定程度上避免了由于特征取值较多而被选中。

C4.5 有如下局限性：

- 只支持分类，不能用于回归；
- 采用的悲观剪枝是从上而下的剪枝策略，这种剪枝策略会导致与预剪枝同样的问题，可能会造成过度剪枝；
- 需要计算熵，里面有大量的对数运算，如果特征是连续值则还会有大量的排序运算，计算比较耗时。

10.3.4　CART

CART（Classification And Regression Tree，分类和回归树）由 Breiman 等人在 1984 年提出，是目前机器学习算法树模型中应用最广泛的一种。从名称可以看出，CART 既可用于分类，也可用于回归。在 CART 的构建过程中，内部结点分成二叉树（前面两种算法可能产生多叉树）。

1. CART 分类树

在 CART 的分类树中，特征选择会使用基尼指数。在特征选择的过程中，不仅会选出最优的切分特征，也会确定最优特征的最佳切分点。具体公式参考 10.3.2 节，计算的主要公式参考式（10-6）。

根据表 10-1 的数据集，进行计算。对于第一个特征季节，求其基尼指数：

$$\text{GINI}(D, A_1 = 1) = \frac{5}{16}\left(2 \times \frac{3}{5} \times \left(1 - \frac{3}{5}\right)\right) + \frac{11}{16}\left(2 \times \frac{5}{11} \times \left(1 - \frac{5}{11}\right)\right) = 0.491$$

$$\text{GINI}(D, A_1 = 2) = \frac{3}{16}\left(2 \times \frac{1}{3} \times \left(1 - \frac{1}{3}\right)\right) + \frac{13}{16}\left(2 \times \frac{7}{13} \times \left(1 - \frac{7}{13}\right)\right) = 0.487$$

$$\text{GINI}(D, A_1 = 3) = \frac{5}{16}\left(2 \times \frac{3}{5} \times \left(1 - \frac{3}{5}\right)\right) + \frac{11}{16}\left(2 \times \frac{5}{11} \times \left(1 - \frac{5}{11}\right)\right) = 0.491$$

$$\text{GINI}(D, A_1 = 4) = \frac{3}{16}\left(2 \times \frac{1}{3} \times \left(1 - \frac{1}{3}\right)\right) + \frac{13}{16}\left(2 \times \frac{7}{13} \times \left(1 - \frac{7}{13}\right)\right) = 0.487$$

从上面的基尼指数可以看出，GINI(D, A₁=2) 和 GINI(D, A₁=4)，最低，均为 0.487，若选用这个特征作为分裂结点，二者均可作为切分点。

对于第二个特征出行资金，求其基尼指数：

$$\text{GINI}(D, A_2=1) = \frac{5}{16}\left(2 \times \frac{4}{5} \times \left(1-\frac{4}{5}\right)\right) + \frac{11}{16}\left(2 \times \frac{1}{11} \times \left(1-\frac{1}{11}\right)\right) = 0.418$$

$$\text{GINI}(D, A_2=2) = \frac{5}{16}\left(2 \times \frac{3}{5} \times \left(1-\frac{3}{5}\right)\right) + \frac{11}{16}\left(2 \times \frac{5}{11} \times \left(1-\frac{5}{11}\right)\right) = 0.491$$

$$\text{GINI}(D, A_2=3) = \frac{6}{16}\left(2 \times \frac{1}{6} \times \left(1-\frac{1}{6}\right)\right) + \frac{10}{16}\left(2 \times \frac{5}{10} \times \left(1-\frac{5}{10}\right)\right) = 0.367$$

经过计算，出行资金这个特征的计算结果中，$A_2=3$ 为最佳分裂点。

第三个和第四个特征均只有一个切割点，只需要计算一次即可。

$$\text{GINI}(D, A_3=1) = \frac{9}{16}\left(2 \times \frac{5}{9} \times \left(1-\frac{5}{9}\right)\right) + \frac{7}{16}\left(2 \times \frac{5}{7} \times \left(1-\frac{5}{7}\right)\right) = 0.492$$

$$\text{GINI}(D, A_4=1) = \frac{9}{16}\left(2 \times \frac{3}{9} \times \left(1-\frac{3}{9}\right)\right) + \frac{7}{16}\left(2 \times \frac{5}{7} \times \left(1-\frac{5}{7}\right)\right) = 0.429$$

从上面所有特征值的分裂点的基尼指数来看，$A_2=3$ 的基尼指数为 0.367，因此第二个特征为最优特征，$A_2=3$ 为最佳分裂点。于是在根结点上会生成两个分支，继续使用上述方法，选取最优特征和最佳分裂点，直至树完全生长。

2. CART 回归树

CART 回归树和分类树的区别在于目标变量是连续的，在生成树的过程中，选取特征的准则也不一样，所以要采取均方误差（而不是基尼系数）。

对于给定的数据集 $D = \{(x_1, y_1), (x_2, y_2), \cdots, (x_m, y_m)\}$，其中 y 是连续变量，如何生成一棵回归树呢？对于已将输入空间划分好 m 个单元 $R_1, R_2, \cdots, R_m$，其对应的输出值为 $c_1, c_2, \cdots, c_m$，则回归树模型为：

$$f(x) = \sum_{m=1}^{M} c_m I(X \in R_m)$$

其中 I 为示性函数，当划分空间给定时，用训练数据集上的平方误差来表示：

$$\sum_{x_i \in R_m} (y_i - f(x_i))^2$$

在平方误差最小的基础上求解每个单元的最优输出值。在回归树的输入空间进行划分时，会对所有变量的所有值进行遍历尝试，以此寻找当前最优的切分变量 j 和最优切分点 s。问题最终转化成求解

$$\min_{j,s}\left[\min_{c_1} \sum_{x_i \in R_1(j,s)} (y_i - c_1)^2 + \min_{c_2} \sum_{x_i \in R_2(j,s)} (y_i - c_2)^2\right]$$

在上式中，R_1 和 R_2 为切分后的两个区域，c_1 和 c_2 为根据 s 点切分后的两个区间的样本对应的均值。从这里可以看出，在求解的过程中同时确定了每一步的输出值。不断寻找最

优特征及最优特征的切分点，确定好一层划分，后面再在前面的基础上重复上述过程，最终才会生成一棵回归树。

10.4 树的剪枝

决策树的生成过程要使用递归算法。完全生长的决策树的学习是很充分的，但是对于未知的数据预测效果一般会很差，容易出现过拟合现象。过拟合的原因在于学习的过程中过多学习了训练集的信息。通常可利用剪枝来降低树的复杂度，提高树对未知数据的泛化能力。决策树剪枝方法可分为两类：预剪枝和后剪枝。

10.4.1 预剪枝

预剪枝是指在决策树的生成过程中，在结点划分前进行评估判断。若当前结点已经满足截止条件或划分后不能带来性能提升，则停止划分并将当前结点标记为叶子结点。预剪枝的常见策略如下。

1）树的最大深度：如果某个结点的深度已经达到预先设定的树的最大深度，那么就停止分支，该结点被设定为叶子结点。

2）叶子最小样本数量：一般来说，叶子结点的样本量越多，泛化越强，反之越容易过拟合。限制叶子结点的最小样本量有助于提升决策树的泛化能力，如果当前结点样本量已经低于预先设定的阈值，那么停止分支。

3）纯度准则：分支过程若导致结点上不断降低 GINI 不纯度、熵或结点内方差等，说明纯度一直在改进。达到特定的纯度即可停止分支。

在实际的建模工作中，配置预剪枝的截止条件阈值时需要选择合适的参数，如果参数配置不当，可能会产生欠拟合或过拟合。参数阈值选择可参考第 12 章，选择适合当前模型项目的参数阈值，才能使模型的训练预测效果和泛化能力达到较好的水准。

10.4.2 后剪枝

后剪枝是先等训练集生成的决策树长成后，对树进行剪枝得到简化版的决策树。后剪枝的剪枝过程是删除一些子树，然后用叶子结点代替，这个叶子结点所标识的类别通过多数表决法决定。

常见的后剪枝方法的主要分为 3 种方法：错误率降低剪枝（Reduced-Error Pruning，REP）、悲观剪枝（Pesimistic-Error Pruning，PEP）和代价复杂度剪枝（Cost-Complexity Pruning，CCP）。

10.3 节介绍的 3 种决策树算法中，C4.5 算法基于悲观策略剪枝，CART 算法是代价复杂度策略剪枝，ID3 算法没有使用后剪枝策略。下面简单介绍 3 种后剪方法。

1.错误率降低剪枝 REP

REP 方法是 Quinlan 提出的一种比较简单的后剪枝的方法，在该方法中，可用的数据被分成两个样例集合：一个训练集用来形成学习到的决策树，一个验证集用来评估剪枝对于这个决策树的影响。

该剪枝方法考虑将树上的每个结点作为修剪的候选对象，对于完全决策树中的每一个非叶子结点的子树，尝试着把它替换成一个叶子结点，然后比较替换前后两棵决策树在测试数据集中的表现，如果替换后的决策树在测试数据集中的错误不多于替换前，那么该子树就可以被替换成叶子结点。该算法以自底向上的方式遍历所有子树，直至没有任何子树可以替换使得测试数据集的表现得以改进时，算法终止。由于使用独立的验证集，如果验证集样本数量太少导致训练集和验证集的特征分布差异过大，可能会产生错误的剪枝操作。

2.悲观剪枝 PEP

PEP 方法是 Quinlan 为了克服 REP 方法缺点而提出的，它不需要分离剪枝数据集。PEP是根据剪枝前后的错误率来判定子树的修剪。该方法引入了统计学上连续修正的概念，弥补 REP 中的缺陷。PEP 算法使用的是从上而下的剪枝策略，这种剪枝方法会导致剪枝过度。

3.代价复杂度剪枝 CCP

CCP 方法为子树 Tt 定义了代价（cost）和复杂度（complexity），以及一个可由用户设置的衡量代价与复杂度之间关系的参数 α。CCP 方法分为两个步骤：

1）对于完全决策树 T 的每个非叶结点计算 α 值，从低端向上开始循环不断地剪枝，直到剩下根结点。在该步可得到一系列的剪枝树 { T0，T1，…，Tm }，其中 T0 为原有的完全决策树，Tm 为根结点，Ti+1 为对 Ti 进行剪枝的结果。

2）从子树序列中，根据真实的误差估计选择最佳决策树。如何从第 1 步产生的子树序列 { T0，T1，…，Tm } 中选择出一棵最佳决策树是 CCP 方法第 2 步的关键，通常采用折交叉验证法。

上面介绍了常见的 3 种剪枝方法，此外还有一些其他方法如 Minimum Error Pruning（MEP）、Critical Value Pruning（CVP）、Optimal Pruning（OPP）、Cost-Sensitive Decision Tree Pruning（CSDTP）等，这些剪枝方法各有利弊，需要关注不同的优化点。对于最优决策树生成过程中，剪枝占有非常重要的地位。

10.5　特征处理

决策树算法案例都是基于离散数据讲解的，对于决策树的生成方式而言，离散数据是非常容易处理的。而连续属性的可取值数目不再有限，因此不能像前面处理离散属性那样，通过枚举取值来对结点进行划分。本节主要讲解决策树对于连续值以及缺失值的处理。

10.5.1　连续值处理

对连续值的处理其实就是离散化，常用的离散化策略是二分法。这个方法是 C4.5 算法和 CART 中采用的策略，只是两者选择划分点的衡量标准不一样：C4.5 算法使用信息增益率，CART 使用基尼指数或平方误差。下面介绍如何采用二分法对连续属性离散化。

给定样本集 D 和连续属性 a，假定 a 在 D 上出现了 m 个不同的取值，将这些值从小到大进行排序，记为 $\{a^1,\ a^2,\ \cdots,\ a^m\}$。基于划分点 s 可将 D 分为子集 D_{s1} 和 D_{s2}。其中 D_{s1} 包含属性 a 取值不大于 s 的样本，而 D_{s2} 则包含属性 a 上取值大于 s 的样本。显然，对相邻的属性取值 a^i 与 a^{i+1} 来说，s 在区间 $[a^i,\ a^{i+1})$ 中取任意值所产生的划分结果相同。因此，对于连续属性 a，我们可考察包含 $m-1$ 个元素的候选划分集合如下：

$$T_a = \left\{ \frac{a^i + a^{i+1}}{2} \mid 1 \leqslant i \leqslant m-1 \right\}$$

即把区间 $[a^i,\ a^{i+1})$ 的中位点 $(a^i+a^{i+1})/2$ 作为候选划分点，然后就可像离散属性值一样来考察这些划分点，选取最优的划分点进行样本集合的划分。

10.5.2　缺失值处理

在决策树中是如何处理属性值有缺失值的呢？可以从如下 3 个方面来考虑。

（1）训练生成决策树，在选择分裂属性的时候，训练样本存在缺失值，如何处理？

计算分裂损失减少值时，忽略特征缺失的样本，最终计算的值乘以比例（实际参与计算的样本数除以总的样本数）。假设使用 ID3 算法，那么选择分类属性时，就要计算所有属性的信息增益。假设 20 个样本，属性是 a。在计算 a 属性熵时发现，第 20 个样本的 a 属性缺失，那么就把第 20 个样本去掉，用其余的 19 个样本组成新的样本集，在新样本集上按正常方法计算 a 属性的信息增益。然后将结果乘 0.95（新样本占原样本的比例），即可得到 a 属性最终的信息增益。

（2）训练生成决策树时，给定划分属性，训练样本属性存在缺失值，如何处理？

将该样本分配到所有子结点中，权重由 1 变为具有属性 a 的样本被划分成的子集样本个数的相对比率，计算错误率的时候，需要考虑样本权重。

（3）决策树模型训练完成，需要测试集样本测试模型效果，测试样本有缺失值，如何处理？

- 如果有单独的缺失分支，使用该分支。
- 为待分类的样本的属性 a 值分配一个最常出现的 a 的属性值，然后进行分支预测。
- 在决策树中属性 a 结点的分支上，遍历属性 a 结点的所有分支，探索可能所有的分类结果，然后把这些分类结果结合起来一起考虑，按照概率决定一个分类。
- 待分类样本在到达属性 a 结点时就终止分类，然后根据此时 a 结点所覆盖的叶子结点类别状况为其分配一个发生概率最高的类。

10.6 决策树实现示例

由前节的介绍可知，决策树的构造核心在于如何选取最优的特征和划分点。ID3 算法、C4.5 算法以及 CART 构建决策树的过程比较类似，只是选取最优的特征和划分点依据的指标不同。下面我们以 ID3 算法为例，说明如何生成决策树。注意，此实现只支持类别变量。

导入相关包：

```python
import pandas as pd
import numpy as np
from math import log
```

计算信息熵和信息增益：

```python
class Entropy:
    '''
    计算离散随机变量的熵
    支持 numpy 和 series 数据类型
    '''
    @staticmethod
    def entropy(x):
        '''
        信息熵
        H(X)=-\sum p_i log2(p_i)
        '''
        x = pd.Series(x)
        p = x.value_counts(normalize=True)
        p = p[p > 0]
        h = -(p * np.log2(p)).sum()
        return h

    @staticmethod
    def cond_entropy(x, y):
        '''
        条件熵
        y 必须是因子型/category 变量
        H(X,y)=\sum p(y_i)H(X|y=y_i)
        '''
        y = pd.Series(y)
        x = pd.Series(x)
        p = y.value_counts(normalize=True)
        h = 0
        for yi in y.dropna().unique():
            h += p[yi] * Entropy.entropy(x[y == yi])
        return h
    @staticmethod
    def info_gain(x, y):
        '''
        信息增益 == 互信息
        I(X;y)=H(X)-H(X|y)=H(y)-H(y|X)
```

```
    '''
    h = Entropy.entropy(x) - Entropy.cond_entropy(x, y)
    return h
```

ID3 算法构建决策树:

```python
class Dtree:
    '''
    构建决策树
    '''
    @staticmethod
    def max_info_gain_feature(data):
        '''
        选择信息增益最大的特征
        input:DataFrame 格式数据集
        return：信息增益最大的特征编号
        '''
        dataset = np.array(data).tolist()
        labels = data.columns.to_list()
        feature_num = len(labels) - 1
        max_info_gain = 0.0
        max_info_feature = -1
        for i in range(feature_num):
            info_gain = Entropy.info_gain(data[labels[-1]], data[labels[i]])
            print(" 第 %d 个特征 %s 的信息增益为: %.3f" % (i, labels[i], info_gain))
            if (info_gain > max_info_gain):
                max_info_gain = info_gain
                max_info_feature = i
        return max_info_feature

    @staticmethod
    def create_dtree(data):
        '''
        使用 ID3 算法构建决策树
        input:DataFrame 格式数据集
        return：决策树
        '''
        dataset = np.array(data).tolist()
        labels = data.columns.to_list()[:-1]
        class_list = [example[-1] for example in dataset]
        if class_list.count(class_list[0]) == len(class_list):
            return class_list[0]
        if len(dataset[0]) == 1:
            return df.iloc[:, -1].value_counts().sort_values(
                ascending=False).index[0]

        # 为了演示，临时使用全局变量 j
        global j
        print(u" 第 %d: 轮迭代 " % (j))
        j = j + 1
```

```
    best_feature = Dtree.max_info_gain_feature(data)
    best_feature_name = labels[best_feature]
    print(" 本轮最优划分特征为: " + (best_feature_name) + "\n")
    dtree = {best_feature_name: {}}
    del (labels[best_feature])

    feature_list = data[best_feature_name].value_counts().index
    for value in feature_list:
        sub_data = data.loc[data[best_feature_name] == value].drop(
            [best_feature_name], axis=1)
        dtree[best_feature_name][value] = Dtree.create_dtree(sub_data)
    return dtree
```

使用示例:

```
# 获取数据
df=pd.read_excel(r" 旅游数据集 .xlsx")
j = 0
t = Dtree.create_dtree(df)
```

上述输出如下:

第 0: 轮迭代
第 0 个特征 季节 的信息增益为: 0.049
第 1 个特征 出行资金 的信息增益为: 0.227
第 2 个特征 是否要请假 的信息增益为: 0.011
第 3 个特征 是否有同伴 的信息增益为: 0.106
本轮最优划分特征为: 出行资金

第 1: 轮迭代
第 0 个特征 季节 的信息增益为: 0.317
第 1 个特征 是否要请假 的信息增益为: 0.317
第 2 个特征 是否有同伴 的信息增益为: 0.317
本轮最优划分特征为: 季节
　　　……
第 6: 轮迭代
第 0 个特征 是否要请假 的信息增益为: 0.252
第 1 个特征 是否有同伴 的信息增益为: 0.252
本轮最优划分特征为: 是否要请假

第 7: 轮迭代
第 0 个特征 是否有同伴的信息增益为: 0.000
本轮最优划分特征为: 是否有同伴

构建的完全决策树 t 如下 (本示例不包含剪枝):

```
{' 出行资金 ': {' 不足 ': {' 季节 ': {' 冬 ': ' 否 ',
                          ' 秋 ': {' 是否有同伴 ': {' 否 ': ' 否 ', ' 是 ': ' 是 '}},
                          ' 夏 ': ' 否 ',
                          ' 春 ': ' 否 '}},
              ' 一般 ': {' 季节 ': {' 秋 ': {' 是否要请假 ': {' 否 ': ' 否 ', ' 是 ': ' 是 '}},
                          ' 冬 ': ' 是 ',
```

```
                        '夏': '否',
                        '春': '是'}},
    '充裕': {'季节': {'春': {'是否要请假':
                 {'否': {'是否有同伴': {'否': '是'}}, '是': '是'}},
                 '秋': '是',
                 '夏': '是'}}}}
```

上述示例展示了 ID3 算法的决策树，读者可自行实现不同的划分条件，进而实现 C4.5 算法或 CART。

10.7　本章小结

本章介绍了树模型相关的基础知识和决策树原理和实现。一棵树的构建可以简单地理解为多个判断规则的多路径分类，也可以理解为一系列 if-then-else 组合。从统计学上理解，树模型可以看成是在特征组合空间与类别之间的条件概率分布。

10.1 节从数据结构的视角讲述了树的结构。

10.2 节和 10.3 节介绍了决策树的基础知识，决策树的构建策略是自上而下、分而治之，其目标函数通常是正则化的极大似然函数，学习策略是最小化目标函数。介绍了 scikit-learn 的 API 接口，常用的特征选择指标熵、基尼指数、均方误差等。

决策树的生成过程是使用递归算法生成的。完全生长的决策树，会导致构建过于复杂的树，进而造成泛化能力差，出现过拟合。通过 10.4 节介绍的预剪枝和后剪枝策略来降低树的复杂度，提高树模型的泛化能力。最后介绍了连续值的二分离散化，以及缺失值处理的相关对策。

第 11 章

集 成 模 型

集成模型由集成学习（Ensemble Learning）或集成方法（Ensemble Method）构建得到。顾名思义，集成学习集合了多种学习器或算法。这符合人类的学习和决断过程，例如会议上的头脑风暴集合了大家共同的才智，在企业或组织里不是单兵作战而是团队行动。这种"集体智慧"的模式能起到纠正个体错误、稳健决断的效果。在机器学习领域，集成学习是应用最广泛的学习方法之一，主流应用场景中包含了大量集成模型的案例，例如随机森林、XGBoost 等。

笔者把集成学习看作是基础组件，一种按照集成方法对模型整合的方式。集成学习的本质是如何找到不同的模型，并把它们进行集成的学习方法。下文也将按照这种由组件"搭积木"的方式构造集成模型的思路展开讲解。

构建机器学习模型的过程中，涉及很多可变的元素或组件，例如样本、算法、参数。这些基本元素构成了一个极大的求解空间，当我们从这个空间摘取一部分，并按某种模式集成就能构建集成学习模型，例如由不同训练样本构建的 Bagging 模型，不断关注错误预测样例的 Boosting 模型。

11.1 模型的可变组件

集成学习的核心是要求各个子模型必须具有多样性，或者说差异性，同时子模型本身要具有超过随机猜测的准确性，即"好而不同"，否则集成是没有意义的。集成模型如图 11-1 所示。

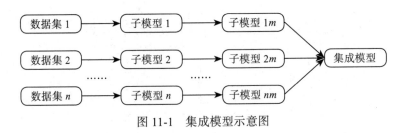

图 11-1　集成模型示意图

图 11-1 展示了构造集成模型的两个步骤：产生子模型和子模型集成（组合）。一般最后作为集成的模型，称为元模型（Meta Model）或高阶模型（Higher-order Model），常使用简单的线性模型；相对于元模型，子模型又称基模型（Base Model）或基学习器（Base Learner），相较最终集成的强的学习器，子模型也称弱学习器。集成模型的目的就是由弱变强。

弱学习和弱可学习的概念来自 PAC 框架，它表示一个求解问题，能被一个多项式的学习算法粗略地学习到，且准确率比随机猜测要好。相对，一个多项式学习算法能够较准确地学习到问题，则是强可学习。有理论证明：一个求解问题是强可学习的充分必要条件是弱可学习的。

图 11-1 中虚线框里面的模型表示可有可无。在这个构造过程中，要构建有多样性的模型可以从数据集（行、列）、算法（同质、异质、不同参数配置）和集成策略（如投票方式）上做文章。

11.1.1　数据集之行列采样

把训练数据集看成一张二维表，如图 11-2 所示，其中不同的矩形框住了不同的数据子集，使用这些数据子集就能训练出不同的模型。"行"上的变化，称为行采样，即在样本行上进行采样，如下文介绍的 Bootstrap 采样方法；"列"上的变化，称为随机采列，如随机森林的随机取列的方法。书中把上述随机的过程分别称为随机样本和随机特征。

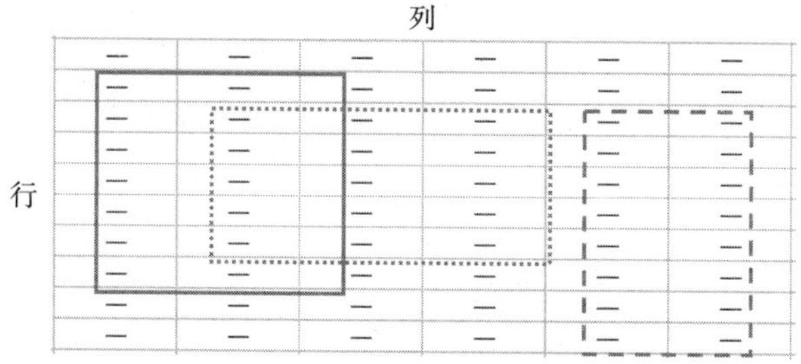

图 11-2　数据子集的选取示意图

通过随机样本和随机特征能够得到不同的随机子集，它们是构造多样性模型的数据原料。数据子集越多，可构建的模型就越多。

11.1.2　算法之同质和异质

构造"好而不同"的模型，除了上述的随机样本和随机特征，不同的算法也是关键。

当子模型都是基于同一种算法构建而成时（只是样本不同或参数不同），称这样的集成是同质的（Homogeneous），例如随机森林中的基模型都是决策树，随机森林是不同决策树组合而成的"森林",所以随机森林是同质的。当子模型基于不同种算法构建而成的,称这样的集成是异质的(Heterogenous),例如下文要讲述的 Stacking 集成方法。

第 1 章提到过,不同的学习算法具有不同的学习偏好,这种偏好是产生模型差异的本质。同种算法偏好类似,产生的模型相关性要高于不同种算法产生的模型。

从统计角度看,同质的模型间理论上相关性要高于异质模型间的相关性。相关性高会降低集成模型的性能,从这个角度看,异质 Boosting 会有优势,即 Stacking。

同质集成能通过随机样本和随机特征降低相关性,并且同质集成在工程上更易于实现(例如异质的基模型概率输出并不能直接进行融合),所以同质的集成模型应用更为广泛,例如 sklearn 中的集成算法都是同质集成。图 11-1 中并没有限制各个子模型使用了何种学习算法,读者完全可以自行实践不同的集成方式。

另外,不同算法内部自身就带有随机性,如不同的随机数种子、数值优化算法内的随机性,这些在一定程度上有助于产生多样化的模型。

11.2　层次化的集成方法

集成学习构造的是一个层次化的模型"组织",层次化的组织结构必然涉及如何组织、顶层如何汇聚这两个步骤。目前常见的汇聚方法有投票组合法,例如 Bagging;常见的组织方法有关注错误预测样例的 Boosting 和异质集成的 Stacking。

11.2.1　投票组合法

当我们有多个模型输出,如何决断最终的预测结果?多数表决(Majority Voting)是最自然的方法,也称为民主投票。以分类问题为例,多数表决就是取大多数分类器预测结果作为最终的结果。此处的大多数一般指得票率超过一半。

1. 投票和平均原理

设有 n 个分类器,每个分类器预测值为 F_i,那么多数表决可统一表述为下面的表达式:

$$\hat{y} = \text{mode}\{F_1, F_2, \cdots, F_n\}$$

例如,构建 3 个分类器,其分类结果为 {1,1,-1},那么基于多数投票的原则,最终的结果应该为 1。该示例背后的意义为:每一个分类器在每个样本上表现不一样,前提是每个分类器准确率高于错误率,一定数量的分类器投票组合能够纠正预测错误的分类器。

设所有的二分类器相互独立,出错率互不相关,且错误率都为 ε,那么 k 个分类器同时出错的概率将是一个二项分布,如式(11-1)所示。

$$\varepsilon_{\text{ensemble}} = \sum_{k}^{n} C_n^k \varepsilon^k (1-\varepsilon)^{n-k} \tag{11-1}$$

例如,5 个分类器,错误率为 0.3,那么取任意大于等于 3 的模型都是错误的概率为

0.163，很明显该值小于原错误率 0.3，计算代码如下：

```
from scipy.special import comb
comb(5, 3) * (0.3**3) * (1 - 0.3)**(5 - 3) + comb(5, 4) * (0.3**4) * (
    1 - 0.3)**(5 - 4) + comb(5, 5) * (0.3**5) * (1 - 0.3)**(5 - 5)
```

实践中，不同的分类器权重可以有不同的设置，当将权重加入投票组合后，也称加权投票表决。例如，将权重 0.6 赋值给 F_3，另外的两个都赋值为 0.2，那么得到的结果是 −1。

类似地，当分类器输出为概率形式，可以套用上述的计算方法，此时该方法称为软投票，而前所述的则为硬投票。严格来说，多数投票仅适用于二分类场景，不过通过取平均可以很容易地将该方法推广到多分类和回归场景中。

假设 n 个独立的随机变量 Z_1、$\cdots$、Z_n，每个方差是 σ^2，那么它们的均值对应的方差为 σ^2/n。该统计结果说明：模型平均能够起到降低模型估计方差的效果。

2. 软投票和硬投票代码示例

下面以 sklearn 中的 VotingClassifier 为例说明投票组合的具体实例。

1）导入相关的包：

```
import pandas as pd
from sklearn.pipeline import Pipeline
from sklearn.preprocessing import StandardScaler
from sklearn.model_selection import train_test_split
from sklearn.model_selection import cross_val_score
from sklearn.tree import DecisionTreeClassifier
from sklearn.neighbors import KNeighborsClassifier
from sklearn.linear_model import LogisticRegression
from sklearn.ensemble import VotingClassifier
```

2）数据准备：

```
# 实验数据
from sklearn.datasets import load_breast_cancer
bc = load_breast_cancer()
y = bc.target
X = pd.DataFrame.from_records(data=bc.data, columns=bc.feature_names)
# 转化为 df
df = X
df['target'] = y
# 只取前 3 个特征作为演示
cols = [
    'mean radius','mean texture', 'mean perimeter',
]
X_train, X_test, y_train, y_test = train_test_split(X[cols],
                                                    y,
                                                    test_size=0.3,
                                                    random_state=42,
                                                    stratify=y)
```

3）使用 3 种算法（最近邻、逻辑回归、决策树）和 3 种算法投票，并查看效果：

```
clf1 = KNeighborsClassifier(n_neighbors=1)
clf2 = LogisticRegression(solver='liblinear', C=0.05, random_state=42)
clf3 = DecisionTreeClassifier(max_depth=1, random_state=42)
pipe1 = Pipeline([['sc', StandardScaler()], ['clf', clf1]])
pipe2 = Pipeline([['sc', StandardScaler()], ['clf', clf2]])

# weights=[1, 1, 1] 表示 3 种子模型使用相同的权重
voter = VotingClassifier(estimators=[('knn', pipe1), ('lr', pipe2),
                                     ('dc', clf3)],
                         voting='soft',
                         weights=[1, 1, 1])
clf_labels = ['KNN', 'Logistic', 'Decision tree', 'Soft Voting']
# 3 种算法和（软）投票算法，使用 10 折交叉验证
for clf, label in zip([pipe1, pipe2, clf3, voter], clf_labels):
    scores = cross_val_score(estimator=clf,
                             X=X_train,
                             y=y_train,
                             cv=10,
                             scoring='roc_auc')
    print("AUC:{:.2} (+/- {:.2}) [{}]".format(scores.mean(), scores.std(),
                                              label))
```

输出如下，该结果显示投票法具有降低方差的效果：

```
AUC:0.87 (+/- 0.035) [KNN]
AUC:0.95 (+/- 0.031) [Logistic]
AUC:0.86 (+/- 0.049) [Decision tree]
AUC:0.95 (+/- 0.024) [Soft Voting]
```

至此，我们完成了投票组合的模型集成。

11.2.2　前向逐步叠加法

前向逐步叠加法是一个形象化的描述，模型训练是一个串行的过程，后面的模型构建于前面的模型之上，犹如一个逐步向前叠加或多级助推的过程。后面模型的目的在于修正或改进前面模型的错误，使其准确率得到提升。该过程的示意图如 11-3 所示。

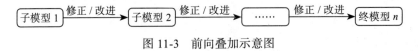

图 11-3　前向叠加示意图

终模型可以是前面子模型的线性加权的组合（如后文提到的 AdaBoost），也可以是独立训练的（元）模型，如 Stacking（Boosting 的一个变种）。各模型可以是同一种学习算法，也可以是不同种类的学习算法，即前文提到的同质和异质的区别。

该方法能够起到修正或改进作用，本质上是在训练样本上做文章，其核心在于让后续的模型更关注预测错误或更有可能出现错误的样例。这些样例属于前面模型难以学习到的样本，这样，后续训练得到的模型在相关样本的倾向性上就会有所差异，从而达到一种模

型互补的效果。

样本不同的更新方法将产生不同的算法模型。这样，通过不断的修正和改进得到的集成模型就具有更高的预测性能。

在一些实际的模型应用中，难以分类或处理的样例确实出现了拒绝为这些样例分类或训练的情况，例如落在靠近边界的过渡区域，此时的拒绝反而能够有效提升准确率，这些中间样本使用下级模型或人工处理。

11.3 Bagging 方法

Bagging 的常见译法是"装袋"，是 Bootstrap Aggregating 的组合缩写，全称翻译为"自举聚合"。使用 Bagging 方法构建集成模型，就像其原始的两个单词一样，分为两个部分：

- 使用行采样的方法，且是有放回的随机采样。
- 使用投票组合法集成各子模型。

11.3.1 Bootstrap 和 Aggregating

有放回的随机采样得到的样本称为 Bootstrap 样本。有放回采样的特点是每个样本可能会被重复抽中，有的样本可能一直都未被抽中。例如，下面的示例显示有放回的抽样，6 和 10 出现了 2 次：

```
r = np.random.RandomState(42)
#20个数字中有放回抽样8个数字
r.randint(0, 20, 8)
```

输出结果为：

```
array([ 6, 19, 14, 10, 7, 6, 18, 10])
```

换句话说，Bagging 模型中某些样本在一次训练样本中重复了多次，而有的样本则一直未被训练（这类未被选中的样本称为 Out-of-Bag，中文常见的翻译为"袋外样本"，缩写为 OOB）。这种方法似乎有些荒谬，例如，只有少量的样本甚至只有一个样本的情况下，这种方法明显是一种自欺欺人的获得样本的方法！所以该方法有未明言的前提条件：只有在样本量足够的情况下，有放回的采样才靠谱！这在很多书中并未被提及，造成了笔者初学时的困惑。

Bootstrap 单纯从字面并不好理解，以至于笔者刚开始甚至将其与 Boosting 混淆，直到笔者突然想起了 Linux 内核启动的 Bootstrap 过程。Bootstrap 一般翻译为"自举"或"自助"，"自举"是更贴近其物理意义的，指的是自己举起自己，或可泛化理解为自给自足。例如在 statmodel 包中计算 p-value，就是一个 Bootstrap 的过程，因为在有限的样本中推断全量样本统计量的惯用方法就是重复采样！另外注意，此 Bootstrap 并非 Twitter 的前端框架 Bootstrap！

最后，推荐两种知名的采样方法，供读者进一步学习：吉布斯采样（Gibbs sampling）、马尔可夫链蒙特卡罗（Markov chain Monte Carlo）。

某次模型训练样本 m，当 m 趋于无穷大时，由式（11-2）可得到总样本中某一样例一直未被抽样到的概率是 0.368，这是一个不低的占比，常被用来作为测试，即所谓的袋外估计，使得 Bagging 方法自身就能提供模型性能估计，而不必使用交叉验证。

$$\lim_{m \to \infty} \left(1 - \frac{1}{m}\right)^m \approx \frac{1}{e} \tag{11-2}$$

Aggregating 过程即前文所述的投票组合的过程，所以大部分书讲述 Bagging 时都是将两个步骤一并讲解，希望本章所采用的从集成模型的上层视角逐渐拆解的描述方式没有给读者造成困惑！

最后，Bagging 的集成过程，如图 11-4 所示。

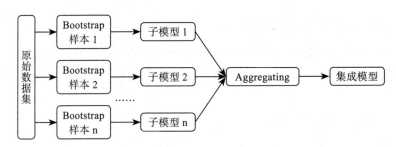

图 11-4　Bagging 集成过程示意图

从图中也可以看出，Bagging 方法需要构建多个子模型，训练时计算量大，但每个模型相互没有影响（图中每一行示例一个模型），是可以并行训练的，从而在一定程度上减少了计算量大这一劣势。Bagging 方法涉及多个模型的集成，导致原本易于解释的模型变成了难以解释的黑箱模型，当然这是所有集成模型共同的缺点——模型难以直观解释。折中的做法是使用特征的重要性，例如树中特征出现的顺序、特征出现的次数等，在回归树中还可以是某分裂特征引起的 RSS 减少量等。

11.3.2　Bagging 模型性能分析实验

Bagging 模型由多个子模型组成，是否子模型越多表现越好？是否有些调参的经验参考？下面对这一问题做实验分析。学习研究时，人造数据集比真实数据更有助于说明问题，下面生成了只有一个自变量的回归数据集：

```
import numpy as np
```

```
np.random.seed(42)
# 构造 500 个数据点
n = 500
X = np.array([i / n for i in range(n + 1)])
# 构造一个包含方差为 0.01 的噪声数据
y = np.array([i + np.random.normal(scale=0.1) for i in X])
```

该点集如图 11-5 所示。

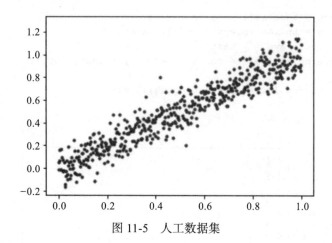

图 11-5　人工数据集

划分数据集：

```
from sklearn.model_selection import train_test_split
X_train, X_test, y_train, y_test = train_test_split(X,
                                                    y,
                                                    test_size=0.3,
                                                    random_state=42)
```

构造决策回归树：

```
from sklearn.tree import DecisionTreeRegressor
n_bagging = 100
preds = []
bag_samp_scale = 0.5
# 深度为 1 的树: 即树桩
tree_depth = 1

# 基于训练集，构建 n_bagging 个模型，并保存模型和在测试集上的预测值
for i in range(n_bagging):
    # 每次随机抽取 bag_samp_scale 比例的样本训练模型
    x_bagging, _, y_bagging, _ = train_test_split(X_train,
                                                  y_train,
                                                  test_size=1 - bag_samp_scale)
    t = DecisionTreeRegressor(max_depth=tree_depth).fit(
        x_bagging.reshape(-1, 1), y_bagging)
```

```
    p = t.predict(X_test.reshape(-1, 1))
    preds.append(p)

preds = np.array(preds)

# 取前 i 个模型的预测平均值作为 Bagging 方式的最终预测
mse = []
pred_i_avg = []

for i in range(n_bagging):
    pred_i_avg = np.mean(preds[:i + 1], axis=0)
    error = pred_i_avg - y_test
    mse.append(np.sum([e * e for e in error]) / len(y_test))
# 绘图
plt.plot([i + 1 for i in range(n_bagging)], mse)
```

输出图形如图 11-6 所示。

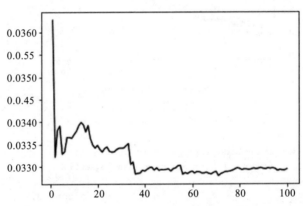

图 11-6　深度为 1 时子模型数量和 MSE 之间的关系

图 11-6 说明了 40 个左右的 Bagging 子模型已经稳定，即使增加模型也没有性能提升。

读者并不一定能够复现图 11-6，但会得到类似的趋势。读者也可直接使用 sklearn 中封装好的 BaggingRegressor 进行学习。

查看 1 棵决策树和 100 棵决策树的 Bagggin 模型的决策边界：

```
plt.plot(X_test,preds[0],'o')
plt.plot(X_test, preds[99], '^',
    alpha=0.4)
plt.plot(X_test,y_test,'.')
```

输出如图 11-7 所示。

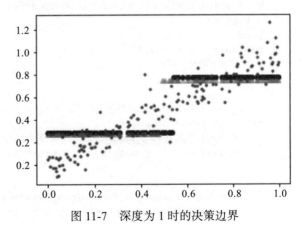

图 11-7　深度为 1 时的决策边界

图 11-7 显示了 1 棵决策树和 100 棵决策树集成的决策边界（此处理解为台阶）。可以看出，每棵决策树都有几乎一致的边界（约 0.5 处），不同的决策树融合得到不同的边界。

图 11-7 中 MSE（0.03）与原数据的误差（0.01），还具有一定的差距，即拟合还未达到预期，即使增加子模型的数量也于事无补。再多的 Bagging 模型集成也无法减少偏差，因为 Bagging 的平均特性无助于偏差的减少。有经验表明，如果 Bagging 方法中 Bootstrap 样本达到 50 个后（即 50 个子模型），模型性能还表现不佳，那么此时已没有必要再增加子模型的数量，而应该更换其他更高精度的参数、学习算法或下文介绍的 Boosting 方法，该经验数值可作为模型调参的参考。

下面将树的深度调为 3，输出如图 11-8 所示。

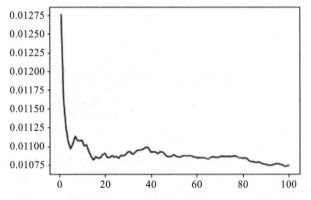

图 11-8 深度为 3 时子模型数量和 MSE 之间的关系

从图 11-8 可以看出，深度为 3 的树，在 Bagging 模型数量为 20 左右时达到稳定，MSE（0.01）与原数据的误差（0.01），几乎一致，拟合较为完美！该 Bagging 模型的决策边界如图 11-9 所示，具有细致的阶梯。

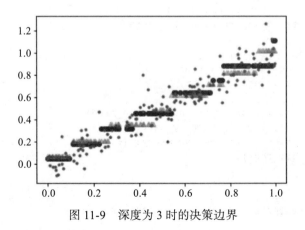

图 11-9 深度为 3 时的决策边界

11.3.3 Bagging 偏差和方差解析

Bagging 方法被证明可以在提高不稳定模型准确度的同时降低过拟合的程度。换句话说，Bagging 方法可以有效减少模型方差，但对模型偏差减少的效用有限。所以，Bagging 方法常用于低偏差高方差的学习算法中，下面会结合实验进行演示。

1. 决策树 vs Bagging 决策树，看方差差异

决策树虽然简单，但只要树足够深，就能完美拟合训练样本，得到复杂的决策边界。可以说决策树属于低偏差的学习算法，容易产生过拟合的模型，表现为训练数据和测试数据准确度差异较大。Bagging 决策树则能明显减少两者的差异。下面的演示将看到这种情况（使用 11.2 节中的数据集）。

```
# 为了便于图形化演示，只使用二维特征（取了前两个特征）
cols = [
    'mean radius','mean texture',
]
X_train, X_test, y_train, y_test = train_test_split(X[cols],
                                                    y,
                                                    test_size=0.2,
                                                    random_state=42,
                                                    stratify=y)
# max_depth=None 树尽量生长
tree = DecisionTreeClassifier(max_depth=None, random_state=42)

# 创建一个 200 棵树的 Bagging
bag = BaggingClassifier(base_estimator=tree,
                        n_estimators=200,
                        max_samples=0.9,
                        max_features=1.0,
                        bootstrap=True,
                        bootstrap_features=False,
                        n_jobs=1,
                        random_state=42)
from sklearn.metrics import accuracy_score

tree.fit(X_train, y_train)
y_train_pred = tree.predict(X_train)
y_test_pred = tree.predict(X_test)

acc_train = accuracy_score(y_train, y_train_pred)
acc_test = accuracy_score(y_test, y_test_pred)
print('Decision tree train/test accuracy: {:.3f}/{:.3f}'.format(
    acc_train, acc_test))
```

输出结果为：

```
Decision tree train/test accuracy: 1.000/0.781
```

上面的输出显示，模型完美拟合了训练数据集，但在测试数据集的精度只有 0.781，下面的 Bagging 树模型的测试精度则为 0.860。

```
bag.fit(X_train, y_train)
y_train_pred = bag.predict(X_train)
y_test_pred = bag.predict(X_test)

acc_train = accuracy_score(y_train, y_train_pred)
acc_test = accuracy_score(y_test, y_test_pred)
print('Bagging tree train/test accuracy: {:.3f}/{:.3f}'.format(
    acc_train, acc_test))
```

输出结果为：

```
Bagging tree train/test accuracy: 1.000/0.860
```

上述决策树和 Bagging 决策树在训练集上的精度都是 1，但是在测试集上，Bagging 决策树要好于单棵决策树，这说明单棵决策树具有更高的方差，即过拟合的倾向，而 Bagging 决策树具有更好的泛化性能。

下面的代码清单生成了图 11-10，该图显示 Bagging 方法有效地抹平了尖锐的分界线。

```
import numpy as np
import matplotlib.pyplot as plt

x_min = X_train['mean radius'].min() - 1
x_max = X_train['mean radius'].max() + 1
y_min = X_train['mean texture'].min() - 1
y_max = X_train['mean texture'].max() + 1

xx, yy = np.meshgrid(np.arange(x_min, x_max, 2), np.arange(y_min, y_max, 2))

f, axarr = plt.subplots(nrows=1,
                        ncols=2,
                        sharex='col',
                        sharey='row',
                        figsize=(12, 6))

for idx, clf, tt in zip([0, 1], [tree, bag], ['Decision tree', 'Bagging']):
    clf.fit(X_train, y_train)

    Z = clf.predict(np.c_[xx.ravel(), yy.ravel()])
    Z = Z.reshape(xx.shape)

    axarr[idx].contourf(xx, yy, Z, alpha=0.4)
    axarr[idx].scatter(X_train.loc[y_train == 0, 'mean radius'],
                       X_train.loc[y_train == 0, 'mean texture'],
                       c='red',
                       marker='^')

    axarr[idx].scatter(X_train.loc[y_train == 1, 'mean radius'],
                       X_train.loc[y_train == 1, 'mean texture'],
```

```
                                c='blue',
                                marker='o',
                                alpha=0.3)

        axarr[idx].set_title(tt)

    axarr[0].set_ylabel('mean texture', fontsize=12)
    plt.text(3, 6, s='mean radius', ha='center', va='center', fontsize=12)

    plt.tight_layout()
    plt.show()
```

输出如图 11-10 所示。

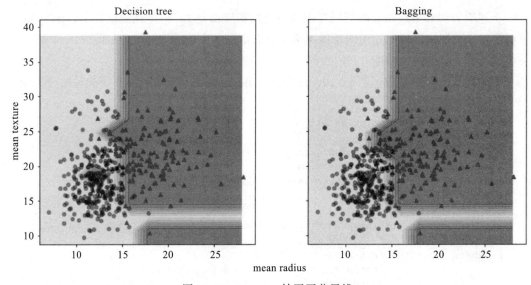

图 11-10 Bagging 抹平了分界线

2. Bagging 逻辑回归看偏差和方差

在常见的学习算法中,逻辑回归模型较为稳定,所以在理论上,Bagging 方法对这类学习算法的改进非常有限。

注意:Bagging 和下文介绍的 Boosting 都指的是一类方法,而不是具体的算法,所以 Bagging 与逻辑回归相结合并没有什么问题。

进行如下的实验,准备人造数据集:

```
from sklearn.datasets import make_classification
Xt, yt = make_classification(n_samples=1000,
                             n_features=7,
                             n_redundant=1,
                             n_informative=6,
```

```
                              n_clusters_per_class=3,
                              n_classes=2,
                              random_state=42)
```

准备 Bagging 集成：

```
clf_lr = LogisticRegression(solver='liblinear',
                          random_state=42,C=10)

bag = BaggingClassifier(base_estimator=clf_lr,
                      n_estimators=200,
                      max_samples=0.5,
                      #max_features=1,
                      random_state=42)
```

使用逻辑回归和 Bagging 逻辑回归：

```
for clf, label in zip([clf_lr, bag], ['Logistic','Bagging Logistic']):
    scores = cross_val_score(estimator=clf,
                          X=Xt,
                          y=yt,
                          cv=10,
                          scoring='roc_auc')
    print("AUC:{:.2} (+/- {:.2}) [{}]".format(scores.mean(), scores.std(),
                                      label))
```

输出显示 Bagging 逻辑回归对单个逻辑回归模型没有改进。读者可调整随机数等进行多次实验，将看到类似的结果。

```
AUC:0.84 (+/- 0.033) [Logistic]
AUC:0.84 (+/- 0.033) [Bagging Logistic]
```

11.3.4 随机森林

Bagging 方法可以集成多种学习算法，其中随机森林最为出色。随机森林有以下几大特点，使得笔者认为它是 Bagging 模型的集大成者：

- 使用随机样本和随机特征，即随机行和列，减少了基模型的相关性。
- 使用实现简单、高效和高精度的决策树作为基模型。
- 可以解决分类和回归问题，也可以直接处理分类和数值特征（决策树的特性）。
- Bagging 抗过拟合和稳定的特性，使得随机森林能在偏差和方差之间权衡（调参来权衡）。

随机森林的构造如图 11-11 所示。

sklearn 中的随机森林包含分类和回归接口。下面以分类学习器 RandomForest-Classifier[⊖]为例，说明其主要参数，参数和部分缺省值如下：

⊖ https://scikit-learn.org/stable/modules/generated/sklearn.ensemble.RandomForestClassifier.html

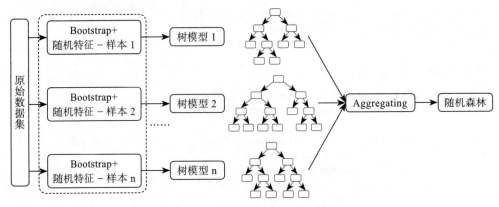

图 11-11 随机森林集成示意图

```
class sklearn.ensemble.RandomForestClassifier(n_estimators=100,
    criterion='gini', max_depth=None, min_samples_split=2, min_samples_leaf=1,
    min_weight_fraction_leaf=0.0, max_features='auto', max_leaf_nodes=None,
    min_impurity_decrease=0.0, min_impurity_split=None, bootstrap=True, oob_
    score=False, n_jobs=None, random_state=None, verbose=0, warm_start=False,
    class_weight=None, ccp_alpha=0.0, max_samples=None)
```

其关键参数解释如表 11-1 所示。

表 11-1 RandomForestClassifier 参数解释

参数名	解释
n_estimators	基模型（决策树）的数量。缺省值 100 是一个很好的起始尝试，一般该值不小于 10，通过实验获得
criterion	使用哪种标准衡量树分裂的好坏，取 gini 表示使用基尼，取 entropy 表示使用信息熵
max_depth	缺省 None 表示不限制树的生长，直到叶子结点为空或结点数小于 min_samples_split
min_samples_split	判断待分裂的结点：当结点中实例的数量少于该值时，不进行分裂，避免过拟合到过小的实例集中
min_samples_leaf	判断分裂后结点的数量：如果分裂后某个子结点中实例的数量少于该值，则不进行该次分裂。如果是小数，数量计算公式为 ceil(min_samples_leaf * n_samples)，这有利于降低模型方差
min_weight_fraction_leaf	上述判断数量决定是否分裂，该值则从权重的角度判断是否分裂，取值范围 [0, 0.5]，主要应用于带权重的样本中。注意：以上 4 个参数（max_depth、min_samples_split、min_samples_leaf、min_weight_fraction_leaf）直接影响是否分裂
max_features	随机森林的随机列特性的体现，无放回抽样方法。如果该值取 1，则没有随机列的效果。该值表示在寻找最优分裂时需要比较特征的数量，但要注意的是：如果在指定的数量下，依然没有找到有效的分裂点，则会超过 max_feature 继续寻找。取值支持整数、小数（占比）和 sqrt、log2 的特征数，默认为 sqrt
max_leaf_nodes	最大叶子结点数量。达到该值后，不再分裂
min_impurity_decrease	如果分裂后纯度的减少值大于等于该值时，进行分裂，代替 min_impurity_split（将失效）
bootstrap	是否执行上文描述的 bootstrap 采样

(续)

参数名	解释
oob_score	是否使用袋外估计作为模型的性能评估
warm_start	是否热启动，即在已有的模型上继续使用（新的）样本训练。某种程度上热启动继承上一版本模型的信息，有迁移学习的思想
class_weight	用于指定样本中各实例的权重，常用于非平衡样本中
ccp_alpha	用于最小代价复杂度修剪的复杂度参数。将选择比 CCPI-α 更小的成本复杂性的子树。默认情况下，不执行修剪。由上述的参数控制树的生长即可
max_samples	上文描述的 bootstrap 采样时的比例

RandomForestRegressor 中没有 class_weight 参数，criterion 参数默认为 mse，其他参数与分类学习一致。

11.4　Boosting 方法

根据经验风险最小化的原则，任何一种机器学习方法都要面对偏差和方差权衡的问题。一般来说，简单的学习算法面临偏差的问题更为严重，复杂的学习算法则面临方差的问题更为严重，读者可回顾第 1 章和第 5 章的相关内容。

11.4.1　Boosting 的原理与实现示例

Boosting 提供了一种可操作的、权衡偏差和方差的实践方法：使用弱学习器获得简单模型（不那么精确、可快速得到）的成本较低，偏差较大，Boosting 方法能够根据某种策略不断地将弱学习器提升为强学习器，最终得到偏差和方差平衡模型。

Boosting 方法发明于 20 世纪 80 年代，开始应用于分类问题，随着 AdaBoost（自适应提升，Adaptive Boosting）算法的发明，研究者们逐渐使用损失函数、可加模型等统计概念将 AdaBoost 解释为最小化指数损失函数的向前逐步可加模型，并推广到回归问题和其他衍生算法。

1. AdaBoost

AdaBoost 是 Boosting 方法的一种实现，其核心是不断地构建新的模型，后一级的模型训练样本是根据前一级模型预测错误情况，调整了样本权重的新样本，是一个串行的迭代过程，其中的迭代次数和基模型数量事先指定。随着迭代次数的增加，经验风险趋近于 0。AdaBoost 厉害的地方在于，它仅仅通过调整迭代次数这一参数就能控制偏差和方差的权衡。

AdaBoost 的估计误差随着迭代次数增加而增加，但是经验风险会随着迭代次数增加而减少。

为了便于读者理解，下面先对 AdaBoost 进行了适当简化，以分类问题为例描述算法如下所示。

输入：包含 n 个训练样本的数据集 D、基学习器、训练轮数 M
过程：
  0．令起始 $i=1$，对于 D 中的每个 x_j，其权重为 $P_1(x_j)=1/n$
  1．根据给定概率分布，在 D 上创建新的样本 D_i，并训练基学习器 C_i
  2．用学习器 h_i 测试 D 中所有样本，如果 h_i 错分了 x_j，则令 $\varepsilon_i(x_j)=1$，否则 $\varepsilon_i(x_j)=0$
      1）计算 $\varepsilon_i = \text{sum}(\ p_i(x_j) \cdot \varepsilon_i(x_j)\ )$
      2）计算 $\alpha=(1-\varepsilon_i)/\varepsilon_i$
  3．将错误分类的样例的权重调整为 $P_{i+1}(x_j) = \alpha \cdot P_i(x_j)$
  4．归一化处理所有样本的权重 P，确保总和为 1
  5．迭代至 T 轮停止
输出：学习器的线性组合

在上述的描述中，错分类的样例在下级模型训练时权重统一被放大 α 倍，从而得到重视（正确分类的样例权重不变），在支持带权重采样的算法里，起到了调整样本分布的作用。表 11-2 演示了具有 5 个样本的权重计算过程。

表 11-2　权重调整示例

第一轮权重	$P_1(x_1)$	$P_1(x_2)$	$P_1(x_3)$	$P_1(x_4)$	$P_1(x_5)$
	0.2	0.2	0.2	0.2	0.2
设分类器 h_1 错误分类了样例 4 和样例 5	√	√	√	×	×
总错误率	$\varepsilon_1=0\times0.2+0\times0.2+0\times0.2+1\times0.2+1\times0.2=0.4$				
错误的权重放大倍数	$\alpha=(1-0.4)/0.4=1.5$				
第二轮权重	$P_1(x_1)$	$P_1(x_2)$	$P_1(x_3)$	$P_1(x_4)$	$P_1(x_5)$
	0.2	0.2	0.2	0.3	0.3
权重归一化	0.17	0.17	0.17	0.25	0.25

现实中，当错误率 ε 大于 0.5 时应该停止（此时效果比随机还差）；权重调整的方案使用错误率的对数和指数损失表示，如式（11-3）和式（11-4）所示。

$$\alpha_m = \frac{1}{2}\ln\left(\frac{1-\varepsilon_m}{\varepsilon_m}\right) \tag{11-3}$$

$$D_m+1(x) = \frac{D_m(x)}{Z_m} \times \begin{cases} e^{-\alpha_m} & \text{if } f_m(x)=y \\ e^{\alpha_m} & \text{if } f_m(x)\neq y \end{cases}$$
$$= \frac{D_m(x)\exp(-\alpha_m y f_m(x))}{Z_m} \tag{11-4}$$

其中 Z_t 为样本新权重的求和，用于归一化。

集成模型由各子模型线性组合得到，如式（11-5）所示，实现了 T 个子模型的加权表决。注意，各子模型的权重之和并不为 1，误差越小的子模型的权重越大。

$$F(x) = \sum_{m=1}^{M} \alpha_m f_m(x) \tag{11-5}$$

其集成过程如图 11-12 所示。

图 11-12　AdaBoost 集成示意图

很明显，这与 Bagging 策略完全不同，AdaBoost 是通过对所有基学习器预测累积得到的。本质上该算法的策略是先通过降低精度（弱学习器）来降低计算复杂度，并逐级提升而成。

1）式（11-5）的线性组合形式也称加法模型（Additive Model），加法模型的求解方法一般使用 Forward Stagewise 算法。AdaBoost 是损失函数为指数损失函数的加法模型。

2）在软件工程领域，常有时间和空间的权衡，而在机器学习中，时常看到方差和偏差的权衡、精度和计算复杂度的权衡。

AdaBoost 是一种算法策略，并未限制基学习器的类型，理论上说，只要原生支持样本权重（sample_weight）和类概率输出（predict_proba）[⊖]的学习器都可以作为 AdaBoost 的基学习器。原始的 AdaBoost 使用树桩作为基学习器（深度为 1 的树），在 sklearn 中，默认也是如此，以决策树为基模型的 AdaBoost 称为提升树（Boosting Tree）。下面给出了简要的对比和使用示例。

准备演示数据：

```
import numpy as np
from sklearn.datasets import make_moons
from sklearn.tree import DecisionTreeClassifier
from sklearn.ensemble import AdaBoostClassifier
n = 200
X, y = make_moons(n, noise=0.2, random_state=42)
```

使用深度为 3 的决策树建模：

```
clf = DecisionTreeClassifier(max_depth=3)
clf.fit(X, y)
```

使用 AdaBoost：用深度为 3 的决策树作为基模型，共构建 10 个提升树。

```
ada = AdaBoostClassifier(clf,
                n_estimators=10,
                learning_rate=0.1,
                random_state=42)
ada.fit(X, y)
```

上述拟合情况如图 11-13 所示，很明显，提升树能够构建复杂的分类边界。

⊖ 因为 AdaBoost 的核心是改变样本权重。另外，有的数值求解算法并不需要类概率输出，如 SAMME 算法。

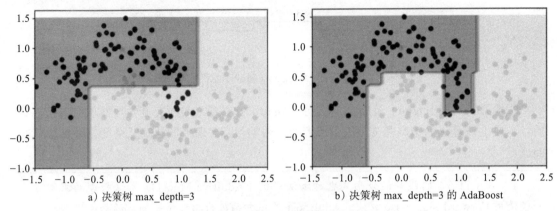

図 11-13　决策树和提升树分类示例

上述的 ada.estimators_ 将输出 10 个 DecisionTreeClassifier 的对象实例，表示共构建了 10 棵树。

注意：树的参数指的是单棵树的参数，而不是最终集成树的参数。

研究者们将 Boosting 思想和 AdaBoost 进一步推广，可泛化为一种模型构造的模式或框架，该框架下产生了诸如梯度提升框架、RealAdaboost 和 LogitBoost 等学习算法。

2. Gradient Boosting

按照 Boosting 和加法模型的思想，Boosting 加法模型的数学框架统一表述为式（11-6）：

$$F_m(x) = F_{m-1}(x) + \arg_{f_m} \min\{\sum_{i=1}^{N} L(y_i, F_{m-1}(x_i) + f_m(x_i))\},$$
$$其中，\ F_0(x) = \arg\min_{\gamma}(\sum_{n=1}^{N} L(y_i, \gamma)) \tag{11-6}$$

求解式（11-6）的最优解是困难的，但对于任何可微的损失函数，都可以使用传统的梯度下降法来逼近最优解，此时称该方法为梯度提升（Gradient Boosting），该名称由梯度算法和 Boosting 组合而成。

梯度提升不是通过改变样本权重达到修正错误的目的，而是将损失函数梯度下降的方向作为优化目标，最后将所有子模型 f 线性组合为最终的集成模型，算法过程描述如下：

输入：训练集 N 个样本、损失函数 L(y, f(x))，迭代次数 M
0. 初始化为最优常数模型，如不同划分区域的均值：同式（11-6）中的 F_0
1. 对 m 从 1 到 M：
　　a）计算负梯度

$$r_{im} = -\left[\frac{\partial L(y_i, f(x_i))}{\partial f(x_i)}\right]_{f(x)=f_{m-1(x)}}, i = 1, 2, \cdots, n$$

　　b）训练子模型 h 拟合 r_{im}；
　　c）计算步长：

$$\gamma m = \arg\min_{\gamma}\left(\sum_{n=1}^{N} L(y_i, F_{m-1}(x_i) + \gamma f_m(x_i))\right)$$

d) 更新模型：

$$F_m(x) = F_{m-1}(x) + \eta\gamma_m f_m(x)$$

2. 指定的迭代次数或精度停止，输出 F_m。

梯度提升也是一个算法框架，并未限制基学习器，当使用树模型作为基学习器时，上述过程的公式稍有变化（指示性函数表示叶子结点的各个分区），此时称为梯度提升树（Gradient Tree Boosting），当使用决策树作为基学习器时即为知名的 GBDT（Gradient Boosted Decision Trees）。

从第 4 章可知，损失函数度量了当前模型和真实模型的某种差距，损失函数值越大，模型拟合越差，如果每构建一个子模型能够让损失函数持续下降，说明模型性能在不断地提升。损失函数持续下降最有效的方向就是损失函数的负梯度方向。

当损失函数 L 为平方损失函数时，对应的负梯度为：

$$L = \frac{1}{2}(y - \overline{y})^2 \xrightarrow{\quad \text{负梯度} \quad} y - \overline{y}$$

上述通俗解释为，通过拟合残差（梯度下降的方向）实现对错误的补缺和修正，从而达到最终预测值趋近于真实值的目的。对梯度回归树来说，每轮就是对残差的拟合，即上一级模型的遗留误差作为下一级模型的 y 值（X 为原始特征），目标是最小化均方误差。

Boosting 方法中常见的损失函数有下面两种，当然，其他适合问题的损失函数都是可以的。

1）回归问题：平方误差函数等。

2）分类问题：指数损失函数、交叉熵损失等。

GBDT 在分类和回归问题中的基模型都是使用决策回归树，下面的演示模拟了梯度提升树的构造过程，该过程与 GradientBoostingRegressor 内部过程类似。

1）准备演示数据：

```
import numpy as np
import matplotlib.pyplot as plt
%matplotlib inline
np.random.seed(42)
n = 150
X = np.linspace(-1, 1, n)
# 抛物线
y = X**2 + np.random.normal(loc=0, scale=0.1, size=n)
X = X.reshape(-1, 1)
```

2）构造回归树：

```
from sklearn.tree import DecisionTreeRegressor
dtr1 = DecisionTreeRegressor(max_depth=3)
dtr1.fit(X, y)
plt.figure()
plt.scatter(X, y, alpha=0.7)
plt.plot(X, dtr1.predict(X), 'r', label='F_0')
plt.legend(loc=3)
plt.show()
```

拟合情况如图 11-14 所示。

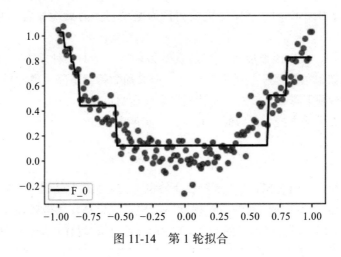

图 11-14　第 1 轮拟合

3）使用残差，进行第 2 轮拟合：

```
# 使用学习率时: y2 = y − η dtr.predict(X)
y2 = y - dtr.predict(X)
dtr2 = DecisionTreeRegressor(max_depth=2)
dtr2.fit(X, y2)
plt.scatter(X, y2, alpha=0.7)
plt.plot(X, dtr2.predict(X), 'r')
plt.show()
```

输出残差拟合图 11-15。

第 2 轮的模型为：$F\_1 = F\_0 + f\_1$。

```
# 都使用原始数据 X
F_0 = dtr1.predict(X)
f_1 = dtr2.predict(X)
F_1 = F_0 + f_1
plt.scatter(X, y, alpha=0.7)
plt.plot(X, F_0, 'r', label='F_0')
plt.plot(X, F_1, 'b', label='F_1', alpha=0.8)
plt.legend()
plt.show()
```

输出图 11-16。

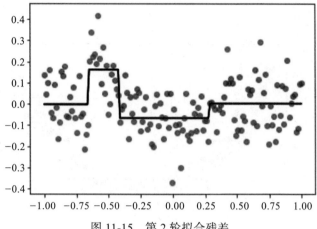

图 11-15　第 2 轮拟合残差

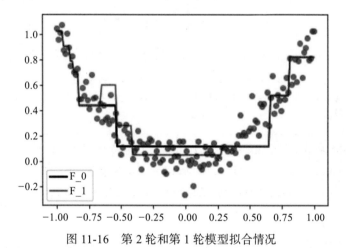

图 11-16　第 2 轮和第 1 轮模型拟合情况

4）使用残差，进行第 3 轮拟合：$F\_2 = F\_0 + f\_1 + f\_2$。

```
y3 = y2 - dtr2.predict(X)
dtr3 = DecisionTreeRegressor(max_depth=2)
dtr3.fit(X, y3)

f_2 = dtr3.predict(X)
F_2 = F_0 + f_1 + f_2

plt.scatter(X, y, alpha=0.7)
plt.plot(X, F_0, 'r', label='F_0')
plt.plot(X, F_1, 'b', label='F_1')
plt.plot(X, F_2, 'm', label='F_2', alpha=0.8)
```

```
plt.legend()
plt.show()
```

输出如图 11-17 所示。

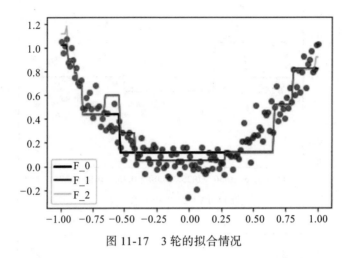

图 11-17　3 轮的拟合情况

使用 GradientBoostingRegressor 将得到类似的结果，请读者自行实践：

```
from sklearn.ensemble import GradientBoostingRegressor
gb = GradientBoostingRegressor(max_depth=2, n_estimators=3, learning_rate=1)
gb.fit(X, y)
```

受 LightGBM 启发，sklearn 0.21 引入了两个新的梯度提升树直方图算法的实现：HistGradientBoostingClassifier 和 HistGradientBoostingRegressor。这种基于直方图的学习算法在大样本下比 GradientBoostingClassifier 和 GradientBoostingRegressor 快几个数量级[⊖]。

梯度树的改进如下所示。

1）缩减率或学习率：梯度提升有了一个重要的参数 η，称为步长（step）或缩减（Shrinkage）或学习率（Learning Rate），作用在每轮的迭代中：$F_m(x)=F_{m-1}(x)+\eta\gamma_m f_m(x)$。上述的示例中将学习率乘以每轮的预测值，然后计算残差。步长是从数学角度描述的，表示每次拟合时按指定的跨度进行拟合，以避免像原始的梯度下降法一样由于步长过满导致优化过程不收敛或难以收敛；缩减则是形象化描述，表示不直接使用（全部的）残差，而是使用残差的一部分（缩减了）进行拟合，以保留一定的空间供后续模型学习；学习率也是一个形象化的描述。Adaboost 中虽然没有残差或梯度的概念，但学习率的本质还是一样的：在各个子模型前再乘以一个小于 1 的系数。实践中，合适的学习率还能避免过拟合。

2）随机抽样：该方式和随机森林中的采样方式一致，在构建树之前进行列采样，在创

⊖　https://scikit-learn.org/stable/modules/ensemble.html#gradient-tree-boosting

建每个分裂前进行列采样。有经验表明，50% 采样比例是不错的选择。随机采样的方法应用在梯度法中，称为随机梯度提升，能有效降低计算量。

3）惩罚学习：虽然收缩率和子采样具有一定的正则化效果，但 L1 或 L2 正则应用更为广泛，比如下文介绍的 XGBoost 就使用到了。

4）树约束：即限制树的生长，这与其他树模型一致，例如控制树的数量、树的分裂要求、叶子结点数等。

11.4.2　Boosting 建模解析示例

决策树属于低偏差高方差的模型构造方法，而集成模型具有降低方差的效果，所以使用决策树作为基模型能够得到低偏差和方差的结果。Bagging 和 Boosting 方法中都广泛使用决策树作为基模型，但是 Boosting 方法对低方差模型的改进有限，通常将其用于高偏差模型，如线性分类器、决策树桩。

Boosting 模型的性能、偏差和方差分析与上述 Bagging 分析方法类似，此处不再赘述，仅以下面的示例对比 11.3.2 节中的例子，简要说明 Boosting 比 Bagging 更强的拟合能力。

```python
from sklearn.ensemble import GradientBoostingRegressor
from sklearn.metrics import mean_squared_error
params = {
    'n_estimators': 50,        # 50 个提升树
    'max_depth': 1,            # 树桩
    'learning_rate': 0.5,      # 学习率
    'loss': 'ls'
}
clf = GradientBoostingRegressor(**params)
clf.fit(X_train.reshape(-1, 1), y_train)

# 计算 MSE
mse = np.zeros((params['n_estimators'], ), dtype=np.float64)

# 使用 staged_predict 内置方法输出每轮预测情况
for i, y_pred in enumerate(clf.staged_predict(X_test.reshape(-1, 1))):
    mse[i] = mean_squared_error(y_test, y_pred)

# 训练集上的 MSE
mse_train = np.zeros((params['n_estimators'], ), dtype=np.float64)

for i, y_pred in enumerate(clf.staged_predict(X_train.reshape(-1, 1))):
    mse_train[i] = mean_squared_error(y_train, y_pred)

# 绘图
plt.figure(figsize=(12, 5))
plt.subplot(1, 2, 1)
plt.plot(np.arange(params['n_estimators']) + 1, mse_train, 'b-',
        label='Training Set MSE')
plt.plot(np.arange(params['n_estimators']) + 1, mse, 'r-',
```

```
       label='Test Set MSE')
plt.legend(loc='upper right')
plt.xlabel('Boosting Iterations')
plt.ylabel('MSE')
```

输出图形如图 11-18 所示，上面的线为训练集误差，下面的线为测试集误差。

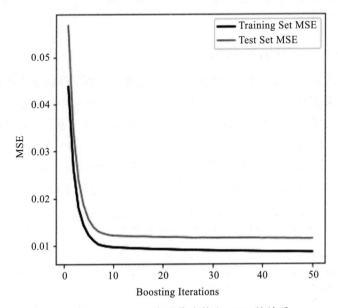

图 11-18　Boosting 中迭代次数和 MSE 的关系

图 11-18 显示了 Boosting 在迭代约 10 轮时较完美地拟合了。

另外，Boosting 有这样的一个特性：即使训练误差为零或保持不变，继续训练有时还能够提升测试集的表现。直观表述为：在已经分开的正负样本上，继续训练能够使分隔的边界继续扩张，读者可在实践中进行实验。

11.4.3　Boosting 的集大成者：XGBoost

XGBoost 的全称是 eXtreme Gradient Boosting（极端提升树），GitHub 中的介绍为[⊖]：可用于 Python、R、Java、Scala、C++ 等编程语言的可扩展、可移植和分布式的梯度提升（GBDT、GBRT 或 GBM）库，可以在单机、Hadoop、Spark、Flink 和 DataFlow 上运行。

XGBoost 中的基模型使用 CART 树，属于 Boosting 方法加法模型，和式（11-6）类似，但其优化的目标式中加入了正则项。完整的目标函数如式（11-7）所示，每轮梯度树的迭代都是按该目标最小优化方向进行。

⊖　https://github.com/dmlc/xgboost

$$\text{Obj} = \sum_{i=1}^{n} L(y_i, \hat{y}_i) + \sum_{k=1}^{K} \Omega(f_k) \tag{11-7}$$

XGBoost 创新地将损失函数 L 进行了二阶泰勒展开，得到了损失函数更精确的近似（二阶信息提供了梯度变化的方向，比只有一阶信息的梯度收敛更快更准确），同时还统一表达了 XGBoost 中的损失函数，使得 XGBoost 中支持自定义损失函数，只要求该损失函数满足一阶和二阶导数。

笔者认为 XGBoost 是 Boosting 的集大成者，表现为：

1）梯度提升树。

2）使用了二阶导数，损失函数得到了更精确的表达和计算。

3）支持分类、回归、排序等问题。

4）强大的正则化设计：叶子结点数量的正则化、叶子结点权重的 L1（alpha 缩减）和 L2 正则化。

5）多次防过拟合的缩减实现：学习率、max_delta_step 和 alpha 的缩减。

6）多种随机采样和更精细的随机控制（colsample_bytree、colsample_bylevel、colsample_bynode、subsample）：支持列随机、行随机采样（无放回），支持训练独立的随机森林模型。

7）扩展了"信息增益"的含义，XGBoost 结点分裂算法使用了自定义的增益算法，不再使用信息增益、基尼系数、信息增益率等常规度量标准。

在工程与易用性方面，XGBoost 主要有如下的特点。

1）XGBoost 支持原生接口和 sklearn 接口，如原生的 train 方法和 sklearn 中的 fit 方法，自带 CV、plot_importance、plot_tree 等便利化的工具。

2）稀疏感知算法支持空值自动按大增益方向归类。

3）支持特征交互约束，便于添加特征之间关系的先验知识。

4）包含多种分裂算法，如适用于大样本的、精确和近似算法、CPU/GPU 版本等。

5）支持特征级算法的并行、列块并行、分布式计算、缓存优化、核外计算等。

更多细节请大家参考相关资料。

11.5 Stacking 概述与实现示例

在 11.2 节中提到了加权投票的方法，该方法的本质是在已有子模型的基础上进行一次线性模型的拟合，人为定义各子模型的权重。那么，有没有更为合理的方法可以得到各模型的权重或新的表达方式呢？

Stacking 就能解决该问题：它通过训练一个学习器或称元模型（高阶模型）来集成（低阶）子模型。最后一个元模型常使用线性模型（当然并没有限制算法的类型），从而得到一个比人为定义权重更合理的集成。该方式称为 Stacked generalization，译为"堆叠泛化"。

由于子模型的预测可作为下级模型训练的样本、原特征也可作为训练样本，同时还可以使用多种子模型，所以该方式又称为混合（Blending）。

1）用于最后集成的学习器又称为次级学习器（相对于之前的学习器）或元学习器（Meta-Learner）。

2）按常规的理解，权重高的模型作用更大，该描述较为抽象。模型的重要性可以从模型性能来评判，也可以从业务角度来解释，例如某个模型的样本代表了某个特殊的群体，而该群体更值得信赖。在推荐系统中，有理由相信评价次数多的用户比仅评价一次的用户更"靠谱"。这也是权重的一种体现。

Stacking 最有名的一个实现要属 Facebook 的一篇论文[⊖]——关于梯度决策树和线性分类器的集成。该方案应用于 Facebook 的广告点击预估场景，图 11-19 就出自该论文。

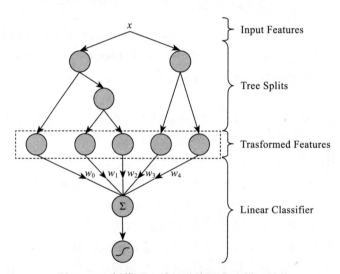

图 11-19　树模型和线性分类器集成模型结构

图 11-19 上半部分的树模型作为特征转换和学习的模型，下半部分的线性分类器作为元学习器。当某个实例落入树的某个叶子结点，则该实例的该位置被标记为 1，例如某实例被分类到左边树的第 2 个叶子结点和右边树的第 1 个叶子结点，则该实例被编码为 [0, 1, 0, 1, 0]，该向量作为元分类器的输入。

下面演示了 sklearn 中的一个 GBDT+LR 的例子。该例子中，每个实例在每棵树的叶子结点索引作为该实例的新编码。

准备数据：

```
from sklearn.datasets import load_breast_cancer
from sklearn.model_selection import train_test_split
```

⊖　http://quinonero.net/Publications/predicting-clicks-facebook.pdf

```
X, y = load_breast_cancer(return_X_y=True)
X_train, X_test, y_train, y_test = train_test_split(X, y,
                                        test_size=0.2,
                                        random_state=42)
```

构建 GBDT 模型：深度为 2，共 10 棵树。

```
from sklearn.ensemble import GradientBoostingClassifier
from sklearn.metrics import roc_curve, auc, roc_auc_score
mm = GradientBoostingClassifier(n_estimators=10, max_depth=2)
mm.fit(X_train, y_train)
y_pred = mm.predict_proba(X_test)[:, 1]
# 输出 GBDT AUC :0.96856
print('GBDT AUC: %.5f' % roc_auc_score(y_test, y_pred))
```

获取每个点在每一棵树的索引，并将其转化为二维数组。

```
X_train_leaves = mm.apply(X_train)[:, :, 0]
train_rows, cols = X_train_leaves.shape
X_test_leaves = mm.apply(X_test)[:, :, 0]
```

进行编码：

```
from sklearn.preprocessing import OneHotEncoder
# 由于 sklearn 中的决策树索引编码规则，对于深度为 2 的树,
# 其叶子结点索引的取值范围为 2、3、5、6，所以可先进行 LabelEncode 再进行 One-Hot
enc = OneHotEncoder(categories='auto')
# 训练和测试集合并后再转换
X_trans = enc.fit_transform(
    np.concatenate((X_train_leaves, X_test_leaves), axis=0))
```

构建逻辑回归元模型：

```
from sklearn.linear_model import LogisticRegression
lr = LogisticRegression(solver='lbfgs')
# 注意 X 已经变化，y 未变
lr.fit(X_trans[:train_rows, :], y_train)
y_pred_gbdtlr = lr.predict_proba(X_trans[train_rows:, :])[:, 1]
# 输出 GBDT+LR AUC: 0.97019
print('GBDT+LR AUC: %.5f' % roc_auc_score(y_test, y_pred_gbdtlr))
```

上述示例中，基模型只使用了一个 GBDT，没有使用基模型的预测输出。以二分类为例，更为清晰的集成过程如表 11-3 所示。

表 11-3　Stacking 元模型训练样本示例

元模型 X				原始 y
基模型 -1 预测	基模型 -2 预测	基模型 -··预测	基模型 -m 预测	
0	1	···	1	1
1	1	···	0	0
0	1	···	0	1
1	1	···	1	1

显而易见，一个逻辑回归即可集成各个基模型，模型的回归系数即是各个基模型的权重。

注意：

1）避免过度训练。元模型的输入，必须未在之前任何模型中训练过。

2）多样性。与其他集成模型一样，Stacking 也需要注意子模型的多样性、不相关性，以期望集成后的性能。

3）次级学习器的输入。考虑使用类别的概率以提供更多的信息（置信度），而不是直接使用类别预测（例如 0 或 1）。

11.6 Super Learner 与 ML-Ensemble

11.3 节中提到了袋外估计，在机器学习建模中有一种常见评估模型的做法是交叉验证，使用了折外估计（Out-of-Fold，OOF）。当使用这些方式建模时，会产生多个中间过程的同质模型，最后会挑选一个当前评估最好的模型。也就是说，这些过程模型仅用做评估使用，并未对最终模型的预测做出贡献，但实际上我们可以通过某种集成策略，充分地利用它们。例如，OOF 代表了当前模型在未知数据集上的表现，该信息应该可以被继续利用来修正或改进预测。图 11-20 显示了利用折外估计的集成方法（以 3 折交叉验证为例），是表 11-3 示例的一个细化，也是 Stacking 思想的一种实现，论文[⊖]称之为超级学习器（Super Learner），也可称为交叉验证集成（Cross-Validation Ensemble）。

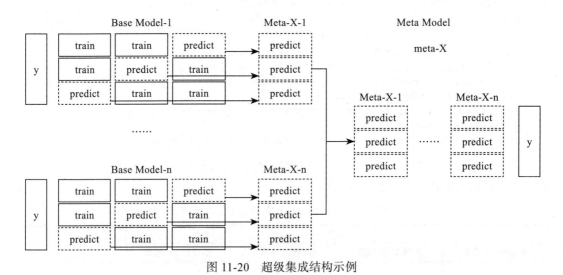

图 11-20　超级集成结构示例

⊖　Mj V D L , Polley E C , Hubbard A E . Super learner.[J]. Statistical Applications in Genetics & Molecular Biology, 2007, 6(3):1-23.

11.6.1 Super Learner 实现示例

下述代码实现了图 11-20 的集成结构。

注意：

1）为了方便，代码实现时将 K 折放在了外层循环，而图 11-20 显示的是将基模型放在外层，但两者本质是一样的。

2）下述代码的实现中，真正使用元模型预测时，使用的是训练了所有数据集的基模型，这一细节在图 11-20 中没能体现。

```python
import copy
from numpy import hstack
from numpy import vstack
from numpy import asarray
from sklearn.model_selection import KFold
from sklearn.metrics import mean_squared_error
from sklearn.model_selection import train_test_split
class SuperLearnerExample:
    '''base_models: 基模型列表'''
    def __init__(self, X, y,
                 base_models, meta_model,
                 kfolds=3, test_size=0.3, random_state=None):
        self.kfolds = kfolds
        self.base_models_oof = base_models
        self.base_models_all = copy.deepcopy(base_models)
        self.meta_model = meta_model
        self.random_state = random_state
        self.X, self.X_val, self.y, self.y_val = train_test_split(
            X, y, test_size=test_size, random_state=self.random_state)

    def _fit_base_models_all(self):
        for m in self.base_models_all:
            m.fit(self.X, self.y)

    def _get_oof_preds(self):
        # 元模型的样本
        meta_X, meta_y = [], []
        # cv
        kfold = KFold(n_splits=self.kfolds,
                      shuffle=True, random_state=self.random_state)
        for train_ix, test_ix in kfold.split(self.X):
            fold_yhats = []
            # 本次 fold 的训练和测试集
            train_X, test_X = self.X[train_ix], self.X[test_ix]
            train_y, test_y = self.y[train_ix], self.y[test_ix]
            # 元模型使用原始的 y
            meta_y.extend(test_y)
            # 在当前的折上，训练和折外预测
```

```
        for m in self.base_models_oof:
            m.fit(train_X, train_y)
            # 分类问题时，为了带入更多的信息可使用预测概率 predict_proba 方法
            yhat = m.predict(test_X)
            # 单列存储折外估计
            fold_yhats.append(yhat.reshape(len(yhat), 1))
        # 存储所有基模型的折外估计，列数为同基模型个数
        meta_X.append(hstack(fold_yhats))
    # 将 meta_X 纵向拼接成二维数组
    return vstack(meta_X), asarray(meta_y)

def fit(self):
    # 预测是使用 fit all 的基模型
    self._fit_base_models_all()
    # 构建原模型时使用 fit fold 的模型
    meta_X, meta_y = self._get_oof_preds()
    self.meta_model.fit(meta_X, meta_y)

def predict(self, X):
    ''' 预测过程
    1. 在待预测集上使用基模型预测得到元模型的输入：meta_X
    2. 将 meta_X 输入元模型得到集成模型的最终预测
    '''
    meta_X = []
    for m in self.base_models_all:
        yhat = m.predict(X)
        meta_X.append(yhat.reshape(len(yhat), 1))
    return self.meta_model.predict(hstack(meta_X))

def evaluate_meta_models(self):
    preds = self.predict(self.X_val)
    print('Super Learner Train MSE: {:.3f}'.format(
        mean_squared_error(self.y_val, preds)))
```

演示如下：

```
# 演示数据集
from sklearn.datasets import make_regression
random_state = 42
X, y = make_regression(n_samples=1000,
                    n_features=3, noise=1,
                    random_state=random_state)
# 训练
from sklearn.linear_model import LinearRegression
from sklearn.tree import DecisionTreeRegressor
from sklearn.ensemble import BaggingRegressor
# 定义线性基模型
base_models = [
    LinearRegression(),
    DecisionTreeRegressor(random_state=random_state),
    BaggingRegressor(random_state=random_state)
```

```
]
# 定义元模型
meta_model = LinearRegression()
spl = SuperLearnerExample(X, y,
                            base_models,
                            meta_model,
                            random_state=random_state)
spl.fit()
spl.evaluate_meta_models()
spl.meta_model.coef_
```

上述输出如下。查看线性回归的元模型系数,很明显为 0.997 的权重,说明 Linear-Regression 起到了绝对作用。

```
Super Learner Train MSE: 0.978
array([9.97922299e-01, 2.42673881e-04, 2.14871114e-03])
```

图 11-20 列出了集成的核心结构,读者可继续尝试得到新的模型架构:例如在元模型层加入交叉验证继续得到下一级多个模型,再使用 Bagging 方法汇总预测结果。下面的 ML-Ensemble 库实现了非常灵活的集成方式,我们真的可以像搭积木一样搭建属于自己的集成模型结构。

11.6.2 ML-Ensemble 集成库

ML-Ensemble[⊖]是一个用于构建集成模型的 Python 库,与 Scikit-learn 兼容(可直接使用其中的学习器),只需要少量的代码就能构建深度集成网络(Deep Ensemble Networks)。

1. ML-Ensemble 概述和使用示例

ML-Ensemble 基于计算图(Computational Graph)构建集成模型。计算图的模式不仅能有效地提供集成模型的设计自由度,构建过程直观,还便于在最小化内存的情况下优化算法框架的速度。用户能够通过其底层的 API 完全控制集成网络构建和计算过程,如动态集成和递归。其官方提供的计算图的示意图如图 11-21 所示,其中:原始的 X 经过 Tr 特征转换后,输入到基模型 f 得到对应的预测 p,最后集成所有基模型的预测得到 P。图最下方提示了转换特征能够直接和基模型的预测组合成新的样本。

使用 ML-Ensemble 库中的方法构建集成模型非常简单。

示例 1:快速构建多层集成模型。

```
from mlens.ensemble import Subsemble
ensemble = Subsemble()
# 第一层基模型
ensemble.add(list_of_estimators)
# 第二层基模型
ensemble.add(list_of_estimators)
```

⊖ http://ml-ensemble.com/info/index.html

```
# 最终的元模型
ensemble.add_meta(estimator)
# 训练集成模型
ensemble.fit(X, y)
```

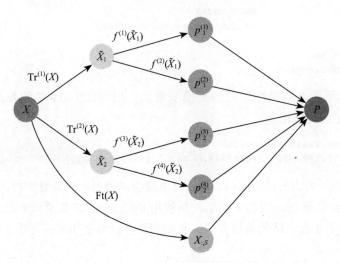

图 11-21   一个典型的计算图示例

示例 2：修改已有的集成模型。

```
# 移除 1 层（索引从 0 开始）
ensemble.remove(1)
# 改变第一层基模型
ensemble.replace(0, new_list_of_estimators)
```

示例 3：加入特征转换过程。

```
preprocessing = {'pipeline-1': list_of_transformers_1,
                 'pipeline-2': list_of_transformers_2}

estimators = {'pipeline-1': list_of_estimators_1,
              'pipeline-2': list_of_estimators_2}
ensemble.add(estimators, preprocessing)
```

示例 4：实现 11.6.1 节的例子，只需要编写如下简短的代码：

```
# SuperLearner : Stacking Ensemble
from mlens.ensemble import SuperLearner
def bulid_super_learner(X, y,
                        base_models,
                        meta_model,
                        score_fun,
                        kfolds=3,
                        test_size=0.3,
```

```
                    random_state=None):
    X, X_val, y, y_val = train_test_split(X, y,
                                    test_size=test_size,
                                    random_state=random_state)
    ensemble = SuperLearner(scorer=score_fun,
                            folds=kfolds,
                            shuffle=True,
                            sample_size=len(X),
                            random_state=random_state)
    ensemble.add(base_models)
    ensemble.add_meta(meta_model)
    # 模型训练
    ensemble.fit(X, y)
    # 模型评估
    preds = ensemble.predict(X_val)
    print('Super Learner Train MSE: {:.3f}'.format(mean_squared_error(y_val, preds)))
    return ensemble
```

演示如下：

```
# 使用上述一致的数据集和模型
ensemble = bulid_super_learner(X, y,
                            base_models,
                            meta_model,
                            mean_squared_error,
                            random_state=random_state)
```

集成模型训练输出 0.975，该结果好于任何一个基模型（参考下面的基模型效果）。

```
Super Learner Train MSE: 0.975
# 查看各基模型效果
# m 表示平均值，s 为标准差
print(ensemble.data)
                            score-m  score-s  ft-m  ft-s  pt-m  pt-s
layer-1   baggingregressor       680.29   102.88  0.05  0.00  0.00  0.00
layer-1   decisiontreeregressor  1262.92  279.05  0.01  0.00  0.00  0.00
layer-1   linearregression          1.00     0.02  0.00  0.00  0.00  0.00
```

2. ML-Ensemble 核心接口和使用示例

ML-Ensemble 实现了多种集成模型架构：Super Learner（Stacking）、Subsemble、BlendEnsemble、Temporal Ensemble、Sequential Ensemble。下面分别做简要介绍。

（1）Super Learner

Super Learner 即 Stacking 集成模式，底层使用 K-Fold 方式进行，详情请参考前文所述。接口类为 SuperLearner[⊖]，但该接口中的元模型并未限制为线性模型。

Stacking 方式充分使用了所有的训练数据，训练成本较高。在大型数据集上，其他集成方法在较短的时间就能达到其性能，所以请酌情使用。该接口的使用示例参考上面的示

⊖ http://ml-ensemble.com/docs/ensemble.html#mlens.ensemble.SuperLearner

例 4。

（2）Subsemble

Subsemble[⊖]是一种有监督的集成算法，它使用完整数据的子集来拟合一个层，并在每个子集内进行 K-Fold，得到的估计值作为新的训练集，这将产生（n_samples, partitions * n_estimators）形状的新样本。Subsemble 源于特征空间的邻域，具有特定局部结构的想法，每个基学习器学习不同的样本分区，捕获样本的局部属性，跨邻域的概括学习则由元学习器完成。这种方式学习混合分布的样本中具有较大的优势，但是缺点是不易划分子集并选择有效的基模型。该方法也充分利用了所有数据，同时由于它将数据集划分为多个子集，在学习器较多的情况下学习速度会有优势（排除那些学习时长是样本量线性关系的学习器）。

接口类 Subsemble 支持每个分区使用不同的基学习器，由参数 partition_estimator 指定，它的使用示例请参考上文的示例 1 ～ 3。

（3）BlendEnsemble

BlendEnsemble 和 SuperLearner 非常相似，区别是元学习器的训练样本。BlendEnsemble 中的元学习器样本为样本子集训练的模型预测其补集得到的，基模型只训练一次，相当于没有交叉验证的过程，每个层都会损失部分信息，但该方式比 SuperLearner 训练效率高，适用于较大型的数据集。它的使用示例和上述接口类似，不再列举。

（4）Temporal Ensemble

时间序列版本的交叉验证集成方法，使用示例如下：

```python
from sklearn.linear_model import LinearRegression
from mlens.ensemble import TemporalEnsemble
import numpy as np

x = np.linspace(0, 1, 100)
y = x[1:]
x = x[:-1]
x = x.reshape(-1, 1)

ens = TemporalEnsemble(window=1)
ens.add(LinearRegression())

ens.fit(x, y)
p = ens.predict(x)

print("{:5} | {:5}".format('pred', 'truth'))
for i in range(5, 10):
    print("{:.3f} | {:.3f}".format(p[i], y[i]))
```

⊖ Sapp S , Van d L M J , Canny J . Subsemble: an ensemble method for combining subset-specific algorithm fits[J]. Journal of Applied Statistics, 2014, 41(6):1247-1259.

（5）Sequential Ensemble

Sequential Ensemble 用于集成上述不同集成架构的集成，例如第一层基学习器使用 Subsemble 集成模式，第二层使用 Stack 集成模式。使用示例如下：

```
from mlens.ensemble import SequentialEnsemble
from sklearn.datasets import load_boston
from mlens.metrics.metrics import rmse
from sklearn.linear_model import Lasso
from sklearn.svm import SVR

X, y = load_boston(True)

ensemble = SequentialEnsemble(scorer=rmse)
# 第 1 层 subsemble: 3 个分区和 3 折
ensemble.add('subsemble', [SVR(gamma='auto'), Lasso()], partitions=3, folds=3)
# 第 2 层 super learner: 5 折
ensemble.add('stack', [SVR(gamma='auto'), Lasso()], folds=5)
# 元学习器
ensemble.add_meta(SVR(gamma='auto'))

ensemble.fit(X, y)
ensemble.data
```

输出结果为：

			score-m	score-s	ft-m	ft-s	pt-m	pt-s
layer-1	lasso	0	6.38	0.84	0.19	0.00	0.00	0.00
layer-1	lasso	1	7.21	2.35	0.13	0.09	0.00	0.00
layer-1	lasso	2	7.07	1.03	0.00	0.00	0.00	0.00
layer-1	svr	0	9.33	1.39	0.00	0.00	0.00	0.00
layer-1	svr	1	10.32	0.51	0.00	0.00	0.00	0.00
layer-1	svr	2	11.26	1.40	0.00	0.00	0.00	0.00
layer-2	lasso	0	6.33	1.82	0.00	0.00	0.00	0.00
layer-2	svr	0	8.74	2.60	0.01	0.00	0.00	0.00

除了上述主要的集成接口，ML-Ensemble 库中还实现了如下功能。

1）概率集成学习：概率值输入元模型，概率信息比类别提供了更丰富的信息。

2）便利的数据预处理的 pipeline，结合网格搜索，能够实现不同预处理和不同参数的模型性能选择，请参考 mlens.model_selection.Evaluator。

3）输入特征传播（Propagating input features）：随着集成层级的加深，深层模型输入的方差通常会变得很小，剩余的错误越来越难纠正，这种多重共线性会极大地限制后续集成学习效果，增加变化的一种方法是传播来自原始输入层或较早层的特征。请参考 propagate_features 属性。

4）大样本的优化，原始数据转存为内存映射文件，而不占用内存。

5）模型选择的策略：选基模型成本太大，所以针对元模型做模型选择。

6）提供了一些可视化的功能，请参考 mlens.visualization 模块。

11.7   本章小结

本章详细介绍了集成模型的基础元素和集成方法与细节。差异化的模型可以从构建模型的要素上做文章，它们是：数据集（行、列）、算法（同质、异质、不同参数配置）和集成策略。

11.3 节讲述了数据集的行采样，称为随机行，结合投票的集成策略，衍生出了 Bagging 模型。数据集的列采样称为随机列。这种随机样本和随机特征方式广泛应用于交叉验证、随机森林等。

11.4 节讲述了 Boosting 集成方法，它是一种非常符合人类思考方式的方法——不断地在错误中学习。Boosting 有多种衍生，容易混淆，笔者把它们的关系整理如下。

1）Boosting 方法：加法模型（线性组合）+ 前向分步算法实现。

2）AdaBoost 框架：是一类算法的总称，Boosting 方法 + 指数损失函数（的二分类问题）。

3）Boosting Tree：AdaBoost 框架 + 树模型。

4）Gradient Boosting 框架：Boosting 方法 + 梯度算法。

5）Gradient Boosting Tree：梯度提升 + 树模型。

6）GBDT：梯度提升树 + 指数损失。

11.6 节介绍了如下 3 种 Stacking 集成方法，并向大家介绍了 ML-Ensemble 库。

1）梯度树中的叶子结点的集成方式。

2）基模型的预测值作为训练样本的集成方式。

3）借助交叉验证和袋外预测的集成方式。

所有代码示例经过笔者精心设计，希望读者认真阅读。

CHAPTER 12

第 12 章

模型调参

模型调参是实验性地调整模型参数并达到改进效果的工程实践，表现为准确性和泛化性之间的权衡，是一项非常耗时的科学实验过程。模型调参的结果"只有更好，没有最好"，这需要我们权衡项目成本和模型效果，最终得到一个良好的模型。

在某个数据场景下，能够通过模型调参达到比一般情况更好效果的调参技巧，是从业者摆脱"调包侠"最有效的方法，正因为此，模型调参一直是建模人员向往的高地，但这要求建模人员具有强大的综合能力，例如对数据业务的理解、算法本质的理解、合适的调试工具、做实验的方法和策略、观察和分析能力，等等，其中调试工具、方法和策略体现了软件工程的实践能力，例如某建模人员编写了自动化的调参工具（可一键实验某参数配置下的模型训练和结果分析），那么在有限的时间里，他一定比不具备这种工程能力的人员更有效率。

本章为读者总结了调参理论、流程、方法和工具，正是为了解决工具和方法策略的问题，为读者攀登调参这座高地提供强有力的支持。

12.1　模型调参概述

在机器学习建模流程中，模型调参位于特征工程和模型评估验证的中间环节，是建模流程中的核心节点。无论是普通的机器学习还是深度学习，都绕不过调参这一节点。在此之前，假设我们已经选好一个较好的基准模型，然后开始调参的工作。

接下来，先简要说明，什么是模型调参，什么是超参数，以及调参的 3 要素。

12.1.1　调参问题定义

调参过程可通俗表述为：给定一组数据 D 和具有可调 N 个参数的算法 $\mathcal{A}$，调参的目的就是在由参数组成的 N 维向量集 Λ 里，挑选一组参数 λ，使得算法在训练集学习后能在验证集取得最小的损失（最优的模型效果），其数学表达式为式（12-1）：

$$\lambda^* = \underset{\lambda \in \Lambda}{\arg\min}\, \mathbb{E}_{(D_{\text{train}}, D_{\text{valid}}) \sim D} \mathbf{V}(\mathcal{L}, A_\lambda, D_{\text{train}}, D_{\text{valid}}) \tag{12-1}$$

其中，N 维向量集称为参数配置空间，由实数、正数、布尔和条件等类型的变量组成。实际上不同的特征处理方法、算法也可视为类别型变量，作为配置空间的一部分，这极大扩展了配置空间，构成了算法选择和超参数优化组合问题——CASH（Combined Algorithm Selection and Hyperparameter optimization problem）。

一般来说，模型参数的最佳值因数据集的不同而不同，不同的参数直接影响学习效率和模型的性能。因参数和效果之间难以建模得到凸性（或称光滑性）的、闭式的目标函数，无法获得关于超参数的梯度，所以无法使用梯度求解这类的算法优化。此外，由于训练数据集的大小是有限，也不能直接优化泛化性能，但寻找最佳参数组合可视为搜索问题，这非常适合计算机任务。

另辟蹊径，学者们提出了集成模型和多重目标等建模方式。

12.1.2 超参数和作弊的随机种子

初学者是否有过这样的疑问："机器学习不就是求解参数吗，为什么还需要调参？"对于这个问题，最直接回答是：调算法学习不到的参数。那么，模型调参到底是调哪些参数呢？

答案是调超参数（Hyperparameter），简称超参，在普通的编程里可以将其理解为 Magic Number，调参的过程即为超参优化（Hyperparameter Optimization，HPO）的过程。

超参的概念来自统计学，超参被人为当作先验输入模型中。例如，在对服从高斯分布的数据建模，即估计该分布的均值和方差，当认为均值服从参数为 λ 的泊松分布时，参数 λ 就是待建模的系统超参。在机器学习中，超参的概念与此类似，指的是决定模型结构或算法行为的参数。例如，随机森林是由决策树构成的集成模型，那么决定该集成模型结构的主要超参数有：决策树的数量、每棵决策树的深度等。不同的数量和深度的参数得到的是不同结构的随机森林，不同结构的随机森林将得到不同的模型效果。此外，超参必须在模型训练开始之前选择，只在构建模型时起作用。下面给出了 3 个是否是超参的直观判断方法：

1）模型无法直接从数据中估算的参数。

2）是否必须手动指定的参数（包含接口中的缺省的一些参数）。

3）算法接口中的输入参数（排除与算法无关的参数，如输入数据等）。

常见的超参示例。

1）学习率。

2）正则项。

3）在 KNN 算法中，K 的数量。

4）深度学习中的网络层数。

不是超参的示例。

1）操作系统或接口辅助性参数，如算法运行时并行的数量（如 sklearn 中的 n_jobs）、是否输出打印信息（verbose）等。

2）随机种子：不论是数据划分还是算法运行过程，都存在随机性（随机种子的介绍请参考第 3 章）。随机种子是最常见的建模作弊的手段（可能建模工程师自己也没有意识到），通过不断调整随机种子而择优选择的模型，就是作弊的模型。较好的一种做法是使用不同的随机种子构建一组模型，然后投票。

算法学习到的"参数"示例。

1）线性模型的系数。

2）树模型的分割点。

3）贝叶斯中的概率分布。

由此可见，机器学习学到的"参数"似乎比要调整的超参少，这个问题留给读者思考。下文描述的参数，无特别说明时，指的都是超参。

12.1.3 调参三要素

在调参前通常需要了解 3 个调参要素：目标函数、搜索域和优化算法。很多现有的开源调参框架基本都按照这个逻辑定义调参过程。

目标函数：即定义要优化的目标或评估标准以判断模型，一般来说即最小化损失、最大化验证集上模型指标。在定义目标函数时，避免使用错误的指标，多重目标也值得考虑，部分调参框架将计算机的资源消耗和时长也作为权衡的目标之一。

搜索域：也称为域空间、配置空间，即超参的搜索空间，亦称为超参空间。实践中需关注参数的上下界、取值范围等。常见的超参类型如下所示。

- 布尔型：例如线性回归中选择是否拟合截距 fit_intercept。
- 整数型：例如最近邻中的邻居的个数，必须为正整数。
- 浮点型：例如常见的抽样比例、Gamma 参数等。
- 对数型：例如常见的正则项和学习率，其参数一般取 10 的对数，如 0.1、0.01、0.001。
- 类别型：例如逻辑回归中 penalty 选择 L1 或 L2 正则，不同的数据处理方法也属于类别型。
- 条件型：当且仅当具有某些前置条件的参数时，该参数才有效或才定义（一个超参数的值取决于另一个或多个超参数的取值），例如逻辑回归中只有 L2 的正则且 solver 参数为 liblinear 时，对偶求解参数 dual 才生效。

注意：

1）随机种子不在搜索域内。

2）配置空间通常是复杂的（连续的、分类的和条件超参等）、高维的，并不总是清楚哪些超参需要优化，以及在哪些范围内优化。

一般来说，模型结构越复杂，超参数量越多，配置空间越大。例如在线性模型中，算上正则的选取、惩罚力度的大小和底层数值优化算法，只有3个超参，而像复杂的XGBoost则有超过10个超参，调参人员需要知道每个参数的意义，以及树参数能够形成怎样的结构，要做到心中有"树"。

搜索算法：在实践中，我们需选用某种调参搜索算法，例如常见的、下文要介绍的网格搜索、随机搜索、贝叶斯搜索以及它们组合而成的混合搜索。我们可以根据贝叶斯选择的结果定义更有希望的域空间，继而更精细化且更明智地定义参数范围，再使用网格搜索。

很多现有的开源调参框架将每次的搜索作为一次 Trial 或建议，可理解为实验。

12.2 调参流程和方法

实践中，调参似乎凭经验进行，调参熟手甚至有自己的一套调参流程、方法和自定义的工具，如果再辅以特定问题特定分析（如，不平衡的数据集的调参），一定能取得较好的效果。调参注定是一个反复实验和迭代的过程，为了避免陷入困境，一定要铭记：参数只有更好，没有最好，应适可而止，朝着项目总体目标推进。

调参按照过程中人工参与的程度不同，可分为手动调参、半自动化调参和自动化调参，这些内容将在下文详细介绍。

12.2.1 调参流程

调参首先应有方向性的指导。第5章提到，根据调参方向的不同，可分为：先训练复杂的模型并在后续逐渐简化，或者由简至繁逐渐改善模型。这里建议使用前者。

在奥卡姆剃刀原则的理论指导下，如果选用复杂学习算法、复杂参数时模型效果好，那么通过各种（例如正则）措施进行简化，得到较简单而且效果较好的折中模型是可预期的。如果发现复杂模型效果很差，那么在算法和参数上下功夫已经没有必要了，而应该从源头的数据找问题。很明显，优选复杂模型的策略能减少我们决策的路径，这与树模型构造后再进行剪枝是一个道理。反之，如果先选简单模型，那么到底要尝试多少次的实验才能达到满意的模型效果，不得而知，这大大延长了建模过程。例如实践中，我们可以先尝试复杂算法 XGBoost，再尝试简单算法逻辑回归，如今复杂的算法运行效率较高，不会造成过多的时间成本。再比如集成树模型中，往往先将树的数量设置为一个较大的值，然后调整相关收缩参数以获得最佳结果。回到调参中，我们需要权衡复杂的程度，耗时过长的复杂参数也是没有意义的。

选择某个学习算法后，调参主体流程遵循调参三要素：定义目标、定义配置空间、选择搜索算法。此外，调参流程中还需要包括如下过程。

1）记录每轮结果：这是一种良好的习惯，便于后续的排查和分析。

2）可视化的呈现和分析：可视化和适当的分析有助于探索过程中新发现和灵感的挖掘。

分析包括参数和目标的关系、参数间的相关性、训练损失和验证损失之间的关系（避免超参的过度拟合，例如使用 validation_curve 等工具）。

3）配置空间的调整：经过分析和推断，将参数调整到更有希望的范围。

4）搜索算法的调整：单一的搜索策略可能不能得到满意的效果，必要时，替换搜索算法或组合使用。

5）综合得到最终的参数和结果：在一定的时间内，整理得到最优的参数配置。

参数优选方法一般为交叉验证法，请参考第 13 章。

12.2.2　超参选取策略和特定模型超参推荐

机器学习一般使用验证集进行超参数选择。有经验的用户还能基于其直觉和领域知识调整超参。这里，我们简要地把超参的选取分为：初次选取和启发式选取。

超参空间的初次选取主要通过下几种方式：在学习算法缺省参数附近选取、根据个人经验、他人建议、论文和书籍中的推荐选取等。其中缺省参数是一个良好的起点，具有一定的理论和实验依据。

启发式选取则可以从之前的训练情况和对超参的分析和理解得到。我们知道，尽管超参数量可能很多，但并非所有超参都同等重要，某些超参数会对算法构造、模型效果产生较大的影响，我们认为这样的参数是重要的，反之则是不那么重要的参数。在调参的过程中，应该先选取重要的参数，其次才是不那么重要的参数。

超参空间的选取具有一定的技巧。

1）参数范围：调参的起始阶段不建议使用大而全的参数空间，而是先选择重要性高的、单参数、双参数组合、多参数组合的递进策略。

2）参数分组：机器学习是偏差和方差权衡的艺术，可以根据这个领域准则将参数分组，一组是有利于偏差的参数，一组是有利于方差的参数。按照上述的调参流程，先调整偏差组的参数。

3）目标：前期的调参并不需要将关注点完全放在优化目标上，而是倾向于研究超参或超参组合与目标的关系。例如我们可以借鉴使用数据分析中的方法，进行单参数分析（单变量分析）、双参数分析（双变量分析）、多参数分析，进而得到在当前数据集和学习算法中最重要的参数，作为下轮调参的方向和依据。

一般来说，某个学习算法通常只有几个重要参数，掌握这些算法和对应的重要参数，我们就有了经验。下面给出几个参考示例。

1）逻辑回归：理论上逻辑回归并没有特别重要的参数，调优空间不大，常规包含 penalty 和对应的惩罚力度，可根据不同的应用场景尝试不同的 solver。

2）KNN 中 n_neighbors 最重要，其次有距离的度量方法。

3）SVM 中的核的选取，其次是惩罚力度 C。

4）Bagging 树模型中树的数量 n_estimators。

5）随机森林中随机选取特征的数量 max_features 和树的数量 n_estimators。

6）梯度树中的树的数量 n_estimators 和学习率 learning_rate。

不少研究人员做了相关实验研究，例如参考文献[○]和[○]中提及：在梯度树中收缩率建议小于等于 0.1，树的数量建议在 100 到 500 之间，叶子结点数量在 2 到 8 之间，采样比例 40% 左右等。

在启发式中，我们还可以对超参建模，将对应的参数和模型效果建模得到可快速预知的参数效果。该方式属于自动调参的范畴，下文有进一步的讲解。

最后，笔者结合经验将收集和整理的常用算法候选参数记录在表 12-1，仅供参考。

表 12-1   sklearn/XGBoost 模型参数参考

模型	重要参数（缺省值）	推荐参数范围
LinearRegression	fit_intercept normalize	True /False False /True
Ridge	alpha=1.0, fit_intercept=True, normalize=False	0.01、0.1、1.0、10、100 True/False False /True
Lasso	alpha=1.0, fit_intercept=True, normalize=False	0.1、1.0、10 True/False False /True
LogisticRegression	penalty='l2', C=1.0	l1、l2 0.001、0.01、0.1、1.0、10、100
RandomForestRegressor RandomForestClassifier	n_estimators=100, max_depth=None, min_samples_split=2, min_samples_leaf=1, max_features='auto'	100、120、200、300、500、800、1200 None、5、8、15、25、30 1、2、5、10、15、100 1、2、5、10 auto、log2、sqrt
XGBoost	n_estimators=100, colsample_bytree=1, gamma=0, learning_rate=0.1, max_depth=3, min_child_weight=1, reg_alpha=0, reg_lambda=1, subsample=1	100~1000 0.4、0.6、0.7、0.8、0.9、1.0 0、0.05~0.1、0.3、0.5、0.7、0.9、1.0 0.01、0.015、0.025、0.05、0.1 或（2~10）/ n_estimators 3、5、7、9、12、15、17、25 1、3、5、7 或 3/（少数事件 %） 0、0.1、0.5、1.0、更大的随机值 0.01~0.1、1.0、更大的随机值 0.5、0.6、0.7、0.8、0.9、1.0

12.2.3   自动调参之元学习和代理模型

由于参数配置空间大，手动调参或工具辅助调参工作量依然很大，这些工作体现在超参的人工或半自动选择、较长时间的算法训练、模型评估、参数分析等。对于经验不足的

○ Friedman J H . Stochastic gradient boosting[J]. Computational Statistics & Data Analysis, 2002, 38.

○ Friedman J H . Greedy Function Approximation: A Gradient Boosting Machine[J]. The Annals of Statistics, 2001, 29(5):1189-1232.

新手，想要得到较优的模型，试错成本非常大。研究人员提出了自动机器学习的方法，其中就包括自动超参优化的方法。笔者简要地将自动调参划分为两种类型。

1）利用学习过程中的经验：如何利用已有的"经验"的元学习（Meta-Learning）。

2）利用代理模型：不直接优化原始模型，而是优化原模型的代理模型，并持续迭代改进，研究人员将其概括为基于模型序列化的优化方法（SMBO，Sequential Model-Based [Global] Optimization）。原始模型又称黑盒模型。

1. 元学习

元学习，是学习如何学习的方法；例如当我们学习课程 A 时，发现通过思维导图将课程 A 中的信息结构化地整理出来后，很容易记忆，学习效果有了较大的提升，为此，学习课程 B 时也使用这种结构化的方法，同样取得了较好的效果。这里的"思维导图"就是一种学习的方法。在机器学习领域，发现用某个或某种学习算法，某个配置参数非常适用于某个或某类的学习任务时，这样的经验同样可以用来加速新学习问题的解决，这就是元学习的思路。通过元学习，可以得到通常有用的参数和参数空间等信息。

有哪些元信息可以作为经验使用呢？

1）过程元信息：特征处理方法、学习算法和参数、模型性能等。

2）特征元信息：用于描述样本和特征的元信息。常用元信息包括样本数、特征数、分类问题中的类别数、特征中数值和类别各自的数量、特征的缺失情况、特征的统计特征（偏度、峰度、标准差等）、特征间的关系（如相关性）、与目标变量的信息熵等。

理论上说，具有相似的元信息，可以应用相似的算法和参数。所以元学习中一个值得深究的主题是如何衡量任务的相似性，例如特征元信息的相似性度量可使用欧式距离（连续变量）或方差分析（离散变量）。

有的机器学习软件包中，能够记录每次训练的元特征信息，用于丰富自身的元信息库或知识库，训练的模型越多，理论上使用该软件就能越快地得到较好的模型。SmartML 就是这样的一个 R 包，其学习框架⊖如图 12-1 所示。

Auto-sklearn⊖开源包中，不仅利用特征元信息（包含 140 个数据集，每个数据集至少包含 1000 个样本）实现学习热启动，还有下文提到的贝叶斯自动调参方法和自动模型集成的功能，它包括了 15 个分类算法、14 个特征预处理方法、4 个数据预处理方法（类别编码、缺失值处理等），参数化地形成了 110 个超参数空间。读者可尝试使用和学习这个开源包。

2. 代理模型

代理模型是需要建立新的关于超参的模型的方法——超参和模型性能上建模。常见序

⊖ Mohamed Maher, Sherif Sakr.,SMARTML: A Meta Learning-Based Framework for Automated Selection and Hyperparameter Tuning for Machine Learning Algorithms (2019). Advances in Database Technology-EDBT 2019: 22nd International Conference on Extending Database Technology, Lisbon, Portugal, March 26-29.

⊖ https://github.com/automl/auto-sklearn

列化的代理模型，使用贝叶斯方法迭代建模。

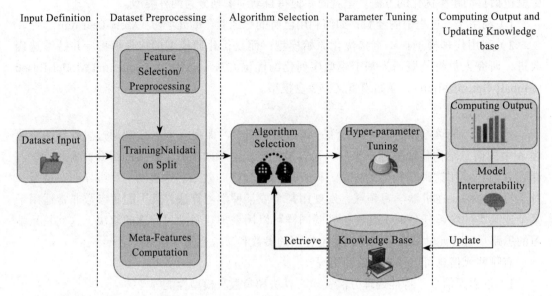

图 12-1   SmartML 框架

1）基于高斯过程的代理模型。

高斯分布具有连续可解析等数理上的优势，非常适合在超参和模型性能之间分布未知情况下的先验假设分布，建立超参 λ 和模型性能 y 之间的概率模型 $P(y|\lambda)$。该方式适用于大部分机器学习问题，但不合适高维和类别型参数问题，也面临选择高斯核这一额外的超参。进一步请参考下文的贝叶斯方法。

2）基于树模型的代理模型。

其输入特征为超参、目标变量为该组超参对应的模型性能，构建树模型，如随机森林，对每棵树得到的 y 和对应的超参组 λ，使用经验概率估计一个近似高斯分布 $P(y|\lambda)$。开源包 auto-sklearn 中使用了该方法。论文称基于树模型的贝叶斯则在高维、结构化、部分离散问题（比如 CASH 问题）时表现更佳[⊖]。

3）基于 TPE（Tree-structured Parzen Estimator）的代理模型。

TPE 不是对观测值 y 和超参 λ 的概率 $P(y|\lambda)$ 进行建模，而是对密度函数进行建模：$P(\lambda|y<\alpha)$ 和 $p(\lambda|y \geqslant \alpha)$，其中 α 通常设置为 15%，对这两组概率模型进行贝叶斯变换后得到某组超参的期望，选择期望高的参数进行持续迭代优化。该方法与基于树模型的代理模型类似，不受变量类型的困扰，使用灵活。开源包 Hyperopt 中使用了该方法。

此外，还有基于 MCMC 的方法、基于进化算法的自动超参优化等。

⊖ Feurer M，Klein A，Eggensperger K, et al. Auto-sklearn: Efficient and Robust Automated Machine Learning[M]// Automated Machine Learning. 2019.

代理模型构造示例如图 12-2 所示。

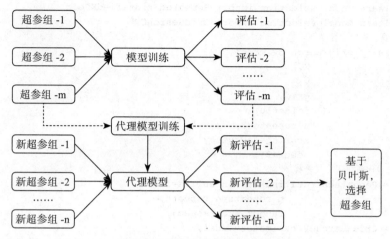

图 12-2　代理模型构造示例

12.3　Model-Free 方法

与构建代理模型的方式不同，模型无关（Model-Free）的方法指的是超参调整过程中无须建立其他模型，直接对目标模型超参优化，常见的有网格搜索和随机搜索。

12.3.1　网格搜索

网格搜索（Grid Search）是一个较为原始和古老的参数搜索方法，也是最常见的调参方法。该方法穷举搜索"网格"中的每一个超参点（定义好的超参组或配置空间），通过模型评估方法，找到模型性能最好的一组超参数作为网格搜索的结果。以两个超参（a，b）组成的配置空间为例，其形象化的描述如图 12-3 所示，它们是一些离散的点。

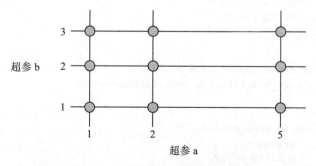

图 12-3　网络搜索参数组合示例

sklearn 中提供了网格搜索的函数且带有交叉验证功能的 GridSearchCV，下面提供了一个分类问题的网格搜索代码模板，供读者参考：

```python
from sklearn.model_selection import RepeatedStratifiedKFold
from sklearn.model_selection import GridSearchCV
# 定义折数、评价指标等
def classify_gridsearch_cv(model,
                           X,
                           y,
                           grid,
                           folds=10,
                           n_repeats=3,
                           scoring='accuracy',
                           seed=42):
    # 分类问题使用分层采样
    cv = RepeatedStratifiedKFold(n_splits=folds,
                                 n_repeats=n_repeats,
                                 random_state=seed)
    gs = GridSearchCV(estimator=model,
                      param_grid=grid,
                      n_jobs=-1,
                      cv=cv,
                      scoring=scoring,
                      error_score=0)
    gs = gs.fit(X, y)

    # 最好的模型效果
    print("Best: {:.3f} : {}\n".format(gs.best_score_, gs.best_params_))

    # 模型性能统计指标
    means = gs.cv_results_['mean_test_score']
    stds = gs.cv_results_['std_test_score']
    params = gs.cv_results_['params']

    for mean, stdev, param in zip(means, stds, params):
        print("{:.3f} [{:.3f}] : {}".format(mean, stdev, param))

    # 返回最好的模型
    return gs.best_estimator_
```

使用示例：

```python
from sklearn.datasets import make_blobs
from sklearn.linear_model import LogisticRegression

# 人工数据集
X, y = make_blobs(n_samples=1000,
                  centers=2,
                  n_features=10,
                  cluster_std=10,
                  random_state=42)
```

```
# 选择学习算法：逻辑回归
model = LogisticRegression()

# 定义超参空间
# 1.定义数值求解方法 - 类别型
solvers = ['newton-cg', 'lbfgs', 'liblinear']

# 2.定义正则项 - 类别型
penalty = ['l2']

# 3.定义惩罚力度 - 对数型
c_values = [100, 10, 1.0, 0.1, 0.01]

# 构造超参空间
grid = dict(solver=solvers, penalty=penalty, C=c_values)
# 运行网格搜索
cv_best_model = classify_gridsearch_cv(model, X, y, grid)
```

输出部分示例如图 12-4 所示。

```
Best: 0.779 : {'C': 0.1, 'penalty': 'l2', 'solver': 'liblinear'}

0.778 [0.034] : {'C': 100, 'penalty': 'l2', 'solver': 'newton-cg'}
0.778 [0.034] : {'C': 100, 'penalty': 'l2', 'solver': 'lbfgs'}
0.778 [0.034] : {'C': 100, 'penalty': 'l2', 'solver': 'liblinear'}
0.778 [0.034] : {'C': 10, 'penalty': 'l2', 'solver': 'newton-cg'}
0.778 [0.034] : {'C': 10, 'penalty': 'l2', 'solver': 'lbfgs'}
0.778 [0.034] : {'C': 10, 'penalty': 'l2', 'solver': 'liblinear'}
0.778 [0.034] : {'C': 1.0, 'penalty': 'l2', 'solver': 'newton-cg'}
0.778 [0.034] : {'C': 1.0, 'penalty': 'l2', 'solver': 'lbfgs'}
0.778 [0.034] : {'C': 1.0, 'penalty': 'l2', 'solver': 'liblinear'}
0.778 [0.034] : {'C': 0.1, 'penalty': 'l2', 'solver': 'newton-cg'}
0.778 [0.034] : {'C': 0.1, 'penalty': 'l2', 'solver': 'lbfgs'}
0.779 [0.034] : {'C': 0.1, 'penalty': 'l2', 'solver': 'liblinear'}
0.779 [0.034] : {'C': 0.01, 'penalty': 'l2', 'solver': 'newton-cg'}
```

图 12-4　示例输出

很明显，超参空间提供了所有超参值的每种组合——超参的笛卡儿积，当超参数量增加时，超参空间将急剧增长，而遭受所谓的维数诅咒——导致训练和评估次数呈指数增长，但即使这样，也不能确保找到最佳的点（超参空间不一定包含最佳的解），随机搜索能稍微改变该局面。

12.3.2　随机搜索

随机搜索（Random Search）与网格搜索唯一的区别是如何定义超参空间。在网格搜索中，超参空间是人为定义好的"规范"的点，而在随机搜索中，点不再"规范"，而是独立随机的选取。随机选取的实现由指定的随机分布确定，而随机的次数由指定的迭代次数确定。随机搜索通过随机的方式增加了获得最佳点的可能性，该搜索过程，专业术语称为探索（exploration）。随机搜索的探索为没有指引的随机探索。

sklearn 中提供了带交叉验证的 RandomizedSearchCV。读者可套用网格搜索中的代码模板，稍加修改就能实现随机搜索。下面仅作原生使用方法的演示：

```
# stats == v1.4.1
import scipy.stats as stats
from sklearn.model_selection import RandomizedSearchCV

from sklearn.linear_model import SGDClassifier

# 使用随机梯度分类器
clf = SGDClassifier(loss='hinge', penalty='elasticnet', fit_intercept=True)

# 定义参数分布：支持普通字典参数和带随机分布的参数
param_dist = {
    'average': [True, False],
    'l1_ratio': stats.uniform(0, 1),
    'alpha': stats.loguniform(1e-4, 1e0)
}
# 运行随机搜索 20 次
n_iter_search = 20
random_search = RandomizedSearchCV(clf,
                                   cv=5,
                                   param_distributions=param_dist,
                                   n_iter=n_iter_search)
random_search.fit(X, y)
```

相比网格搜索，在相似的参数空间和结构下，随机搜索的运行时间会大大减少。

在实践中，一般最先使用随机搜索得到模型的一个基准（Baseline），供其他搜索方法参考。随着调参的进行，可以使用更精细化参数范围的网格搜索或其他搜索方法配合进行。

12.4　XGBoost 自动调参工具开发实战

结合上述的调参流程、搜索方法和参数介绍，本章开发了一个 XGBoost 调参工具供读者学习和参考。该工具实现了 XGBoost 调参的半自动化或一定程度的自动化。

12.4.1　功能和易用性设计

其设计功能如下：

1）支持网格搜索（grid_search）和随机搜索（random_search）。

2）支持增量搜索（tune_sequence），即前一个参数确定后不再变化，继续下一个参数的调优，以节省调参时间，但其本质了放弃了多种参数的组合。

3）每组参数有缺省值，支持用户自定义超参范围，以方便精细化控制。

作为调参工具，工程易用性设计如下：

1）提供缺省的调优流程并提供帮助说明。

2）提供用户自定义参数的自由组合。

3）支持参数随时修改、随时清空。

4）记录调参历史（参数和学习器）。

在设计和实现过程中，需要反复斟酌缺省参数情况、参数范围、调参顺序、哪些参数开放给用户、哪些作为全局变量等细节。

12.4.2 使用示例

该工具使用示例如下。

1）准备数据：

```
from sklearn.datasets import load_breast_cancer
from sklearn.model_selection import train_test_split
X, y = load_breast_cancer(return_X_y=True)
X_train, X_test, y_train, y_test = train_test_split(X,
                                                    y,
                                                    test_size=0.3,
                                                    random_state=42)
```

2）调参工具类初始化：

```
tb = TuneXGB(X_train,y_train)
```

3）查看缺省调参顺序：

```
tb.show_default_order()
```

输出结果为：

```
1 step:{'n_estimators': range(100, 1000, 50)}
2 step:{'learning_rate': [0.01, 0.015, 0.025, 0.05, 0.1]}
3 step:{'max_depth': [3, 5, 7, 9, 12, 15, 17, 25]}
4 step:{'min_child_weight': [1, 3, 5, 7]}
5 step:{'gamma': [0, 0.05, 0.1, 0.3, 0.5, 0.7, 0.9, 1.0]}
6 step:{'subsample': [0.5, 0.6, 0.7, 0.8, 0.9, 1.0]}
7 step:{'colsample_bytree': [0.4, 0.6, 0.7, 0.8, 0.9, 1.0]}
8 step:{'reg_alpha': [0, 0.1, 0.5, 1.0, 10, 100, 200, 1000]}
9 step:{'reg_lambda': [0.01, 0.1, 1.0, 10, 100, 200, 1000]}
```

4）查看缺省参数：

```
tb.show_default_para()
```

输出结果为：

```
{'colsample_bytree': 1, 'gamma': 0, 'learning_rate': 0.1, 'max_depth': 3, 'min_
    child_weight': 1, 'n_estimators': 100, 'reg_alpha': 0, 'reg_lambda': 1,
```

```
'scale_pos_weight': 1, 'subsample': 1}
```

5）调参过程中随时更新参数：

```
tb.update_cur_params({'n_estimators':180})
```

6）自定义调参：

```
tb.tune_step({'n_estimators': range(30, 100, 10)},verbose=3)
```

输出结果为

```
Fitting 5 folds for each of 7 candidates, totalling 35 fits
[Parallel(n_jobs=4)]: Using backend LokyBackend with 4 concurrent workers.
------------------------------------------------------------
Tunning:{'n_estimators': range(30, 100, 10)}
    use metric:roc_auc,folds:5
    Best: 0.98818 using {'n_estimators': 90}
mean,stdev,param:
    0.98705 (0.01222) with: {'n_estimators': 30}
……输出省略
    0.98818 (0.01103) with: {'n_estimators': 90}
Best params:
    {'n_estimators': 90}

Save param at:3
Save estimator at:3
[Parallel(n_jobs=4)]: Done  35 out of  35 | elapsed:    0.7s finished
```

7）增量调参：

```
tb.tune_sequence()
```

8）获取当前学习器：

```
tb.get_cur_estimator()
```

9）查看历史参数和学习器：

```
tb.history_paras
tb.history_estimator
```

10）进行网格搜索：

```
tb_gs = tb.grid_search({'reg_lambda': [0.01, 0.1, 1.0, 10, 100, 200, 1000]})
```

11）进行随机搜索：

```
tb_rs = tb.random_search({'colsample_bytree_loc':0.3})
```

12.4.3 代码清单

上面讲述的内容都在代码里，请读者研读：

```python
# -*- coding: utf-8 -*-
# 张春强
import numpy as np
import xgboost as xgb
from sklearn.model_selection import GridSearchCV, RandomizedSearchCV
from sklearn.model_selection import KFold, StratifiedKFold
from scipy.stats import halfnorm, randint as sp_randint, uniform

class TuneXGB():
    '''estimator: 保留了中间参数的模型，用于手动调整'''
    # 全局初始值重要参数
    cur_params = {
        'colsample_bytree': 1,
        'gamma': 0,
        'learning_rate': 0.1,
        'max_depth': 3,
        'min_child_weight': 1,
        'n_estimators': 100,
        'reg_alpha': 0,
        'reg_lambda': 1,
        'scale_pos_weight': 1,
        'subsample': 1
    }
    init_params = cur_params.copy()

    # 记录历史
    history_estimator = []
    history_paras = []

    # 1. 缺省的调优顺序流程
    param_grids_list = [
        # 树结构是重点
        # 集成结构 -- 解决偏差
        {
            'n_estimators': range(100, 1000, 50)
        },
        {
            'learning_rate': [0.01, 0.015, 0.025, 0.05, 0.1]
        },
        # 树结构参数 -- 解决偏差
        {
            'max_depth': [3, 5, 7, 9, 12, 15, 17, 25]
        },
        {
            'min_child_weight': [1, 3, 5, 7]
        },
        # 树结构（叶子结点）
        {
            'gamma': [0, 0.05, 0.1, 0.3, 0.5, 0.7, 0.9, 1.0]
        },
```

```
    # 样本参数 -- 解决方差
    {
        'subsample': [0.5, 0.6, 0.7, 0.8, 0.9, 1.0]
    },
    {
        'colsample_bytree': [0.4, 0.6, 0.7, 0.8, 0.9, 1.0]
    },
    # 正则参数 -- 解决方差
    {
        'reg_alpha': [0, 0.1, 0.5, 1.0, 10, 100, 200, 1000]
    },
    {
        'reg_lambda': [0.01, 0.1, 1.0, 10, 100, 200, 1000]
    }
]

# 2.用户随意组合待调优的参数 -- 由用户输入
def __init__(self,
            X,
            y,
            objective='binary:logistic',
            random_state=42,
            cv_folds=5,
            metric='roc_auc'):
    '''metrics:['accuracy', 'adjusted_mutual_info_score', 'adjusted_rand_
        score', 'average_precision',
    'completeness_score', 'explained_variance', 'f1', 'f1_macro', 'f1_
        micro',...
    '''
    assert ('binary' in objective) or (
        'multi' in objective) or 'count' in objective or 'reg' in objective
    self.X = X
    self.y = y
    self.objective = objective
    self.random_state = random_state
    self.cv_folds = cv_folds
    self.estimator = TuneXGB.get_estimator_class(self.objective)
    self.kfold = None
    self.metric = metric
    self._init_base_param()

@classmethod
def show_default_para(cls):
    print(TuneXGB.init_params)

@classmethod
def show_default_order(cls):
    count = 1
    for vv in TuneXGB.param_grids_list:
        print('{:2} step:{}'.format(count, vv))
```

```python
            count += 1

    @classmethod
    def restore(cls):
        '''清空信息，便于调参随时控制'''
        TuneXGB.history_estimator = []
        TuneXGB.history_paras = []
        TuneXGB.cur_params = TuneXGB.init_params.copy()

    @classmethod
    def get_estimator_class(cls, objective):
        estimator_map = {
            'binary': xgb.XGBClassifier,
            #'count': xgb.XGBRegressor, # 读者可自定义问题类型
            #'multi': xgb.XGBClassifier,
            #'rank': xgb.XGBRegressor,
            #'reg': xgb.XGBRegressor
        }
        return estimator_map[objective.split(':')[0]]

    @classmethod
    def update_cur_params(cls, params):
        TuneXGB.cur_params.update(params)
        print(TuneXGB.cur_params)

    def _init_base_param(self):
        '''根据数据更新参数'''
        if self.objective.startswith('multi'):
            TuneXGB.cur_params['num_class'] = len(self.y.unique())
        else:
            TuneXGB.cur_params['base_score'] = np.mean(self.y)
        if self.random_state is not None:
            TuneXGB.cur_params['random_state'] = self.random_state

    def get_cur_estimator(self):
        '''获取当前类中最新参数的估计器'''
        return self.estimator(**TuneXGB.cur_params)

    def _get_folds(self, cv_folds):
        '''使用 sklearn 中的 StratifiedKFold 和 KFold'''
        if self.kfold is not None:
            return self.kfold
        if 'binary' in self.objective or 'multi' in self.objective:
            self.kfold = StratifiedKFold(n_splits=cv_folds,
                                    random_state=self.random_state)
        elif 'count' in self.objective or 'reg' in self.objective:
            self.kfold = KFold(n_splits=cv_folds,
                            random_state=self.random_state)
        else:
            raise ValueError('Invalid objective: {}'.format(objective))
```

```python
        return self.kfold

    def _print_grid_results(self, gs):
        bs = gs.best_score_
        if gs.scoring == 'neg_mean_squared_error':
            bs = abs(gs.best_score_)**0.5
        elif gs.scoring == 'neg_log_loss':
            bs = abs(gs.best_score_)

        print("    Best: {0:0.5} using {1}".format(bs, gs.best_params_))

        means = gs.cv_results_['mean_test_score']
        stds = gs.cv_results_['std_test_score']
        params = gs.cv_results_['params']
        print('mean,stdev,param:')
        for mean, stdev, param in zip(means, stds, params):
            print("   {:.5f} ({:0.5f}) with: {}".format(mean, stdev, param))

    def grid_search(self,
            params,
            n_jobs=4,
            metric=None,
            folds=None,
            model=None,
            verbose=0):
        '''
        开放给用户，使支持用户输入模型；fit 数据
        此处统一使用 GridSearchCV，也可以使用 xgb.cv
        metric：开放出来
        folds:int，开放出来，当原 cv 运行太久时
        model：开放出来
        '''
        if model is None:
            model = self.get_cur_estimator()
        f = folds if folds is not None else self.cv_folds
        m = metric if metric is not None else self.metric
        gs = GridSearchCV(model,
                    params,
                    scoring=m,
                    cv=self._get_folds(f),
                    n_jobs=n_jobs,
                    verbose=verbose)
        gs.fit(self.X, self.y)
        return gs

    def random_search(self,
                params,
                n_iter=20,
                n_jobs=4,
                metric=None,
```

```
            folds=None,
            model=None,
            verbose=0):
''' 正态参数: uniform, 半正态: halfnorm'''
if model is None:
    model = self.get_cur_estimator()
f = folds if folds is not None else self.cv_folds
m = metric if metric is not None else self.metric

param_distributions = {
    # np.random.uniform(low=0, high=1) 该函数会更安全：限制在 0 ～ 1 范围
    'colsample_bytree':
    uniform(params.get('colsample_bytree_loc', 0.2),
            params.get('colsample_bytree_scale', 0.5)),
    'gamma':
    uniform(params.get('gamma_loc', 0), params.get('gamma_scale',
                                                   0.9)),
    'max_depth':
    sp_randint(params.get('max_depth_low', 2),
               params.get('max_depth_high', 11)),
    'min_child_weight':
    sp_randint(params.get('min_child_weight_low', 1),
               params.get('min_child_weight_high', 11)),
    'reg_alpha':
    halfnorm(params.get('reg_alpha_loc', 0),
             params.get('reg_alpha_scale', 5)),
    'reg_lambda':
    halfnorm(params.get('reg_alpha_loc', 0),
             params.get('reg_alpha_scale', 5)),
    'subsample':
    uniform(params.get('subsample_loc', 0.1),
            params.get('subsample_scale', 0.8))
}

rs = RandomizedSearchCV(estimator=model,
                        param_distributions=param_distributions,
                        cv=self._get_folds(f),
                        n_iter=n_iter,
                        n_jobs=n_jobs,
                        scoring=m,
                        verbose=verbose)
rs.fit(self.X, self.y)
return rs

def tune_sequence(self):
    ''' 独立、增量式的搜索，相比全量参数的网格搜索效率会高点，但是最终效果会打折扣
    '''
    print('Tunning xgboost parameters ...')

    for pp in TuneXGB.param_grids_list:
```

```
            self.tune_step(pp)

    def tune_step(self,
              params,
              n_jobs=4,
              method='grid',
              metric=None,
              folds=None,
              verbose=1):
        ''' 开放给用户自定义调优
        params：待优化的字典型参数
        folds：整数，fold 的数量
        返回：
            1.params 中最优的参数字典
            2. 最优的估计器（未 fit 数据）
        '''
        _metric = metric if metric is not None else self.metric
        _folds = folds if folds is not None else self.cv_folds

        gs = self.grid_search(params,
                          n_jobs=n_jobs,
                          metric=_metric,
                          folds=_folds,
                          verbose=verbose)

        print('-' * 60)
        print('Tunning:{}'.format(params))
        print('    use metric:{},folds:{}'.format(_metric, _folds))

        # 是否打印效果
        if verbose:
            self._print_grid_results(gs)

        # 返回最优的参数
        opt = {}
        for kk in params.keys():
            opt[kk] = gs.best_params_[kk]
        print('Best params:\n    {}\n'.format(opt))

        # 更新全局
        TuneXGB.cur_params.update(opt)

        # 保存这一步的估计器——未 fit 数据
        print('Save param at:{}'.format(len(TuneXGB.history_paras)))
        TuneXGB.history_paras.append(TuneXGB.cur_params.copy())

        print('Save estimator at:{}'.format(len(TuneXGB.history_estimator)))
        TuneXGB.history_estimator.append(gs.best_estimator_)

        return opt
```

读者可自行修改和优化上述代码，例如添加参数效果变化趋势分析。

在实践中，我们可以实验这样的策略：随机搜索找到合适的起点，然后使用网格搜索放大并找到这些合适的起点的局部最优值（或接近最优值）。

12.5　贝叶斯方法

网格搜索需要人为指定解的范围，随机搜索具有随机探索未知更好解的可能性，而贝叶斯方法能够启发式地探索更优解。

12.5.1　贝叶斯优化介绍

我们知道，训练、评估不同参数下模型性能的效率较低，成本较大，且无法建立超参和模型性能的闭式可直接优化的目标。贝叶斯优化就是一种寻找这类代价昂贵的目标函数极值的有效方法，只需给到它一些观察点（超参、性能），贝叶斯优化方法能够基于观察的先验，指导超参采样，并权衡超参空间的探索（exploration）和开发（exploitation）。在这个过程中使用了贝叶斯定理，故而称为贝叶斯优化。先验的代理模型常选择高斯过程模型。

贝叶斯优化技术的实现是一种迭代式、序列化模式的优化框架，主要包括一个代理模型和一个决定下一个评估点的收益函数（Acquisition Function）。收益函数通过概率模型评估不同参数点的效能，选择最优的点继续迭代。迭代过程主要包含三步，当达到限制时间或迭代次数后停止：

1）建立概率代理模型，最常见的使用混合高斯模型。

2）由代理模型和收益函数决定下一个超参点。

3）使用新的超参，更新代理模型。

很明显，这要求代理模型和收益函数的评估比原始黑盒模型的训练和评估具有更高的效率，即训练、计算评估时间都较短，否则失去了"代理"的意义。"决定下一个参数点"是一个权衡的过程：既要尝试那些之前没有尝试过的区域的点（探索），也要选择当前预测较好的点（开发）。

有很多收益函数可以选取。

- PI（Probability of Improvement）：概率提升法，或称最大化概率法，下次迭代时选取当前评估概率最大的点。
- EI（Expected Improvement）：期望提升法，最大化期望，下次迭代时选取当前期望最大的点（兼顾了提升幅度）。
- UCB（Upper Confidence Bound）/LCB（Lower Confidence Bound）：置信上、下限法。
- ES（Entropy Search）：基于信息论的方法等。

图 12-5 显示了基于高斯过程的贝叶斯优化示意图。上文提到的探索指的是在后验不确定性高的区域（方差较大的区域）搜寻可能获得的更好的解；开发指的是预测当前最优点的

过程。

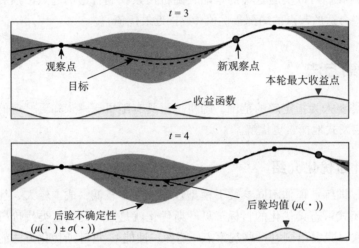

图 12-5　第 3 轮和第 4 轮基于高斯过程的贝叶斯优化示意图[⊖]

12.5.2　BayesianOptimization 优化实例

开源包 BayesianOptimization 借用了 sklearn.gaussian_process 实现了基于高斯过程的贝叶斯优化。

使用前安装：pip install bayesian-optimization。

GitHub 地址：https://github.com/fmfn/BayesianOptimization。

下面以一个随机森林模型的优化过程作为该工具的演示。

1）导入必要的包：

```
from sklearn.datasets import make_classification
from sklearn.model_selection import cross_val_score
from sklearn.ensemble import RandomForestClassifier as RFC
from bayes_opt import BayesianOptimization
```

2）定义优化目标：

```
def rfc_cv_object(n_estimators, min_samples_split, max_features, data,
                  targets):
    """随机森林交叉验证

    关注的超参空间：
        n_estimators, min_samples_split, and max_features
    目标：
        最大化指标 roc_auc，交叉验证的平均作为最终的模型效果
```

⊖　https://arxiv.org/abs/1012.2599v1

```
    """
    estimator = RFC(n_estimators=n_estimators,
                min_samples_split=min_samples_split,
                max_features=max_features,
                random_state=42)
    cval = cross_val_score(estimator, data, targets, scoring='roc_auc', cv=4)
    return cval.mean()
```

3）定义超参空间和优化器：

```
def optimize_rfc(data, targets):
    def rfc_crossval(n_estimators, min_samples_split, max_features):
        """rfc_cv 的二次封装，保证：
            1.n_estimators 和 min_samples_split 为整数
            2. 避免 max_features 在 (0, 1) 范围之外
        """
        return rfc_cv_object(
            n_estimators=int(n_estimators),
            min_samples_split=int(min_samples_split),
            max_features=max(min(max_features, 0.999), 1e-3),
            data=data,
            targets=targets,
        )

    optimizer = BayesianOptimization(
        f=rfc_crossval,
        # 超参空间
        pbounds={
            "n_estimators": (10, 250),
            "min_samples_split": (2, 25),
            "max_features": (0.1, 0.999),
        },
        random_state=42,
        verbose=2)
    # 2 个初始化点和 10 轮优化，共 12 轮
    optimizer.maximize(init_points=2, n_iter=10)

    print("Final result:", optimizer.max)
    return optimizer
```

4）调用优化（使用 12.4.2 中的数据）：

```
ret = optimize_rfc(X_train, y_train)
```

其优化过程输出如图 12-6 所示。

所以本次优化得到最优的超参是 {'max_features': 0.7865747545584155, 'min_samples_split': 2, 'n_estimators': 249}}，其 AUC 为 0.9867。

另外，ret.res 中存储了每轮的调优记录，可用于超参分析。

BayesianOptimization 主要接口介绍如下：

1）BayesianOptimization：贝叶斯优化对象类，重点有如下两个参数。

- f：待优化的目标函数。
- pbounds：超参空间的定义，需要限制超参的取值范围。该参数格式为字典型的元组格式，元组中指定了最小值和最大值。

```
|   iter    |   target   |   max_fe...  |   min_sa...  |   n_esti...  |
-------------------------------------------------------------------------
|   1       |   0.9854   |   0.4367     |   23.87      |   185.7      |
|   2       |   0.9827   |   0.6382     |   5.588      |   47.44      |
|   3       |   0.9835   |   0.8313     |   4.16       |   249.9      |
|   4       |   0.9852   |   0.1966     |   24.93      |   249.9      |
|   5       |   0.9847   |   0.2307     |   23.27      |   180.4      |
|   6       |   0.9846   |   0.2171     |   24.8       |   249.1      |
|   7       |   0.9838   |   0.4864     |   24.95      |   249.5      |
|   8       |   0.9801   |   0.3222     |   24.74      |   10.67      |
|   9       |   0.9853   |   0.4052     |   2.747      |   249.8      |
|   10      |   0.9842   |   0.2299     |   2.162      |   249.3      |
|   11      |   0.9858   |   0.8971     |   2.789      |   250.0      |
|   12      |   0.9867   |   0.7866     |   2.009      |   250.0      |
=========================================================================
Final result:
 {'target': 0.9866749935722772, 'params': {'max_features': 0.78657475455
84155, 'min_samples_split': 2.008834240511498, 'n_estimators': 249.96072
05191274}}
```

图 12-6　BayesianOptimization 优化过程示例

2）主要的优化方法：maximize，该方法主要有如下 3 个参数。

- n_iter：迭代次数，一般来说迭代次数越多，获得较好效果的可能就越大。
- init_points：初始化随机探索的点，随机探索可以使探索空间多样化。
- acq：收益函数，支持：ucb（缺省）、ei、poi。

3）set_bounds：支持随时更新超参范围。

4）probe 方法支持用户自定义的空间探索，主要的参数如下所示。

- params：指定探索的点。
- lazy：赋值为 True。

5）支持调优过程事件记录，存入 json 文件中。涉及的方法为：

```
bayes_opt.logger import JSONLogger
```

推荐另外 2 个相关超参调优的开源包，它们相对封装更好一些，例如不用自行处理参数取整等操作。

1）scikit-optimize[○]：也是基于 sklearn 的贝叶斯优化的开源包，同时支持可视化高斯过程的接口等。

○　https://github.com/scikit-optimize/scikit-optimize

2）Hyperopt/Hyperopt-sklearn [⊖]：一个历史更悠久的开源优化包，当前基本已无更新，封装的功能较为完善。

限于篇幅，书中不再展开介绍，请读者自行参考学习。

12.6 部分开源调参项目简介

下面简要介绍具有一定参考价值的自动调参的开源框架。

12.6.1 Ray-Tune

Tune 是一款可扩展的，主要应用于深度学习、强化学习（也可以用于机器学习）的超参调优框架，其官网介绍的主要特点有 [⊖]：

1）10 行代码就能启动多节点的分布式的超参搜索。

2）支持任何机器学习框架，包括 PyTorch、XGBoost、MXNet 和 Keras。

3）可原生的和多种优化库集成，例如 HyperOpt、Bayesian Optimization 和 Facebook Ax。

4）可选用多种可扩展算法，如 Population Based Training（PBT）、Vizier's Median Stopping Rule、HyperBand/ASHA。

5）可使用 TensorBoard 进行可视化。

Tune 运行于 Ray 分布式计算框架上，而 Ray 是一个用于构建和运行分布式应用程序快速而简洁的框架，更进一步的了解可参考官网 [⊜]。另外，Ray 还衍生了一个不错的项目modin：Pandas 的大数据版本或并行化多核版本，支持 KB 到 TB 级别的数据量，感兴趣的读者可以进一步研究。

Tune 可接受用户定义的 Python 函数或 Class，支持多组超参中并行评估，每次评估称为一次 Trail。Trail 由 Schedulers（优化器）进行安排和管理。超参组可以由 Tune 生成，也可以从用户指定的搜索算法中获得。

下面简要演示 Tune 自动调优 XGBoost 模型的使用方式：

1）导入必要的包：

```
# 使用前先安装: pip install ray[tune]
# 国内源更快: pip install ray[tune] -i https://pypi.tuna.tsinghua.edu.cn/simpl
from ray import tune
```

2）定义回调函数和优化目标：

⊖ http://hyperopt.github.io/hyperopt/

⊜ https://ray.readthedocs.io/en/latest/tune.html

⊜ https://ray.readthedocs.io/en/latest/index.html

```
def XGBCallback(env):
    tune.track.log(**dict(env.evaluation_result_list))
def train_breast_cancer(config):
    # 每次随机划分
    data, target = load_breast_cancer(return_X_y=True)
    train_x, test_x, train_y, test_y = train_test_split(data,
                                                        target,
                                                        test_size=0.25)
    train_set = xgb.DMatrix(train_x, label=train_y)
    test_set = xgb.DMatrix(test_x, label=test_y)
    bst = xgb.train(config,
                    train_set,
                    evals=[(test_set, "eval")],
                    callbacks=[XGBCallback])
    preds = bst.predict(test_set)
    pred_labels = np.rint(preds)
    tune.track.log(mean_accuracy=accuracy_score(test_y, pred_labels),
                   done=True)
```

3）定义超参空间：

```
config = {
    "verbosity": 0,
    "num_threads": 2,
    "objective": "binary:logistic",
    "booster": "gbtree",
    # 每轮输出多种评估指标
    "eval_metric": ["auc", "ams@0", "logloss"],
    "max_depth": tune.randint(1, 9),
    "eta": tune.loguniform(1e-4, 1e-1),
    "gamma": tune.loguniform(1e-8, 1.0),
    "grow_policy": tune.choice(["depthwise", "lossguide"])
}
```

4）定义 Tune 优化器并运行：

```
from ray.tune.schedulers import ASHAScheduler
tune_model = tune.run(
    train_breast_cancer, # 已定义好的模型结构
    resources_per_trial={"cpu": 2}, # 每轮使用 cpu 的数量
    config=config, # 参数空间
    num_samples=3, # 运行 Trails 的（外层的）次数
    # 超参优化器 ASHAScheduler: 异步 Successive Halving 优化算法的实现
    # log 损失，metric 按 min 方向优化
    scheduler=ASHAScheduler(metric="eval-logloss", mode="min"))
```

上述会产生较多的输出，最终包含一个简要的统计信息：使用系统的资源核数、日志路径（Tensorboard 可读取分析可视化）等，如图 12-7 所示。

其中获取最优的超参的方法是：

```
print("Best config is:", tune_model.get_best_config(metric="eval-logloss"))
```

```
== Status ==
Memory usage on this node: 10.0/16.0 GiB
Using AsyncHyperBand: num_stopped=1 Bracket: Iter 64.000: None | Iter 16.000: None | Iter 4.000: -0.5942652500000001 | Iter 1.000:
-0.6590750000000001
Resources requested: 0/8 CPUs, 0/0 GPUs, 0.0/3.52 GiB heap, 0.0/1.17 GiB objects
Result logdir: /Users/chanson/ray_results/train_breast_cancer
Number of trials: 3 (3 TERMINATED)
```

Trial name	status	loc	grow_policy	eta	gamma	max_depth	iter	total time (s)	acc
train_breast_cancer_edc605b8	TERMINATED		lossguide	0.0109963	0.311571	2	10	0.0422547	0.909091
train_breast_cancer_edc637ae	TERMINATED		depthwise	0.000701247	0.999457	7	1	0.0150919	
train_breast_cancer_edc67070	TERMINATED		lossguide	0.0317076	0.00217157	7	10	0.0398798	0.965035

图 12-7　Tune 输出示例

输出结果为：

```
Best config is: {'verbosity': 0, 'num_threads': 2, 'objective': 'binary:
    logistic', 'booster': 'gbtree', 'eval_metric': ['auc', 'ams@0', 'logloss'],
    'max_depth': 7, 'eta': 0.000701247079389028, 'gamma': 0.9994572686031703,
    'grow_policy': 'depthwise'}
```

上面只是简单的演示，请读者自行进一步研究学习。

12.6.2　optuna

Optuna 称为下一代超参调优框架（A Next-generation Hyperparameter Optimization Framework），可参考 GitHub 链接[⊖]，也可参考相关论文[⊖]。

Optuna 介绍了如下内容。

1）允许用户动态地构造参数搜索空间。论文中提到："到目前为止，所有的超参数优化框架都要求用户为每个模型静态地构造参数搜索空间，对于那些涉及巨大参数空间的不同类型的候选模型的大规模实验来说，这些框架中的搜索空间是极难描述的，尤其是包含许多条件变量时问题更为明显。当用户对参数空间描述不当时，采用先进的优化方法是徒劳的。"

2）能够高效地实现搜索和修剪策略：终止无希望试验的策略在许多文献中常被称为剪枝，也被称为自动提前停止。许多现有的框架不具有高效的修剪策略。该框架提供了采样和修剪的良好设计。

3）易于设置的、多用途的体系结构，可用于各种目的，从可扩展的分布式计算到由交互界面的轻量级实验。

4）专门为机器学习设计：它具有一个命令式的、按运行方式定义的用户 API（define-by-run 的软件设计原则）。按该设计原则，使用 Optuna 编写的代码具有很高的模块化。

⊖　https://optuna.org/
⊖　https://arxiv.org/abs/1907.10902

5）支持通过后端数据库存储优化历史，便于分析和调优恢复。

从上述描述看，Optuna 是一个非常优秀的优化软件框架，其软件设计思想值得学习。下面只做简单的演示[注]。

1）导入相关的包：

```
import sklearn.datasets
import sklearn.ensemble
import sklearn.model_selection
import sklearn.svm

# pip install optuna
import optuna
```

2）定义目标：

```
def objective(trial):
    iris = sklearn.datasets.load_iris()
    x, y = iris.data, iris.target

    classifier_name = trial.suggest_categorical('classifier',
                                                ['SVC', 'RandomForest'])
    # 多模型条件变量
    if classifier_name == 'SVC':
        svc_c = trial.suggest_loguniform('svc_c', 1e-10, 1e10)
        classifier_obj = sklearn.svm.SVC(C=svc_c, gamma='auto')
    else:
        rf_max_depth = int(trial.suggest_loguniform('rf_max_depth', 2, 32))
        classifier_obj = sklearn.ensemble.RandomForestClassifier(
            max_depth=rf_max_depth, n_estimators=10)

    # 指标自定义
    score = sklearn.model_selection.cross_val_score(classifier_obj,
                                                    x,
                                                    y,
                                                    n_jobs=-1,
                                                    cv=3)
    accuracy = score.mean()
    return accuracy
```

3）运行并查看结果：

```
# optuna 中称优化为研究对象；精度按最大方向调优
study = optuna.create_study(direction='maximize')
# 运行实验次数 100 次
study.optimize(objective, n_trials=100)
# 查看结果
study.best_params
# 输出：{'classifier': 'SVC', 'svc_c': 6.239686084647153}
```

⊖ https://github.com/optuna/optuna/blob/examples/sklearn_simple.py

```
study.best_value
# 输出：0.9803921568627452
```

上面只是简单的演示，进一步的学习，请读者自行研究。

12.7 本章小结

模型调参是机器学习中人为参与的实验过程。做实验就得讲究实验的方法、工具和策略，还必须要有时间、服务器等资源的限制。我们需要在资源和效果中做权衡，铭记调参的结果"只有更好，没有最好"的软件工程实践方法。

12.1 节介绍了模型调参的概念、超参数、随机种子和调参的三要素。

12.2 节介绍了调参的流程和方法供读者按图索骥进行调参，并提到了 SmartML、Auto-sklearn 等先进调参理念的开源实现，同时介绍了混合搜索，如贝叶斯 + 网格搜索、随机搜索 + 网格搜索。

12.3 节介绍了模型无关的调参方法：网格搜索和随机搜索。它们是广泛实践的手工调参方法。调参实验中拥有顺手的工具，想必会感受到探索的乐趣。

12.4 节的 XGBoost 自动调参工具实现了网格、随机和增量调参的模式，并在工程易用性上做了良好的设计。

12.5 节讲述了贝叶斯优化的原理，并以开源包 BayesianOptimization 做了讲解和演示。贝叶斯方法能在资源和模型效果间达到较好的平衡。

为了开阔读者的视野，12.6 节介绍了笔者认为不错的开源项目：Ray-Tune、Optuna，以及适用于机器学习和深度学习的调参。我们可以从中学到调参概念、先进的软件设计方法、调参的理念和调参工具的使用方法。从开源项目中学习，就是向全世界优秀的人学习！

第 13 章

模型性能评估

在机器学习模型上线前或者投入业务生产前的模型评估以及校验至关重要。当模型效果达到课题研究时的预期，才可以投产；否则，模型将回到问题定义、样本准备、特征工程或者模型训练等的一个环节。模型的性能评估可以从多个维度去考量，不同的研究问题有不尽相同的核心指标。

其实，在任何模型中，预测好的模型都是与真实结果偏差更小的模型。简单来讲，就像人们做事都会向着一个设定的目标前进，一件事做得好与不好都有一个评价标准。如一个学生的学习好坏很大程度上可以通过其文化课考试成绩来判断，细化一下，总分可以分解在一门考试的得分成绩上，再细化，与每道题目的对错有关。若每个答案与参考答案相同或者越接近，表明其知识点掌握的越精准，加起来其学习总成绩越高，学习成绩越好。换言之，答题过程中犯错越少，总成绩越高，一定程度上表明了其学习能力越强。平时的做题训练犹如训练一个模型，在解题的过程中，寻找一个内在模式，把这个提取的模式和知识应用到新的测评上。

同理，评价一个模型的好坏，也有一些评价指标。模型训练过程中，往往会参考这些指标来判断当前的模型学习能力是否充分、是否精准。在模型训练之后，对未知数据的预测能力是否一样。理想的状况是，在训练过程中，模型效果良好，在未知的数据集上同样有可接受的、良好的表现。好的模型在训练集和验证集上所犯错误同样少，模型稳定而且准确。

如何选出更好的模型？在模型训练过程中（有时也称作原型设计阶段），往往会训练出多个模型，从其中选出表现较好的那个。不同模型之间的比较需要有一些通用的标准。本章会针对不同的模型，从不同的角度探讨一些常用的方法和指标。在指标的定义上，力求用简明直白的语言阐述其内在含义，而非通过大量的公式推导。

13.1 训练误差 vs 测试误差

模型评估即评估模型预测与真实情况的差异，这种差异在实践中表现为训练误差和测试误差。

训练误差指的是模型训练时的误差，反映了在样本集上模型学习的效果好坏，由于训练和评估使用了同一份数据集，所以训练误差并不能代表模型真实的预测能力，只具有参考意义。与之相对应的是测试误差，测试误差是模型对新的数据集上的预测误差，因此可以反映模型在新数据集上面的预测能力强弱。

理论上说，模型的真实效果应该使用泛化误差来表示。但由于样本的局限性，泛化误差往往是不可知的。泛化误差可分解为偏差、方差以及噪声，也可以通过偏差方差分解来进一步解释，读者可参考 1.2.2 节和 4.2.2 节的相关内容。

下面我们将从数据切割方法和性能度量两个方面展示如何科学地评估上述误差，即模型性能。

13.2　模型评估常见的数据切割方法

验证模型泛化能力业内有 4 种常用的方法：留出法（Hold_Out Method）、交叉验证（Cross Validation，CV）、留一法（Leave-One-Out Cross Validation，LOOCV）和自助取样法（Bootstrap）。4 种方法的本质都是对数据集合进行不同的切割，进而得到不同的数据集，在不同的数据集上验证模型，以求在新数据上有更好的表现。在模型效果相当的情况下，只有经过反复验证的模型更加稳定。对已有的数据集进行切割，有时也是为了克服样本量少的困境，对样本进行统计取样，起到增多样本的作用。下面对数据集划分方法逐一讲述、分解，包含 Python 中对应方法的 API 参数描述和使用过程中的说明以及注意事项。

13.2.1　留出法

留出法是最常见的数据集切割方法。常见的形式是把数据集切割成训练集、测试集和验证集，三者依次为 Train、Test、Validation。模型在训练阶段使用训练集，然后在测试集上评估模型效果（此时训练集上的模型效果仅供参考，原因是用原来的数据集得到模型，在自身上验证，效果比较理想，但在实际应用过程中可能会大打折扣），最后在验证集上评估。为什么要先后在测试集和验证集上做评估？二者的区别又在哪里呢？业内的通常做法是把一整份数据集切成训练集和测试集的时候，二者的分布非常接近，所以单用测试集作为效果评估指标显然不够，此时需要一批新的数据对模型在未知数据集（验证集）上做预测，以此刻画模型在新的数据集上的泛化误差。

在带有时间性的模型中，训练集和测试集经常取自于同一时间段内的同一批样本，进行切割即可。而验证集通常取向后的一段时间，一般称这个数据集为样本外验证，即 OOT（Out Of Time）。例如训练集和测试集都取自 2019 年 1 月至 2019 年 6 月，二者之间的划分是任意切割。验证集可选取自 2019 年 7 月至 2019 年 9 月，和前面的数据集没有重合的时间跨度。

在 sklearn 提供的通用接口中，训练集和测试集的切分用 train_test_split 进行切割。

```
sklearn.model_selection.train_test_split(*arrays, **options)
```

详细的内容参考官方的文档，简要说明如下：

- *array 是代表数据集，一般是 array 形式或者 pandas 中的 DataFrame 形式。这里既可以是一个数据集，也可以是多个数据集。调用的过程中，该函数会返回训练和测试两类数据集。常见的形式为 X_train, X_test, y_train, y_test = train_test_split(X, y, test_size=0.33, random_state=42)。

注意：注意返回数据集的顺序，前后应对应一致。

- **option 一般有一些 test_size、train_size、random_state、stratify。test_size 和 train_size 一般只设置其中一个，另一个是前者的补集。设置这两个参数时，可以为小数或整数，以 test_size 为例，当其设定为 0.3 时（注意这个数字必须介于 0 和 1 之间），代表测试集占全体样本的 30%，此时训练集的比例自然为 70%。当 test_size 为整数时，代表着测试集的样本绝对量，训练集的样本量自然为全体样本减去测试集数量。如果二者均为 None，调用接口时，会默认按照 test_size 为 0.25 进行切割。这里有个小细节需要注意，test_size 要么为介于 0 和 1 之间的小数，要么为整数且整数不要大于总的样本数，在模型训练的充分性上考虑，一般而言训练集的样本量最好大于测试集的样本量，也就是设置 test_size 为小于 0.5，推荐使用 0.2 或 0.3。
- random_state 是一个常见的参数，这里起到了 seed 的作用，seed 本质上起到固定样本集的作用。当设置了 random_state 时，只要是针对同一个数据集，每次切的数据就都是固定的，这样保证了整个过程可以复现，不再依赖于不同人切割或者不同时间切割。这里需要注意的是，random_state 一般要取整数，每个整数对应的数据集切割有所变化，可以多尝试几个整数值。但是，在建模过程中，切莫把过多的希望寄托在通过这个参数调整数据集而得到一个最好的模型，归根结底，random_state 只是固定住数据集的方法。在 Python 的数据处理过程中，随机数据集的产生以及树模型的固定中都可以看到 random 或 seed 的身影。综上，random 可以代表种子，种子相同，随机数相同。
- shuffle 参数是一个布尔值，表示数据集在切割之前是否要进行打乱排序。默认为 True，即打乱排序。当 shuffle 参数为 False 时，stratify 参数必须为 None。
- stratify 参数表示训练集和测试集的样本结构是否差不多要一致。该参数一般会选择 label 的名称。当其不为 None 时，训练集中的正负样本比例和测试集中的样本比例大致相同。比如共有 10000 个样本，按照 test_size=0.2 进行切割。在训练集中正样本有 7200 个，负样本 800 个，那么测试集中会有 1800 个正样本，200 个负样本。二者对应比例相同（7200/800=1800/200），不够整数时，可能略微有差异，但是大体一致。该参数的目的是保证训练集和测试集中的样本分布尽可能一致。

实际上，在大多数的建模过程中，都是采用 train_test_split 函数进行数据集切割。其通用性强，性能好，是建模者一般都需要调用的一个函数。因此，使用者一定要深刻理解这些参数的含义和使用场景。留出法调用 sklearn 接口使用示例：

```
import numpy as np
from sklearn.model_selection import train_test_split
X, y = np.arange(200).reshape((100, 2)), range(100)
len(X), len(y)
# (100, 100)
X_train, X_test, y_train, y_test = train_test_split(X, y, test_size=0.33,
    random_state=42)
len(X_train), len(X_test), len(y_train), len(y_test)
# (67, 33, 67, 33)
# 读者可以注意到，test_size 这里是占总样本量的 33%
```

13.2.2 交叉验证法

交叉验证法是指用来验证模型分类的性能的一种常用的统计分析方法。基本思想是把数据集切割成不同数据集，从而进行交叉建模、验证。K 折交叉验证（K-Fold Cross Validation）是指把数据集切成 K 个相同大小的数据集，以其中 K-1 个数据集进行建模，剩下的 1 个数据集进行验证。这种组合会产生 K 组训练集和测试集，将不同组合下的泛化误差作为整体泛化误差的估计。最常见的交叉验证有 10 折交叉验证和 5 折交叉验证。以 10 折交叉验证为例，模型训练会在 10 个不同的数据组合集上进行训练。

sklearn 提供了两个 K 折数据切分函数。第一个函数：

```
sklearn.model_selection.KFold(n_splits='warn',
                        shuffle=False,random_state=None)
```

参数说明如下。

- n_splits：这个参数表示数据集将要切割为多少份，必须为整数，默认为 3，即将数据集切割为 3 份。切割成 3 份时，使用其中 2 份数据合起来做训练，剩下 1 份做测试。同理，若 n_splits=10 时，每次使用其中 9 份数据合起来做训练。
- shuffle：表示数据是否要进行打乱混合（注意，该参数在生成数据集时常常会用到）。当这个参数被设定为 False 时，会依次产生数据集合；当为 True 时，数据会被打乱，然后再进行切分。
- random_state：随机种子，通俗讲是为了将数据生成器固定。当 random_state 等于相同的值时，每次切割的数据集相同。建模者在调用时，可以选取一个固定值，这样保证相同的函数调用结果可以重现。

该类在被调用时，提供了两种方法：get_n_splits(self[, X, y, groups]) 和 split(self, X[, y, groups])。使用者可在调用时，关注生成数据集的细节，其结果是显而易见的。受篇幅限制，此处不再深入展开。

交叉验证法调用 sklearn 接口使用示例：

```
import numpy as np
from sklearn.model_selection import KFold
X = np.array([[1, 2], [3, 4], [1, 2], [3, 4]])
y = np.array([1, 2, 3, 4])
kf = KFold(n_splits=2)
kf.get_n_splits(X)

print(kf)
# KFold(n_splits=2, random_state=None, shuffle=False)

for train_index, test_index in kf.split(X):
    print("TRAIN:", train_index, "TEST:", test_index)
    X_train, X_test = X[train_index], X[test_index]
    y_train, y_test = y[train_index], y[test_index]
# TRAIN: [2 3] TEST: [0 1]
# TRAIN: [0 1] TEST: [2 3]
```

第二个函数是：

```
sklearn.model_selection.StratifiedKFold(n_splits='warn',
    shuffle=False,random_state=None)
```

该函数的参数含义类似于 KFold，但是 StratifiedKFold 实现的是分层抽样，确保训练集和测试集中的正负样本的比例和原始全量数据集中的各类别占比保持一致。

13.2.3 留一法

留一法实际上是 K 折交叉验证的一个特例，或者理解为在样本粒度上进行更加细致的切分。在一个总量为 N 的数据集上，每次采用 N−1 个训练模型，用剩下 1 个样本作为测试集，以此来评价模型。读者可以注意到，用此种方法建模时，每次建模几乎都使用了全量的数据集，所以模型无限接近于数据全貌，所建模型更加准确。此外，在数据集的选择过程中没有随机因素包含在其中。

留一法的缺点是在数据集很大时计算量巨大。如果在 100 万个数据集上建模，则需要 100 万个模型，非常耗时。若样本量更大，留一法切分数据集的操作在工程上实现难度很大，必要时需要采取并行方式。综上，在小数据集上，用留一法是可取的。

sklearn 中留一法的函数接口是 sklearn.model_selection.LeaveOneOut，它同样也是一个数据集生成器。其使用方法非常简单，每次取样会取其中一个作为测试集。

留一法调用 sklearn 接口使用示例：

```
import numpy as np
```

```
from sklearn.model_selection import LeaveOneOut
X = np.array([[1, 2], [3, 4], [5, 6]])
y = np.array([1, 2, 3])
loo = LeaveOneOut()
loo.get_n_splits(X)

for train_index, test_index in loo.split(X):
    print('---*---*---*---*---*---')
    print("TRAIN:", train_index, "\nTEST:", test_index)
    X_train, X_test = X[train_index], X[test_index]
    y_train, y_test = y[train_index], y[test_index]
    print('DATA:')
    print('X_train:', X_train)
    print('X_test:', X_test)
    print('y_train:', y_train)
    print('y_test:', y_test)

# ---*---*---*---*---*---
# TRAIN: [1 2]
# TEST: [0]
# DATA:
# X_train: [[3 4]
#  [5 6]]
# X_test: [[1 2]]
# y_train: [2 3]
# y_test: [1]
# ---*---*---*---*---*---
# TRAIN: [0 2]
# TEST: [1]
# DATA:
# X_train: [[1 2]
#  [5 6]]
# X_test: [[3 4]]
# y_train: [1 3]
# y_test: [2]
# ---*---*---*---*---*---
# TRAIN: [0 1]
# TEST: [2]
# DATA:
# X_train: [[1 2]
#  [3 4]]
# X_test: [[5 6]]
# y_train: [1 2]
# y_test: [3]
```

13.2.4 自助取样法

自助取样法，即 bootstrap 方法，是指有放回的抽样方法。每次从全量的数据集中取出 n 个样本，再把这些样本放回到全量中，再进行下一次取样。

自助法在集成学习（ensemble learning）中很常见。在 bagging 计算框架中，例如随机森林方法中，大约会有 1/3（准确说是 1/e=0.368）的样本不会被取到，用这些样本做袋外估计（Out Of Bag，OOB）。在随机森林中可以使用袋外估计来评估模型的泛化性能。

自助取样法调用 sklearn 接口使用示例：

```
from sklearn.utils import resample
data = [1, 2, 3, 4, 5]
train = resample(data, replace=True, n_samples=4, random_state=42)
print('Bootstrap Sample:', train)
oob = [x for x in data if x not in train]
print('OOB Sample:', oob)
# Bootstrap Sample: [4, 5, 3, 5]
# OOB Sample: [1, 2]
```

13.3 性能度量

13.2 节的 4 种方法描述了评估模型性能的基础，称为模型评估的数据准备阶段。模型性能度量（performance measure）也就是模型表现力。由上文的泛化误差中可以看出，模型的好坏取决于数据、算法以及问题定义。

对于不同的任务，刻画模型性能的指标不同。在常见的学习算法中，按照目标变量（被解释变量）的不同，常分为分类任务和回归任务。下文对分类和回归的性能度量分别说明。

13.3.1 分类任务

在分类任务中，基础指标是混淆矩阵，在混淆矩阵的基础上可以产生精确率、召回率、F1 值、PRC 和 AUC 等。各个指标从不同的角度和深度刻画了模型的分类性能，不同的研究问题关注的重点也有所差异。

对于分类任务，通常以混淆矩阵为基础，构建各类评价指标。一般将研究问题关注的类别作为正类（positive），另一个作为负类（negative）。例如在金融领域中，将欺诈的人或者违约的人标记为 1，即正类，因为在此问题中，欺诈或者违约的人是从业者关注的重点。在医学中，将患病的人标记为 1，即正类，因为此时患病者是医生关注的重点。这个正负没有绝对的定义，只是常规意义上我们将关注的重点标记为正样本。

对于二元分类问题，每一个预测结果，只能归为其中一类。如果预测结果和真实结果是一致的，则预测正确，否则预测错误。

当把正负样本分开来看时，将会产生如下四个指标：

- TP，即 True Positive，模型真实标签为正类，预测为正类，预测正确。
- TN，即 True Negative，模型真实标签为负类，预测为负类，预测正确。
- FP，即 False Positive，模型真实标签为负类，预测为正类，预测错误。
- FN，即 False Negative，模型真实标签为正类，预测为负类，预测错误。

注意，上面 4 个指标具有完备性和互斥性，其构成了所有预测标签和真实标签的全集。因此，我们可以将其写到一个矩阵中，即混淆矩阵（confusion matrix），如表 13-1 所示。

混淆矩阵从预测正确与否的角度给出了一个二维表，可以很直接地看出表中预测正确的数量和预测错误的数量。混淆矩阵不仅适用于二分类问题，在多分类问题上也同样适用。

在 sklearn 中返回上述 4 个指标的调用示例如下：

表 13-1　混淆矩阵示例

真实标签	预测标签	
	正例	负例
正例	TP	FN
负例	FP	TN

```
# y_true 为真实标签，y_pred 为预测标签
from sklearn.metrics import confusion_matrix
y_pred = [0, 1, 0, 1, 0, 1, 0, 1]
tn, fp, fn, tp = confusion_matrix(y_true, y_pred).ravel()
tn, fp, fn, tp
# (2, 1, 2, 3)
```

1. 准确率、精确率、召回率和 F1 值

在混淆矩阵的基础上，从研究问题的不同角度，可以得到如下常用指标，这 4 个指标和混淆矩阵不同之处是利用比率（相对值）而不是数量（绝对值）。

准确率（accuracy）：全部预测正确占总数的比例。由两部分组成，第一部分是真实为正类，预测也为正类的数量；第二部分是真实为负类，预测也为负类的数量。在上述的表格中，对应为 TP 和 TN，用公式表达为 (TP+TN)/(TP+TN+FP+FN)。这个指标既关注正样本，也关注负样本，从整体上刻画模型预测的准确率。

精确率（precision）：有时也被称为查准率，预测为正类并且真实也为正类的数量占全部预测为正类的数量的比例。分子为 TP，分母为 TP+FP，用公式表示为 TP/(TP+FP)，即关注的类别中有多少比例是被预测正确的，而准确类（accuracy）是对所有正负样本是否预测正确做评价。

召回率（recall）：有时也被称为查全率，预测为正类并且真实也为正类的数量占真实标签为正类的数量的比例，即有多少正类被真正找到了。分子是 TP，分母是 TP+FN，用公式表示为 TP/(TP+FN)，这个指标是关注有多少真正的关注类别被找出来。

不同的研究问题中，所关注的指标是不一样的。例如对于推荐模型，所推荐的内容有多少比例是用户真正关心的，这时会更多关注精确率；在医疗领域，有多少真正患病的人被找出来，关心的是疾病被诊断出来的比例，对应召回率。

精确率和召回率通常是一组相互矛盾的数据，模型一般需要在二者间做一个权衡取舍（trade-off）。当精确率高的时候，召回率通常比较低；当精确率低的时候，召回率会变得高一些。

F1 值：为了综合考虑精确率和召回率的含义，我们使用了一个二者调和的均值，即 F1 值。F1 的公式为式（13-1）。

$$F1 = \frac{2 \times P \times R}{P + R} \qquad (13\text{-}1)$$

在式（13-1）中，二者的权重是相等的，而当二者的权重不相等时，可以表示为式（13-2）。

$$F1 = \frac{(a^2 + 1) \times P \times R}{a^2 \times (P + R)} \qquad (13\text{-}2)$$

这里 a 度量了精确率相对于召回率的权重比例。当 $a > 1$ 时，精确率相对更重要，反之，召回率更重要。

上述问题都是以二分类为研究课题的，那么多分类问题是否适用呢？答案是肯定的。当面对多分类问题时，问题会转化为一对多（One VS Others），即将关注的一个类别单独成一组，剩下的类别全部都归为另一组。此时，若多分类的标签为 n 个类别（n 个取值），则转化为 $n-1$ 个情形。此时计算混淆矩阵时，有两种方法——Macro Average 和 Micro Average，即宏平均值和微平均值。

Macro Average 方法是先在各个混淆矩阵上计算出精确率、召回率以及 F1 值，然后对多个值求平均。例如求宏精确率，先求出各个情形下的精确率，再取均值得到宏精确率（Macro Precision），其他二者原理类似。

宏平均给出 F1 值计算的示例如式（13-3）所示。

$$MacroF1 = \sum_{i=1}^{k} \frac{N_i}{N} F1_i \qquad (13\text{-}3)$$

Micro Average 方法是在一个阈值下，求出各个情形下的 TP、FP、FN、TN 的数量，然后分别相加，最后得到 TP sum、FP sum、FN sum、TN sum，然后用 sum 值求其他指标。例如求微精确率，先将各个 TP 和 FP 分别相加，然后再用精确率公式，求得微精确率，其他二者同理。

回顾一下二者区别，前者是先在子情形求指标再对指标平均，后者是先把对应的绝对量值加起来，再利用公式求得最后的指标值。

在 sklearn 的函数接口中，有一个 average 的参数，默认是 binary，即二分类问题。当多分类问题时，更改此参数即可。在 sklearn 中调用示例如下：

```
# y_true 为真实标签，y_pred 为预测标签
from sklearn.metrics import precision_score
y_true = [0, 1, 2, 0, 1, 2]
y_pred = [0, 2, 1, 0, 0, 1]
precision_score(y_true, y_pred, average='macro')
# 0.22...
precision_score(y_true, y_pred, average='micro')
# 0.33...
precision_score(y_true, y_pred, average='weighted')
# 0.22...
```

```
precision_score(y_true, y_pred, average=None)
# array([0.66..., 0.        , 0.        ])
```

其他精确率、召回率以及 F1 值在 sklearn 中调用接口如下：

```
metrics.accuracy_score(y_true, y_pred[, …])
metrics.recall_score(y_true, y_pred[, …])
metrics.f1_score(y_true, y_pred[, labels, …])
```

若读者想输出比较完整的报告，可调用如下接口：

```
sklearn.metrics.classification_report
```

2. PRC 曲线

正如前文提到的精确率和召回率是一组 trade-off，二者经常呈现此消彼长的态势。当把二者表示到一张图中时，用召回率（Recall）作为横轴，用精确率（Precision）作为纵轴，得到 PRC 曲线如图 13-1 所示。

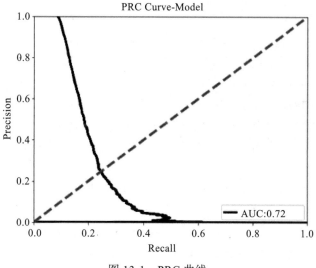

图 13-1 PRC 曲线

在 PRC 曲线中，曲线越靠近右上角代表模型效果越好。例如当模型 1 的 PRC 曲线完全包住模型 2 的 PRC 曲线时，模型 1 的效果优于模型 2；当二者发生交叉时，则不能看出哪个模型更优，只有在确定精确率或者召回率时才能进行比较。当然，此时也可以通过计算曲线之下的面积来比较两个 PRC 交叉的模型的优劣。该方法和带加权的 F1 值作用相似，二者均是在精确率和召回率之间做权重分配。在某些极不均匀（highly skewed datasets）的情况下，PRC 比 ROC 能更有效地反应分类器的好坏。绘制 PRC 曲线的代码参考：

```
def show_prc(prob, actual, title="Model"):
    '''
```

```
1. prob 为模型预测的概率，即 prob = rf.predict_proba(X_test)
2. actual 为 y_test，真实标签
'''
import sklearn.metrics
import matplotlib.pyplot as plt
precision, recall, thresholds = sklearn.metrics.precision_recall_
    curve(actual, prob, pos_label=1)
fpr, tpr, threshold = sklearn.metrics.roc_curve(actual, prob, pos_label=1)
ret_auc = sklearn.metrics.auc(fpr, tpr, reorder=True)
fig = plt.figure(figsize=(8,6)) #,dpi=300)
plt.title('PRC Curve - ' + title, fontsize=15)
plt.plot(precision, recall,'b',label='AUC:%0.2f'%ret_auc, linewidth=3)
plt.legend(loc='lower right')
plt.plot([0, 1], [0, 1], 'r--', linewidth=4)
plt.xlim([0, 1])
plt.ylim([0, 1])
plt.ylabel('Precision',fontsize=15)
plt.xlabel('Recall',fontsize=15)
plt.show()
```

3. ROC 曲线和 AUC

常用的机器学习算法在模型训练完成后，对于新的样本通常会经过模型得到一个概率值，这个概率值在 0 和 1 之间。建模前的标签定义一般为 0 和 1，1 代表正样本，即研究问题关注的样本标签，0 代表负样本，与正样本对立。模型得分概率值最终会被划分到正类还是负类取决于选取的阈值，若预测值大于设定的阈值则为正类，反之为负类。例如，一般的机器学习方法会把 0.5 作为阈值，即大于 0.5 为正类，反之为负类。从前面的讲述中可以看出，不同的阈值对整个模型预测的正类数量和负类数量都会有影响，即不同的阈值会影响模型的混淆矩阵。

从这个角度出发，可以用 ROC 曲线来衡量模型的效果和性能。

（1）原理

ROC 是指受试者工作特征（Receiver Operating Characteristic）曲线，起源于二战时期。ROC 曲线的横轴是 FPR（False Positive Rate），即假正例率，也称负正类率、特异度或假正率（1-Specificity）；纵轴是 TPR，即真正例率，也称真正类率、灵敏度、真正率、Sensitivity（正类覆盖率）等。两者的定义分别如式（13-4）和式（13-5）所示。

$$FPR = \frac{FP}{FP+TN} \qquad (13\text{-}4)$$

$$TPR = \frac{TP}{TP+FN} \qquad (13\text{-}5)$$

读者可以注意到这里的 TPR 是前面提到的召回率，即真正的正例被找出来的几率。ROC 曲线示例如图 13-2 所示。

在此图中的 FPR 越大，代表预测正例中实际负类越多，也就是分类器认为正例的负例

占所有负例的比率。TPR 越大，预测正例中的实际正例越多。显然，对角线代表随机猜测模型，而图中最上方的角（0，1）坐标则对应于将所有正例预测为真正例、所有反例预测为真反例的最优理想模型，而实际上这一点在真实的模型中是很难做到。

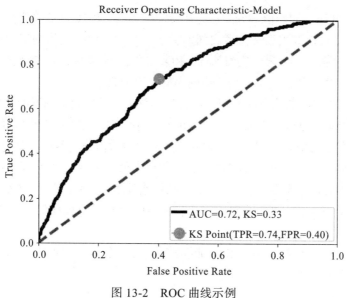

图 13-2　ROC 曲线示例

　　当不同的 ROC 曲线进行比较时，越靠近左上角的 ROC 曲线代表了更优秀的模型；当一个曲边完全位于另一曲线的外层时，即内层的曲线被完全包裹，外层 ROC 曲线代表着更优的模型。

　　为了量化 ROC 曲线的含义，计算曲线下的面积 AUC（Area Under the Curve），AUC 代表的面积越大，模型越优秀。

　　从上述的公式可以看出，TPR 和 FPR 都与混淆矩阵的取值有关，其分子和分母是由 TP、FP、FN、TN 组合而成，而这 4 个值代表了一个预测是否被预测正确。在一般的模型得分中，模型预测的结果是介于 0 和 1 之间的概率取值，在 sklearn 函数包中默认的阈值 threshold 为 0.5，即大于 0.5 是被预测为正类，反之为负类。更加一般的，当阈值变为其他值时，预测结果则可能发生变化。例如通过模型预测某个样本的概率值为 0.55，在阈值为 0.5 时，该样本会被看作正例，而当建模者将阈值调整为 0.6 时，该样本会被预测为负类。综上，一个样本的预测标签也取决于建模者设定的阈值。这个阈值到底取哪一个，取决于所研究的问题：如果更看重精确率（查准率），则需要取更大的阈值；如果更加看中召回率（查全率），则取更小的阈值。

　　从上面的推导可以看出，ROC 曲线刻画的是随着阈值的变化，衡量指标均会发生变化。每选取一个介于 0 至 1 的阈值，都会影响 FPR 和 TPR 取值的变化，在上述曲线中，二者代表的坐标连起来即是 ROC 曲线。

图中给出的曲线是平滑的，而在实际的建模过程中，曲线可能比较粗糙。当建模样本足够多，模型预测分类足够好时，模型越趋近于平滑。

（2）解释

ROC 曲线反映了不同阈值对分类器泛化性能的影响。ROC 曲线将真正例率和假正例率综合在一张图中，可以准确表达二者之间的关系，是检查模型效果的综合指标。直观上比较不同模型时，越靠近左上角，模型越优。ROC 曲线非常简单，易于观察，加上建模者的专业业务知识，可以选择出一个比较合适的阈值应用于业务。

AUC 代表了图 13-2 曲线下的面积，在统计学意义上其代表了预测的正例排在负例前面的概率。从曼惠特尼（Mann-Whitney U statistic）的角度来说，AUC 就是从所有正样本中随机选取一个样本，从所有负样本中随机选取一个样本，然后由分类器对二者进行预测，把正样本预测为正例的概率大于把负样本预测为正例的概率就是 AUC。由此可以看出，AUC 反映的是分类器对样本的排序能力。如果我们完全随机地对样本分类，那么 AUC 应该接近 0.5。

需要注意的是，在多分类问题中，不可使用 AUC 值，一般使用宏 F1 和微 F1 值作为评估指标。

对于不平衡样本的模型，AUC 依然能够做出一个比较合理的评价。AUC 值预测能力的强弱可参考如下指标：

```
.90-1 = excellent (A)
.80-.90 = good (B)
.70-.80 = fair (C)
.60-.70 = poor (D)
.50-.60 = fail (F)
```

详情请参考相关文献[⊖]。对 ROC 曲线的含义可参考其他延伸阅读材料[⊖]。

（3）代码参考

绘制 ROC 曲线的代码参考：

```
import sklearn.metrics
from sklearn.metrics import *
def show_roc(prob, actual, title="Model"):
    '''
    1. prob 为模型预测的概率，即 prob = rf.predict_proba(X_test)
    2. actual 为 y_test，真实标签
    '''
    fpr, tpr, threshold = roc_curve(actual, prob)
    roc_auc = sklearn.metrics.auc(fpr, tpr)
    kss = sorted([(x - y, x, y) for x, y in zip(tpr, fpr)],
                key=lambda x: x[0], reverse=True)
```

⊖ The Area Under an ROC Curve http://gim.unmc.edu/dxtests/roc3.htm

⊖ ROC Curve.pdf http://www.medicalbiostatistics.com/roccurve.pdf

```
max_ks = kss[0]
ks_max = max_ks[0]
tpr_max = max_ks[1]
fpr_max = max_ks[2]
# method I: plt
import matplotlib.pyplot as plt
fig = plt.figure(figsize=(8, 6))
plt.title('Receiver Operating Characteristic' + ' - ' + title)
plt.plot(fpr, tpr, 'b', label='AUC = %0.2f, KS= %0.2f' %
        (roc_auc, ks_max), linewidth=4)
plt.plot([fpr_max], [tpr_max], label='KS Point(TPR=%0.2f, FPR=%0.2f)'%
        (tpr_max, fpr_max), marker='o', markersize=16, color="green")
plt.legend(loc='lower right')
plt.plot([0, 1], [0, 1], 'r--', linewidth=4)
plt.xlim([0, 1])
plt.ylim([0, 1])
plt.ylabel('True Positive Rate')
plt.xlabel('False Positive Rate')
plt.show()
```

读者也可直接调用 sklearn 中的 auc 计算接口:

```
import numpy as np
from sklearn.metrics import roc_auc_score
y_true = np.array([0, 0, 1, 1])
y_scores = np.array([0.1, 0.4, 0.35, 0.8])
roc_auc_score(y_true, y_scores)
# 0.75
```

4. LIFT

LIFT(提升)是用来比较一个模型相比另一份模型的预测能力提升了多少。根据混淆矩阵,不使用模型时,在预测的整体结果中,用正例的比例估计整体比例值应为 (TP+FN)/(TP+FN+FP+TN);使用模型后,需要挑选出更多的正例,此时只能从 TP+FP 中进行挑选,这时真正为正例的比例是 TP,所以预测的准确率为 TP/(TP+FP)。二者的比值即为 LIFT值,即 LIFT=(TP/(TP+FP))/((TP+FN)/(TP+FN+FP+TN))。LIFT 值不同于其他指标,它的值一般大于 1,而其他指标一般小于 1。

LIFT 的含义就是相比基准值,模型提升了多少效果,提升了多少预测准确性。其计算方法简单,可以通过混淆矩阵的结果直接求得。LIFT 在金融领域结合具体的业务应用较多。

5. 基尼系数和 KS

基尼系数(GINI 系数)和 KS 用于模型效果测评,在金融领域中使用较多,可对模型区分能力进行评估。GINI 系数在经济学中通常被用来判断收入分配公平程度,其值越大越不公平;在模型意义上,GINI 统计值用来衡量正负样本之间的分布差别,二者差异性越大,则代表区分能力越强。通常 GINI 可用 2 倍 AUC 值减去 1 来计算,即 GINI=2*AUC-1.

KS 值也是用来衡量好坏样本之间的分布差距的指标,KS 值的具体含义可参考 6.3.3 节的定义。这里仅给出结论：在模型效果评估中，理论上 KS 值越高越好。一般比较好的模型，KS 值大约在 0.4 左右，而当其超过 0.5 时，建模者需要警惕。另外，KS 值在特征筛选上的应用也颇为常见。

绘制 KS 曲线的代码参考：

```
def show_ks(prob, actual, title="Model"):
    '''
    说明：
    1. prob 为模型预测的概率，即 prob = rf.predict_proba(X_test)
    2. actual 为 y_test，真实标签
    '''
    import numpy as np
    from sklearn.metrics import roc_curve
    fpr, tpr, threshold = roc_curve(actual, prob)
    ks_ary = list(map(lambda x, y: x - y, tpr, fpr))
    ks = np.max(ks_ary)
    y_axis = list(map(lambda x: x * 1.0 / len(fpr), range(0, len(fpr))))
    import matplotlib.pyplot as plt
    fig = plt.figure(figsize=(8, 6))
    plt.title('K-S CURVE' + ' - ' + title)
    plt.plot(fpr, y_axis, 'b', linewidth=4, label='fpr')  # fpr 曲线；bad 的曲线
    plt.plot(tpr, y_axis, 'y', linewidth=4, label='tpr')      # TPR 分对的曲线
    plt.plot(y_axis, ks_ary, 'g', linewidth=4, label='KS= %0.2f' % (ks)) # KS 曲线
    plt.legend(loc='lower right')
    plt.plot([0, 1], [0, 1], 'r--', linewidth=4)
    plt.xlim([0, 1])
    plt.ylim([0, 1])
    plt.show()
```

分类任务的性能评估问题可参考相关文章[⊖]。

6. 交叉验证

上面提到的交叉验证方法仅仅是对数据集进行的切分，是一个数据生成器。在真正的建模过程中，不仅要大量地切分数据集，还要在不同的数据上对模型进行评估。幸运的是，sklearn 已经提供了这样的接口供使用者调用。

```
sklearn.model_selection.cross_validate(estimator, X, y=None,
groups=None, scoring=None, cv='warn', n_jobs=None, verbose=0,fit_params=None,
    pre_dispatch='2*n_jobs', return_train_score=False, return_estimator=False,
    error_score='raise-deprecating')
```

下面对该方法的调用以及参数进行说明。

- estimator：估计器，这里的估计器一般指常用的机器学习算法，例如 lasso 或者 LogisticRegression() 等。这一步本质上是在指定的数据集上学习出一个模型，相当

⊖ Classification assessment methods: a detailed tutorial. https://www.researchgate.net/publication/327403649_Classification_assessment_methods_a_detailed_tutorial

于单独调用其他算法时的 fit 功能。通俗讲，就是估计器在指定数据集上进行拟合。

- X：特征数据集。用于拟合变量的特征数据集，可以为 list、array、pandas 中的 DataFrame，这一步的数据集和单独使用一个数据集进行模型训练时的 X 数据集作用类型是一致的。
- y：目标变量。一般为 array 形式。在监督学习中，表示目标变量，用于和 X 结合起来供估计器进行模型训练。
- groups：该参数一般用于 GroupKFold，使用较少。
- scoring：这个参数是指定了一个评分函数。用特定的字符串指定了一种评价指标，例如 accuracy 指 metric.accuracy_score，roc_auc 指 metric.roc_auc_score，以及其他可选的评价指标，不同的学习器结合不同的目标，用来衡量模型性能的侧重点有所不同。估计器默认使用 score 方法，通常选取 accuracy 或者 roc_auc。
- cv：交叉验证的折数，正整数。当这个值为 None 时，使用默认的 3 折交叉验证。在 0.22 版本中默认已经升级为 5 折交叉验证，在调用时要注意这个参数的默认值。
- n_jobs：是否采用并行。当这个参数为 −1 时，所有的核都开始进行计算；当它为其余整数时，使用指定的核数进行模型训练。
- verbose：用于日志输出的控制调整。
- fit_params：参数集合。通过传入一个字典去设置估计器 estimator 中的参数。当其为 None 时，使用该类方法接口中默认的参数。
- pre_dispatch：分发的总任务数量。默认为 2*n_jobs'。
- return_train_score：是否返回训练集的得分。用于判断欠拟合或者过拟合。这个参数默认为 False，当其为 True 时会输出训练集得分。这个过程会比较耗资源，最优模型的选择为非必选项。
- return_estimator：是否返回每次估计时的估计器。默认为 False。
- error_score：在模型训练过程中，当发生错误时是否报错。可选参数有 raise 和 raise-deprecating or numeric。

13.3.2　回归任务

前节主要讲述了分类问题中评估模型优劣的参考指标，例如准确率、精确率、F1 值、AUC 等。在回归问题中（多元统计分析中），也会使用另外一些指标，例如 AIC、BIC、HQ 和 R-square。分类问题和回归任务的侧重点有所不同。

1. 模型比较与选择

模型选择主要从两个角度去考虑：既要能够很好地解释现有的数据集，也要能够挑选出最优、最精简的变量来预测未知的数据集，前者被称为解释性框架，后者被称为预测性框架。在建立众多的模型之后，如何挑选出最好的模型不仅要考虑模型的评估指标，还要充分考虑模型的复杂度。综合模型预测能力和模型复杂度这两方面考虑，在实践过程中，通常有指标 AIC 和 BIC 可供参考。

AIC 和 BIC 是针对统计模型拟合优良的标准。AIC（Akaike Information Criterion，赤池信息准则）由日本统计学家赤池弘次创立和发展，如式（13-6）所示。

$$AIC = -2 \times \ln(L) + 2k \tag{13-6}$$

其中 L 表示模型的最大似然函数，k 表示模型参数的个数。AIC 衡量了真实似然和似然估计之间的距离。当参数变多时，k 值会变大。当不同的模型差异较大时，影响 AIC 的主要因素在公式的前半部分——极大似然函数（Maximum Likelihood Estimation，MLE）上。当似然函数差异不显著时，差异就主要表现在参数的个数上。AIC 不仅引入了拟合优度，而且引入了参数个数，相当于加入了惩罚项，从模型的结构上控制模型的复杂度。AIC 衡量了真实似然和估计似然之间的距离。

BIC（Bayesian Information Criterion，贝叶斯信息量）是由 Schwarz 在 1978 年提出，它的形式和 AIC 非常接近。训练模型的过程中，增加参数会增加模型复杂度。相比于 AIC，BIC 的惩罚力度更大，考虑了样本的数量。其计算方式如式（13-7）所示。

$$BIC = -2 \times \ln(L) + \ln(n) \times k \tag{13-7}$$

其中 L 是在该模型下的最大似然，n 是样本数，k 是模型的变量个数。BIC 公式的后半部分可以有效地避免维度灾难。BIC 可以识别出更有可能生成观测数据的模型。

在建模并进行推理时，假设存在一个最佳的模型，并且可以在已存在的数据集上被建模者所获得。对于不同的模型的比较，采用 AIC 或 BIC 都是合适的，二者的最终目标是为了进行模型选择。注意，由于数据的有效性，最真实的模型是不存在的，真实似然也是不存在的，只能凭借有限的数据集得到当前最优的模型，并且将其应用到实际中。在实际比较中，AIC 和 BIC 的取值越小越好（取值为负数的情况下同样适用），但是并不能保证 AIC 低的模型预测效果就是达到理想的，它只能说明相比之下，它比较"优秀"而已。

HQ（Hannan-Quinn criterion，汉南奎因准则）计算方式如式（13-8）所示。

$$HQ = -2 \times \ln(L) + \ln(\ln(n)) \times k \tag{13-8}$$

其中，各个参数的含义和 BIC 中一样。

上述 3 个指标都是用于评判模型效果的。在模型选择的过程中，往往会用到逐步回归（stepwise），而在筛选的过程中，可以使用 AIC 或者 BIC 值，很多统计分析工具（SPSS/Eviews）会直接输出结果。在 Python 中调用 statsmodels 软件包构建回归模型时，模型 fit 完之后，可以输出模型的 AIC 值和 BIC 值。在使用的过程中，BIC 比 AIC 惩罚力度更大，更倾向于选择简单的模型。

R-square，即拟合优度，又称可决系数（coefficient of determination）。是指回归直线对观测值的拟合程度。一般用来衡量在回归方程中，回归图像对已有的样本点的拟合程度。R-quare 介于 0 和 1 之间，该值越接近 1，说明拟合程度越高；越接近 0，说明拟合程度越差，如式（13-9）所示。

$$R^2 = \frac{\text{SSR}}{\text{SST}} = 1 - \frac{\text{SSE}}{\text{SST}} \tag{13-9}$$

其中 SSR、SST、SSE 的关系为 SST=SSR+SSE，SST（total sum of squares）为总平方和，SSR（rgression sm of squares）为归平方和，SSE（error sum of squares）为残差平方和。

使用 R-square 时，模型回归的过程中应该包含截距项，其取值在什么范围内时模型可用，并没有一个绝对的标准。较高的可决系数代表了较好的拟合效果，理论上预测变量越多，R-square 越大，所以 R-square 大并不能作为模型的唯一评价标准。在两个可决系数大小相当的情况下，通常会选择更加简单的模型。可决系数的函数参考：

```
from sklearn.metrics import r2_score
```

2. 多重共线性以及 VIF 度量

在回归模型中，解释变量一般是相互独立的。如果有两个或者多个解释变量之间出现相关性，则会出现多重共线性（Multicollinearity）。直观上，多重共线性表现为一个解释变量可以通过其他解释变量线性组合表示出来。如果某个解释变量可以通过其他所有解释变量组合表示，则称为完全共线性；如果只能通过某些其他变量表示出来，则称为一般共线性。

在回归问题中，严重的多重共线性会产生很多问题。多重共线性导致回归方程式的值变得很小，增大了回归系数的方差，使整个回归过程变得很不稳定，此时模型的健壮性将会变差。在某些情况下，即使解释变量和被解释变量之间存在显著的关系，但是由于多重共线性的存在，系数可能并不显著。若能够从模型中去除导致多重共线性的变量，那么其他系数将会受到极大的影响，所以如何识别多重共线性，以及如何消除多重共线性至关重要。每次去除一个变量不仅仅是在简化模型，而且能够消除多重共线性，提高模型稳定性。

在识别多重共线性的方法中，可以使用方差膨胀因子（Variance Inflation Factors，VIF），有时也叫方差扩大因子。其原理是某个解释变量可以被其他解释变量的线性组合表示。根据上述定义，一个方程中有多少个解释变量，就会产生多少个 VIF 值。VIF 值越高，表示多重共线性越严重。

VIF 的计算方式如式（13-10）所示。

$$\text{VIF}_j = \frac{1}{1 - R_j^2} \tag{13-10}$$

式中，R_j^2 表示变量 j 在被其余变量表示时可决系数的大小。识别多重共线性可参考下面代码：

```
import pandas as pd
from statsmodels.stats.outliers_influence import variance_inflation_factor
def cal_vif(df, cols):
    """
    df: pandas 中 DataFrame
    cols: 建模特征列名称
    """
```

```
data = df.assign(Intercept=1)[['Intercept'] + cols].values
vif_list = [variance_inflation_factor(data, i)
                        for i in range(len(cols)+1)][1:]
return pd.DataFrame(list(zip(cols, vif_list)), columns=['col', 'vif'])
```

VIF 在实际使用的过程中，若该值小于 1，则多重共线性很小，可不予理会；当其大于 1 且小于 5 时，需要检查变量之间的相关性；若该值大于 5，代表模型拟合的效果需要修正，模型中的变量之间不独立，需要检查一个变量或者多个变量之间是否存在比较严重的相关性。业内也有使用 10 作为临界值的经验。总而言之，当 VIF 值大于 1 时，就需要注意多重共线性问题。

这里解释一下 R-square 和 VIF 之间的内在联系和含义。在上文提到，R-square 越大越好，决定系数 R-square 为 90% 的物理解释为：因变量 Y 的 90% 变化由自变量 X 组合来解释。根据式（13-10）可知，当 R-square 为 0.9 时，VIF=1/(1−0.9)=10，也就是说，一个变量 VIF 等于 10，表示该变量 90% 能被其他变量回归表达出来，此时存在比较严重的多重共线性。

针对多重共线性问题，有以下处理方式：

1）删除一个或者多个相关的变量，再做模型拟合。此处可以考虑逐步回归的方法。

2）选用其他方法。例如主成分分析或者偏最小二乘法。

13.4　本章小结

本章主要介绍了模型评估的原理和实现方法。

13.1 节介绍了训练误差和泛化误差的关系，提到模型优化的过程是从偏差和方差二者均减少的角度出发，比如增加数据集合的形式、交叉验证等。

13.2 节介绍了模型评估中不同的数据切分方法。先后列举留出法、交叉验证、留一法、自助取样法以及它们在实际中的使用。不同方法可以从数据集的变化来考量模型的泛化能力，也证明了数据集对模型训练的重要性。交叉验证法中，读者可深入研究 sklearn 中的 cross_validate 接口。

13.3 节介绍了多种性能度量指标。针对分类问题有混淆矩阵，组合各个基础指标产生准确率、精确率、查全率以及 F1 值和 PRC 曲线以及 ROC 曲线（AUC 值）。针对回归问题，介绍了 AIC、BIC、HQ、R-Square 值，前三个值的使用场景和对模型约束复杂度的约束是不同的。可决系数是模型拟合程度测量的重要参数，在实际使用中更多的是一个经验值。因此，在实际的模型评估中要先梳理清楚研究问题的侧重点。

模型评估的目标是通过对比择优模型，总而言之其包含了策略（数据划分方式）和指标度量。实践中应用指标更多是相比、组合，而不是单纯地看绝对值。事实上，模型性能评估的指标除了上述指标外还应该在业务层面上使用专有的评价指标（例如 KS、投资损益比等），综合考虑，以此确定最优的模型。

第 14 章

模型解释

模型的可解释性好具有两面性。一方面,易于理解,人们能够知道结果的大致来由,不至于被蒙在鼓里。只有掌握了哪些特征重要、取哪些值能起到怎样的效果,我们才算真正理解了特征的表现。决策者尤其喜爱这样的模型。另一方面,模型的可解释性好说明该模型容易被破解、被欺骗,出现作弊行为。这正是商业模型如此注重保密性和慎重的原因之一,因为它会直接造成经济损失。

不便解释的黑盒模型往往精度较高,但复杂得让人摸不着头脑。黑盒模型精度高、可解释性差,白盒模型精度低、可解释性好,这似乎是一组难以调和的矛盾。

人类天生喜爱掌控事物,这是追求模型可解释、能解释的原始驱动力。这个世界到底是简单的还是复杂的,人类并没有研究明白,这是模型可解释性等问题产生的根源。

本章将详细介绍白盒模型、黑盒模型的解释方法和工具。

14.1　模型解释概述

模型解释是对模型如何做出预测的解释。模型可解释的程度就是模型能被理解的程度。模型可解释性越好,人们就越容易理解模型做出决定或预测的原因。直观上看,如果模型 A 比模型 B 更容易理解,则表明模型 A 比模型 B 更易于解释。例如线性模型比神经网络模型更易于理解,说明线性模型的可解释性更好。难以解释的模型称为黑盒模型,易于解释的模型称为白盒模型。模型解释研究的对象主要是黑盒模型。图 14-1 展示了常用模型复杂度和模型可解释性

图 14-1　模型复杂度和可解释性关系示意图

的关系。

从算法的角度看，白盒模型的算法透明度高，已经被很好地研究和理解了，例如线性回归。黑盒模型的算法透明度较低，内部工作情况往往是研究的重点。人们对机器学习算法细节掌握得越好，那么就能对学习到的模型给出更好的解释。

14.1.1 模型解释的意义

在研究模型解释之前，建模的主要工作集中于特征工程、模型调优等建模节点中，其目的是追求模型的性能（如精度等）。尤其是在一些竞赛场合，参赛者绞尽脑汁，各种（复杂）方法"无所不用其极"。复杂的算法、复杂的特征工程方法、复杂的集成方法一般都能够提升模型的性能，但也增加了模型解释的难度。

模型解释有反其道而行之的意味，例如为了保证模型具有良好的可解释性，可能会选择牺牲模型的性能。笔者在工作中就曾参与逻辑回归和 XGBoost 选择问题的探讨。有人可能有这样的疑问："模型工作得很好了，为什么还要深入挖掘特征作用、模型解释相关的内容？"

实际上，模型的性能指标只能说明模型的部分信息。模型预测有时仅仅是个开始，例如预测用户是否会续期产品的模型，其预测的结果是续期或不续期。这样的预测结果本身并没有很大的意义，研究续期或不续期背后的原因才是解决问题和提升产品质量的关键。此外，随着时间的推移、环境的改变，模型往往会产生漂移，性能发生变化，理解模型预测背后的机制能更好地应对外界的变化。从模型和特征的角度看，模型解释的意义有如下几条。

1）理解数据：当理解哪些特征更为重要，特征交互起到了哪些作用时，再结合对业务的理解，才能指导产品的改进方向、特征构造、未来数据收集或采购依据。我们还可以使用解释方法研究预测错误的样例，以更深入地理解模型和特征。

2）模型调试和审计：当模型发生漂移时，能够快速定位产生问题的原因并找到解决办法，例如使用相关特征进行重训练或模型重构。对特征作用的理解，有利于发现数据异常或数据泄露。同时，研究相关问题还能发现有代表性的实例，这种实例可能起到极为正面或负面的作用，有助于避免采样的错误。对错误预测和异常点的解释还有助于理解错误和极端的原因。

3）模型调优：更深入地理解模型，掌握模型性能的好坏情况及其原因，有助于建模人员构建性能更好的模型。

4）信任模型：预测是模型做出的，但是决策往往是人工干预的。更深入地洞悉模型决策机理、算法运行原理能够增加决策的透明度，有助于建立人与模型的信任关系，有利于人们接受新的模型和方法。

5）增进知识：模型本身就是（数据）知识的归集和沉淀，模型解释使得提取模型附加知识成为可能。

尽管模型解释的意义如此之多，但笔者并未观察到模型解释的深入应用，反而是多见于 PPT 中。相比其他行业，有两个行业对模型解释更为重视：一个是有关"钱"的，即金融行业，一个是有关"命"的，即医药行业。这两个行业决策错误的成本和影响更为严重，而像互联网领域的商品推荐或人脸识别等模型的试错成本更小。笔者认为，这些决策错误影响没有那么严重的模型，似乎并不太需要解释。

14.1.2 局部和全局解释

从模型解释的范围来看，模型解释可分为全局解释（Global Interpretation）和局部解释（Local Interpretation）。

全局解释是基于整个数据集的解释，或者说基于模型层面的解释，本质上是对自变量和因变量的条件交互的解释。例如树模型中的特征重要性和线性回归中的系数，指的是基于整个数据集构造的模型中特征作用程度的衡量。为了便于理解，往往在保持其他输入特征值不变的情况下，解释某个特征的重要性或系数，即该解释是基于特征上下文的解释。复杂的模型有复杂的分类边界，其全局行为很难定义，此时响应函数小区域的局部解释更为准确。全局模型一般用于验证模型的决策、解释模型结果是否符合所研究领域的理论或业务常识。

局部解释是对单个实例或数据子集中自变量和因变量条件交互的解释。例如解释模型如何预测单个实例，在信用申请模型中，发现某个用户的年龄和历史申请次数是最重要的两个变量，同时发现申请次数起到负作用，并且随着申请次数的增加，负作用接近线性增加。局部解释有助于决策者对该实例决策的信任或将其加入其他决策系统，做整合决策。

局部解释可进一步扩展为敏感性分析（Sensitivity Analysis），研究特征值变化所引起预测结果变化的可信度。例如输入特征值的微小变化是否会导致预测结果的剧烈变化；当出现数据域外的点时，模型的预测结果是否稳定等。

此处按全局和局部将常用的解释方法整理如下。

（1）全局解释

- 数据降维可视化方法，例如 PCA、t-SNE 等。
- 偏相关图（Partial Dependence Plot，PDP）。
- 特征重要性。
- 全局代理（决策树）模型。
- 全局 Shapley 值。

（2）局部解释

- 个体条件期望图（Independent Conditional Expectation，ICE）。
- 局部代理（决策树）模型。
- LIME（Local Interpretable Model-Agnostic Explanations，模型无关的局部解释）。
- 局部 Shapley 值。

下文将介绍上述模型解释方法中的部分方法。

14.2 模型解释可视化方法

模型解释可以从不同的角度分类,例如14.1节的全局解释和局部解释。此外,根据解释方法是否建立新模型,可将模型解释分为代理模型和非代理模型解释方法;根据解释所处的阶段,可将模型解释分为模型构建前和构建后的解释;根据是否依赖原始模型,可将模型解释分为模型有关和模型无关的解释方法,模型无关的解释方法不需要适配原始模型。

由于图形非常直观,模型解释也常使用可视化的方法。比如,无须建模,直接将数据降维进行可视化,常见的方法有 PCA 和 t-SNE,它们能够将多维数据映射到二维或三维进行可视化。当数据集具有明显的族群(模式)时,这种可视化效果非常明显。这种方法可归类到数据分析范畴,本章不做详细介绍。模型解释包含的可视化方法有 PDP、ICE、ALE(Accumulated Local Effects)等。

14.2.1 PDP

偏相关图(PDP)用于显示 1 个或 2 个特征对模型预测结果的边际效应。PDP 之所以只关注二维内的特征,是因为多维无法进行直观可视化。PDP 用于展示目标和特征之间的关系,例如线性的、单调的或者非线性的关系。

在线性回归模型中,PDP 接近直线,其偏相关函数定义为式(14-1)。

$$f_{x_s}(x_s) = E_{x_c}[f(x_s, x_c)] = \int f(x_s, x_c) dP(x_c) \tag{14-1}$$

其中,x_s 是待分析的特征,该特征是 PDP 中显示的特征,有 1 个或 2 个;x_c 表示其他特征。PDP 展示的是在由 x_s 和 x_c 组成的特征空间中,边缘化 x_c 时 x_s 的模型预测分布。式(14-1)的计算结果为训练集中偏分布的均值。PDP 的物理含义为:给定 x_s 的特征值预测的平均边际效应。回归问题中边际效益表现为回归值,分类问题中边际效益表现为不同类别的边际概率。

PDP 的绘制方法为:当 x_s 是数值型变量时,使用不同的特征值(如取 100 个百分位的点)T_i 代替该特征的所有实例,然后进行模型预测和平均,得到一个 T_i 对应一个预测平均值 y_i,将所有的(T_i, y_i)连接成线就得到了 PDP;当 x_s 是类别型变量时,只需将 x_s 中的特征值替换为各类别值,并分别进行模型预测和平均。当 x_s 是二维特征时,则是二维特征的排列组合;当 x_s 中特征大于二维时,也可以得到多维特征的排列组合,但无法绘制显示。

上述讲述较为抽象,下面以实际代码来展现和解释。

1)特征值的排列组合的实现:

```
import numpy as np
def generate_grid(df, features, resolution=100, grid_range=(.05, .95)):
    '''
    默认取数据的百分位点(100个)。如果是二维,则是二维的排列组合
    如果二维(x,y)各分 100 份,那么绘制 PDP 时要预测计算 100×100 = 10000 次
```

```
    df: DataFrame
    features: 待计算分位点的特征列名
    该函数支持多维特征的特征值的排列组合，但 PDP 最多只支持二维特征
    '''
    from itertools import product
    grid_range = [x * 100 for x in grid_range]
    bins = np.linspace(*grid_range, num=resolution).tolist()
    grid = []
    for ff in features:
        data = df[ff]
        if len(np.unique(data)) < resolution:
            vals = np.unique(data)
        else:
            vals = np.unique(np.percentile(data, bins))
        grid.append(vals)
    grid = np.array(grid)
    # 返回笛卡儿积
    return pd.DataFrame(list(product(*grid))).values
```

2）计算和绘制单个特征的 PDP：

```
def plot_single_column_pdp(model, df, column, target_label=1):
    ''' 适用于二分类模型，单变量 PDP
    df：X，包含待分析的列 column
    column：待分析的单列名
    target_label：二分类时取预测列 1 的值
    '''
    assert isinstance(column, str), 'Need str column,only one column allowed!'
    x_cols = [column]
    # 提取网格点
    grid_expanded = generate_grid(df, x_cols)

    indexes = [i for i in range(grid_expanded.shape[0])]
    pd_list = []
    for index in indexes:
        new_row = grid_expanded[index]
        pd_dict = {column: new_row[idx] for idx, column in enumerate(x_cols)}
        for feature_idx, feature_id in enumerate(x_cols):
            df_new = df.copy()
            # 使用网格中的值替换数据集中该特征的所有特征值
            df_new[feature_id] = new_row[feature_idx]
            try:
                probs = model.predict_proba(df_new)[:, target_label]
            except:
                probs = model.predict(df_new)

            # 取预测均值
            mean_probs = np.mean(probs, axis=0)
            std_probs = np.std(probs, axis=0)    # 暂未使用

            pd_dict[target_label] = mean_probs
```

```
        pd_dict['std'] = std_probs
    pd_list.append(pd_dict)
pd_list_df = pd.DataFrame(list(pd_list))
pd_list_df.plot(x=column, y=target_label)
```

3）回归问题中的使用示例：

```
# 线上下载数据
import pandas as pd
from sklearn.datasets import fetch_california_housing
cal_housing = fetch_california_housing()
X = pd.DataFrame(cal_housing.data, columns=cal_housing.feature_names)
y = cal_housing.target
```

针对数据字段进行简要说明。

- MedInc：地区收入中位数。
- HouseAge：地区房龄的中位数。
- AveRooms：平均房间数。
- AveBedrms：平均卧室数。
- Population：地区人口数。
- AveOccup：居住人数。
- Latitude：纬度。
- Longitude：经度。
- y：地区房价。

划分数据集和使用梯度回归建模：

```
X_train, X_test, y_train, y_test = train_test_split(X,
                                                    y,
                                                    test_size=0.3,
                                                    random_state=42)


from sklearn.ensemble import GradientBoostingRegressor
gbdt = GradientBoostingRegressor()
gbdt.fit(X_train, y_train)
```

绘制 MedInc 特征的 PDP：

```
plot_single_column_pdp(gbdt,X_train,'MedInc')
```

输出如图 14-2 所示。从该图中可以看出，地区收入水平与房价呈现正相关，这很好理解：收入高的群体，所在的区域房价较高。通过可视化可以很好地了解一个特征与目标的关系以及特征所起到的作用。

较新版本（不低于 0.21）的 sklearn 也实现了 PDP 的绘制接口，使用示例如下：

```
import matplotlib.pyplot as plt
from sklearn.inspection import plot_partial_dependence
```

```
fig, ax = plt.subplots(figsize=(12, 4))
plot_partial_dependence(gbdt,
                X_train, ['MedInc', 'AveOccup', 'HouseAge'],
                method='brute',
                ax=ax)
```

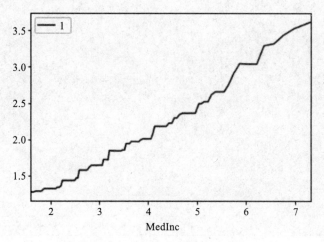

图 14-2 地区收入与房价的关系

上述代码分别输出 3 个特征的 PDP，如图 14-3 所示。从该图中可以看出居住人数与房价具有负相关性，而房龄对房价的影响甚微。

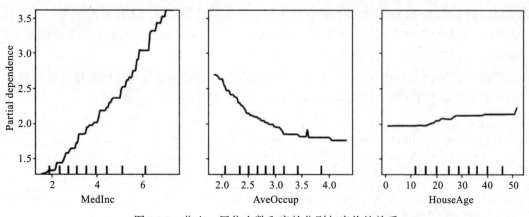

图 14-3 收入、居住人数和房龄分别与房价的关系

2 个特征的 PDP 可以输出二维图形，也可以输出三维图，以二维图为例，使用示例代码如下：

```
fig, ax = plt.subplots(figsize=(9, 6))
plot_partial_dependence(gbdt,
                X_train, [('HouseAge', 'AveOccup')],
```

```
                         grid_resolution=50,
                         method='brute',ax=ax)
```

输出如图 14-4 所示。

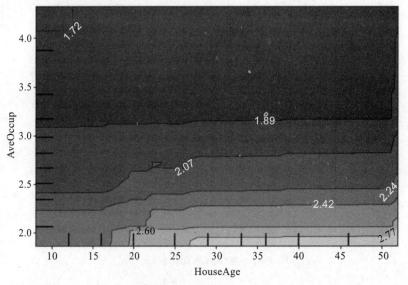

图 14-4　房龄和居住人数与房价的关系

　　两个特征的部分依赖图能够可视化特征之间的交互情况（特征的联合值），从图 14-4 可以看出：房龄（HouseAge）作为 x 轴，与房价的关系呈近似直线，尤其对于平均入住人数（AveOccup）大于 2 的情况，房价几乎与房龄无关；但对于平均入住人数小于 2 的情况（3 条曲线），房价则与房龄有很强的关系。

　　开源项目 pdpbox⊖专门实现了 PDP、ICE 相关的功能，且具有不错的数据分析可视化接口。本章仅做简要示例，感兴趣的读者可进一步学习和研究。

```
from pdpbox import pdp
pdp_MedInc = pdp.pdp_isolate(model=gbdt,
                     dataset=X_train,
                     model_features=X_train.columns.tolist(),
                     feature='MedInc',
                     num_grid_points=30)
_ = pdp.pdp_plot(
    pdp_MedInc,
    'MedInc',
    center=False # pdp_y -= pdp_y[0]
)
```

　　输出如图 14-5 所示，可以看出 pdpbox 中将预测的方差（置信区间）以阴影的方式展示

⊖　https://github.com/SauceCat/PDPbox

了出来。

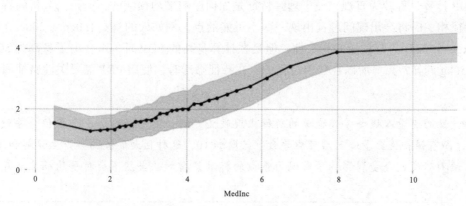

图 14-5　pdpbox 接口显示地区收入与房价的关系

pdpbox 中的数据可视化功能值得一用，支持分类和回归，也支持数值、类别、One-Hot 等数据类型的可视化，示例如下：

```
from pdpbox import info_plots
# df 为 X+y(target)，summary_df 为各个分箱的详细统计
fig, axes, summary_df = info_plots.target_plot(df=df,
                            feature='MedInc',
                            feature_name='MedInc',
                            target='target',
                            show_percentile=True)
```

输出如图 14-6 所示，该图显示了对收入特征等频分箱后每个区间的房价均值情况。

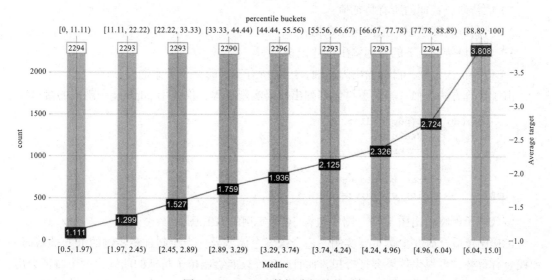

图 14-6　pdpbox 数据分析功能示例

以上讲解是以回归问题为例的，分类问题的 PDP 与之类似。

PDP 计算过程较为直观，便于理解特征是如何影响平均预测的，但是当分析的特征与其他特征相关时将会出现问题：出现一些不可能的点，例如人的身高 [50cm，200cm] 和体重 [10kg，150kg] 具有较强的相关性，但是在计算身高的 PDP 时，组合出了身高为 50cm、体重 150kg 的异常点。所以在建模过程中，在特征筛选时，使用 PDP 需要关注特征间的相关性。

相关性的变量入模会导致变量的解释出现歧义，例如变量 A 增加一个单位会导致 y 增加 100，而有强相关变量进入后可能导致 y 只增加 10，这种巨大的差异会产生误解和矛盾。实际上预测精度也会受到影响，表现为系数的标准差增加，当然不会对平均响应 y 有异常影响。

另外，PDP 可能导致异质效应被忽视，当特征对目标的效应呈 U 型分布，例如一半数据呈正相关，一半数据呈负相关，由于两部分效果的抵消（平均），在 PDP 中可能得到一条接近水平的线，从而得出该特征对目标没有影响的错误结论。

14.2.2 ICE

从 PDP 的计算方式来看，PDP 使用了全部训练数据并平均了预测值，属于全局的解释方法。ICE 译为 "个体条件期望（图）"，属于局部的解释方法。ICE 研究的是单个实例中指定的特征改变时预测目标如何变化，所以有多少个样本就有多少条 ICE 曲线，将所有的 ICE 平均后就能得到 PDP，所以 PDP 反映的是总体趋势。

ICE 的计算方法为：

1）取待研究特征的所有特征值；

2）将所有特征值逐一赋值到原数据；

3）预测该特征值下的目标输出，并记录；

4）以特征为 x 轴，目标输出为 y 轴，绘制所有实例的 x-y 关系曲线。

由于计算方法类似，本节不再详细列出代码实现过程，仅使用 pdpbox 中现成的接口。

```
_ = pdp.pdp_plot(pdp_MedInc,
                'MedInc',
                center=False,
                plot_lines=True,
                frac_to_plot=50,
                plot_pts_dist=True)
```

该代码示例将输出图 14-7，图中包含 50 个实例的 ICE 图。

ICE 比较适合研究少量重要实例，适合探索个体差异。当绘制过多实例的 ICE 曲线时，曲线会有重叠，可视化效果会打折扣，而且，ICE 只能绘制单个特征的曲线，两个特征会出现重叠曲面，效果不直观。

PDP 和 ICE 适合于所有模型的解释，属于模型无关的解释方法。

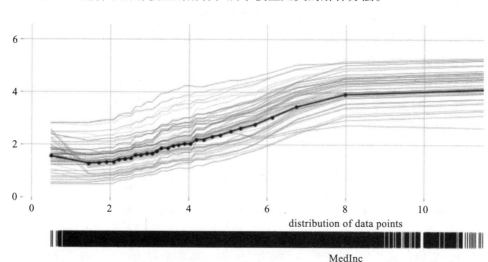

图 14-7 收入的 ICE 示例

14.3 解释线性模型

线性模型的解释是与模型有关的解释方法，由于线性模型透明度高，属于白盒模型，解释起来非常简单。以下简要讲解线性模型中的线性回归、逻辑回归和评分卡模型的模型解释。

1. 线性回归

参考式（9-1）和式（9-3），线性回归的解释很直接，即回归系数（权重）是自变量 x 和因变量 y 相关性强度的体现，代表了对应特征每增加一个单位的增量，正的回归系数起到正向的作用，负的回归系数起到负向的作用，但这种解释忽略了特征间的联合作用。截距代表了所有特征为 0 值时因变量的取值。

由于系数取决于特征的尺度，使用标准化的特征构建线性回归模型时，会带来更直观的解释：截距反映所有特征取其平均值时的预测结果，系数代表了该特征的重要程度，系数越大表示起到的作用越大，特征越重要。实际上，线性回归中的 t 统计量绝对值也可用来衡量特征的重要性，即对正确值越不确定，该特征就越不重要。此外，权重图具有较直观的解释。权重图的绘制方法为以特征权重为横坐标，以特征为纵坐标，以横线的长短为置信区间。

线性回归中的 PDP，斜率系数的通常解释不再有意义。

普通线性回归研究的是因变量的条件期望（均值），而分位数回归则是研究自变量和因变量分位数之间线性关系的建模方法，这种建模方法可以分析自变量如何影响因变量的中位数、分位数等。这种回归方式也可作为一种模型解释的方法。

线性回归有很多变体，具体的解释形式需要因具体模型而定。

2. 逻辑回归

逻辑回归是最常用的适用于二分类的广义线性模型，自变量进行了对数概率的转化，此时对因变量 y 的解释需要做相应改变。由于 β 是对 logit 效应的叠加，所以不好解释，但将回归模型表达式两边取指数化后的系数即可解释为自变量每单位的增加所导致的发生比（几率）的倍数效应，见式（14-2）。

$$\frac{p}{1-p} = e^{\beta_0 + \beta_1 X_1 + \cdots + \beta_m X_m} = e^{\beta_0} e^{\beta_1 X_1} \cdots e^{\beta_m X_m} \tag{14-2}$$

对于连续自变量，系数的解释与普通线性回归的解释类似。

对于类别自变量，当使用一个自变量构建的逻辑回归模型，且该自变量只有两个类别值（0 和 1，例如有或没有、有治疗或没有治疗）时，β_1 的解释为"有"和"没有"之间的条件平均数的差异，或自变量对因变量的效应，"没有"的群体潜在地作为了参照组。在多类变量 n 个的情况下，经过 One-Hot 编码后，可以沿用该解释，$n-1$ 之外的类别作为了参照组。

当使用多个类别自变量构建模型时，各系数 β 对因变量的效应进行了综合：设 X_1 表示"是否有过历史借贷"，X_2 表示"男或女，1 或 0"，由该变量构建的逻辑回归模型中，β_1 为"有过历史借贷"和"没有过历史借贷"的条件平均数的差异，β_2 则表示男女之间的差异。加入一个两者的交互项 $X_1 X_2$，设对应的系数为 β_3。此时 X_1 对因变量的效应取决于 X_2 的类别值，例如 X_2 取 1 时，X_1 对因变量的效应为 $\beta_1 + \beta_3$。

3. 评分卡

评分卡模型是在逻辑回归的基础上，对自变量 X 进行了特殊的变换，所以评分卡的解释需要综合考虑自变量、因变量变换的解释和逻辑回归模型的解释。评分卡模型的最终解释可归结为"加性"，更多相关信息见 6.24 节和 9.5 节。

以上解释方式的前提是：必须较完美地构建模型，要求模型中包括主要特征和特征间的相互作用。在缺少这个前提下的模型中，对应的解释都是打折扣的，甚至是错误的。这么看，线性模型的解释并不那么简单。

14.4 解释树模型

此处的树模型解释侧重于决策树模型的解释，该方法是与模型有关的解释方法。决策树模型透明度高，属于白盒模型，解释起来非常简单，但基于决策树的集成树模型则属于黑盒模型，解释并不那么直观，此时可以借助解释工具。

14.4.1　树模型特征的重要性

决策树相关的树结构请参考 10.1 节，可解释为 if-then-else 的规则，理解起来非常简单。15.3 节将决策树模型提取为不同应用语言的规则，以方便快速上线。在决策树模型中，特征的选择、结点分裂依据的是特征的熵、基尼值等信息，所以可能基于特征被选中的次数和信息量值衡量特征的重要性。在回归问题中，MSE 的减少量也可作为特征重要性的衡量方法。

sklearn 中的 DecisionTreeClassifier 模型的特征重要性为指定衡量标准下（基尼值、熵）在非叶子结点计算归一化后的总（熵、不纯度）的减少量。计算中包含了结点的权重。最先被选中结点的权重理应最高。

sklearn 中的特征重要性一般存储在模型的 feature_importances_ 变量中，可以使用下面的代码将特征重要性规范化为表格输出：

```
im = pd.DataFrame({
    'importance': model.feature_importances_,
    'features': df.columns
})
im = im.sort_values(by='importance', ascending=False)
```

此外，对单个实例或数据集，sklearn 的 tree 模块中还提供了 decision_path 方法，用于符号化显示预测的决策路径。

复杂的集成树模型的解释相对复杂，一般集成树模型中都提供自身特征重要性的衡量方法，由于有多棵树，所以往往计算平均的重要性。例如随机森林中平均了多棵树的重要性，使用平局不纯度减少（Mean Decrease Impurity）排序特征，这也是特征选择的一种有效方法。

XGBoost 特征重要性的计算方法有以下 3 种。
- weight：特征在集成树中出现的次数。
- gain/ total_gain：使用该特征分裂所得到的平均 / 总收益。
- cover/ total_cover：与具体问题有关，分类问题时为分类到叶子的训练数据的二阶梯度的平均 / 总和；回归问题（平方损失）时表示特征分裂所覆盖到的样本平均数 / 总数，处于树的越底层该值越小。

XGBoost 提供了方便的可视化接口 plot_importance，其使用示例如下所示。

```
from xgboost import plot_importance
plot_importance(model, importance_type='gain')
```

注意：

1）特征重要性是针对特定数据集而言的，因此在不同数据集上的模型特征重要性不具有比较意义。

2）特征重要性是一种静态的模型解释，指导决策的力度不足。

14.4.2 决策路径

在决策树模型中，假设叶子结点的数量为 M，则树模型中数据集被划分为 M 个特征空间 $R_m (1 \leqslant m \leqslant M)$，$R_m$ 中包括所有样本的划分，按此方式定义的分类决策树的模型表达式为：

$$f(x) = \sum_{m=1}^{M} c_m I(x, R_m) \qquad （14\text{-}3）$$

其中，c_m 为每个特征空间的常量，在回归树中为该特征空间（叶子结点）下的因变量的平均值，在分类树中则为比率。I 是示性函数，当 x 属于某个特征空间时，该示性函数为 1，否则则为 0。从式（14-3）中可以得到某个样例最终的预测值。当将决策树模型可视化时，可以清晰地看到根结点到叶子结点有明确的路径，该路径称为决策路径。根结点和叶子结点之间的分支为决策结点，由特定特征的划分决定。从决策路径中可以直观得到样例所划分到的叶子结点（结果）依据。以图 14-8 为例，最左侧的叶子结点的决策路径为：RM $\leqslant$ 6.782 且 LSTAT $\leqslant$ 10.14 且 RM $\leqslant$ 6.542。

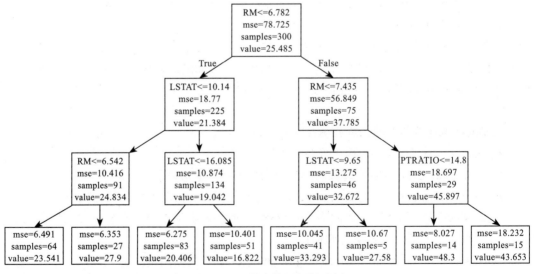

图 14-8　3 层决策回归树示例

一般将随机森林划归到黑盒模型，理由是随机森林由多棵决策树集成，且当树的深度较大时解释非常困难。此外，它不像单棵决策树那样可以绘制直观的决策路径。我们可以使用 14.4.1 节的特征重要性得到一定程度的模型解释，但该解释属于全局解释，缺少对局部解释的决策指导意义。

14.4.3　Treeinterpreter

图 14-8 中最左侧的叶子结点的值还可以表示为：

```
23.541 = 25.485 + (-4.1)+ 3.45 +(-1.29)
```

其中，等式右边各项代表的意义如下。

```
25.485：RM 划分在训练集的均值
-4.1(21.384 - 25.485)：LSTAT 的损失
3.45(24.834-21.384)：RM 的贡献
-1.29(23.541-24.834)：RM 的损失
```

这正是 Treeinterpreter[⊖] 工具的解释模式。Treeinterpreter 是一款开源的、用于解释 sklearn 中的决策树和随机森林等树模型的工具，支持的树模型如下：DecisionTreeRegressor、DecisionTreeClassifier、ExtraTreeRegressor、ExtraTreeClassifier、RandomForestRegressor、RandomForestClassifier、ExtraTreesRegressor、ExtraTreesClassifier。

使用前使用以下指令安装：

```
pip install treeinterpreter
```

1. 原理

Treeinterpreter 将树模型的预测结果表示为偏差项加特征贡献的模式，对决策树的解释原理可用式（14-4）来表示：

$$f(x) = c_{\text{full}} + \sum_{k=1}^{K} \text{contrib}(x,k) \qquad (14-4)$$

其中，K 是特征数，c_{full} 是结点根的值，$\text{contrib}(x, K)$ 是特征向量 x 中第 K 个特征的贡献。式（14-4）与线性回归的表达式接近，通过将模型的预测表示为加性，实现了良好的可解释性。

解释随机森林时，将式（14-4）做平均，同样可表示为多棵树偏差项的平均与多棵树中各特征贡献的平均值的和，如式（14-5）所示，其中，J 是森林中树木的数量。

$$F(x) = \frac{1}{J}\sum_{j=1}^{J} c_{j_{\text{full}}} + \sum_{k=1}^{K}\left(\frac{1}{J}\sum_{j=1}^{J} \text{contrib}_j(x,k)\right) \qquad (14-5)$$

Treeinterpreter 通过解析 sklearn 中的 tree_.value 计算上下级结点的差值得到上述的贡献。由于 tree_.value 来自决策树的增益，常理上我们认为上级分裂特征比下级分裂特征重要，然而增益方式的计算会偏向于较低的分裂，这种偏差会导致不一致性（Inconsistency）：更重要特征的贡献反而不那么显著，尤其随着树深度的增加，这种特征贡献偏差将会越发

⊖　https://github.com/andosa/treeinterpreter

严重。

2. 示例

导入相关包:

```
from sklearn.datasets import load_boston
from treeinterpreter import treeinterpreter as ti
from sklearn.ensemble import RandomForestRegressor
```

使用 boston 数据集构建随机森林模型:

```
boston = load_boston()
rf = RandomForestRegressor(random_state=42)
rf.fit(boston.data[:300], boston.target[:300])
```

挑选两个样例并查看预测值:

```
instances = boston.data[[300, 309]]
rf.predict(instances)
# 输出: array([29.729, 23.315])
```

Treeinterpreter 解释上述预测的差异:

```
prediction, bias, contributions = ti.predict(rf, instances)
for i in range(len(instances)):
    print("Instance {} : {:.2f}".format(i,prediction[i][0]))
    print("Bias (trainset mean) {:.2f}".format(bias[i]))
    print("Feature contributions:")
    for c, feature in sorted(zip(contributions[i], boston.feature_names),
                    key=lambda x: -abs(x[0])):
        print('{}{} {:.2f}'.format(' '*4 ,feature, c))
```

输出如图 14-9 所示。

```
Instance 0 : 29.73              Instance 1 : 23.32
Bias (trainset mean) 25.56      Bias (trainset mean) 25.56
Feature contributions:          Feature contributions:
    RM 3.43                         RM -5.49
    LSTAT 1.13                      LSTAT 2.56
    DIS -0.51                       CRIM 0.54
    PTRATIO 0.43                    TAX -0.19
    TAX -0.35                       PTRATIO 0.17
    B -0.19                         DIS 0.11
    RAD 0.15                        RAD 0.06
    CRIM -0.13                      INDUS 0.06
    AGE 0.11                        B -0.04
    INDUS 0.09                      NOX 0.04
    ZN 0.06                         CHAS -0.03
    NOX -0.05                       AGE -0.02
    CHAS 0.02                       ZN 0.00
```

图 14-9　预测值的分解输出

对以上输出的解释如下:

1）特征按其贡献的绝对值排序。

2）预测较高的第一个实例中的主要贡献来自 RM 和 LSTAT。

3）在右侧的预测值中，RM 特征负面影响较大，导致该样例预测值较低。

4）将上述的偏差项和各特征的贡献值累加后，将得到最终的预测值。

在整个测试集（boston.data[300:]）上进行特征重要性计算，能得到如图 14-10 所示的特征重要性。

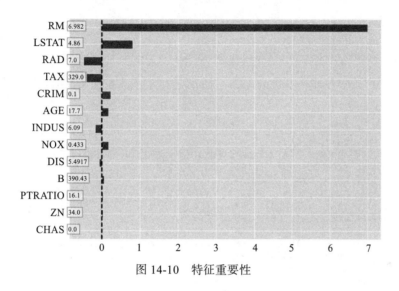

图 14-10　特征重要性

如图 14-11 所示，从单个特征的贡献来看，RM 取值接近 7 后，表现为正面贡献，反之为负面贡献。

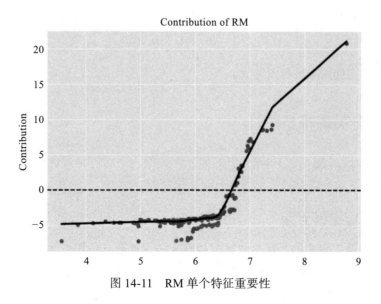

图 14-11　RM 单个特征重要性

注意，上述将模型的预测解释为线性表达式是不完善的，因为这个过程忽略了特征的相互作用，这里仅做参考。当加入特征的交互作用后，将产生多个特征交互项的贡献。还是以上述的例子来说明，代码如下：

```
# 加入 joint_contribution
prediction, bias, contributions = ti.predict(rf,
                                    instances[0].reshape(1, -1),
                                    joint_contribution=True)
ret = []
for k in contributions[0].keys():
    v = np.round(contributions[0].get(k, 0)[0], 3)
    ret.append(([boston["feature_names"][i] for i in k], v))
```

以上代码中，ret 变量的长度为 182，说明该模型中有大量的交互项。部分输出如图 14-12 所示。

```
[(['RM'], 2.864),
 (['INDUS', 'RM', 'AGE', 'DIS', 'RAD'], 0.002),
 (['INDUS', 'RM', 'DIS', 'RAD'], 0.006),
 (['RM', 'DIS'], -0.03),
 (['INDUS', 'RM', 'DIS'], -0.038),
 (['CRIM', 'INDUS', 'RM', 'AGE', 'DIS', 'TAX', 'B'], 0.004),
 (['CRIM', 'INDUS', 'RM', 'TAX'], -0.004),
 (['CRIM', 'INDUS', 'RM', 'TAX', 'B'], -0.007),
 (['CRIM', 'INDUS', 'RM', 'AGE', 'TAX', 'B'], 0.001),
 (['CRIM', 'INDUS', 'RM'], 0.004),
 (['INDUS', 'RM'], 0.053),
 (['RM', 'DIS', 'TAX'], -0.07),
 (['RM', 'AGE', 'DIS', 'RAD', 'TAX'], -0.002),
 (['RM', 'AGE', 'DIS', 'TAX'], -0.004),
 (['CRIM', 'INDUS', 'RM', 'DIS', 'TAX'], -0.01),
 (['CRIM', 'INDUS', 'RM', 'AGE', 'DIS', 'TAX'], 0.027),
 (['INDUS', 'RM', 'TAX'], -0.009),
```

图 14-12　特征交互贡献

分类问题中的使用方法与此类似。

14.5　模型无关解释方法

Treeinterpreter 只适用于 sklearn 中的部分树模型，不能解释其他模型，属于与模型有关的解释方法。下面介绍的则是模型无关的解释方法。

14.5.1　特征重要性方法

除了 14.4.1 节中提到的特征重要性的计算方法，还有其他模型无关的特征重要性计算方法。例如对模型中任意特征进行如下的置换操作：

1）将特征值置为缺失值；

2）将特征值的顺序打乱重排；

3）将特征值置为均值或众数；

4）随机填充该特征值。

然后计算前后两个数据集预测的变化情况，当变化较大时，即该特征的改变引起了模型性能的较大改变，说明该特征较为重要，而对于无关紧要的特征，其特征值的变化应该对模型性能的影响较小。当以精度表示模型性能时，这种变化称为平均降低精度（Mean Decrease Accuracy）。为了便于比较，模型前后性能的变化常以比率来表示。按照这种思路，特征重要性可定义为：特征的信息被破坏时模型错误或损失的增加程度。

对于应用模型无关的特征重要性计算方法时，应该使用训练集还是测试数据，稍有争议。一般在测试数据集上进行计算，以表示泛化的特征重要性。更进一步思考，可以在两个数据集上尝试该方法，当两个数据集表现的特征重要性差异较大时，有理由推测原模型过拟合或数据有了偏移。据此推断，模型方差和特征重要性有一定的相关性，当模型泛化性能很好时，两者表现为强相关。

相比删除特征并重新建模计算的方式，特征置换可以节省大量时间，快速得到特征重要性，但置换特征的操作可能引出不现实的数据点，这与 PDP 中提到的情形类似。下面给出一份计算模型预测值变化比率的代码：

```
def cal_diff_ratio(dfX, model, label=1):
    ''' 以二分类问题作为示例 '''
    origin_score = model.predict_prob(dfX)
    for i in range(0, df.shape[1]):
        _X = copy.copy(dfX)
        # 可根据数据类型或指定的方法置换第 i 列的数据
        _X = replace_column_data(_X, i)
        # 注意：有正负
        ratio = (origin_score[:, label] -
                model.predict_prob(_X)[:, label]) / origin_score[:, label]
        # ratio.abs().mean().sort_values(ascending=False)
```

开源包 eli5 ⊖ 实现了随机置换的特征重要性计算方法。

eli5 是用于调试与检查机器学习分类器及其预测的库。它支持表格型数据、文本和图片的解释，也支持常用机器学习算法包，包括 scikit-learn、Keras、XGBoost、LightGBM、CatBoost、lightning、sklearn-crfsuite 等。更多相关信息可参考 https://eli5.readthedocs.io/。

以 14.4 节的数据和模型为例，简要说明 eli5 的使用方式，代码如下：

```
import eli5
```

⊖ https://github.com/TeamHG-Memex/eli5

```
from eli5.sklearn import PermutationImportance
# 图 14-13a
X_train = boston.data[:300]
y_train = boston.target[:300]
cols = boston["feature_names"].tolist()
rf = RandomForestRegressor(random_state=42).fit(X_train, y_train)
perm = PermutationImportance(rf, random_state=42).fit(X_train, y_train)
eli5.show_weights(perm, feature_names=cols)
# 图 14-13b
X_test = boston.data[300:]
y_test = boston.target[300:]
perm = PermutationImportance(rf, random_state=42).fit(X_test, y_test)
eli5.show_weights(perm, feature_names=cols)
```

上述代码将输出如图 14-13 所示的特征重要性图。

Weight	Feature		Weight	Feature
1.2279 ± 0.2385	RM		0.4057 ± 0.1135	LSTAT
0.1495 ± 0.0137	LSTAT		0.2266 ± 0.0331	RM
0.0188 ± 0.0042	PTRATIO		0.0474 ± 0.0108	CRIM
0.0169 ± 0.0089	TAX		0.0316 ± 0.0087	AGE
0.0165 ± 0.0042	CRIM		0.0099 ± 0.0134	DIS
0.0121 ± 0.0016	AGE		0.0088 ± 0.0074	NOX
0.0102 ± 0.0022	DIS		0.0033 ± 0.0043	TAX
0.0055 ± 0.0009	NOX		0.0031 ± 0.0112	B
0.0053 ± 0.0011	B		0.0004 ± 0.0011	CHAS
0.0046 ± 0.0007	INDUS		0.0001 ± 0.0038	RAD
0.0023 ± 0.0005	RAD		-0.0002 ± 0.0004	ZN
0.0008 ± 0.0002	ZN		-0.0026 ± 0.0064	PTRATIO
0.0007 ± 0.0002	CHAS		-0.0030 ± 0.0054	INDUS

a）使用训练数据集特征重要性   b）使用测试数据特征重要性

图 14-13 eli5 计算特征重要性

注意，图 14-13 中的特征重要性有所差异，请读者根据上文深入思考。

14.5.2 代理模型：LIME

复杂的模型分类边界在局部可能表现为线性关系。人类对线性关系、单调性和加性容易理解，模型解释的方法也主要从这几个方向进行。获得可解释机器学习的最直接的方法是使用可解释模型的算法子集——代理模型。代理模型选用白盒模型，一般使用局部采样点的方式构建白盒模型，此时实现了由白盒模型解释黑盒模型的局部。

LIME[○]（Local Interpretable Model-Agnostic Explanations）是模型无关的局部解释方法，主要使用线性模型作为局部代理模型，解释任何机器学习的黑盒分类模型（二分类和多分类，也支持回归问题），支持文本分类、图片分类和表格型数据的模型解释。

1. 原理

LIME 中强调模型解释的两个标准：解释本身必须可解释（interpretable）和局部保真度

___
○ https://github.com/marcotcr/lime

（local fidelity）。第一点较好理解，第二点则表示局部解释必须与模型预测实例附近的行为相近，保障局部解释的可信度。

局部保真并不意味着全局保真，全局重要的特征在局部上下文中可能不重要，反之亦然。虽然全局保真度意味着局部保真度，但对于复杂模型来说，提供可解释的、全局保真的解释仍然是一个挑战[⊖]。

LIME 将模型解释建模为两者的权衡：最小化保真函数的同时，要求可解释的代理模型尽可能简单。其目标函数如式（14-6）所示。

$$\xi(x) = \arg\min_{g \in G} \mathcal{L}(f, g, \prod_x) + \Omega(g) \tag{14-6}$$

其中，G 表示可解释模型的集合，例如线性模型、决策树、规则等；$\Omega(g)$ 表示模型 g 的复杂度；f 表示待解释的模型；Π_x 表示 x 的邻近度量（又称为核函数），以定义 x 周围的局部性；保真函数 $\mathcal{L}$ 表示在由 Π_x 定义的邻域内 g 逼近 f 程度的测量指标。

LIME 属于模型无关的解释方法，不对 f 做任何假设。为了最小化保真函数，LIME 采用局部有权重的随机均匀（非 0）采样方法，权重由待解释实例邻近度量确定。采样得到的扰动点，经由模型 f 得到对应的预测，优化式（14-6）得到 $\xi(x)$。

设黑盒模型有复杂的分类边界，加粗的十字是待解释的点，其他较小的十字点为采样点和对应的预测。即使模型非常复杂，LIME 仍然能够学习到灰色虚线表示的简单线性模型，实现模型的局部解释，如图 14-14 所示。

使用线性模型代理待解释的局部，能够实现线性的解释：特征值的改变能够带来多少预测贡献。这是 LIME 的优点，只是局部线性并没有得到理论的保障。

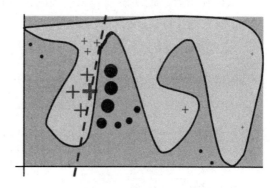

图 14-14 线性解释示例

注意：不同的算法和数据集由 LIME 解释出来的结果不一样，还需人工进一步确定。

2. 示例

LIME 实际也支持回归问题，为了直接使用本章的样例数据，下面的示例没有使用分类模型，而使用了回归模型。

```
import lime
import lime.lime_tabular
```

⊖ Ribeiro M T，Singh S，Guestrin C . "Why Should I Trust You?": Explaining the Predictions of Any Classifier[C]// the 22nd ACM SIGKDD International Conference. ACM, 2016.

```
# 设特征值小于或等于 10 的为类别特征
categorical_features = np.argwhere(
    np.array([len(set(X_train[:, i]))
        for i in range(X_train.shape[1])]) <= 10).flatten()
# 创建解释器
explainer = lime.lime_tabular.LimeTabularExplainer(
    X_train,
    feature_names=cols,
    class_names=['house_price'],
    categorical_features=categorical_features,
    verbose=True,
    mode='regression')

# 解释最重要的 5 个特征
# X_test[0] == instances[0]
exp = explainer.explain_instance(X_test[0], rf.predict, num_features=5)
```

输出截距项、局部（代理模型）预测值、rf 模型的预测值，如下所示。

```
Intercept 22.284793559531774
Prediction_local [38.63710225]
Right: 29.728999999999996
```

从该输出看，代理模型和原模型的预测具有一定的差距，并未很好地逼近。变量 exp 包含了该实例各特征值的贡献：

```
exp.as_list()
```

输出如下：

```
[('RM > 6.78', 15.514708492485171),
 ('5.91 < LSTAT <= 9.53', 1.2358607459622175),
 ('PTRATIO <= 15.60', 0.4256003577991563),
 ('307.00 < TAX <= 384.00', -0.416519735917299),
 ('DIS > 5.72', -0.4073411652737324)]
```

进行可视化：

```
exp.show_in_notebook(show_table=True)
```

输出如图 14-15 所示，最左侧表示局部模型的预测范围；中间部分表示各特征值的贡献（右侧正贡献和左侧负贡献），例如，RM>6.78 时的贡献为正 15.51，将各贡献值加上截距项的值将得到局部模型预测值；最右侧表示该实例的实际值。

当一个模型预测错误或差异较大时，解释可能会令人沮丧，但这有助于我们进一步思考模型和数据，或许能发现有用的事物。

使用 LIME 时需要注意：

1）LIME 会默认将连续变量离散化解释（这种解释和决策树一样直观），支持 3 种离散化方法，分别为 4 分位（默认）、10 分位和熵离散化，所以不能等比预估其他值下的贡献。

不同的离散化将得到不同的解释。离散化增加了可解释性，但同时带来了解释误差。

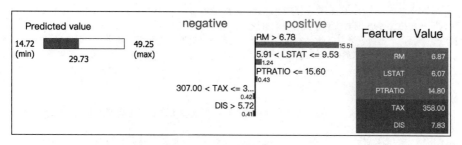

图 14-15 LIME 解释可视化

2）多分类问题可以设置 top_labels 参数，以解释 topN 的预测。

3）explain_instance 接口中默认采样 5000 个点，对于上述的例子，该值明显过大，容易产生噪声，请读者尝试更少量的采样并进行思考。

4）explain_instance 中默认 Ridge 回归，可以通过参数 model_regressor 指定其他回归模型。

注意：上述呈现的结果，读者应该无法复现。LIME 的原理是随机抽样建模，即使设置随机种子，每次运行 LIME 也会得到不同的结果（除非在 explain_instance 运行之前设置了全局随机种子 random.seed）。如果期望解释更稳定，可以考虑增加采样数。

关于图片和文本的解释请参考 lime.lime_image 和 lime.lime_text，更进一步的使用方法请参考官方接口文档[⊖]。

14.5.3 基于博弈论的 SHAP

用不同特征重要性计算方法得到的特征重要性不一样，这会令人困惑，例如 XGBoost 中 3 类特征重要性参数，将得到不同的特征重要性。到底参考哪一种？是否有更公平、准确、一致的解释方法呢？SHAP（SHapley Additive exPlanations，Shapley 可加性解释方法）是具有坚实理论支持的模型解释方法，能兼顾模型解释的公平、准确和一致性。

使用 SHAP 方法计算得到的贡献称为 SHAP 值。SHAP 值的主要思想来自 Shapley 值，其指所得与自己的贡献相当，是一种分配方式，常应用于费用分摊、损益分摊等问题。

Shapley 值由美国加州大学洛杉矶分校教授罗伊德·夏普利（Lloyd Shapley）提出。Shapley 值的提出给合作博弈（Coalitional Game Theory）在理论上做出重要突破，为其以后的发展带来了重大影响。

⊖ https://lime-ml.readthedocs.io/en/latest/

以百度百科中的例子⊖说明 Shapley 值的应用场景和计算方法：

考虑这样一个合作博弈：a、b、c 三人投票决定如何分配 100 万元，他们分别拥有 50%、40%、10% 的投票权力。规则规定：当超过 50% 的票认可了某种方案时才能通过，否则三人将一无所获。

这里任何单独一个人的票力都不超过 50%，从而不能单独决定财产的分配。要得到超过 50% 的票必须形成联盟，因为任何人的权利都不是 " 决定性的 "。那么如何分配才合理呢？可能的分配方式有很多，比如：a 分 50 万元、b 分 40 万元、c 分 10 万元；a 分 70 万元、b 分 0 万元、c 分 30 万元；a 分 80 万元、b 分 20 万元、c 分 0 万元；等等。争论中难以得到结果。

下面先来看两个概念。

权力指数：每个决策者在决策时的权力体现在他在形成的获胜联盟中的 " 关键加入者 " 的个数，这个 " 关键加入者 " 的个数就被称为权力指数。

Shapley 值：在各种可能的联盟次序下，参与者对联盟的边际贡献之和除以各种可能的联盟组合。

本例可能的次序为 abc、acb、bac、bca、cab、cba，关键加入者为 b、c、a、a、a、a。由此计算出 a、b、c 的 Shapley 值分别为 4/6、1/6、1/6，所以三人应分别获得 100 万元的 2/3、1/6、1/6。

上述分配财产的做法是在当前条件下的一个"公平合理"的分法，遵循的原则就是"所得与自己的贡献相匹配"。

对应到解释机器学习时，我们将某个预测看作各特征值共同作用的结果，是联盟的合力，"贡献"对应该特征值的收益。Shapley 值可定义为"特征值对所有可能的联合的平均边际贡献"，这与 PDP 的边际效应类似，但由于 Shapley 值考虑了所有可能输入组合实例的所有可能预测，Shapley 值可以保证一致性和局部精度等特性。

SHAP 的作者基于上述理论提出了如下的理论方法⊜，并实现了开源包 shap⊜。下面简要说明 SHAP 的核心思路。

1. 可加的特征归因方法

沿用 LIME 中的描述，设 f 为待解释的模型，g 为解释模型。解释模型通常使用简化的输入 x'，通过映射函数 $x=h_x(x')$ 能得到原始输入。局部解释方法试图确保在 $z' \approx x'$ 时，$g(z') \approx f(h_x(z'))$。

可加性的特征归因方法（Additive Feature Attribution Method）可表达为式（14-7）。

$$g(z') = \phi_0 + \sum_{i=1}^{M} \phi_i z_i' \qquad (14\text{-}7)$$

其中，$z' \in \{0, 1\}^M$，M 为特征数量，$\phi_i \in R$。每个特征对应一个效应 ϕ_i（Shapley 值），将所有特征效应求和将得到近似于原始模型的输出 $f(x)$。

我们发现，式（14-7）是 Treeinterpreter 和 LIME 模式的统一表达。例如当 f 为线性模型 $y(x) = \beta^T x$ 时，ϕ_i 可理解为 $\phi_j(\hat{f}) = \beta_j x_j - E(\beta_j X_j) = \beta_j x_j - \beta_j E(X_j)$，贡献表现为特征效果减去平均效果的差额。

⊖ https://baike.baidu.com/item/%E5%A4%8F%E6%99%AE%E5%88%A9%E5%80%BC/2288828

⊜ Lundberg S，Lee S I．A Unified Approach to Interpreting Model Predictions[J]. 2017.

⊜ https://github.com/slundberg/shap

2.3 个性质和 2 个定理

SHAP 中定义了如下 3 个性质。

1）局部精确性（Local accuracy）：表示特征归因的总和等于要解释的模型的输出，即 $f(x)=g(x')$。也就是说，对于每一个样本，各个特征的归因值与常数归因值 ϕ_0 之和等于模型的输出 $f(x)$。

2）缺失性（Missingness）：表示缺失特征的归因值为零，此处缺失不是指特征值为空，而是未在样本中观察到。

3）一致性（Consistency）：表示如果模型发生更改，导致某特征的边际贡献增加或保持不变，则归因值也应该增加或保持不变。例如，当我们更改模型（如从逻辑回归到随机森林）以使其更依赖于某个特征时，不应该降低该特征的归因重要性。

SHAP 中有如下 2 个定理。

定理一：只有一个可能的解释模型 g 遵循式（14-7）并满足上述的 3 个性质。

$$\phi_i(f,x) = \sum_{z' \subseteq x'} \frac{|z'|!(M-|z'|-1)!}{M!}[f_x(z') - f_x(z' \setminus i)] \tag{14-8}$$

一个模型被训练为包含该特征 $f_x(z')$，另一个模型被训练为不含该特征 $f_x(z' \setminus i)$，然后计算两个模型的预测差异。重复该过程，计算所有可能特征子集的差异。Shapley 值是所有可能差异的加权平均值，即 ϕ_i。式（14-8）左侧的阶乘项就是权重，表示子集 z 特征组合数量的占比，这与前面的财产分配的占比原理一致。这样 Shapley 值表现为原模型的条件期望函数。SHAP 值的计算如图 14-16 所示，不同的箭头方向表示为正负不同的效益。

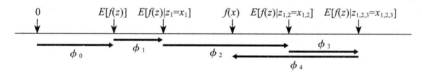

图 14-16　SHAP 值的计算示意图

定理二：参考式（14-6），Shapley 核（Shapley kernel）被定义为式（14-9）。

$$\Omega(g) = 0$$
$$\pi_{x'}(z') = \frac{(M-1)}{(M \; choose \; |z'|)|z'|(M-|z'|)} \tag{14-9}$$
$$\mathcal{L}(f,g,\Pi_{x'}) = \sum_{z' \in Z}[f(hx(z')) - g(z')]^2 \pi_{x'}(z')$$

该定义实际为线性 LIME 和 Shapley 值的整合。其中 $g(z')$ 假定为线性形式，L 是平方损失，式（14-6）仍然可以用线性回归来求解。同样，博弈论中的 Shapley 值可以使用加权线性回归计算。

3. 计算方法

精确的 SHAP 值计算量非常大：阶乘组合的指数级和对应模型预测估计。采样和随机方法、使用 Shapley 核以及特定模型的 SHAP 计算方法能够得到足够近似的值，方法如下所示。

1）Linear SHAP：计算独立特征的线性模型的精确 SHAP 值。

2）Max SHAP：通过置换方式计算 SHAP 值。

3）Deep SHAP：基于 DeepLIFT 算法计算深度学习模型的 SHAP 值，快速且逼近效果好。

4）Gradient 方式组合了 Gradients、SHAP 和 SmoothGrad 为单个期望值方程，适用于深度学习模型。

5）核方法：一种加权的局部线性回归，用于估计任何模型的 SHAP 值。

6）树方法[⊖]：快速准确地计算树（包括集成树）的 SHAP 值。

shap 开源包实现了上述的计算方法，其作者也在 XGBoost（0.7 后的版本）中添加了 SHAP 的功能，由 predict 中的参数 pred_contribs=True 指定。虽然部分主流算法包，如 LightGBM、CatBoost 等都支持 SHAP 值的计算，但它并没有得到部分算法的支持，例如计算 KNN 算法的 SHAP 值耗时过长，所以并没有得到实现。shap 还实现了交互特征的效果解释。

4. 示例

下面分别演示 shap 包的局部解释和全局解释相关接口的使用方法。

```
import shap
# 初始化图形 JS 环境
shap.initjs()
```

（1）实例的局部解释：force_plot

```
# 构建 SHAP 树解释器
# explainer = shap.TreeExplainer(rf)
# 添加背景数据集：background dataset
explainer = shap.TreeExplainer(rf,data=X_train)
# 训练集上的预测均值，是 SHAP 值的基准
explainer.expected_value
```

输出结果为 25.517。

计算数据集的 SHAP 值：

```
shap_values = explainer.shap_values(X_test)
```

查看第 i 个实例的特征贡献：

```
i = 0
```

⊖ Lundberg S M，Erion G，Chen H，et al. From local explanations to global understanding with explainable AI for trees[J]. 2020.

```
shap.force_plot(explainer.expected_value,
        shap_values[i],
        features=X_test[i],
        feature_names=cols)
```

输出如图 14-17 所示，显示了在基准值下（base_value），各特征值如何贡献使其达到预测值 29.73（rf 模型对该实例的预测值）。图中左侧部分为正向贡献，右侧为负向贡献。

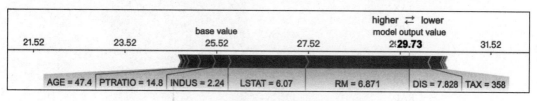

图 14-17　SHAP 贡献力图（单个实例）

base_value（expected_value）为预测的均值 rf.predict(X_train).mean()。在 SHAP 中预测值等于 shap_values +expected_value，如本例中：

```
# expected_value 加各特征的贡献，得到预测值
29.73 == (shap_values[0].sum() + explainer.expected_value)
```

图 14-17 还显示，RM 的正向贡献最大，约为 2.1（29.73－27.52），其次是 LSTAT；DIS 和 TAX 在这个例子中起到了负贡献。

输出整个数据集的解释：

```
shap.force_plot(explainer.expected_value, shap_values, X_test)
```

将图 14-17 旋转 90 度，然后水平堆叠，输出如图 14-18 所示，在 Jupyter Notebook 中，这些图是交互式图，可动态选择相关内容。

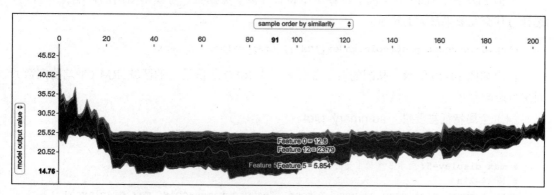

图 14-18　SHAP 决策图（数据集）

（2）实例的决策路径：decision_plot

shap 中将各特征的贡献作了决策路径的可视化，以前 12 个实例为例，代码如下所示。

```
shap.decision_plot(explainer.expected_value, shap_values[:12], cols)
```

决策路径如图 14-19 所示。

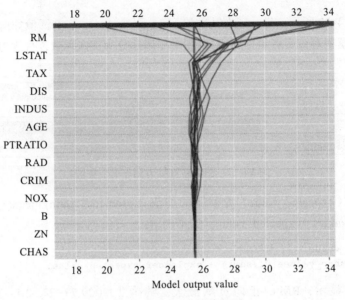

图 14-19　SHAP 决策路径图

该图的 x 轴表示模型的预测值，以基准值为中心；y 轴为各特征名，各特征按特征重要性倒序排列；图中的每条线代表一个实例。整幅图从上到下直观地展现了实例在基准值下各特征贡献对最终预测的影响情况。

（3）特征的依赖图：dependence_plot

类似 PDP 图，shap 中实现了解释单个特征（整个数据集）对模型输出的影响，并自动选择与其交互效果最大的特征：

```
shap.dependence_plot(cols.index('RM'), shap_values, X_test)
```

输出如图 14-20 所示，从图的右半部分看，在 RAD 取值较高的区域，RM（平均房间数）对房价影响很小。

（4）全局特征重要性：summary_plot

通过计算每个样本中特征的 SHAP 值，可以汇总得到特征的总体贡献：

```
# max_display=5：显示 5 个最重要的特征
# 图 14-21a
shap.summary_plot(shap_values, X_test, feature_names=cols, max_display=5)
# 图 14-21b
shap.summary_plot(shap_values,
                  feature_names=cols,plot_type="bar",max_display=5)
```

输出如图 14-21 所示。

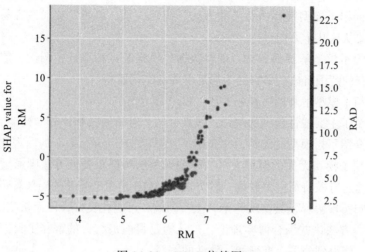

图 14-20　SHAP 依赖图

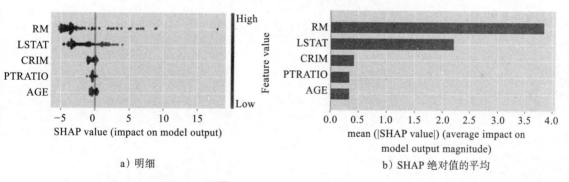

a）明细

b）SHAP 绝对值的平均

图 14-21　summary_plot

图 14-21a 显示了部分的明细：各特征值的高低起到的效益。例如较高的 LSTAT（低地位人口的比例）对房价（预测值）有负面影响。

较新版本的 XGBoost 使用 pred_interactions 标志实现了成对交互特征效益的快速精确计算：

```
shap.TreeExplainer(xgb_model).shap_interaction_values
```

可通过上述的图形绘制方法，可视化交互效果。请读者进一步参考官方 GitHub。

除了用于模型解释，SHAP 值还可用于特征选择、解释没有交互作用的独立特征与 y 的归因关系[⊖]。与其他基于排列的解释方法一样，SHAP 中的计算方法在特征相关时也会遇到不现实的数据实例。

⊖　https://zhuanlan.zhihu.com/p/85791430

14.6　本章小结

本章主要介绍了模型解释的意义和方法，线性关系、单调性和加性容易理解，模型解释的方法也主要从这几个方向进行。

14.1 节介绍了模型解释的意义：理解数据、模型调试和审计、调优、信任模型和增进知识。根据解释的范围将模型解释分为局部解释和全局解释。

14.2 节介绍了模型解释的可视化方法：PDP 和 ICE。

14.3 节介绍了主要线性模型的解释：线性回归、逻辑回归和评分卡模型的解释。

14.4 节则介绍了树模型的解释，并介绍了开源包 Treeinterpreter 的原理和使用。

14.5 节介绍了模型无关的解释方法。模型无关的特征重要性方法则通过置换特征来实现，本质上是通过打破特征间关联的一种方法。LIME 是模型无关的局部解释方法，通过构建局部线性回归实现解释，其实现简单、执行高效、可视化良好，因而被广泛使用。SHAP 综合了多种解释方法论并结合博弈理论，被认为是目前最有力的解释工具，可作为特征重要性的统一度，能得到公平、准确和一致性的解释。

当然，现有的解释工具可能并不完美，但它们可以帮助我们理解模型和数据，从而做出更好的决策。

CHAPTER 15

第 15 章

模型上线之模型即服务

按照机器学习项目工程实践流程，到本章说明我们已经构建好了机器学习模型，并且到了真正发挥模型实际价值的时候了。

本书的目标是机器学习的软件工程实践，为企业构建机器学习应用和机器学习系统。我们的目的不再是在个人在电脑上学习或是参加比赛，而是用更真实的方式使用模型，构建具有企业应用价值的模型服务，完成机器学习应用生命周期的闭环。模型上线即模型发布，在生产环境发布具有预测功能的机器学习服务。为了突出模型上线的核心，书中将模型服务从技术架构上解耦，以独立的服务或微服务的形式展现给读者，避免牵涉过多的 IT 技术细节，本章将提供模型预测的 RESTful Web API 构建相关技术。当结合微服务的理念时，将产生新的名词：模型即服务，本章将提供基于 Docker 容器化技术的大规模模型部署架构与实现。

很明显，本章将涉及较多的软件工程技术，例如 Linux 服务部署以及本章重点的模型微服务 Docker 容器化应用。要落地机器学习，我们必须具备一定的工程和系统搭建的能力。有人说数据科学家（Data Scientist）是在统计和机器学习方面比任何软件工程师都要好的人，而在软件工程方面比任何统计和机器学习工程师都要好。你期望成为这样的数据科学家吗？这正是本书的目标！

15.1　模型上线方案

我们将模型预测的形式简单地分为线上和线下预测。线下指的是手动或定时批处理预测，表现为离线预测，例如模型一周运行一次，给这段时间的用户评级；而下文讨论的是线上模型的部署，一般表现为实时预测。这一部署过程称为模型上线，即将构建好、评估好的模型上线提供功能或服务的过程。在这个过程中，需要重视企业现有 IT 架构，确保模型集成和系统顺利融合。IT 架构涉及企业后台服务架构、数据库或存储系统、监控与运维系统等。总之，模型的部署依赖模型预测形式和企业 IT 环境。

15.1.1　是否提供独立服务

从模型是否单独提供服务来划分，我们将模型上线分为如下两种。

- 嵌入式：将模型作为整个系统功能的一部分，嵌入宿主中，由宿主负责模型集成和预测等功能。
- 独立式：将模型进行封装，独立提供服务，常见的有远程过程调用和更为轻量和通用的 Web API 服务。

嵌入式上线方式中，模型与其他业务系统集成紧密。不仅要求 IT 系统能够支持模型的集成，还需负责模型预测结果的应用、保存、监控等；每当模型迭代和或变更后要求同步更新该系统。很明显此方式耦合较为严重，一般属于模型应用的初级阶段。例如回归模型，便于集成和业务系统上线。

独立式上线方式中，模型与其他业务系统彼此解耦，完全独立。业务系统作为调用方，模型服务作为服务提供方，互不影响。模型服务完全自治，实现预测、日志保存和监控等功能。该方式是模型应用的成熟阶段，对建模人员或企业相关技术部门有一定要求，是模型即服务实现的直接方式。

这两种方式是企业模型上线的常见做法，本章着重介绍独立式模型上线方法。当然模型上线还涉及线上测试、自动化测试、灰度测试、回归测试、A/B 测试、新旧模型比较与报告等，书中不再一一叙述。相关技术成熟的公司能实现较为自动化的模型上线流程。

15.1.2　是否提取模型细节

如果能从模型中方便地提取规则或系数，那么模型上线将变得非常简单，例如提取回归模型的系数。根据是否提取模型规则或系数，我们可以将模型上线划分为如下两种。

- 提取法：提取模型中的规则或系数，模型上线只需实现规则的部署或系数的表达式。
- 模型法：使用原生的模型，通过模型序列化保存后，上线时构建同样的模型环境，加载模型进行预测。

提取法上线方式一般要求模型的规则或系数支持提取，或提取较为简单。例如下文介绍的决策树规则提取和回归模型系数。该上线方式非常简单，最终表现为 if-else 类型的语句形式，上线的便捷是简单模型应用广泛的原因和优势之一，毕竟复杂的模型上线也更复杂。该上线方式适用于模型应用初期和成熟期。不过，相比简单的提取法，下文提到 PMML 和 ONNX 可看作是更高级、更复杂也更通用的模型提取法。

模型法相比提取法，要求构建适合模型运行的环境，且要求该环境与模型训练时环境一致，比如核心的库版本要求一致。由于模型法上线使用了原生的模型，也可以使用原生的各类数据处理和特征处理的库，适合各种模型的上线，且与原效果一致。该上线方式常见于模型应用的成熟期。

下文我们介绍不同类型的上线方式使用到的各项技术。

15.2　提取系数上线：回归模型和评分卡

回归及其衍生模型评分卡能够直接提取其系数或分值，因而更容易上线。

回归模型示例：以第 9 章的逻辑回归模型为例，直接输出回归模型的截距和系数，它们根据回归表达式直接硬编码到上线系统中，表现为简单的算术相乘求和表达式。

```
# 回归系数
lr.coef_[0]
# 截距项
lr.intercept_[0]
```

评分卡的例子：参考表 9-4。直接根据变量取值区间对应的评分累加即可，表现为 if-else 和 sum 表达式。

15.3　自动规则提取上线：决策树示例

第 10 章详细讲述了决策树的结构，从第 14 章可知决策树模型具有良好的可解释性，树构造中的每个分支实际就是一条测试或判断规则，树从父结点到叶子结点的路径就是一组测试或判断的条件。追寻这条路径，能直接地解释一个样例被认为是正例或负例的原因。简单来说树模型就是规则的集合，可直接转化为 if-then-else 这样通用的程序表达式，从而便于和其他编程语言集成上线。

为了便于演示，图 15-1 展示了 sklearn 中当决策树深度为 3 时的树结构和结点编号。

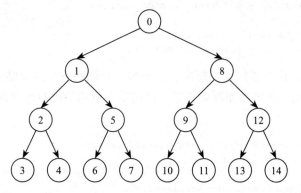

图 15-1　sklearn.tree.DecisionTreeClassifier, max_depth=3 树结构

DecisionTreeClassifier 类中有几个主要的属性在规则化的过程中需要被用到，更详细的类属性可参考官方 API ⊖或部分源码⊜。

⊖　https://scikit-learn.org/stable/modules/generated/sklearn.tree.DecisionTreeClassifier.html#sklearn.tree.DecisionTreeClassifier

⊜　https://github.com/scikit-learn/scikit-learn/blob/master/sklearn/tree/tree.py

- tree_.children_left：存储了左子树。
- tree_.children_right：存储了右子树。
- tree_.threshold：存储了分支的阈值。
- tree.tree_.featur：存储了特征的索引。
- 结点值为 sklearn.tree._tree.TREE_LEAF（-1）时表示叶子结点。

下面的代码定义了这些的属性：

```python
class DtRules2Code:
    le = '<='
    gt = '>'

    def __init__(self, clf, feature_names):
        '''
        1. 默认 0.5 为阈值，判断为 0 或 1，可根据 value[node] 中的值自行修改为指定的阈值
        2. 未对结果条件进行去重（所以存在冗余的判断）
        '''
        # 左右两棵子树
        self.left = clf.tree_.children_left
        self.right = clf.tree_.children_right
        # 结点分隔的阈值，示例取了 3 位小数
        self.threshold = np.round(clf.tree_.threshold, 3)
        # 取得对应特征名字
        self.features = [feature_names[i] for i in clf.tree_.feature]
        # 预测值
        self.value = clf.tree_.value
        # 样本数量
        self.samples = clf.tree_.n_node_samples
    # 格式化对齐
    def _print_tab(self, tabdepth):
        print('    ' * tabdepth, end='')
```

根据该类结构，只需递归地解析左、右子树，并取到每个分支结点的特征和阈值就实现了树模型的规则化。实验数据准备如下：使用第 3 章的随机数生成方法，生成 1000 行样本和 3 个特征。

```python
from sklearn.datasets import make_classification
# X 为样本特征，Y 为样本类别输出，
# 共 1000 个样本，每个样本 3 个特征，输出有 2 个类别，没有冗余特征，每个类别一个簇
X, y = make_classification(n_samples=1000,
                           n_features=3,
                           n_redundant=0,
                           n_informative=1,
                           n_clusters_per_class=1,
                           n_classes=2,
                           random_state=42)


col_names = ['v1','v2','v3']
```

构建深度为 3 的决策树：

```
from sklearn.tree import DecisionTreeClassifier
# sklearn == 0.21.2
clf = DecisionTreeClassifier(max_depth=3,random_state=42)
clf.fit(X,y)
```

15.3.1　规则转化为 Python 代码

根据 Python 语法和规范输出规则化 Python 代码：

```
class DtRules2Code:
    # ……
    def generate_python_code(self):
        def recurse(node, tabdepth=0):
            if (self.right[node] != TREE_LEAF or self.left[node] != TREE_LEAF):
                self._print_tab(tabdepth)
                print('if ' + self.features[node] + ' <= ' +
                        str(self.threshold[node]) + ':')
                if self.left[node] != TREE_LEAF:
                    recurse(self.left[node], tabdepth + 1)

                self._print_tab(tabdepth)
                print('else:')
                if self.right[node] != TREE_LEAF:
                    recurse(self.right[node], tabdepth + 1)
                self._print_tab(tabdepth)
                print('')
            else:
                self._print_tab(tabdepth)
                print('# samples:{},detail:{}'.format(self.samples[node],
                                                    self.value[node]))
                self._print_tab(tabdepth)
                print('return ' + str(np.argmax(self.value[node])))

        recurse(0)
```

执行：

```
test_rules = DtRules2Code(clf,col_names)
test_rules.generate_python_code()
```

输出 Python 格式的代码（只截取了部分）：

```
if v3 <= 0.039:
    if v3 <= -0.489:
        if v3 <= -1.084:
            # samples:222,detail:[[221.   1.]]
            return 0
        else:
            # samples:177,detail:[[165.  12.]]
```

```
                return 0
        else:
            if v1 <= -0.186:
                # samples:45,detail:[[25. 20.]]
                return 0
            else:
                # samples:89,detail:[[67. 22.]]
                return 0
    else:
        # ......
```

上述代码可直接集成到 Python 开发的线上系统。

15.3.2　规则转化为 C/Java 等代码

同样的，使用 C/Java 语法和规范格式化输出规则化的代码。

```
class DtRules2Code:
    # ......
    def generate_c_code(self):
        def recurse(node, tabdepth=0):
            if (self.threshold[node] != -2):
                self._print_tab(tabdepth)
                print("if ( " + self.features[node] + " <= " +
                    str(self.threshold[node]) + " ) {")
                if self.left[node] != TREE_LEAF:
                    recurse(self.left[node], tabdepth + 1)
                self._print_tab(tabdepth)
                print('} else {')
                if self.right[node] != TREE_LEAF:
                    recurse(self.right[node], tabdepth + 1)
                self._print_tab(tabdepth)
                print('}')
            else:
                self._print_tab(tabdepth)
                print('//samples:{},detail:{}'.format(self.samples[node],
                                                self.value[node]))
                self._print_tab(tabdepth)
                print('return ' + str(np.argmax(self.value[node])), ';')

        recurse(0)
```

执行下述的语句将输出 C 语言格式的代码。其他编程语言可根据类似逻辑实现。

```
test_rules.generate_c_code()
```

15.3.3　规则转化为 SQL 代码

有时模型上线选择直接在数据库中执行，而无须其他的 IT 系统的参与，此时可以将其转化为 SQL 语句。下述代码实现了该转化：

```python
class DtRules2Code:
    # ......
    def generate_sql_code(self, class_names=None):
        # 获取所有的叶子结点索引
        idx = np.argwhere(self.left == TREE_LEAF)[:, 0]

        # 递归找父结点，从而获取决策路径
        def get_node_path(left, right, child, lineage=None):
            if lineage is None:
                lineage = [child]

            if child in left:
                parent = np.where(left == child)[0][0]
                split = 'l'
            else:
                parent = np.where(right == child)[0][0]
                split = 'r'
            lineage.append(
                (parent, split, self.threshold[parent],
                                self.features[parent]))
            # 当递归到根结点后，排序
            if parent == 0:
                lineage.reverse()
                return lineage
            else:
                return get_node_path(left, right, parent, lineage)

        # 构造 case when else end 语句
        print('CASE ')
        for j, child in enumerate(idx):
            clause = '  WHEN '
            # 找到每个叶子结点的决策路径
            for node in get_node_path(self.left, self.right, child):
                if not isinstance(node, tuple):
                    continue
                i = node
                if i[1] == 'l': sign = self.le
                else: sign = self.gt
                clause = clause + i[3] + sign + str(i[2]) + ' AND '

            clause = clause[:-4] + ' THEN ' + str(np.argmax(self.value[child]))
            print(clause)
        print('ELSE -1 END')
```

执行下述的语句。

```python
test_rules.generate_sql_code()
```

输出:

```
CASE
```

```
         WHEN v3<=0.039 AND v3<=-0.489 AND v3<=-1.084   THEN 0
         WHEN v3<=0.039 AND v3<=-0.489 AND v3>-1.084    THEN 0
         WHEN v3<=0.039 AND v3>-0.489 AND v1<=-0.186    THEN 0
         WHEN v3<=0.039 AND v3>-0.489 AND v1>-0.186     THEN 0
         WHEN v3>0.039 AND v3<=0.377 AND v3<=0.354    THEN 1
         WHEN v3>0.039 AND v3<=0.377 AND v3>0.354     THEN 0
         WHEN v3>0.039 AND v3>0.377 AND v2<=-0.835    THEN 1
         WHEN v3>0.039 AND v3>0.377 AND v2>-0.835     THEN 1
ELSE -1 END
```

读者或许也已经发现，规则是可以简化的。例如上述的第一条 WHEN 语句可以简化为：

```
WHEN v3<=-1.084   THEN 0
```

树模型一旦规则化后，剪枝或合并将变得灵活起来，任何一个判断项甚至一条规则都可能被移除。下面给出一个类似决策树剪枝的算法描述：

> 设置误差阈值 t；
> 1. 在每条规则中，尝试移除每条规则中的测试 / 判断项，计算该操作带来的误差增加；
> 2. 记录最小误差项并判断是否小于 t，满足时移除对应规则项；
> 3. 重复步骤 1、2，直到没有满足小于 t 的规则项。

关于规则修剪的实现，交给感兴趣的读者自行操作。

15.4　PMML 和 ONNX

模型上线的核心需要解决环境一致性问题，这个问题在第 2 章已经提供了 Python 环境一致性问题的解决方案。当企业线上 IT 架构和模型训练环境或语言不一致且采用嵌入式上线方式时，需要解决平台一致性问题。在机器学习领域，PMML（（Predictive Model Markup Language，预测模型标记语言）和 ONNX（Open Neural Network Exchange[⊖]，开放神经网络交换格式）是实现跨平台模型上线的两种选择，后者更多应用于深度学习领域。由于 PMML 和 ONNX 终归不是原生模型，模型表达上可能出现精度损失，例如数值计算中处理之间的差异，这需要实践中加强测试和验证，并预估到差异的可能性。

15.4.1　PMML

PMML 由 DMG（Data Mining Group，一个商业和开源数据挖掘公司联盟）开发，是一种基于 XML 的格式，它为应用提供了一种定义统计和数据挖掘模型的方式，同时在支持 PMML 的应用程序之间提供了共享模型的方法[⊖]，从而解决了模型在不同平台、不同模型提供方上环境和兼容性问题。由于 PMML 最终将模型转化为可读的形式化语言 XML，某种程度上说 PMML 实现了模型的解构，是黑盒模型的一个工具。在 PMML 中，模型的结构

⊖　https://github.com/onnx/onnx
⊖　http://dmg.org/pmml/pmml-v4-4.html

由 XML Schema 描述，其基本的结构示例如下：

```
<?xml version="1.0"?>
<PMML version="4.4"
    xmlns="http://www.dmg.org/PMML-4_4"
    xmlns:xsi="http://www.w3.org/2001/XMLSchema-instance">

    <Header copyright="Example.com"/>
    <DataDictionary> ... </DataDictionary>

    ... a model ...

</PMML>
```

上述内容只描述了基础信息，例如版本号等描述信息。一个 PMML 文档中可以包含一个或多个模型和模型的融合集成，其基本的结构中包含了：命名约定、模型的定义、数据类型和实体的定义、数组和矩阵等描述。更多详情请参考官方文档[⊖]，官方右侧的书签描述了 PMML 对数据统计、数据挖掘涉流程的详细定义（从数据定义到模型验证，包含数据预处理与后处理）。通过 PMML 可实现建模过程的详细记录，从而在线上复原模型。总体来说，PMML 内容较为繁杂，主版本号也已更新到 4，已有相关的开源的库实现了从建模过程到 PMML 的转化。

PMML 发展历史已超 10 年，主要的模型开发语言、库、软件都支持建模的 PMML 导出，例如，sklearn（Python）、R、SPSS；支持诸如 spark、xgboost、lightgbm 等开源算法包，甚至包括和 PostgreSQL 数据库的集成[⊜]。企业 IT 架构后端是 Java 的场景常使用 PMML 的上线方式，由于涉及过多其他技术，我们不再讲述如何在 Java 中加载和处理它们，有需求的读者请自行查阅相关资料，GitHub 中的 Java 接口 jpmml[⊜]包含了大量的工程实践开源库。下文以 sklearn 为例说明 pmml 文件的生成，在使用之前请先安装 sklearn2pmml^⑩，并确保系统路径下的 Java 版本不低于 1.8。

```
pip install sklearn2pmml
```

使用决策树建模示例代码：

```
from sklearn.datasets import load_iris
from sklearn.tree import DecisionTreeClassifier
from sklearn2pmml import sklearn2pmml
from sklearn2pmml.pipeline import PMMLPipeline

data = load_iris()
X = data.data
```

⊖　http://dmg.org/pmml/v4-4/GeneralStructure.html

⊜　https://github.com/jpmml/jpmml-postgresql

⊜　https://github.com/jpmml

⑩　https://github.com/jpmml/sklearn2pmml

```
y = data.target
# 包装 pipeline
pipeline = PMMLPipeline([("classifier",
        DecisionTreeClassifier(max_depth=8))])
pipeline.fit(X, y)

# 将 pipeline 转化为 pmml
sklearn2pmml(pipeline, "example.pmml", with_repr=True)
```

在当前路径下保存的 DecisionTreeClassifier.xml 存储了上述模型的内容，该文件可被支持 PMML 协议的应用解析并使用，如上文的提到的 jpmml，从而实现使用 Python 进行模型训练，并在 Java 端进行部署的跨平台应用，如图 15-2 所示。

图 15-2　在 Python/sklearn 中训练，Java 中部署

注意：sklearn2pmml 中 PMML 的实现，并不一定匹配了最新版本的 PMML 规范。

当大数据量、复杂的模型使用 PMML 时，生成的文件可能非常大，这给模型存储、加载和预测、更新维护增加了一定的成本。

15.4.2　ONNX

ONNX 是一个开源社区项目，由 Microsoft、Facebook 和 Amazon 共同开发，是用于深度学习和传统机器学习模型的开放格式。相比 PMML，ONNX 的应用厂家和合作伙伴似乎更多，其官网[⊖]列举了大量的支持企业，包括国内的 BAT 等。同样的，ONNX 也支持跨库、语言存储和移植，支持大多数深度学习库，例如 Caffe2、Microsoft Cognitive Toolkit、MXNet、PyTorch 和 MATLAB，也包含 LightGBM 等。

ONNX 规范由以下组件组成，实现了模型的描述和表达[⊜]：

- 可扩展计算图模型的定义，自有的序列化格式。
- 标准数据类型的定义，包含张量（tensors）、序列类型（sequences）和图类型（map）三大类。
- 内置运算符的定义，描述了可用的运算符、版本和状态。

由于 ONNX 主要应用于深度学习领域模型，传统机器学习模型反而应用不多，其官方的 GitHub 中有一个关于 sklearn 的项目[⊛]，简要使用示例如下。使用之前需要先安装：

```
pip install skl2onnx
```

⊖ https://onnx.ai/

⊜ https://github.com/onnx/onnx/blob/master/docs/IR.md

⊛ https://github.com/onnx/sklearn-onnx

我们使用上述的决策树模型：

```
from skl2onnx import convert_sklearn
from skl2onnx.common.data_types import FloatTensorType

# 模型训练
clf = DecisionTreeClassifier()
clf.fit(X, y)

# 转化为 ONNX 格式存储，输入的是 4 维的 float 特征
initial_type = [('float_input', FloatTensorType([1, 4]))]
onx = convert_sklearn(clf, initial_types=initial_type)
with open("DecisionTreeClassifier.onnx", "wb") as f:
    f.write(onx.SerializeToString())
```

该文件可被支持 ONNX 格式的应用解析并使用（官方提供了 Python/C/C++/C# 等接口），从而实现跨平台部署和应用，如图 15-3 所示。

图 15-3　Python/sklearn 等训练，Python/C/C++/C# 中部署

相比 PMML 的 XML 标记语言，ONNX 使用了独有的序列化格式存储，所以其模型文件更为精简。

另外，机器学习平台 H2O.ai 还支持 POJO 和 MOJO 的模型格式的上线。

15.5　编译为共享库加速预测

众所周知，C 语言性能高于 Python，如果能够将模型解析为 C 程序，那么将得到明显的性能提升，在大规模高负载预测和资源较紧张的场景下优势将非常明显。该方案与 15.3 节的规则提取方案类似，但更为通用。

15.5.1　Treelite 原理

Treelite [⊖] 将集成树解析为 C 代码并编译为动态共享库，从而实现 Python 到 C 语言的转化，其官网显示有 2 ～ 6 倍的性能提升。目前它直接支持 XGBoost、LightGBM、scikit-learn 中的多个树模型，例如 sklearn.ensemble 中的：RandomForestRegressor、RandomForestClassifier、GradientBoostingRegressor、GradientBoostingClassifier。对于其他未直接支持的树模型则需用户使用额外的接口或 Google 开源的 protobuf 协议编码实现。

实现原理如图 15-4 所示。

⊖　https://treelite.readthedocs.io/en/latest/

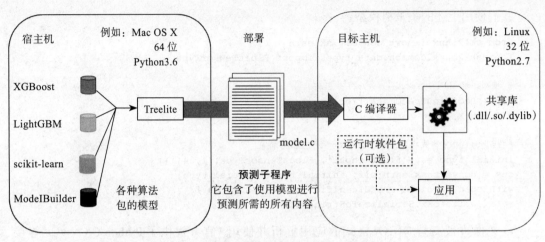

图 15-4　treelite 工作原理（参考官网主页）

Host Machine 指的是训练模型和安装了 treelite 包的主机，Target Machine 指的是最终模型预测所在的主机，在嵌入式领域一般将前者称为宿主机而后者称为目标主机。

共享库在不同的操作系统中有约定成俗的后缀名：

- Windows: .dll。
- macOS X: .dylib。
- Linux / UNIX: .so。

15.5.2　使用示例

下面的示例主要在 Host Machine 上进行。

安装：如果使用下面的命令执行失败，请使用源码安装，这要求主机中已经部署好编译工具链。

```
pip3 install treelite
```

编译工具链，需要在对应的操作系统准备好 gcc、clang、msvc（Microsoft Visual C++）。如 Linux 中的 make、gcc、cmake。

开发、训练模型：此处使用 boston 房价数据集和 xgboost 中的回归树模型：

```
from sklearn.datasets import load_boston
X, y = load_boston(return_X_y=True)

import xgboost
# 原生方式使用 xgboost
dtrain = xgboost.DMatrix(X, label=y)
```

```
params = {'max_depth':3, 'eta':1, 'silent':1, 'objective':'reg:linear',
          'eval_metric':'rmse'}
bst = xgboost.train(params, dtrain, 20, [(dtrain, 'train')])
```

模型载入 treelite：将上述在内存中的模型载入。

```
import treelite
model = treelite.Model.from_xgboost(bst)
```

编译为共享库：笔者在 Linux 下操作所以使用 gcc，编译后的共享库 mymodel.so 保存在当前路径下，是一个约 16KB 大小的 so 文件。

```
model.export_lib(toolchain='gcc', libpath='./mymodel.so', verbose=True)
```

对于大模型，则可使用 export_lib 接口和指定并行的方式导出共享库。

线上环境加载：将上述共享库文件复制到上线的主机，并运行下面的代码。

```
import treelite.runtime
predictor = treelite.runtime.Predictor('./mymodel.so', verbose=True)
# 将显示类似加载成功的提示: Dynamic shared library /root/mb/treelite/mymodel.so has
    been successfully loaded into memory
```

预测 boston 房价数据集的 0 ～ 5 个样本示例：细节上，使用 from_npy2d 从 numpy 的多维数据读取数据，对于稀疏的数据请使用 from_csr。

```
batch = treelite.runtime.Batch.from_npy2d(X, rbegin=0, rend=5)
predictor.predict(batch)
```

输出结果为：

```
array([20.186111, 34.48005 , 37.285862, 33.69207 ], dtype=float32)
```

15.5.3　部署方法

由于编译与操作系统（底层库）有关，上述示例中的 mymodel.so 只能在相同的环境下使用，即要求宿主机和目标主机环境一致，此时并没有迁移和部署的成本。

如果在 Windows 中开发模型，Linux 中上线，那么必须使用原始的 C 代码，并在 Linux 中编译。这里涉及两个环境：主机环境是否一致、是否安装有 treelite 包的多种情况。实际上，只需导出原始的 C 代码，然后在不同的操作系统中编译即可。

实际上，企业中一般都在 Linux 中开发和上线，环境迁移和部署的成本很少。

导出原始 C 代码和编译脚本，在当前目录中生成 mymodel.zip。

```
# model: treelite.Model 的实例
# 如在 Windows 中开发模型，要移植到 Linux: platform='unix', toolchain = 'gcc'
model.export_srcpkg(platform=platform,
                toolchain=toolchain,
```

```
                    pkgpath='./mymodel.zip',
                    libname='mymodel.so',
                    verbose=True)
```

使用如下的命令导出运行时相关系统依赖，当前目录生成 treelite_runtime.zip。

```
treelite.save_runtime_package(destdir='.')
```

上述两个 zip 文件包含了移植所需的所有源文件、依赖库的头文件和 Makefile 编译脚本，之后在新的操作系统下解压和编译即可，使用下面的命令序列（以 Linux 为例）：

```
cd runtime/build
cmake ..
make
cd mymodel
make
```

执行完上述命令序列后得到可在目标主机加载的 mymodel.so 文件。

Treelite 由 C++ 编写，提供了 C 和 Java 的开发接口（当然还有上述 Python 的接口），可使用这些原生的语言进行相关操作，此外该 Git hub 项目中还包括了 Java 版的 Treelite4J，详情请参考官网，并推荐在实践中使用。

15.6 原生模型持久化

在 Python 环境下开发的机器学习模型，使用相应的持久化技术保存模型——序列化 Python 对象（模型的内存形式）为文件，实现永久存储。该文件一般表现为二进制，和其他文件一样可随意复制或移动到需要的地方，实现训练好的模型移植和发布。该过程称为模型持久化（Persisting the Model）。

初学者或者外行人常问：模型是什么？有人说模型是数学表达式，有人说是一些规则或一堆代码，是一个可以预测未来的程序等。你会如何解释呢？

Python 中使用 Pickle⊖序列化方法保存 Python 对象，sklearn 中推荐使用 joblib 库⊜实现模型的持久化，该实现能更有效地处理 numpy 数组⊕。下面演示了两者的使用方法。

Pickle 接口：将对象 obj 保存到文件 file。

```
pickle.dump(obj, file, protocol=None, *, fix_imports=True)
```

主要的参数解释如下所示。

⊖ https://docs.python.org/3.6/library/pickle.html
⊜ https://joblib.readthedocs.io/en/latest/
⊕ https://scikit-learn.org/stable/modules/model_persistence.html

- obj：待保存的 Python 对象。
- file：文件句柄。
- protocol：序列化协议版本，取值范围为 0 到 pickle.HIGHEST_PROTOCOL（4）。默认为 pickle.DEFAULT_PROTOCOL，其值为 3，适用于 Python 3。

Joblib 接口：功能与 pickle 类似，将 value 对象保存到 filename，同时支持文件压缩。

```
joblib.dump(value, filename, compress=0, protocol=None, cache_size=None)
```

主要的参数解释如下所示。

- compress：是否压缩或确定压缩级别，值越大压缩比越高，适用于大模型的保存。
- protocol：与 pickle 中的协议参数含义一致。

---

joblib 库除了持久化功能外，实际上其更重要的功能是提供多进程和多线程的编程接口，感兴趣的读者可进一步了解。

15.6.1 写接口

将上述两种方法封装为统一的接口 save_model2file() 使用：

```python
import pickle
import joblib
# Pickle 的 C 语言编译版本
#import cPickle as Pickle

def pickle_save(a_object, full_name):
    with open(full_name, 'wb') as fo:
        print("Save object to {}".format(full_name))
        pickle.dump(a_object, fo)
    return full_name

def joblib_save(a_object, full_name, compress=True):
    if compress == True:
        print('compress to .z file')
        full_name = full_name + '.z'
    print("Save object to {}".format(full_name))
    joblib.dump(a_object, full_name, compress=compress)
    return full_name

def save_model2file(model, full_name, type='joblib', compress=True):
    if type == 'joblib':
        return joblib_save(model, full_name, compress=compress)
    elif type == 'pickle':
        return pickle_save(model, full_name)
    else:
        print('Bad save "type",should be:[joblib|pickle]')
```

save_model2file() 接口使用示例，输出的 svm_svc_model.z 文件供后续使用。

```
# scikit-learn==0.21.3
from sklearn import svm, datasets
clf = svm.SVC(gamma='scale')
iris = datasets.load_iris()
X, y = iris.data, iris.target
clf = svm.SVC(gamma='scale')
clf.fit(X, y)
# 使用封装后的接口
save_model2file(clf,'svm_svc_model')
```

输出结果为：

```
compress to .z file
Save object to svm_svc_model.z
```

15.6.2　读接口

相应的，我们要实现线上环境下读取模型文件的接口：

```
import os
def load_pickle_modelfromfile(model_path):
    with open(model_path, 'rb') as fo:
        return pickle.load(fo)


def load_joblib_model(model_patha):
    return joblib.load(model_path) if os.path.isfile(model_path) else None


def get_model(model, type='joblib'):
    """ Get model form RAM or pickle or joblib file """
    if isinstance(model, str) and type == 'joblib':
        return load_joblib_model(model)
    elif type == 'pickle':
        return load_pickle_modelfromfile(model)
    else:
        return model
```

使用示例如下，得到的内存模型将和上述 clf 模型一致。

```
t = get_model('svm_svc_model.z')
```

15.7　RESTful Web Services 构建

上文已经存储了原生的模型文件，下面讲述基于模型文件构建独立的模型服务，该服务依赖于 Web 相关技术，提供 RESTful[⊖]格式的 API。

该构建技术独立于机器学习技术，机器学习模型的独立上线方式只是 Web 服务技术的

⊖　https://en.wikipedia.org/wiki/Representational_state_transfer

应用之一。下文以 sklearn 模型为例，该 Web 服务独立于 sklearn，例如该 Web 框架可以使用 ONNX 格式的模型文件，并提供 API 服务。书中我们以 Python Flask 进行讲解，实践中可使用企业内成熟的 HTTP 组件来构建 Web 服务。其执行流程如图 15-5 所示：调用方调用 Web 服务 API，Web 服务调用原生模型，并返回结果。这种以 HTTP 的形式暴露 API 的方式是各大互联网厂商对外提供相关服务的行业标准。

图 15-5　独立的模型服务调用流程

Flask 是一个轻量级的 WSGI Web 应用程序框架，已经成为最受欢迎的 Python Web 框架之一[⊖]。它可以轻易创建一个 RESTful API，当向该接口发送模型数据时，将返回一个预测作为响应。

15.7.1　快速构建 API 服务

2.3.4 节中快速构建了一个简单的 Flask Web 服务，接下来我们使用 flask_restful 快速构建模型 RESTful 格式的 API。

导入 Flask 相关接口：

```
from flask import Flask,request
from flask_restful import Api,Resource
```

实例化 Flask：

```
app = Flask(__name__)
api = Api(app)
```

加载训练好的模型，此处以上述保存的模型为例：

```
model = get_model('svm_svc_model.z')
```

构建预测函数：

```
def predict(web_args):
    # web_args 字典格式
    keys = ['sepal_length', 'sepal_width', 'petal_length', 'petal_width']
    data = [web_args.get(k) for k in keys]
    return model.predict(np.array(data).reshape(1, -1))[0]
```

⊖　https://palletsprojects.com/p/flask/

构建预测处理句柄，以 JSON 格式传入参数（特征），并以 JSON 格式返回预测结果：

```
class PredictionHandler(Resource):
    def post(self):
        # 获取网络请求数据
        json_data = request.get_json(force=True)
        # 预测
        try:
            result =predict(json_data)
        # 异常处理
        except Exception as e:
            result = -1

        if result == -1:
            return {'result':-1}
        else:
            return {'result':int(result)}
```

设置 Api resource 路由（抽象的 RESTful 资源），构建的 API 格式为：http://ip:port/ model/predict。

```
api.add_resource(PredictionHandler, '/model/predict')
```

主函数中以调试状态运行：

```
if __name__ == '__main__':
    app.run(debug=True)
```

将上述代码保存为 svm_svc_model_server.py，并运行：

```
[~/book/17] $ python svm_svc_model_server.py
 * Serving Flask app "svm_svc_model_server" (lazy loading)
 * Environment: production
   WARNING: This is a development server. Do not use it in a production
       deployment.
   Use a production WSGI server instead.
 * Debug mode: on
 * Running on http://127.0.0.1:5000/ (Press CTRL+C to quit)
 * Restarting with stat
 * Debugger is active!
 * Debugger PIN: 188-299-337
```

构建 POST 的请求，例如在支持 curl 命令的 Linux 中执行，将输出预测结果 0：

```
curl -H "Content-Type:application/json" -X POST -d '{"sepal_length": 5.1,
    "sepal_width": 3.5, "petal_length": 1.4, "petal_width": 0.2}' http://
    localhost:5000/model/predict
{
    "result": 0
}
```

上述不到 50 行的代码就构造了一个 RESTful Web Services，提供预测 iris（鸢尾花）数据集类别的独立的模型服务。该服务现在可以接收特征并预测，之后从网络上返回模型的预测结果。

除了手动使用 curl 命令构造 HTTP 请求，当然可以使用相关编程语言实现该请求，例如 Python 中的 requests 包，可参考如下的例子构造自动化的测试脚步：

```python
import requests, json
url = 'http://localhost:5000/model/predict'
json_data = {
    "sepal_length": 5.1,
    "sepal_width": 3.5,
    "petal_length": 1.4,
    "petal_width": 0.2
}
headers = {'content-type': 'application/json'}
r = requests.post(url, data=json.dumps(json_data), headers=headers)
print(r.text)
```

15.7.2　自动化模型上线框架设计与实现

上述构建的模型服务的示例，突出了使用 Flask 构建模型服务的核心方法，使用的是开源数据集，数据未做任何特征工程，服务端未做任何异常处理、日志处理等，这与企业真实的模型上线还有一定的差距！

先看看平时我们是如何做模型预测的，如图 15-6 所示。

图 15-6　调用模型预测过程示例

图 15-6 是构建模型服务的参考原型。当上述过程需要重复或定期执行预测该如何解决？一般使用调度工具（如 crontab）或系统将上述流程集成起来。

这样的机器学习预测流程总结为单次或批量、手动或定期的预测服务。如何将这些过程转化为企业线上的、自动的、实时的预测服务呢，或者说如何将机器学习作为 Web 或移动应用呢？15.7.1 节的实现即是一种常见的解决方案，技术上提供 Web API 后台进程。作为系统，还需要做哪些附加的功能呢？日志、监控、负载均衡等是非常实际的问题。

除了解决上述技术领域的问题，还需要考虑各个模型上线的差异和共性的业务问题。流程和共性抽象为框架，差异作为自定义实现。下面讲述书中提供的企业级上线框架的设计和实现（后续称为该框架），其主要的功能或特点包括如下几项。

- 提供一致的上线接口：所有的模型上线方式都一致。
- 提供配置化的接口：配置模型唯一标识（访问名）、模型文件名、特征入模顺序、特征数据类型。
- 提供数据处理接口：特殊的数据处理需求接口，实现自定义数据处理过程。

- 提供预测结果格式化接口：模型预测结果可以是原始概率输出、类别输出也可以是自定义的输出格式。

1. 配置化设计

配置化设计的核心是抽象模型上线可能涉及的参数。该框架抽取了如下的模型上线参数，并以 yaml⊖ 文件格式组织，下面给出了一个配置示例：

```
### cony.yml
## 必填项
# 模型名称: 该名称将体现在 URL 上
model_name: ML_SE_example

# 是否有子模型, 没有子模型时, 使用 all 占位 child1 的位置
sub_models:
    child1:
        model_file: child1_model.xgb
        data_order: [a,c,b]
        data_dict:
            a: int
            b: float
            c: string
    child2:
        model_file: child2_model.xgb
        data_order: [b,ac,d]
        data_dict:
            a: int
            b: float
            c: int
            d: float
## 选填项
data_process:
    some_file: xxx.csv
    some_specific_feature: [a,b,c]
```

（1）必填项部分

关注如下的字段。

- model_name：模型名称，模型唯一标识，作为 URL 的一部分（也作为后台日志文件名等）。
- sub_models：模型详情配置字段。
- data_order：特征入模顺序。
- data_dict：接口调用时各个特征名和数据类型。

（2）选填项部分

配置文件中 data_process 指的是数据处理时，用户自定义的变量，定义内容没有限制，如果无特殊数据处理需要，保持为空即可。该部分的内容将以字典的形式自动传入用户实

⊖ https://yaml.org/

现的 dataprocess.py 中，由用户自行处理。如果模型用到了其他数据源，比如某个 csv 文件，请同样在该接口中处理。对于自定义的文件只需配置文件名即可，无须关心文件路径，框架将自动处理文件并直接给到使用者，请参考下一小节。

注意：为了框架的统一，所有的模型都需要提供 sub_models 下一级节点，比如某模型大类中，有不同的子模型（但统一使用该模型的接口）。当某个模型没有子模型时，要求定义为 all。

框架将实现上述配置的自动解析和相关功能。

2. 数据处理

15.7.1 中的示例中，没有体现任何数据处理过程，但实际中，每个模型往往有不一样的数据处理过程。这样的需求是框架必须考虑的。当然，如果无任何的数据处理需求，那么忽略该项即可。

当模型有数据处理需求时，请自行实现，并命名为 dataprocess.py。其中输入为字典格式数据（特征），kwargs 为用户在 conf.yml 中 data_process 字段下配置的参数，字典格式；输出是即将进入模型的数据，字典格式。该文件示例如下，请参考其中的注释：

```python
# -*- coding: utf-8 -*-
# Chanson
'''
当数据需要特殊的特征处理时，可定制化开发
'''
import pandas as pd
some_df = None


def data_process(data,submodel='all',**kwargs):
    ''' 要求
    1.data: dict 格式
    2.输出为 dict 格式，要求输出的字段与模型完全匹配（输出将进入模型）
    3.要求所有的子模型（child）的数据处理都在这单一的接口完成
    4.特殊的参数请通过 kwargs 传入
    5.type 为 web 请求中的 type 字段
    '''
    # example-1
    if submodel=='child1':
        ret = {}
        ret.update( {'b':data['b']} )
        ret.update( {'ac':data['a']+data['c']} )
        ret.update( {'d':data['d']+1000} )
        return ret
    else:
        return data

    # example-2
    return {"code":0,"result":0.123456,"msg":"success"}

    # example-3
```

```
global some_df
if some_df is None:
    some_df = pd.read_csv(kwargs['some_file'])
    print('some_df init')
else:
    print('some_df is already.')
    print(some_df)
some_specific_feature = kwargs['some_specific_feature']
```

注意：

1）如果"模型"只是对数据进行分析统计，没有真正的模型文件，那么要求 data-process.py 直接返回处理后的结果，其格式为字典，示例如上面的注释"example-2"。

2）当有文件读取时，请使用全局变量的方式实现，避免每次请求都读取磁盘。

3. 模型输出

模型的输出可能是概率也可能是转化后的值，例如设置二分类的阈值为 0.6，大于 0.6 输出为 1，否则输出为 0，此时需定制开发，并命名为 scorefromat.py。类似数据处理，当无须特殊格式化模型得分时，请忽略该项。

框架中默认的输出为：模型取得分数组中最后索引的值，对于二分类问题即为标签为 1 的概率得分，对于定制的（统计）模型得分原样输出。

4. POST 设计

该框架接口的请求和响应参数，统一使用 JSON 格式。

框架支持单条和批量数据预测。单条数据预测和批量预测 POST 内容稍有差异。一般应用场景为单条数据预测。传参时需要指明子模型（submodel）、传输的字段等。全部以 body 方式传入，HTTP 标识为：Content-Type:application/json。

下面以单条数据为例说明 POST 内容的写法。单条 body 数据包含 3 个字段，如表 15-1 所示。

表 15-1 POST 请求格式

参数名	类型	释义
submodel	string	模型子类型，比如某大类模型中包含 2 个子模型：child1、child2；当没有子模型时需要指定为 all
key	string	标识该条数据，用于框架记录日志使用，便于后续追溯，key 一般为 ID 类，比如用户手机号
data	dict	具体的字段

示例 JSON 内容如下：

```
{
"submodel": "child1",
"key": "12345678901",
"data": {
```

```
        "a": 4,
        "c": 71,
        "b": -1,
        "d": 8
    }
}
```

批量 JSON 数据包含多条"单条 JSON 格式",以 package 字段标识为批量,多条数据由列表组织。

```
{
    "package": [
    // 单条1,
    // 单条2
    ]
}
```

5. 响应设计

HTTP 请求的响应设计包括:返回码、标示和模型结果等。该框架接口的请求和响应参数,均使用 JSON 格式。

在单条请求中,返回数据中包含了该条数据的 key、submodel 和 result。其中 key 和 submodel 与请求参数中定义的一致,result 字段含义如表 15-2 所示。

表 15-2　POST 响应格式

参数名	类型	释义
code	int	0 表示正确,其他表示错误
msg	string	成功时为 success,失败时为对应的错误信息
score	/	该字段具体内容由模型开发人员定义。当 code 为 0 时表示本次模型预测的结果,当 code 为非 0 时该字段内容无效

批量返回与请求格式类似,以 package 字段标识为批量,多条数据由列表组织,此处不再详述。

注意: score 可以嵌套 JSON 以包含更丰富的信息,由用户自定义,框架本身未做此限制。默认情况下,框架返回模型正样本的得分值或格式化后的得分输出。当模型有自定义得分输出需要时,请参考上面的第 3 小节。

返回码的设计如表 15-3 所示。

表 15-3　返回码定义

状态码 (int)	释义	状态码 (int)	释义
0	成功	103	数据格式不匹配
-1	异常	201	不支持的子模型
101	无参数	301	用户错误:用户未按规范实现接口
102	JSON 格式不匹配	302	用户错误:用户实现与配置不一致

上述 5 小节的内容，每节都可编写相关的上线文档作为企业内部流程化和标准化的沉淀，抑或作为模型产品对外输出接口的描述。

6. 部署

Flask 构建服务快速且方便，15.7.1 节服务启动后，默认运行于本机的 5000 端口。该内置的服务器不能很好地扩展所以并不适合在生产环境中应用。Flask 官网部署页面提供了相关的部署选项⊖。在 "Self-hosted options：Standalone WSGI Containers" 选项下，包含如下几种部署方式：

- Gunicorn
- uWSGI
- Gevent
- Twisted Web
- Proxy Setups

请读者自行查看相关细节，书中选择 Gunicorn 部署。该部署方式非常简单，官网中提供了如下的几个示例⊖。可以使用 gunicorn -h 查看帮助。

```
# 直接启动
gunicorn myproject:app

# 启动 4 个工作进程，绑定 localhost 端口 4000
gunicorn -w 4 -b 127.0.0.1:4000 myproject:app

# 要求模块或包的名称，并且应用实例在该模块内部，如工厂模式
gunicorn "myproject:create_app()"
```

该框架部署脚本示例如下：

```
gunicorn -w 4 -b 0.0.0.0:8888 server:app --log-level INFO --error-logfile /mnt/
    gunicorn_err.log --daemon
```

该服务后台运行于 8888 端口，允许所有 IP 访问等。

Gunicorn（Green Unicorn）是 UNIX 类平台下的 Python WSGI HTTP Server，它能够兼容多种 Web 框架（如 flask、django），实现简单，占用资源少，速度也相当快。安装：pip install gunicorn。官网：https://gunicorn.org/。

---

7. 其他设计

除了主要功能的设计和实现外，框架实现的其他功能如下所示。

1）日志设计：记录了请求 IP 和 HTTP 的请求响应记录，包括请求 JSON 和返回 JSON，便于问题跟踪或统计。

⊖ https://flask.palletsprojects.com/en/1.1.x/deploying/
⊖ https://flask.palletsprojects.com/en/1.1.x/deploying/wsgi-standalone/#gunicorn

2）容错设计：对请求数据验证，对不同的错误提示相应的错误码，请参考表 15-3。
框架源码由以下几个文件组成。

- _conf.yml：默认的配置文件，例如默认启动的端口、是否检验数据等。
- _dataprocess.py：默认数据处理实现，无任何功能，直接返回原始数据。
- _scorefromat.py：默认返回值格式化实现，默认取得分数组中最后索引的值或预测类别值。
- initialize.py：框架初始化实现，完成配置文件的解析。
- server.py：框架服务功能实现，包括模型预测的几个流程，如获取请求参数、数据格式化、数据处理、数据排序、模型预测。
- utils.py：框架工具类实现，如模型读取、配置文件读取解析等功能。

server.py 中的预测流程体现在 predict_single 函数中：

```python
def predict_single(args):
    ''' 预测流程 '''
    subtype = get_dict_value(args, JSON_KEY_LIST[0])
    key = get_dict_value(args, JSON_KEY_LIST[1])
    data = get_dict_value(args, JSON_KEY_LIST[2])

    # 参数检查
    code, msg = check_single_args(args)
    if code != ErrCode.SUCCESS.value:
        return format_return(key, subtype, code, msg, result='')

    # 字典检查
    code, msg = check_orgin_data(data, subtype)
    if code != ErrCode.SUCCESS.value:
        return format_return(key, subtype, code, msg, result='')

    # 数据处理
    d = data_process(data, subtype, **g_models.data_process)
    if not isinstance(d, dict):
        msg = 'data_process() failed, \
                it should return a dict,but return:{}'.format(d)
        return format_return(key,
                        subtype,
                        ErrCode.USER_ERR1.value,
                        msg,
                        result='')   # 用户未按规范实现接口
    app.logger.debug('after data_process:{}'.format(d))

    # 特殊模型
    if g_models.models[subtype] is None:
        app.logger.debug('g_models.models[{}] is None'.format(subtype))
        _bad_msg = "There is no bin model file and data_process.py failed! \
                You should return format \
                {'code':xx,'result':yy,'msg':'success or others'}"
```

```
        if set(['code', 'result', 'msg'] != set(d.keys())):
            return format_return(key,
                                 subtype,
                                 ErrCode.USER_ERR1.value,
                                 _bad_msg,
                                 result='')  # 用户未按规范实现接口
        else:
            # 特征模型不进行格式化，要求直接输出目标结果
            return format_return(key,
                                 subtype,
                                 d['code'],
                                 d['msg'],
                                 result=d['result'])
    else:
        # 检查数据处理后的字段是否匹配
        # data_process 后要求匹配模型所有字段
        code, msg = check_processed_data(d, subtype)
        if code != ErrCode.SUCCESS.value:
            return format_return(key,
                                 subtype,
                                 ErrCode.USER_ERR2.value,
                                 'After data_process():' + msg,
                                 result='')  # 用户实现与配置不一致
        d = data_order(d, g_models.data_order[subtype])

        # 这里优先使用了 predict_proba
        try:
            result = g_models.models[subtype].predict_proba(d)
        except Exception as e:
            result = g_models.models[subtype].predict(d)

        result = score_format(result, subtype)
        return format_return(key,
                             subtype,
                             ErrCode.SUCCESS.value,
                             'success',
                             result=result)
```

上述源码请参考书中源码链接。

8. 框架部署示例

以上述的 iris（鸢尾花）分类模型为例说明使用框架的上线方式。新建如下的上线 conf.yml 配置文件：

```
model_name: classify_iris
sub_models:
    all:
        model_file: svm_svc_model.z
        data_order: [sepal_length,sepal_width,petal_length,petal_width]
        data_dict:
```

```
sepal_length: float
sepal_width: float
petal_length: float
petal_width: float
```

由于鸢尾花分类模型无数据处理，当不进行分数格式化输出，则只需提供上述的配置文件即可上线。

启动示例：

```
gunicorn -b 0.0.0.0:9876 server:app --log-level INFO --error-logfile gunicorn_
    err.log

Please visit: http://ip:9876/models/classify_iris/
```

测试示例：

```
curl -H "Content-Type:application/json" -X POST -d  '{"submodel": "all","key":
    "12345678901","data": {"sepal_length": 5.1, "sepal_width": 3.5, "petal_
    length": 1.4, "petal_width": 0.2}}' http://localhost:9876/models/classify_
    iris/
{"key": "12345678901", "subtype": "all", "result": {"code": 0, "msg": "success",
    "score": 0.0}}
```

15.8　基于 Docker 大规模微服务上线架构

各模型虽然可以由模型开发人员负责，包括服务上线、日志、API 与端口等的定义，但实际上使用了同一份框架代码。随着企业的模型越来越多，上述零散的、各自为政的方式必然会增加维护成本，进而出现交接困难甚至模型服务的冲突。

另外，模型服务是无状态的，即预测不会带来模型服务本身状态的改变。这种无状态的特性，本质上支持服务的横向扩展，从而解决大规模模型服务调用的性能问题：同一个模型部署多个服务，并同时运行，无须在服务间进行任何协调。而横向扩展在 Docker 中非常容易实现。为此，我们将上述的上线方式固化、标准化，并由称为模型运维工程师的角色进行统一规划和管理。

15.8.1　架构设计

本书提供的解决方案是：使用 Docker 打包上述上线框架，便于模型上线的分发；使用容器编排工具管理，提升模型智能运维水平和模型微服务演进；在上层部署 Nginx 的虚拟主机实现请求路由和接口统一，设对外接口统一为 http://server_ip:port/models/your_model_name/，顶层可继续加入负载均衡。

该架构方案实现了：

1）模型上线的标准化、规范化，方便模型服务的统一管理（端口、日志、逻辑等）。

2）使用容器技术，实现模型对环境的定制、环境隔离和管理，同时便于系统扩展。

3）提供统一的 Web API 接口，对外只有一个 IP 和端口，统一使用 POST 方法。

4）模型服务由 Docker 保障，在上层可继续加入其他保障，比如部署多台模型服务实现服务的横向扩容，并在上层加入负载均衡。

5）记录请求和输出的日志功能。

最终的模型上线方案是"容器部署编排 +API 服务 +Nginx"。当这样实现后，也就实现了模型部署和模型服务对模型开发人员和调用方的透明。该方案属于 IT 系统架构，后续可交于运维团队维护。

该模型架构如图 15-7 所示。

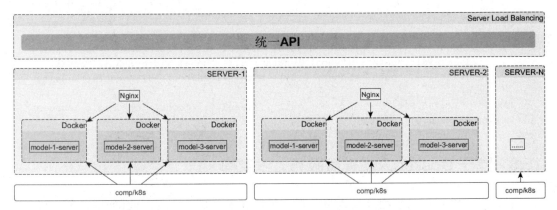

图 15-7　基于 Docker+Nginx 大规模模型上线架构

15.8.2　定制镜像

第 2 章我们详细介绍了 Python 环境的定制，以及 Docker 在定制化 Python 环境的便利性，这里我们依然会使用该技术，由 Docker 封装定制的 Python 环境和模型框架代码。

下面以 Anaconda3 为基础构造框架镜像示例：

```
# modelserver/py3:v1.0
FROM docker.io/continuumio/anaconda3

# 创建目录，镜像内框架源码目录
RUN mkdir /root/modelserver/
WORKDIR  /root/modelserver/

COPY ./_conf.yml        /root/modelserver/_conf.yml
COPY ./_dataprocess.py    /root/modelserver/dataprocess.py
COPY ./initialize.py     /root/modelserver/initialize.py.py
COPY ./_scorefromat.py    /root/modelserver/scorefromat.py
COPY ./server.py        /root/modelserver/server.py
COPY ./utils.py         /root/modelserver/utils.py
```

```
# 框架软件包需求 flask_restful,gunicorn
RUN pip install --upgrade pip
COPY ./requirements.txt /root/modelserver/requirements.txt
RUN pip install -r /root/modelserver/requirements.txt
```

15.8.3　编排可扩展服务示例

容器编排可以选用 Kubernetes 或 Docker-compose，书中使用后者演示。下面展示了两个模型容器编排的上线方法，docker-compose.yml 文件中的内容如下：

```
version: '3.1'

services:
    model_1_xx:
        container_name: model_1_xx
        image: modelserver/py3:v1.0
        ports:
            - "0.0.0.0:9001:8888"
        volumes:
            - ./model_1_xx:/mnt:rw
        command: bash -c "cd /root/modelserver/ && gunicorn -w 4 -b 0.0.0.0:8888
            server:app --log-level INFO --error-logfile /mnt/gunicorn_err.log
            --daemon && /bin/bash"
        stdin_open: true
        tty: true
        restart: always

    model_2_xx:
        container_name: model_2_xx
        image: modelserver/py3:v1.0
        ports:
            - "0.0.0.0:9002:8888"
        volumes:
            - ./model_2_xx:/mnt:rw
        command: bash -c "cd /root/modelserver/ && gunicorn -w 4 -b 0.0.0.0:8888
            server:app --log-level INFO --error-logfile /mnt/gunicorn_err.log
            --daemon && /bin/bash"
        stdin_open: true
        tty: true
        restart: always
```

宿主机中模型源码目录为当前目录，并映射到容器的 3 个目录：/mnt/src、/mnt/resource、/mnt/log。框架自动从上述路径中加载自定义的内容，从而实现宿主机和容器数据与文件的共享。

不同模型上线文件路径、容器端口等统一由模型运维工程师规划和维护。

假设部署了 Nginx 作为代理角色，设对外统一开放了 8001 端口，则：模型 1 的服务 API：http://server_ip:8001/models/model_1_xx/；模型 2 的服务 API：http://server_ip:8001/models/model_2_xx/。

15.9　本章小结

机器学习项目终于要落地了，本章全面讲述了模型上线的工程方法。将训练好的模型上线并提供服务是企业运用模型项目最后的里程碑。模型上线不仅需要考虑 IT 系统是否能够支持模型的集成、满足可扩展性和稳定性等要求，同时也需要考虑模型预测结果的应用、保存、监控等细节。

15.1 节将模型上线从不同的角度分为嵌入式和独立式、提取法和模型法，并在下文依次展开。

15.2 节介绍了将回归模型和评分卡的系数上线法。

15.3 节介绍了决策树模型的自动规则提取法，实现多语言的上线。

15.4 节介绍了最常见的两种通用模型格式：PMML 和 ONNX。这两种模型格式受到各大互联网厂商的广泛应用。

15.5 节介绍了 Treelite 原理和编译为共享库加速预测的实践过程。

15.6 节则介绍了原生模型的持久化方法和接口。

15.7 节重点介绍了如何构建 RESTful API 的 Web 服务，并设计和实现了自动化模型上线的框架。

15.8 节讲述了如何对上述框架进行封装并实现——基于 Docker 的大规模微服务上线架构，支持大规模可扩展的线上模型服务。

第 16 章

模型稳定性监控

数据建模的最终目的是将其应用到生产环境中以辅助工作人员更好地进行决策。模型监控是整个模型上线之后的最后一个重要环节，也是业务生产的开始。通过前面章节的工作，整个模型已经上线并且投入使用，其效果需要真实的业务进行验证。

在建模环节，模型调优是根据准备好的数据对模型进行效果评估。模型训练和调优完成后，在训练集和测试集以及跨时间验证集上（跨时间验证集主要是针对具有时间属性的一些建模问题，在金融领域比较常见）已经得到了比较好的预测效果，但是模型在真实环境中的预测值的有效性和鲁棒性均未进行分析，因此观察其在真实环境中的表现尤为重要。

本章我们将从几个核心指标进行检测：首先模型监控的概念和方法进行介绍；其次从模型预测结果入手，对群体稳定性指数（Population Stability Index，PSI）进行详细介绍，涵盖其理论和方法；然后从建模过程样本特征层面监控，对特征稳定性指数（Characteristic Stability Index，CSI）进行介绍并给出二者实现的课程代码；最后针对模型迁移问题，给出真实可行的建议和方法。

16.1　背景和监控方法

模型监控这一环节的产生是为了保证模型的可用性。本节内容主要从其产生的原因和主要监控的方法来展开讨论。

16.1.1　背景

模型训练完成后，在训练集、测试集和跨时间验证集上已经取得了比较好的效果，但是在真实上线之后的效果还未知。若模型效果良好，则无须调整；若模型预测的结果发生较大变化，即在真实环境中预测结果不稳定或者发生偏移，则可从如下两个角度展开分析和跟踪。

从业务角度看，模型发生变化是由于客群发生变化，本质是样本发生变化，从而导致关键特征发生变化。有以下几点原因：一是由于建模整个过程需要花费一定的时间，待模型完成再到上线，客群可能发生了变化，引起预测结果分布发生变化；二是模型上线一段时间，随着业务的开展，客群开始向某些人群迁移，以此造成预测结果波动，甚至出现不准确的情况。例如某公司建模时期的客群主要是二十多岁的年轻人，经过半年后，客群中中年人的比例逐渐增高，这一因素可能会导致与之相关的特征发生变化，从而引起模型结果分布变化。

从模型角度看，关键特征的取值发生了变化。模型特征的分布迁移会产生新的特性，而这些特性在建模环节准备的样本中难以覆盖到这些规则和知识。从而对于新的情形，原有模型的预测准确性会大打折扣。

16.1.2　监控方法

监控模型的关键是监控模型是否稳定。例如，当线上的预测指标和建模期间的预测指标分布差异较大时，有理由认为，线上的预测和建模期间的预测已经出现了偏差。交叉熵（KL 散度）能够衡量两个分布的差异程度，是衡量稳定性的一个参考指标。要注意的是，由于交叉熵的不对称性，变量计算的顺序需要在模型的生命周期内保持一致。

查看分布差异实际有很多方法：例如针对类别变量的卡方、最大信息系数；针对连续变量的 F 检验、KS 检验，都具有相关的效果。

在评分卡建模中，使用了与交叉熵类似的计算方式，该计算指标称为稳定性指数，用来衡量某指标实际的占比和预期的占比之间的差异程度。PSI 主要是针对预测结果进行监控，CSI 主要针对特征。由于 PSI 和 CSI 在金融领域中应用已久，是行业认可的指标，实践中人们已经总结了稳定性指数的参考阈值，只需将实际的稳定性指数和表 16-1 中的阈值进行比对，就能判断模型是否稳定，易用性好是其得到广泛应用的关键。PSI 的参考值如表 16-1 所示[⊖]。

表 16-1　PSI 参考

PSI 的值	含义	措施
<0.1	变化很微小	可以不关注
0.1 ~ 0.25	有些波动	从模型其他指标综合考虑
>0.25	分布变化较大	模型预测得分变化较大，需要分析模型和特征的分布

另外，由于建模过程中会将原始数据集划分为不同的数据集，那么在计算稳定性指数时就需要事先明确比较的对象。按照样本选取的不同，可以分为如下两种。

- 样本外测试：一般用于模型建立时，查看训练集和测试集上面模型得分的分布差异，以此来查看当前模型是否稳定，例如观察是否过拟合。这个过程一般在建模之后，

⊖ Mamdouh R. CREDIT RISK SCORECARDS: DEVELOPMENT AND IMPLEMENTATION USING SAS[M]. Lulu.com, 2011.

未上线就可进行验证。

- 跨时间测试：主要是用于生产环境，看建模样本时间外的模型得分是否和建模时有差异。例如建模样本是在某年的 3 月至 8 月，8 月底上线模型，那么 9 月的模型的得分和建模时的得分分布可形成一组对照；也可以在模型运行一段时间之后，观察模型的预测结果分布和某个时间节点的预测结果的分布是否一致，例如计算环比的稳定性指数。

本书主要针对跨时间测试进行说明，此种方式在生产中也应用最多。

16.2　PSI 和 CSI

PSI 和 CSI 是监控模型稳定性的最常用的两个指标。PSI 主要针对模型预测结果，CSI 主要针对特征，如果建模特征有多个，那么每个特征都会有一个 CSI 指标。

16.2.1　PSI

PSI，即群体（或总体）稳定性指数，一般是指模型预测结果（预测概率）的稳定性指数，用来刻画模型效果是否稳健。

一般将需要作为基准的分布称为基准分布（benchmark）或者期望分布，记为 expect；将需要检验的分布称为真实分布，记为 actual。PSI 是将期望分布的概率值由小到大依次排序，切成间隔相等的若干等分，用同样的切割点去切割真实分布的预测结果集。常用的方法是切成 10 等分，假设将期望分布的概率集合记为 p1，将 p1 切分成不同大小的数据集（等距切法），用此方法切割时产生一组切割点 c，用这组切割点 c 去切割真实分布产生 10 个集合，对比在相同切割点不同区间的数量的占比是否有差异。换个角度看，实际上是在每个区间内真实分布在预期分布的占比，若二者接近，则表明模型稳定性较好，否则模型稳定性较差。

注意：连续变量的切分参照标准是按期望切分。

PSI 的公式如式（16-1）所示。

$$\text{PSI} = \sum_{i=1}^{10} (\text{actual}_i - \text{expect}_i) \ln\left(\frac{\text{actutal}_i}{\text{expect}_i}\right) \qquad (16\text{-}1)$$

其中，expect_i 表示预期分布下某个区间中的数据个数，actual_i 表示真实分布上该区间的数据个数，二者之差乘以二者比值的对数，得到该区间上的指数，最后把所有指数相加得到 PSI 值。

举例说明：某模型预测得分为预测概率，取值在 0 至 1 之间，为了举例方便，我们将数值放大至 0 至 100 之间，即乘以 100 之后四舍五入取整，结果如表 16-2 所示。

表 16-2 PSI 计算示例

编号	得分区间	actual	expect	actual%	expect%	actual%-expect%	ln(actual%/expect%)	指数
1	0～10	8	8	0.08	0.08	0	0.0000	0.0000
2	11～20	5	8	0.05	0.08	−0.03	−0.4700	0.0141
3	21～30	15	15	0.15	0.15	0	0.0000	0.0000
4	31～40	7	7	0.07	0.07	0	0.0000	0.0000
5	41～50	12	15	0.12	0.15	−0.03	−0.2231	0.0067
6	51～60	9	6	0.09	0.06	0.03	0.4055	0.0122
7	61～70	10	10	0.1	0.1	0	0.0000	0.0000
8	71～80	11	13	0.11	0.13	−0.02	−0.1671	0.0033
9	81～90	12	10	0.12	0.1	0.02	0.1823	0.0036
10	91～100	11	8	0.11	0.08	0.03	0.3185	0.0096
合计		100	100					0.0495

说明：

- 第一列编号为 10 个区间。
- 第二列得分区间为不同区间的端点值。
- 第三列 actual 为实际得分在该区间数值的数量。
- 第四列为预期得分在该区间的数量。
- 第五列为实际得分在不同区间上的百分比。
- 第六列为预期得分在不同区间上的百分比。
- 第七列为每个区间上实际得分占比与预期得分占比之差。
- 第八列为实际得分占比与预期得分占比的比值，然后取对数。
- 第九列为第八列和第九列之积。
- 最后一个值为我们要计算的 PSI，即 0.0495。

上述方法采用的是等距切分，切割点之间的长度是相同的，但是每个区间内的真实个数可能相差较大，对于预测结果呈现均匀分布或者正态分布的结果测量较为准确。若是在期望的切割区间内，某些等值区间内都是有值的，而在真实环境中有些区间没有值，那么会导致该区间的对数值趋于无穷大。因此，一旦最终结果出现无穷大或者无穷小，极大可能是因为在期望分布的某些区间，真实结果中并未出现对应区间的值。这是一种偏移。

另外一种常见的切分方式是等频切分。这种切分会把 expect 上面的每个区间内的个数切割为比较接近的。例如有 2000 个预测结果，切成 10 份之后，在 expect 中的每个区间内的个数大约为 200 个（使用 Numpy 中的分位数方法时，会略有波动），以此得到一组切点。用这组切割点去切分真实分布，也会得到 10 个区间内的个数，而这里的个数未必是平均的。这种方法的优点是不容易出现极端值，更容易得到正常的 PSI。

需要注意的是，等距切分和等频切分是为了将连续的预测值进行离散化。所以当预测结果是离散值时，则没有必要进行切分，直接计算每一类的占比即可。

当然，也可以从业务的角度，自定义分割点实现切分。

PSI 的优点是可以看到每个得分段上取值占比的情况，哪个区间的占比变化较大一目了然，也可以结合业务含义，对其得分进行追踪解释；而缺点是不能揭示引起变化的内在原因，内在原因参考 16.2.2 节。

16.2.2　CSI

CSI，即特征稳定性指数，用来刻画特征的变化趋势和波动情况。模型监控一般可从模型得分入手，查看模型的预测效果变化；若模型得分分布发生迁移，则可以追本溯源，查看是哪些特征引起了得分的主要变化。

众所周知，在有监督学习中，模型的本质是特征组合和标签之间的映射关系，也可理解为标签在特征空间上的条件概率。一个模型的预测效果受到各特征值分布的影响，如果模型的某个特征取值分布和建模时不一致，那么可能造成模型预测出现偏差，甚至是错误。CSI 就是监控模型的特征值分布是否变化。模型中使用的特征一般分为连续型特征和离散型特征，对于离散的特征，即数量通常小于 10 个（也有例外），可以计算每个取值的占比；对于连续值，通常需要将其切割为若干个区间，计算每个区间的取值占比。CSI 的变化会导致模型发生较大的波动和迁移，例如在模型训练过程中，使用了年龄 age 这个特征，在 20 ～ 30 岁之间的人数占到了 90% 以上。但是在真实线上环境中，随着时间推进，客群发生了变化，20 ～ 30 岁之间的占比只有 50%，这说明年龄特征已经发生了较大的变化。若年龄恰好是重要的特征，那么会导致最终的预测结果发生较大的迁移，模型不稳定。

连续型特征的特点是取值多，并且取值的大小有顺序关系，例如收入、年龄等，一般在计算稳定性指数时，将取值多于 10 个的特征按照连续特征区间进行划分。也有例外，比如省份这个特征，虽然多于 10 个，但也是离散特征，除非每个省份是按照一种特定的规律编码成顺序特征，例如按 1、2、3 线将城市归类排名。

离散型特征，特征之间一般没有顺序关系，并且取值个数较少。此时计算，只需要计算每个取值占比之间的差异即可。

CSI 计算的原理和 PSI 是一样的，都是衡量分布的差异程度，一个是比较特征分布，一个是比较预测结果。CSI 的指标参考值同 PSI，请参考表 16-1。

16.3　工程实现

综上所述，连续值和离散值的处理方式有所不同：对于连续值，比如预测概率，需要切分，而离散值无须做处理。切分的实现方式有多种，不同的切分方式得到的结果不一样，工程应用中务必一直保持同一种切分方式才有对照的意义。

16.3.1　功能简介

PSI 的计算公式很简单，实现起来也是一样的形式：

```
np.sum((a - e) * np.log(a / e))
```

但工程上还需要保障一定的可用性和易用性，会有不少的细节要处理。下面笔者给出一个参考版本，该版本以等频方式切分（百分位）连续变量，实现的主要功能有：

1）支持连续型和离散型变量 PSI 的计算。

2）支持空值处理，输入认为不包含空值，但实际输入数据往往不能保障没有空值，此时空值会被填充，需要谨慎对待计算结果。

16.3.2　代码清单和示例

PSI 和 CSI 的计算方法都在下面的代码里实现了，请读者研读：

```python
# -*- coding: utf-8 -*-
# 张春强
import numpy as np
import pandas as pd


def psi(expect,
        actual,
        bin_nums=10,
        return_dict=True,
        unique_threshold=10,
        dropna=True):
    """ Population Stability Index
    参考:《信用风险评分卡研究》第 12 章
    expect: pd.Series, 建模、训练样本数据
    actual: pd.Series, 验证集或真实预测数据
    bin_nums: 连续变量默认分割的箱数，右闭
    return_dict: 是否返回字典: {'data': results, 'statistic': p}, 包含分布占比和 PSI；
        否则只返回 PSI
    unique_threshold: 变量中唯一值的个数小于该值时，被认为是类别型变量
    """
    def _psi(a, e):
        # 也可以考虑将 0 值填充为一个较小的值比如 0.001
        if np.sum(a == 0) > 0:
            print('actual data contains zero !! return 1')
            return 1
        return np.sum((a - e) * np.log(a / e))

    def _fillna_cat(t, dropna):
        t0 = pd.isnull(t[0]).sum()
        t1 = pd.isnull(t[1]).sum()
        if t0 > 0 or t1 > 0:
            print('Nan statistics:\n{}'.format(t0 + t1))
```

```
        if dropna:
            print('    Drop Nan !!')
            t = t.dropna()
        else:
            print('Replace Nan with min/10.0 !!')
            t.fillna(tt.min().min() / 10.0, inplace=True)
    return t

def _fillna_cont(t1, t2, dropna):
    # 注意, 不同 pandas 版本差异 isna、isnull
    tt1 = t1.isna().sum()
    tt2 = t2.isna().sum()

    if tt1 > 0 or tt2 > 0:
        print('Nan statistics for expect:\n{}'.format(tt1))
        print('Nan statistics for actual:\n{}'.format(tt2))
        if dropna:
            print('    Drop Nan !!')
            t1 = t1.dropna()
            t2 = t2.dropna()
        else:
            fillvalue = np.min(t1.min(), t2.min()) - 1
            t1.fillna(fillvalue, inplace=True)
            t2.fillna(fillvalue, inplace=True)
    return t1, t2

def _bin_format(b):
    ''' 按 expect 切分, 但扩展到正负无穷后才能包括所有 actual 的可能值 '''
    b = np.unique(b)
    b[0] = -np.inf
    b[-1] = +np.inf
    return b

if len(np.unique(expect)) < unique_threshold:
    # 类别变量被认为是有序的
    e_pct = expect.value_counts() / len(expect)
    a_pct = actual.value_counts() / len(actual)

    e_pct = e_pct.sort_index()
    a_pct = a_pct.sort_index()

    # 数据对齐
    t = pd.concat([e_pct, a_pct], axis=1)
    # 版本不同时, 列不一定是 0 和 1, 所以下面强制加入了 0、1
    t.columns = [0, 1]

    # 不能有空值:将空值填充
    t = _fillna_cat(t, dropna)
    e_pct, a_pct = t[0], t[1]
else:
```

```
      # 不能有空值：将空值填充
      expect, actual = _fillna_cont(expect, actual, dropna)

      # 注意：理论上要求按 expect 分箱
      bins = np.percentile(expect, [(100.0 / bin_nums) * i
                            for i in range(bin_nums + 1)],
                        interpolation="nearest")
      bins = _bin_format(bins)
      e_pct = (pd.cut(expect, bins=bins,
                    include_lowest=True).value_counts()) / len(expect)
      a_pct = (pd.cut(actual, bins=bins,
                    include_lowest=True).value_counts()) / len(actual)

      a_pct = a_pct.sort_index()
      e_pct = e_pct.sort_index()

# 前面都是准备工作，真正计算 PSI 的只有这一行
    p = _psi(a_pct, e_pct)
    if return_dict:
        results = pd.DataFrame(
            {
                'expect_pct': e_pct.values,
                'actual_pct': a_pct.values
            },
            index=e_pct.index)
        return {'data': results, 'statistic': p}
    return p
```

使用示例：

```
rndm = np.random.RandomState(42)
e = rndm.normal(size=10**2)
a = rndm.normal(size=10**2)
psi(pd.Series(e),pd.Series(a))
```

输出结果为：

```
{'data':            expect_pct  actual_pct
 (-inf, -1.328]      0.11        0.06
 (-1.328, -0.72]     0.10        0.22
 (-0.72, -0.502]     0.10        0.04
 (-0.502, -0.301]    0.10        0.04
 (-0.301, -0.116]    0.10        0.05
 (-0.116, 0.111]     0.09        0.10
 (0.111, 0.331]      0.10        0.14
 (0.331, 0.648]      0.10        0.12
 (0.648, 1.004]      0.10        0.11
 (1.004, inf]        0.10        0.12, 'statistic': 0.2922923789663523}
```

更进一步，封装成可直接计算 DataFrame 的 PSI：

```
def cal_df_psi(df_exp, df_act, bin_nums=10):
```

```
'''df_exp,df_act : dataFrame'''
assert isinstance(df_exp, pd.DataFrame), 'Need DataFrame'
assert isinstance(df_act, pd.DataFrame), 'Need DataFrame'
assert df_exp.shape[1] == df_act.shape[
    1], 'df_exp,df_act should be same shape[1]'

cols = df_exp.columns.tolist()
col_name = []
psis = []
for cc in cols:
    print('cal psi: {}'.format(cc))
    psis.append(
        psi(df_exp[cc], df_act[cc], bin_nums=bin_nums, return_dict=False))
    col_name.append(cc)
return pd.DataFrame({'column': col_name, 'psi': psis})
```

在 Jupyter 中执行过程如图 16-1 所示。

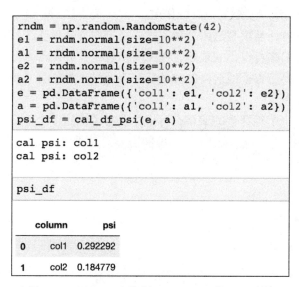

图 16-1　Jupyter 中执行 DataFrame 的 PSI 示例

请读者也参与到实践中，实现等距的切分方式吧。

16.4　其他监控角度

除了上述 PSI 和 CSI 监控，还有一些其他的监控方法，它们和 CSI 本质是相似的，都是看特征的分布是否发生了变化。

1）覆盖率对比：对比模型训练时，各个特征的覆盖率，对比线上真实的覆盖率。当二者产生差异较大时，可能会引起模型预测的迁移。特别是该特征的重要性较高时，更可能会导致模型最终预测的不稳定。

2）特征分析对比：特征的均值、众数、分位数（25%/75%）等统计特征也能反映出特征是否发生重大迁移。

16.5   监控异常处理方案

模型的预测结果通常在应用时可以直接参与决策，也可以进行一些转化，这在生产环节中很常见。通常的做法是将预测的结果转化为可供决策人员直接使用的字段，比如将最终得分结合其他的一些要求由高到低划分成不同的区间（分段），用这种分类的结果进行决策，更具可行性。若模型预测结果已经发生偏移，在应用时，需要调整既定的策略。如前所述，可以重新设定阈值，进行切割，在可控的范围内进行预测结果的调整。

此外，我们还可以结合其他模型或者一些关键指标，对已经得出的结果进行校验和补充，对于原来比较弱的结果上起到弥补的作用。

在分析模型迁移时，从模型适用范围考虑，看哪些群体发生了特征迁移，如果剔除掉那部分群体，模型的偏移可以得到缓解，则需要前置一些初筛规则。如果模型处于一个管道的后半部分，则需要检查模型前面的关键特征，通过这种细分总结的方式去逐渐找到解决问题的方法。

如果模型已经发生了很严重的偏移，可根据业务考虑用一个保守的策略保证业务的继续运转，通常会使用一个缺省值。此外，可能需要启动重训（retrain）或者重建（rebuild）事项。

16.6   本章小结

本章主要讲述了模型的稳定性监控。

16.1 节从模型角度和业务角度分别给出了模型预测结果变化的原因。当模型预测符合预设的变动阈值时，表明模型稳定性良好；当模型预测结果和预期产生较大变化时，则需要相关的监测指标衡量。

16.2 节详细介绍了 PSI 和 CSI 的原理，二者计算原理一致，PSI 是从模型得分角度去衡量模型的稳定性，CSI 是从特征角度去分析影响模型的因素。

16.3 节做了 PSI 和 CSI 的工程实现。

16.4 简述了覆盖率、特征变化的监控角度。

16.5 节简述了上线模型突发异常的应对方法。当模型发生迁移时，需要用一些策略来缓解模型带来的不确定性，保证业务的稳定性，必要时考虑模型的重训或重建工作。